U0934625

Linux 系统管理与开发系列丛书

Linux 系统管理师

广东省 Linux 公共服务技术支持中心　组编

何世晓　主编

张 律　黄锋涛　杜朝辉　黄凤辉　陈 涛　江 冰　编著

机 械 工 业 出 版 社

Linux 是当前主流的操作系统之一，不仅在服务器领域占有绝对优势，在桌面领域也发展迅猛。本书着重介绍了 Linux 系统高级配置和 Linux 网络服务器的功能及实用配置。本书理论与实践并重，从操作系统的安装到网络服务的综合配置，采用由浅入深的方式进行讲解，并配有大量的实验，方便用户进行操作，从实践中学会网络服务器的功能及配置方法。

本书为国家信息产业部全国网络与信息技术培训项目管理中心（NTC-MC）和广东省 Linux 公共服务技术支持中心（GDLC）NTC-Linux 认证的指定培训教材。本书适用于参加“Linux 系统管理师”认证的考生以及高校计算机及相关专业的学生、网络工程师、网络管理员、网站维护工程师、系统集成工程师，还可作为广大 Linux 爱好者的参考书。

图书在版编目（CIP）数据

Linux 系统管理师 / 何世晓主编；广东省 Linux 公共服务技术支持中心组编．—北京：机械工业出版社，2009.8

（Linux 系统管理与开发系列丛书）

ISBN 978-7-111-28145-0

Ⅰ．L… Ⅱ．①何…②广… Ⅲ．Linux 操作系统 Ⅳ．TP316.89

中国版本图书馆 CIP 数据核字（2009）第 151227 号

机械工业出版社（北京市百万庄大街 22 号 邮政编码 100037）

策划编辑：丁 诚

责任编辑：车 忱

责任印制：乔 宇

北京双青印刷厂印刷

2009 年 9 月第 1 版 · 第 1 次印刷

184mm × 260mm · 24.5 印张 · 604 千字

0 001-4 000 册

标准书号：ISBN 978-7-111-28145-0

定价：43.00 元

Linux 系统管理与开发系列丛书编委会

丛 书 序

从 1946 年世界上第一台电子计算机诞生开始，计算机的发展已走过了六十多个春秋，科学技术的日新月异，为我们开启了一个无比辉煌的电子时代。1991 年，芬兰赫尔辛基的大学生 Linus Torvalds 开发了 Linux 操作系统，经过短短的 16 年，Linux 已发展成为当今最流行的操作系统之一。

Linux 具有源代码开放、性能卓越、安全可靠等与生俱来的特点。在信息化建设中，无论从稳定性、安全性以及价格等方面来看，Linux 都具有明显的优势。长期以来，我国一直处在商业操作系统的垄断下，严重阻碍了我国自主软件产业的发展。Linux 的出现，为我们提供了一个自由分享人类科学成果的机会，为我国软件产业的发展提供了一个良好的契机。因而，Linux 在我国信息化建设中将担当起特殊的历史使命，必将使民族软件产业在自主创新的道路上走得更远。

目前，Linux 已经在我国电子政务、电信、金融、教育等信息化建设领域崭露头角，但其普及的深度和广度还远远不够。因此，如何利用 Linux 进一步推动我国信息化建设已成为一个备受瞩目的课题。如今，社会对 Linux 专业人才的需求不断扩大，在今后的几年内，高水平的 Linux 专业人才无疑将成为 IT 领域乃至整个就业市场中的热点，Linux 人才的培养迫在眉睫。而 Linux 在我国发展至今，还没有一个权威的国家级 Linux 技能认证，显然不利于 Linux 人才的培养与选拔。

正是在这样的背景下，国家信息产业部全国网络与信息技术培训项目管理中心（NTC-MC）与广东省 Linux 公共服务技术支持中心（GDLC）联合开发了“NTC-Linux 系列认证”体系，并推出具有实用性、可读性、权威性的“Linux 系统管理与开发系列丛书”。这是我国在培养 Linux 专业人才方面的一件喜事，也是 GDLC 务实推进我国开源软件发展战略布局中的一个重要举措。

这套丛书共 6 本，它们分别是《Linux 系统管理员》、《Linux 系统管理师》、《Linux 系统高级管理师》、《Linux 系统开发员》、《Linux 系统开发师》、《Linux 系统高级开发师》。该丛书内容全面，自成体系，几乎涵盖了 Linux 系统管理与开发的各个方面。

我们有理由相信，这套丛书将进一步推动开源软件在中国的普及，为促进中国软件产业的发展做出积极的贡献。

袁泉

广东开源软件产业发展促进委员会会长

广东省 Linux 公共服务技术支持中心主任

前　言

Linux 具有安全、可靠、稳定、开源、自由使用的特点。不仅在服务器端占有绝对的优势，在桌面领域发展也很迅猛。Linux 在各大中小型企业、电信、金融、银行、政府、学校应用都非常广泛。近几年 Linux 处于快速发展阶段，应用面越来越广，从服务器端的优势逐渐发展到嵌入式、应用开发、桌面办公等领域。

为什么要写本书

Linux 的飞速发展，导致 Linux 人才的大量缺乏，各跨国企业均出现了 Linux 人才供不应求的局面。而一些想进入 Linux 行业的技术人员因没有统一完整的学习资料而无法很好地学习。另一方面，IT 行业发展至今，还没有出现一个权威的国家级 Linux 技能认证。为了更好地指导 Linux 爱好者和 IT 业内开发人士学习 Linux 技术，同时获得权威的 Linux 系统类技能认证，国家信息产业部全国网络与信息技术培训项目管理中心（简称 NTC-MC）与广东省 Linux 公共服务技术支持中心（简称 GDLC）联合开发了"NTC-Linux 系列认证"体系，将陆续推出一系列实用、可操作、易读、权威的 Linux 系统类教材。

本书的主要内容

本书是 NTC-Linux 系列丛书系统部分的中级教程，也是认证级别为"NTC-Linux 系统管理师"的指定教程。

本书主要内容包括系统引导程序，Linux 交换空间管理，LVM 逻辑卷管理，RAID 磁盘冗余阵列管理，日志分析及备份管理，性能分析工具，Shell 高级编程，内核升级及其配置，Linux 常用网络配置文件，远程管理 Linux 系统，DHCP 服务器，DNS 服务器，Web 服务器的配置与管理，MySQL 服务器的配置与管理，加速 LAMP，FTP 服务器，Sendmail、Postfix 邮件服务的安装与配置，Squid 代理服务，系统安全策略与配置，PAM 概述与工作原理，网络服务安全配置。

本书的特点

1. 循序渐进，由浅入深

为了方便读者学习，本书首先带领读者深入地了解了 Linux 系统模块，再对网络基础进行介绍，最后进入常用网络服务的配置。在进行网络服务器配置时，采用由浅入深的方式进行讲解。最后通过案例的方式进行实验。从而读者可以边学习，边动手，更快地掌握 Linux 网络服务器的各种知识。

2. 实例精讲，内容充实

在编写本书的过程中，作者花费大量的时间在实验配置上，力求在进行实验配置的过程中，做到准确无误，如本书的 bind、dhcp、vsftpd 服务器的配置实验等，以提高实验的完整性和可操作性。

3. 企业案例、分析重现

本书在采用大量实验的过程中，还加入了一些企业案例，如本书的 DNS 配置、网络服务器的配置、文件服务器的配置、企业级代理服务器的配置，都采用一些案例重现。

4. 提供完善的售后服务

为了方便读者学习，读者可登录 http://www.gd-linux.org 的论坛进行讨论。读者可以将自己遇到的问题发布在该版面，论坛版主将帮助大家一起解决问题。

本书适合的读者

本书为 NTC-MC 和 GDLC 联合认证的指定认证教材，适合于参加“Linux 系统管理师”认证的考生，以及各大高校计算机及相关专业的学生，也可供广大 Linux 技术人员参考使用，还可作为广大 Linux 爱好者的参考书。

本书的创作团队

本书创作团队中有广东省 Linux 公共服务技术支持中心的高级工程师、高级培训讲师，有广东各大高校的高级讲师、政府高级工程师及外企的高级工程师。他们均专职从事开源软件和 Linux 操作系统的开发管理与推广工作。

本书的第 4、5、8、9、18 章由何世晓执笔，第 1、10、11、12、16、21 章由张律执笔，第 14 章由黄锋涛执笔，第 2、3、20 章由杜朝辉执笔，第 13、15、17 章由黄凤辉执笔，第 6、7、19 章由陈涛和江冰执笔。全书由何世晓统稿，韩小莲、何世晓进行审核，何世晓、张律从技术方面对全书进行审稿。

致谢

本书的写作过程中，得到了 GDLC 中心主任袁泉博士的大力支持，同时得到了培训部、技术部全体同仁的大力支持。另外还要感谢各位作者的家人，感谢他们对团队成员的关心、鼓励与支持！

作　者

2009 年 3 月

目 录

第 1 章 Linux 系统概述

本章主要内容

- Linux 系统发展概况
- Linux 的特点
- Linux 的版本
- Linux 的应用与前景

1.1 Linux 系统发展概况

Linux 从诞生之日起就是一套用户可以免费获得、使用并且自由传播的类 UNIX 操作系统，它由世界各地成千上万的程序员共同设计和实现，是不受任何商品化软件版权制约的、任何人都能自由使用的 UNIX 兼容产品。

1.1.1 Linux 的起源

Linux 是一种类 UNIX 操作系统，它在源代码级上兼容绝大部分 UNIX 标准（如 IEEE POSIX、System V、BSD 等），它是一个支持多用户、多进程、多线程、实时性较好的功能强大而且稳定的操作系统。Linux 可以运行在多种硬件平台上（如 x86 PC、Sun SPARC、Digital Alpha、680x0、PowerPC、MIPS 等），它是目前支持硬件平台最多的操作系统。

1990 年，芬兰赫尔辛基大学的学生 Linus Torvalds 用汇编语言编写了一个在 80386 保护模式下处理多任务切换的程序，后来他从 MINIX 系统（由 Tanenbaum 教授设计的微型类 UNIX 操作系统，主要用于操作系统教学）获得启发，编写了一些硬件的设备驱动程序和一个小的文件系统，从而诞生了所谓 0.0.1 版本的 Linux 系统，不过该系统只具有操作系统内核的雏形，而且必须在有 MINIX 的机器上编译后才能运行。

1991 年 10 月 5 日 Linus Torvalds 发布了 0.0.2 版本的 Linux 系统，该版本已经可以运行 Bash（the GNU Bourne Again Shell，一种用户与操作系统内核通信的软件）和 gcc（GUN C 编译器）。

1993 年底 Linux 1.0 版本发布，该版本已经是一个功能完备的操作系统，而且内核写得紧凑高效，可以充分发挥硬件的性能，在 4MB 内存的 80386 PC 上也表现得非常好，从此 Linux 开始走上飞速发展的道路，新版本不断推出，性能也越来越强大。

Linux 系统具有良好的兼容性和可移植性，大约在 1.3 版本以后，它开始向更多硬件平台上移植。自 2.1.x 系列内核开始，Linux 系统开始走高端路线，实践证明 Linux 系统不仅在低端硬件平台能将硬件的性能充分发挥出来，在高端平台上更能将系统性能发挥得淋漓尽致。

1.1.2 GNU、FSF、开放源码与 Linux 的发展

1984 年，理查德·斯塔尔曼（Richard M. Stallman）首先开创了自由软件体系（GNU），并拟定了体系规则即通用公共许可——GPL（General Public License），GNU 旨在发展一个可自由使用的、类 UNIX 的完整操作系统，即 GNU 系统（GNU 是“GNU is Not UNIX”的首字母缩写）。

GPL 是 GNU 工程所要遵循的规则，按照这一规则，自由软件允许用户自由复制、修改和销售，但是对其源代码的任何修改都必须向所有用户公开，所有人都可以自由地使用自由软件，所有人为自由软件所做出的成果必须和其他人共享。

自由软件基金会（Free Software Foundation，FSF）是 GNU 工程的主要赞助组织，该组织主要致力于消除对计算机程序在复制、分发、修改等方面的限制。

开放源码软件有三个优势：免费分发的源代码、模块化的体系和社区式的开发。由于将程序中的错误公开给数量巨大的用户，社区式的开发过程给开放源码软件以强大的纠错能力；另一方面，任何人都可以复制和发行开放源码软件的代码，这支持了公众利益；开放源码带来了一个更民主的开发方式，在这种方式下，好的思路将被集体共享，而不是作为智力资本被个人独占。

在 GNU 和 Linux 的发展过程中，Linux 系统加入 GNU 是个跨时代的事件，因为当时 GNU 已经有了比较完善的软件体系了，所欠缺的只是一个可作为核心的操作系统内核，而 Linux 加入 GNU 并遵循 GPL 就如同给汽车装配了功能强劲的发动机，同时几乎所有 GNU 库/软件都可移植到 Linux 上，这也完善并提高了 Linux 的实用性。

如今，各种使用 Linux 作为内核的 GNU 操作系统正在被广泛地使用，虽然这些系统通常被称为 Linux，但因为它们实际上是由 Linux 内核及各种 GNU 软件组合而成的，所以更准确的称呼应该是 GNU/Linux 系统。

1.2 Linux 的特点

Linux 操作系统支持在其他 UNIX 操作系统中能找到的大部分功能，还包括 UNIX 系统某些版本中没有的功能。

Linux 具有以下主要特点。

（1）开放性。开放性是指系统遵循世界标准规范，特别是遵循开放系统互连（OSI）国际标准，凡遵循国际标准所开发的硬件和软件都能彼此兼容，可方便地实现互连。

（2）多用户。多用户是指系统资源可以被不同用户拥有，即每个用户对自己的资源（如文件、设备等）有特定的权限而互不影响，Linux 和 UNIX 都具有多用户的特性。

（3）多任务。多任务是现代计算机的最主要的一个特点，它是指计算机同时执行多个程序，而且各个程序的运行互相独立。Linux 系统调度每一个进程平等地访问 CPU，由于 CPU 的处理速度非常快，其结果是启动的应用程序看起来好像在并行运行。

（4）良好的用户界面。Linux 向用户提供了两种界面：用户界面和系统调用。

Linux 的传统用户界面是基于文本的命令行界面，即 Shell，Shell 有很强的程序设计能力，

用户可方便地用它编制程序，从而为用户扩充系统功能提供了更高级的手段。可编程 Shell 是指将多条命令组合在一起，形成一个 Shell 程序，这个程序可以单独运行，也可以与其他程序同时运行。

系统调用给用户提供编程时使用的界面，用户可以在编程时直接使用系统提供的系统调用命令，系统通过这个界面为用户程序提供低级、高效率的服务。Linux 为用户提供了图形用户界面，它利用鼠标、菜单、窗口、滚动条等组件向用户呈现一个直观、易操作、交互性强的友好的图形化界面。

（5）设备独立性。设备独立性是指操作系统把所有外部设备统一当作成文件来看待，只要安装它们的驱动程序，任何用户都可以像使用文件一样使用这些设备而不必知道它们的具体存在形式。

具有设备独立性的操作系统通过把每一个外围设备看作一个独立文件来简化增加新设备的工作，当需要增加新设备时，系统管理员就在内核中增加必要的连接，这种连接（也称作设备驱动程序）保证每次调用设备提供服务时，内核以相同的方式来处理它们，当新的及更好的外设被开发并交付给用户时，系统允许在这些设备连接到内核后，就能不受限制地立即访问它们。设备独立性的关键在于内核的适应能力，其他操作系统只允许一定数量或一定种类的外部设备连接，而设备独立性的操作系统能够容纳任意种类及任意数量的设备，因为每一个设备都是通过其与内核的专用连接独立进行访问的。

Linux 是具有设备独立性的操作系统，它的内核具有高度适应能力，随着更多的程序员加入 Linux 编程，会有更多硬件设备加入到各种 Linux 内核和发行版本中。另外，由于用户可以免费得到 Linux 的内核源代码，因此用户可以修改内核源代码，以便适应新增加的外部设备。

（6）提供了丰富的网络功能。完善的内置网络是 Linux 的一大特点，Linux 在通信和网络功能方面优于其他操作系统，其他操作系统不包含如此紧密地和内核结合在一起的连接网络的能力，也没有内置这些联网特性的灵活性，而 Linux 为用户提供了完善的、强大的网络功能。

支持因特网是其网络功能之一，Linux 免费提供了大量支持因特网的软件。因特网是在 UNIX 领域中建立并繁荣起来的，在这方面使用 Linux 是相当方便的，用户能用 Linux 与世界上的其他人通过因特网进行通信。

文件传输是其网络功能之二，用户能通过一些 Linux 命令完成内部信息或文件的传输。

远程访问是其网络功能之三，Linux 不仅允许进行文件和程序的传输，还为系统管理员和技术人员提供了访问其他系统的窗口。通过这种远程访问的功能，一位技术人员能够有效地为多个系统服务，即使那些系统位于相距很远的地方。

（7）可靠的系统安全。Linux 采取了许多安全技术措施，包括对读写进行权限控制、带保护的子系统、审计跟踪、核心授权等，这为网络多用户环境中的用户提供了必要的安全保障。

（8）良好的可移植性。可移植性是指将操作系统从一个平台转移到另一个平台后仍然能按其自身的方式运行的能力。Linux 是一种可移植的操作系统，能够在从微型计算机到大型计算机的任何环境中和任何平台上运行，可移植性为运行 Linux 的不同计算机平台与其他任何机器进行准确而有效的通信提供了手段，不需要另外增加特殊的和昂贵的通信接口。

（9）支持动态链接。用户程序的执行往往离不开标准库的支持，一般的系统往往采用静态链接方式，即在装配阶段就已将用户程序和标准库链接好，这样当多个进程运行时，可能会出现库代码在内存中有多个副本而浪费存储空间的情况。Linux 支持动态链接方式，当运行时才进行库链接，如果所需要的库已被其他进程装入内存则不必再装入，否则才从硬盘中将库调入，这样能保证内存中的库程序代码是唯一的。

（10）支持多种文件系统。目前 Linux 支持的文件系统有 Ext2、Ext3、XIAFS、ISOFS、HPFS、MSDOS、UMSDOS、PROC、NFS、SYSV、MINIX、SMB、UFS、NCP、VFAT、NTFS、AFFS、JFS、XFS、ReiserFS 等近百种，这有赖于 Linux 采用的虚拟文件系统（VFS）机制。

1.3 Linux 的版本

实际上 Linux 有狭义和广义两层含义，狭义的 Linux 是指 Linux 的内核（Kernel），内核可以完成如进程管理、内存管理、设备驱动等操作系统的基本功能，但是不包含应用程序，广义的 Linux 是指以 Linux 内核为基础，包含 GNU 应用程序和相关的系统设置与管理工具的完整操作系统。

1.3.1 狭义 Linux

到目前为止，Linux 的内核仍然由 Linus Torvalds 领导下的开发小组负责开发。开发小组根据 Linux 内核的开发批次和状态为内核设置了内核版本号。

Linux 的内核版本号由 3 个数字组成，一般表示为 X.Y.Z 形式。

- X：表示主版本号，一般在一段时间内比较稳定。
- Y：表示次版本号，如果是偶数，代表这个内核版本是正式版本，可以公开发行，如果是奇数，则代表这个内核版本是测试版本，还不太稳定，仅供测试。
- Z：表示修改号，这个数字越大，表明修改的次数越多，版本也越完善。

Linux 的正式版本与测试版本是相互关联的。正式版本只针对上个版本的严重缺陷进行修改。而测试版本在正式版本的基础上继续增加新的功能，当测试版本被证明稳定后，就成为正式版本。正式版本和测试版本不断循环，不断完善内核的功能。

例如，版本号为 2.6.15 的内核的主版本号为 2，次版本号是 6，因为次版本号是偶数，所以这是一个稳定版本，最后一个数字 15 表示这个版本是自 2.6 版本的内核发行以来经过 15 次修改以后发行的一个版本，而版本号为 2.5.12 的内核明显是一个测试版本的内核，因为它的次版本号是奇数。

在编写本书的时候，Linux 内核的最新版本是 2.6.28.7，要获得关于 Linux 内核最全面的信息，可以访问 Linux 内核的工程网站 http://www.kernel.org。

1.3.2 广义 Linux

随着时代发展，为了更好地促进 GNU 事业，GNU 也对原有的 GPL 做了一些变通，如在遵循公共版权许可证和在继承自由软件精神的前提下，不再排斥对自由软件的商业行为（如把自由软件打包以光盘形式出售），不排斥商家对自由软件的进一步开发，不排斥在 Linux 上开发商业软件。

在以上的原则规定下，不同厂商、组织甚至个人将 Linux 内核与其他 GNU 开源软件组合，并开发相关的管理工具，从而形成不同的 Linux 发行版本，即广义的 Linux。

第 1 章
2 P9
3 P24
4 P51
5 P67
6 P83
7 P104
8 P117
9 P128
10 P143
11 P161
12 P172
13 P189
14 P214
15 P227
16 P245
17 P259
18 P284
19 P305
20 P328
21 P361

Linux发展至今产生了众多的发行版本，从实践来看，有大量资金投入与技术支持的Linux发行版本都有长足的发展并且已经进入赢利阶段。

目前比较成功的Linux发行版本有以下几个。

（1）Red Hat。Red Hat是国内乃至全世界的Linux用户最熟悉的发行版。它在1995年由Bob Young和Marc Ewing创建，Red Hat开发的早期Linux版本一直发行到9.0版，2004年，Red Hat将其Linux操作系统产品线分为2个系列。一个系列是由Red Hat公司提供收费技术支持和更新的Red Hat Enterprise Linux，此版本对服务器方面做了很多的改进，适合服务器用户，这个版本简称为RHEL而不是沿用以前的命名方式，目前最新的RHEL版本为在2007年3月14日发行的RHEL 5 Server版和Client版，现在它已经升级到了update 3版本，简称RHEL 5.3。另一个系列是由社区开发的免费的Fedora Core，简称FC，FC1发布于2003年年末，而FC的定位是桌面用户，FC提供了最新的软件包，版本更新周期也非常快，具有优秀的社区支持，同时Red Hat公司也提供了巨大的资金，支持社区的发展。从第7个版本开始，更名为Fedora。目前最新版本为Fedora 10，另外还有一个和Red Hat同步发行的Linux版本叫CentOS，它是由Red Hat的源代码编译而来，功能、性能和对应版本的RHEL没有什么差别，只是去掉了Red Hat的logo，避免了版权方面的问题，因此用户可以免费使用。

本书采用Red Hat Linux Enterprise Linux 4作为参照操作系统，大部分的讲解及实验均针对这个版本。

（2）SUSE。SUSE是德国最著名的Linux发行版，在全世界范围中也享有较高的声誉，SUSE自主开发的软件包管理系统YaST也大受好评。SUSE于2003年年末被Novell收购。SUSE对中文的支持很好，可操作性也较好，包括基于企业服务器端的Open Enterprise Server、SUSE Linux Enterprise Server及基于桌面和基于小企业的服务器端产品。

（3）Debian。Debian最早由Ian Murdock于1993年创建，它可以算是迄今为止最遵循GNU规范的Linux系统。它拥有很多的支持者，社区发展也非常稳定，软件的安装、升级非常方便，BUG补丁发布时间间隔非常短。它最大的特点是拥有强大的包管理系统DPKG以及APT。

（4）Ubuntu。Ubuntu是目前最流行的Linux桌面系统。Ubuntu基于Debian，应该说Ubuntu是一个拥有Debian所有的优点，以及自己加强的优点的近乎完美的Linux桌面系统。根据选择的桌面系统不同，其有多个版本可供选择，分别是基于Gnome的Ubuntu，基于KDE的Kubuntu以及基于Xfce的Xubuntu，另外还有一款针对教育的版本Edubuntu。它们共同的特点是界面非常友好，容易上手，对硬件的支持非常全面，是最适合做桌面系统的Linux发行版本。它还提供一种称为“Live CD”的版本，不必安装到计算机里而在光盘上直接运行，缺点是程序启动速度比较慢，因为所有数据全部从读取数据速率较低的光盘上获得，但这种方式可以让用户在不破坏硬盘规划结构的情况下体验该操作系统。目前Ubuntu的稳定版本是8.10，而下一个稳定版本9系列也已经推出，目前可用最高版本为9.04。它和Debian一样采用DPKG以及APT包管理系统，值得一提的是Ubuntu不仅在桌面系统上独树一帜，其在服务器领域也是雄心勃勃。

（5）Gentoo。Gentoo是Linux世界最年轻的发行版本，所以它吸取了在它之前的所有发行版本的优点，这也是Gentoo被称为最完美的Linux发行版本的原因之一。Gentoo最初由Daniel Robbins（FreeBSD的开发者之一）创建，首个稳定版本发布于2002年，Gentoo是所有 Linux 发行版本里安装最复杂的，但是又是安装完成后最便于管理的版本，也是在相同硬件环境下运行最快的版本。

（6）FreeBSD。FreeBSD 并不是一个 Linux 系统，但 FreeBSD 与 Linux 的用户群有相当一部分是重合的，二者支持的硬件环境也比较一致，所采用的软件也比较类似，所以可以将 FreeBSD 视为一个 Linux 版本来比较。FreeBSD 的最大特点就是稳定和高效，是作为服务器操作系统的最佳选择，但对硬件的支持没有 Linux 完备，所以并不适合作为桌面系统。

（7）TurboLinux。TurboLinux（拓林思）是亚洲地区著名的 Linux 发行版本，对中文有比较好的支持，在国内也得到比较好的推广和应用。TurboLinux 公司 1992 年成立于美国，1999 年进入中国市场，是 Linux 中文化方面的先行者，2001 年 7 月 TurboLinux 引进中国投资，变更为中方控股的拓林思软件有限公司，目前它最新的发行版本是 11 系列。

（8）红旗 Linux 及国产 Linux 系统。红旗 Linux 是由中科红旗软件技术有限公司推出的中文版本的 Linux，该 Linux 版本在众多的中国 Linux 用户中占有较大的比例，它对中文的支持最好，并且得到中国政府的支持，使其在政府采购中获得巨大优势，用户可以从网络上免费下载其桌面版。同时红旗针对服务器市场，专门推出了红旗服务器版本。另外现在红旗作为中国的代表正在和韩国、日本的软件公司联合开发亚洲版 Linux。

国内使用的 Linux 版本还有共创 Linux、中标普华 Linux、即时 Linux、冲浪 Linux、蓝点 Linux、创易 Linux 等，我们相信国产 Linux 在政府的强大支持和良好的软件事业发展环境中一定会越走越好！

1.4 Linux 的应用与前景

随着 Linux 的发展，其衍生出来的应用恐怕出乎 Linus 本人最初的预料。现在 Linux 已经应用到各个领域，应用范围主要包括桌面应用、网络服务器、嵌入式系统、集群计算机等方面。

1.4.1 桌面应用

Linux 沿袭 UNIX 的传统，在字符界面下通过 Shell 命令对计算机进行控制。为方便用户使用，从早期的 Linux 发行版本就开始提供图形化用户界面，但限于当时的技术，这种图形化用户界面在易用性方面跟 Windows 相比还是有一定的差距。随着 Linux 技术，特别是随着 X Window 领域技术的发展，Linux 在界面美观、使用方便等方面有了显著的进步。Linux 作为桌面操作系统逐渐被用户接受。Linux 桌面操作系统已经超过苹果公司的 Mac OS，成为世界第二流行的操作系统。

在中国，由于《软件政府采购管理办法》中明确规定中国政府支持国产软件的政策导向，因而在北京等城市进行的政府采购中，国产 Linux 软件（如红旗 Linux）战胜了其他对手，成为部分政府机关的桌面操作系统，这也极大地推动了 Linux 桌面系统的普及和应用。

近几年，各个 Linux 版本都比较重视桌面系统的开发，如异军突起的 Ubuntu 在初期就是以优秀的桌面应用获得关注的，它被称为“最能替代 Windows 的 Linux 桌面操作系统”。另外 Windows 里面的各种常用软件在 Linux 下都有对应的高性能替代软件。在 Linux 里面借助相关软件也可以像 Windows Vista 一样使用 3D 界面；Red Hat 公司在 2007 年 3 月 14 日同步发行了和服务器配套的客户端版本，宣告了它正式回归放弃多年的桌面系统开发；游戏公司开始开发能在 Linux 下运行的游戏版本如 3D 游戏“无冬之夜”、“荣誉勋章”和其他经典大型游戏等，所有这些都说明 Linux 在桌面领域开始有所作为，也必将大有作为。

1.4.2 网络服务器

服务器领域应该算是 Linux 的传统优势领域了，Linux 服务器的稳定性、安全性、可靠性已经得到业界的认可，政府、银行、邮电、保险等业务关键部门已经开始规模性使用 Linux。作为服务器，Linux 的服务领域主要包括网络服务和数据库服务。

Linux 下的 Samba 服务不仅可以轻松面向用户提供文件及打印服务，还可以通过磁盘配额控制用户对磁盘空间的使用。Linux 被广泛用于因特网和 Intranet。在 Linux 操作系统下结合一些应用程序（如 Apache、Vsftpd、Sendmail 等），就可以提供 WWW 服务、FTP 服务和电子邮件服务。此外，Linux 系统还被广泛用于提供 DNS 服务、NIS 服务和 NFS 服务等网络服务。现在流行的 Web 2.0 网站架构 LAMP 就是由开源软件套件 Linux、Apache、MySQL 和 PHP、Perl、Python 组合而成的。

目前各大数据库厂商都推出了基于 Linux 的大型数据库，如 Oracle、Sybase、DB2 等。Linux 凭借其稳定的性能，在数据库服务领域有取代 Windows 的趋势。甚至有数据库厂商计划开发自己的 Linux 发行版本。

在网络上，你每天都可以看到有关企业或政府机构将自己的生产或办公平台由 Windows 向 Linux 迁移的消息，甚至有消息称微软的部分服务器也在使用 Linux 系统。

1.4.3 嵌入式系统

简单地说，凡是带有微处理器的非传统计算机系统都可以称为嵌入式系统。如 MP3、网络家电、智能家电、车载电子设备及军用设备等，都采用嵌入式系统。

实际上，各种各样的嵌入式系统设备在应用数量上已经远远超过通用计算机，任何一个普通人可能拥有从小到大的各种使用嵌入式技术的电子产品。嵌入式系统是目前最具商业前景的 Linux 应用，大约 52%的嵌入系统倾向于以 Linux 作为操作系统。对于嵌入式系统而言，Linux 有许多不可忽略的优点。

- Linux 具有很强的可移植性，支持各种电子产品的硬件平台。
- Linux 内核可免费获得，并可根据实际需要自由修改，这符合嵌入式产品根据需要定制的要求。
- Linux 功能强大且内核很小。一个功能完备的 Linux 内核只要求大约 1MB 内存，而最核心的微内核只需要 100KB 的内存。
- Linux 支持多种开发语言，如 C、C++、Java，为嵌入式系统上的多种应用提供了可能。

实用性嵌入式 Linux 系统已经开始走入市场，如路由器、机顶盒、瘦客户机、PDA、手机等。在 2003 年 3 月，Motorola 公司发布了全世界第一个嵌入式 Linux 系统的手机 A760。A760 手机集个人资料管理、视频播放器、音乐播放器和即时通信工具于一体。同时，Motorola 公司还宣布，该公司的大多数产品最终都将使用 Linux 系统。Motorola 风靡一时的智能商务手机 A1200 和时尚娱乐手机 E6 所采用的操作系统就是 Linux，越来越多的电子消费品厂商都将目光投向 Linux，有心的读者将会在各种资料上看到嵌入式 Linux 的广泛应用。

1.4.4 集群计算机

所谓集群计算机（Cluster Computer）是利用高速的计算机网络将许多计算机连接起来，并加入相应的集群软件所形成的具有超强可靠性和计算能力的计算机系统。目前 Linux 已成为构筑集群计算机的主要操作系统，如好莱坞的电影特技基本都是采用很多运行 Linux 操作系统的计算机组成集群来完成的，著名搜索引擎Google的搜索功能也是由其全球几万台Linux计算机共同组成一个庞大的集群来完成的。

Linux 在集群计算机应用中具有非常大的优势。首先是极高的性能价格比，Linux 集群计算机的价格是相同性能的传统超级计算机的 10%～30%。构筑高性能的 Linux 集群计算机不需要购买昂贵的专用硬件设备，即使利用廉价的个人计算机，加上很少的软件费用，也可获得极强的运算能力。其次是极强的可扩展性，在 Linux 集群计算机中增加单个的计算机就能增加整个集群的计算能力，并不需要淘汰原来的计算机设备。这就可以很方便地扩展集群计算的能力。最后就是 Linux 系统的稳定性，在相同的硬件平台下，Linux 操作系统的正常不间断运行时间（uptime）比 Windows 操作系统要长得多。

经过几年的发展，基于 Linux 的集群技术已相当成熟，且已成为获得高性能、高可靠性计算机系统的主要途径。

1.4.5 Linux 的发展前景

Linux 以其开放、安全、免费、强大的网络功能的特点，已经在各个行业得到广泛的应用。桌面系统日益成熟，服务器、集群系统更加强大，同时 Linux 在嵌入式方面也表现出优秀的可移植性，Linux 的发展前景非常可观，但是在很长一段时间内 Linux 的人才需求仍将是一个大的缺口。2008 年开始的全球金融危机和经济滑坡，使企业信息化的系统性能和实施成本成为热门话题，而 Linux 系统无疑是最好的解决方案之一。而作为个人，早日了解、掌握 Linux，早日进入 Linux 领域，将会对你的 IT 职业生涯产生深远的影响。

第 2 章　系统引导程序

本章主要内容

- 启动引导器
- Linux 系统的启动过程及相关配置文件
- 启动过程故障分析及修复

2.1 启动引导器

本章对 Linux 的启动引导过程作了详细的说明，并对相关的配置文件做了较深入的分析，学习完本章后，读者可以对 Linux 的启动过程有一个全面的了解，并有能力排除常见的启动故障。

启动引导器是计算机启动过程中运行的第一个真正的软件，通常计算机启动是在通过 BIOS 自检后读取并运行硬盘主引导记录（MBR）中的启动引导器（Boot Loader）程序，启动引导器再负责加载启动硬盘分区中的操作系统。

如果启动引导器不能正常工作，将导致操作系统不能正常启动，从而造成计算机的整体瘫痪，由此可以看出启动引导器在整个计算机启动过程中的重要性。

通常每个操作系统在安装过程中都要将自带的启动引导器写入硬盘，以便能够进行自身引导。常用的启动引导器有 GRUB 和 LILO，LILO 现在已经过时，目前多使用 GRUB 作为默认的启动引导器。

GRUB 负责装入内核并引导 Linux 系统。GRUB 还可以引导其他操作系统，如 FreeBSD、NetBSD、OpenBSD 和 DOS，以及 Windows 2000、Windows XP 和 Windows Vista。如果引导器不能很好地完成工作或者不具有弹性，那么就可能锁住系统，而无法引导计算机。好的引导器功能强大，非常灵活，可以让用户在计算机上安装多个操作系统，而不会引起不必要的麻烦。另外，GRUB 有一个特殊的交互式控制台方式，可以让用户手工装入内核并选择引导分区。

安装 RedHat Linux 时会提示安装引导程序，如果选择 GRUB 为引导程序，建议把 GRUB 安装到硬盘的主引导记录 MBR 中。

2.1.1 GRUB 基本配置

当把 GRUB 安装到硬盘 MBR 后，引导系统会出现如图 2-1 所示界面，此时系统中的 /boot/grub/grub.conf 是 GRUB 产生的一个配置文件，通过它可以引导选择菜单以及设置一些

P1 1
第 2 章
P24 3
P51 4
P67 5
P83 6
P104 7
P117 8
P128 9
P143 10
P161 11
P172 12
P189 13
P214 14
P227 15
P245 16
P259 17
P284 18
P305 19
P328 20
P361 21

选项，下面的配置文件中只有一个操作系统 Red Hat Enterprise Linux AS。

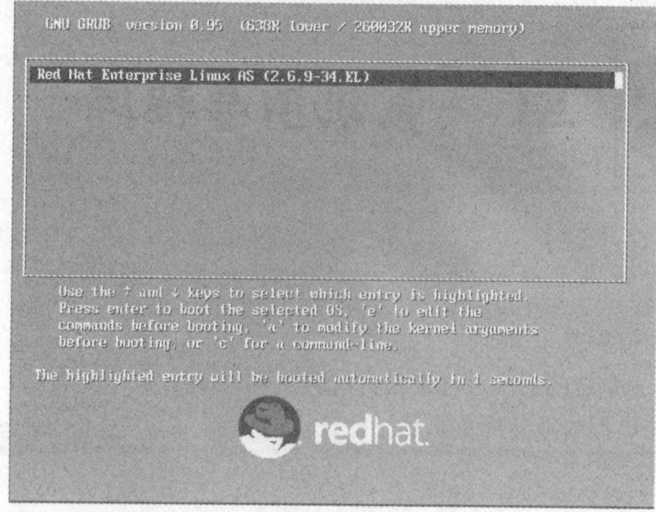

图 2-1 单系统引导界面

```
1  # grub.conf generated by anaconda
2  #
3  # Note that you do not have to rerun grub after making changes to this file
4  # NOTICE:   You have a /boot partition.   This means that
5  #           all kernel and initrd paths are relative to /boot/, eg.
6  #           root (hd0,8)
7  #           kernel /vmlinuz-version ro root=/dev/sda10
8  #           initrd /initrd-version.img
9  #boot=/dev/sda
10  default=0
11  timeout=5
12  splashimage=(hd0,8)/grub/splash.xpm.gz
13  #hiddenmenu
14  title Red Hat Enterprise Linux AS (2.6.9-34.EL)
15   root (hd0,8)
16   kernel /vmlinuz-2.6.9-34.EL ro root=LABEL=/ rhgb quiet
17   initrd /initrd-2.6.9-34.EL.img
```

基本配置选项解释如下：

- 第 1-9 行，以"#"开头的是注释。
- 第 10 行，默认的操作系统是由 default 一项来控制的，default 后的数字表明第几个 title 是默认的，其中 0 表示第一个。
- 第 11 行，timeout 标识默认等待时间，这里设置为 5s，若超过 5s 用户还没作出选择的话，将自动选择默认的操作系统。
- 第 12 行，splashimage 一项指定 GRUB 界面的背景图片，用户可以修改 GRUB 的背景。
- 第 13 行，hiddenmenu 是指启动时隐藏启动项的选择菜单并直接出现倒计时，但是按

〈Esc〉键，还是会出现菜单，这里选择的是不隐藏。如果把“#”去掉的话，系统启动后不出现图 2-1 所示的菜单项，倒计时结束后直接进入默认选择的系统。

- 第 14 行，title 表示的是 Linux 菜单项，也就是启动后 title 后面的文字会显示在菜单项中，在此配置文件的作用下只显示：Red Hat Enterprise Linux AS (2.6.9-34.EL)，如果有多个系统的话，菜单项中每个系统都用 title 来表示。
- 第 15 行，root (hd0,8)标识从第一个硬盘,第 9 个分区来启动搜索引导内核。注意这里的 root 与 Linux 的 root 分区不同，GRUB 的硬盘标识方法与 Linux 的有点不同。在 Linux 中第一个主分区为 hda1,第二个主分区为 hda2，第一个逻辑分区为 hda5，而在 GRUB 中是以（hdx，y）来标识的，x 表示第几块硬盘，y 表示第几个分区。GRUB 对硬盘和分区的编号都是从 0 开始计算，如第一个区为（hd0，0），第二分区为（hd0，1），依此类推。所以 root 后面的是/boot 所在分区标识。
- 第 16 行，表示内核文件，kernel /vmlinuz-2.6.9-34.EL ro root=LABEL=/，说明 /boot/vmlinuz-2.6.9-34 就是要载入的内核。后面的都是传递给内核的参数。ro 是 readonly 的意思。注意这里内核前面的路径是“/”，boot 单独分了一个区,如果没有为 boot 单独分区,那么内核前面的路径就是“/boot”，rhgb 是 Linux 新增的一个软件：redhat graph bootloader。
- 第 17 行，initrd 指定用来初始化的 Linux image，并设置相应的参数。

2.1.2　GRUB 多系统引导配置实例

以下是装有两个操作系统（Red Hat Linux 和 Microsoft Windows XP）的计算机的 GRUB 多系统引导配置文件。系统启动后如图 2-2 所示。

```
1  # grub.conf generated by anaconda
2  #
3  # Note that you do not have to rerun grub after making changes to this file
4  # NOTICE:   You have a /boot partition.   This means that
5  #             all kernel and initrd paths are relative to /boot/, eg.
6  #             root (hd0,8)
7  #             kernel /vmlinuz-version ro root=/dev/sda10
8  #             initrd /initrd-version.img
9  #boot=/dev/sda
10  default=0
11  timeout=5
12  splashimage=(hd0,8)/grub/splash.xpm.gz
13  #hiddenmenu
14  title Red Hat Enterprise Linux AS (2.6.9-34.EL)
15   root (hd0,8)
16   kernel /vmlinuz-2.6.9-34.EL ro root=LABEL=/ rhgb quiet
17   initrd /initrd-2.6.9-34.EL.img
18  title Microsoft Windows XP
19  rootnoverify (hd0,0)
20   chainloader +1
```

配置文件第 18~20 行是添加了一项来引导 Windows XP 的。要完成此操作，GRUB 使用了链式装入器"chainloader"。链式装入器从分区 (hd0,0) 即第一个硬盘、第 1 个分区的引导记录中装入 Windows XP 自己的引导装入器，然后引导它，这就是这种技术叫做链式装入的原因，它创建了从一个引导装入器到另一个引导装入器的链。这种链式装入技术可以用于引导任何版本的 DOS 或 Windows。如果计算机中装有 Windows 2000、Windows XP 的话，chainloader 会把引导权交给 Windows 的 NTLDR 来引导。

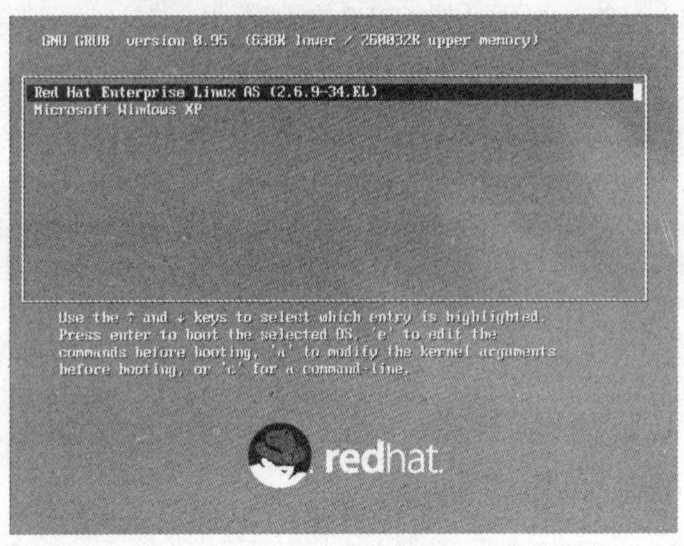

图 2-2　多系统引导界面

2.2　Linux 系统的启动过程及相关配置文件

本节将详细讲述 Linux 系统的启动过程，配置文件和多种服务脚本文件中各参数的含义以及具体应用。

2.2.1　Linux 计算机系统启动过程

当用户打开 PC 的电源，BIOS 开机自检，按 BIOS 中设置的启动设备（通常是硬盘）启动，接着启动设备上安装的引导程序 LILO 或 GRUB 开始引导 Linux。Linux 首先进行内核的引导，接下来执行 init 程序，init 程序调用了 rc.sysinit 和 rc 等程序，rc.sysinit 和 rc 完成系统初始化和运行服务的任务后返回 init，init 启动了 mingetty 后，打开了终端供用户登录系统，用户登录成功后进入了 Shell，这样就完成了从开机到登录的整个启动过程，如图 2-3 所示。下面逐一介绍其中几个关键的部分。

（1）启动 BIOS

系统开机启动 BIOS，即计算机的基本输入输出系统（Basic Input-Output System），它是集成在主板上的一个 ROM 芯片，其中有系统最重要的基本输入/输出程序、系统信息设置、开机通电自检程序和系统启动自检程序，在主板上可以看到 BIOS ROM 芯片。

BIOS 系统启动自检程序在完成自检（POST）后，ROM BIOS 将按照系统 CMOS 设置中的启动顺序搜寻软硬盘驱动器及 CD-ROM、网络服务器等有效的驱动程序，读入操作系统引导记录，然后将系统控制权交给引导记录，由引导记录完成系统的启动。

（2）启动管理器

GRUB 或 LILO 载入操作系统内核并把控制权转交给它。对于 Linux 来说引导程序就是负责在启动计算机时装入 Linux 的 Kernel，并将计算机的控制权交给 Kernel，然后 Kernel 再进一步初始化剩余的操作系统，直到 Linux 显示用户登录画面。由此可见引导程序对于一个操作系统而言是非常重要的。

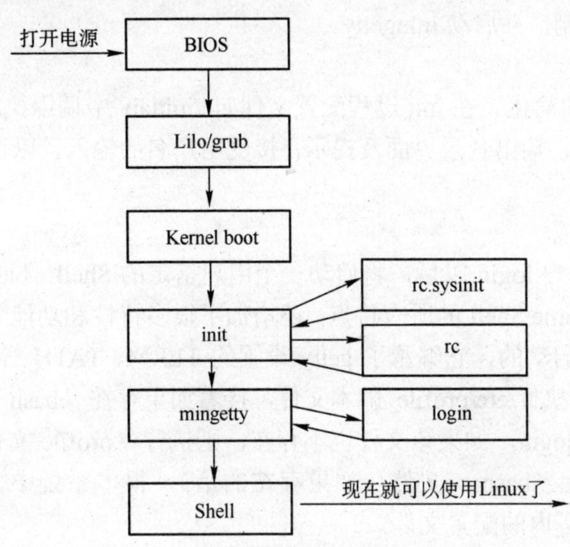

图 2-3　系统启动过程

（3）引导内核

1）Kernel 引导第一部分——核心数据结构初始化。

start_kernel( )中调用了一系列初始化函数，以完成 kernel 本身的设置，输出 Linux 版本信息 printk(Linux_banner)，设置与体系结构相关的环境 setup_arch( )等。

2）Kernel 引导第二部分——外设初始化。

init()函数作为核心线程，然后调用 do_basic_setup( )完成外设及其驱动程序的加载和初始化，接着完成总线初始化，如 pci_init()、网络初始化(初始化网络数据结构)、文件系统初始化 filesystem_setup( )，安装 root 文件系统 mount_root( )等。

3）Kernel 引导的最后部分。

当 do_basic_setup( )函数返回 init( )，init( )又打开了/dev/console 设备，重定向三个标准的输入输出文件 stdin、stdout 和 stderr 到控制台，最后，搜索文件系统中的 init 程序(或者由 init=命令行参数指定的程序)，并使用 execve( )系统调用加载执行 init 程序。到此 init( )函数结束，内核的引导部分也到此结束了。

（4）执行 init 进程

init 进程是系统所有进程的起点，在完成内核引导以后，即在本线程（进程）空间内加载 init 程序，它的进程号是 1。init 进程需要读取配置文件/etc/inittab。inittab 是一个不可执行的文本文件，它由若干行指令组成，所以 init 进程也称为系统初始化进程。

P1 1
第2章
P24 3
P51 4
P67 5
P83 6
P104 7
P117 8
P128 9
P143 10
P161 11
P172 12
P189 13
P214 14
P227 15
P245 16
P259 17
P284 18
P305 19
P328 20
P361 21

init 进程配置文件/etc/inittab 中调用执行了/etc/rc.d/rc.sysinit。rc.sysinit 是每一个运行级别都要首先运行的重要脚本，它主要完成一些系统初始化的工作，如激活交换分区、检查磁盘、加载硬件模块以及其他一些需要优先执行的任务。

当 rc.sysinit 程序执行完毕，将返回 init 继续下一步。如果没有其他 boot、bootwait 动作，在运行级别 3 下，/etc/rc.d/rc 将会执行，命令行参数为 3，即执行/etc/rc.d/rc3.d/目录下的所有文件。rc3.d 下的文件都是指向/etc/rc.d/init.d/目录下各个 Shell 脚本的符号连接，而这些脚本一般能接受 start、stop、restart、status 等参数。rc 程序执行完毕，系统环境已经设置好了，在 rc 返回后，init 将得到控制，并启动 mingetty。

（5）启动 mingetty

mingetty 是 getty 的简化。在 init 进程配置文件/etc/inittab 中调用执行,其主要功能如下：打开终端，并设置模式，输出登录界面及提示，接受用户名的输入，以该用户名作为 login 的参数，加载 login 程序。

（6）进入 Shell 环境

运行级别 3 下的用户 login 以后，将启动一个用户指定的 Shell，bash 是 Bourne Shell 的 GNU 扩展，继承了 Bourne Shell 的所有特点，还增加了很多特性和功能。由 login 启动的 bash 是作为一个登录 Shell 启动的，它继承了 getty 设置的 TERM、PATH 等环境变量，作为登录 Shell，它将首先寻找并执行/etc/profile 脚本文件，接着如果存在~/.bash_profile 文件，则执行它，否则执行 ~/.bash_login，如果该文件也不存在，则执行~/.profile 文件，然后 bash 将作为一个交互式 Shell 执行~/.bashrc 文件（如果存在的话），很多系统中，~/.bashrc 都将启动/etc/bashrc 作为系统范围内的配置文件。

当屏幕上显示命令行提示符的时候，整个启动过程就结束了。此时的系统，运行着内核、几个核心线程、init 进程、一批由 rc 启动脚本激活的守护进程（如 xinetd 等）和一个 bash（作为用户的命令解释器）。

▷▷▷ 2.2.2 系统启动配置文件

在 Red Hat Linux 系统中，/etc/inittab 配置文件，除了注释行之外，每一行都有以下格式：id:runlevel:action:process。其详细解释如下：

（1）id 项。id 是指入口标识符，它是一个字符串，对于 getty 或 mingetty 等其他 login 程序项，要求 id 与 tty 的编号相同，否则 getty 程序将不能正常工作。

（2）runlevel 项。runlevel 是 init 所处的运行级别的标识，一般使用 0～6。

（3）action 项。Action 用于描述其后的 process 的运行方式。action 可取的值包括：initdefault、sysinit、boot、bootwait 等。

initdefault 是一个特殊的 action 值，用于标识默认的启动级别，当 init 由核心激活以后，它将读取 inittab 中的 initdefault 项，取得其中的 runlevel，并作为当前的运行级别。如果没有 inittab 文件，或者其中没有 initdefault 项，init 将在控制台上请求输入 runlevel。

sysinit、boot、bootwait 等 action 将在系统启动时无条件运行，而忽略其中的 runlevel。其余的 action（不含 initdefault）都与某个 runlevel 相关，各个 action 的定义在 inittab 的 man 手册中有详细描述。

（4）process 项。process 为具体的执行程序，程序后面可以带参数。

以下是/etc/inittab 文件的内容：

```
#
# inittab          This file describes how the INIT process should set up
#                  the system in a certain run-level.
#
# Author:          Miquel van Smoorenburg, <miquels@drinkel.nl.mugnet.org>
#                  Modified for RHS Linux by Marc Ewing and Donnie Barnes
#

# Default runlevel. The runlevels used by RHS are:
#   0 - halt (Do NOT set initdefault to this)
#   1 - Single user mode
#   2 - Multiuser, without NFS (The same as 3, if you do not have networking)
#   3 - Full multiuser mode
#   4 - unused
#   5 - X11
#   6 - reboot (Do NOT set initdefault to this)
#
id:5:initdefault:

# System initialization.
si::sysinit:/etc/rc.d/rc.sysinit

l0:0:wait:/etc/rc.d/rc 0
l1:1:wait:/etc/rc.d/rc 1
l2:2:wait:/etc/rc.d/rc 2
l3:3:wait:/etc/rc.d/rc 3
l4:4:wait:/etc/rc.d/rc 4
l5:5:wait:/etc/rc.d/rc 5
l6:6:wait:/etc/rc.d/rc 6

# Trap CTRL-ALT-DELETE
ca::ctrlaltdel:/sbin/shutdown -t3 -r now

# When our UPS tells us power has failed, assume we have a few minutes
# of power left.  Schedule a shutdown for 2 minutes from now.
# This does, of course, assume you have powerd installed and your
# UPS connected and working correctly.
pf::powerfail:/sbin/shutdown -f -h +2 "Power Failure; System Shutting Down"

# If power was restored before the shutdown kicked in, cancel it.
pr:12345:powerokwait:/sbin/shutdown -c "Power Restored; Shutdown Cancelled"


# Run gettys in standard runlevels
1:2345:respawn:/sbin/mingetty tty1
```

```
46  2:2345:respawn:/sbin/mingetty tty2
47  3:2345:respawn:/sbin/mingetty tty3
48  4:2345:respawn:/sbin/mingetty tty4
49  5:2345:respawn:/sbin/mingetty tty5
50  6:2345:respawn:/sbin/mingetty tty6
51
52  # Run xdm in runlevel 5
53  x:5:respawn:/etc/X11/prefdm -nodaemon
```

下面对/etc/inittab 文件的格式进行解释。其中以#开始的行是注释行。

- 第 9～16 行，描述了系统的各运行级别的功能。代表运行级别的数值为：0 代表停止系统运行；1 代表进入单用户模式（不激活网络功能）；2 代表进入多用户模式，但是没有 NFS；3 代表进入完全的多用户模式（正常操作），此模式是字符界面；4 代表保留模式；运行级别 5 与运行级别 3 相当，但是使用 X-Window 登录程序代替文本登录程序，即登录到图形界面；6 代表重新启动系统。
- 第 18 行，表示当前默认运行级别为 5。我们可以修改此项来设置系统启动后自动进入的运行级别。
- 第 21～30 行，说明启动时自动执行/etc/rc.d/rc.sysinit 脚本。其中第 28 行说明以 5 为参数运行/etc/rc.d/rc 脚本，init 将等待其返回（wait）。
- 第 32 行，表示在启动过程中允许按〈Ctrl+Alt+Delete〉键重启系统，可以通过把此行注释掉来屏蔽按〈Ctrl+Alt+Delete〉键重启系统。
- 第 38 行，powerfail 用于指定当 UPS 发来断电信号时所运行的命令。
- 第 40 行，powerokwait 用于指定当供电恢复时所运行的命令。
- 第 45～50 行，init 定义了 6 个终端，以便用户登录系统。在 2、3、4、5 级别上以 ttyX 为参数执行/sbin/mingetty 程序，打开 ttyX 终端用于用户登录，respawn 说明如果进程退出则再次运行 mingetty 程序。通过按〈Ctrl+Alt+Fn〉键可以从图形向其他终端切换（n 对应 1～6，即为：从 F1 到 F6 键），按〈Ctrl+Alt+F7〉键可切换回原来的终端。
- 第 53 行，表示在 5 级别上运行 XDM 程序，提供 XDM 图形方式登录界面，并在退出时重新执行(respawn)。

2.2.3 服务脚本文件

在 init 的配置文件中调用执行了/etc/rc.d/rc.sysinit，而 rc.sysinit 是一个 bash 脚本，它主要是完成一些系统初始化的工作，rc.sysinit 是每一个运行级别都要首先运行的重要脚本。它主要完成的工作有：激活交换分区，检查磁盘，加载硬件模块以及其他一些需要优先执行任务。

rc.sysinit 文件有数百行，但是每个单一的功能还是比较简单，而且带有注释，用户可以自行阅读该文件，以了解系统初始化的详细情况。由于此文件较长，所以不在本书中列出来，也不做具体介绍。当 rc.sysinit 脚本执行完毕后，通常接下来会执行/etc/rc.d/rc 程序。/etc/rc.d/rc 也是一个 Shell 脚本，它接受 5 作为参数，去执行/etc/rc.d/rc5.d/目录下的所有 rc 启动脚本。这些启动脚本实际上都是一些以 K 或 S 开头的链接文件，而不是真正的 rc 启动脚本，真正的 rc

启动脚本实际上都是放在/etc/rc.d/init.d/目录下。而这些 rc 启动脚本有着类似的用法，它们一般能接受 start、stop、restart、status 等参数。

对于以 S 开头的启动脚本，将以 start 参数来运行。而如果发现某些脚本以 K 开头，而且已经处于运行态了（以/var/lock/subsys/下的文件作为标志），则将首先以 stop 为参数停止这些已经启动了的守护进程，然后重新运行。这样做是为了保证当 init 改变运行级别时，所有相关的守护进程都将重启。

至于在每个运行级中将运行哪些守护进程，用户可以通过 chkconfig 或 setup 中的"System Services"来自行设定。在 init.d 目录下，有许多用来启动和终止服务的脚本，常见的守护进程如表 2-1 所示。

表 2-1　常见的守护进程

守护进程	说　明
apmd	目录包含 apmd.init，用于控制电源管理和登录
arpwatch	记录以太网和 Internet 协议地址
atd	控制 at 守护程序（个人调度）
autofs	控制 automount 文件系统守护程序，autofs 自动文件挂载守护进程
bootparamd	用于在网络上引导早期的 Sun 工作站
crond	控制 cron 系统调度守护程序
dhcpd	控制动态主机控制协议（DHCP）守护程序
gpm	控制控制台鼠标服务器
halt	控制如何处理关机和重新引导
httpd	控制 Apache Web 服务器和 HTTP 服务
inet	控制 TCP/IP 和其他服务
killall	由 amd、crond、inett、kerneld、mars-new 以及 nfs init 脚本使用的实用程序脚本，用于删除进程
named	控制域名服务的启动和停止
network	控制系统网络的启动和停止
nfs	控制网络文件系统
pcmcia	控制便携机的卡服务
portmap	控制远程过程调用服务
postgresql	控制 PostgreSQL 数据库守护程序
random	控制随机数产生
Sendmail	控制邮件传输服务
single	由 init 在 Linux 引导到运行级 1 或者单用户管理模式时使用
smb	控制 Samba smbd 和 nmbd 守护程序
squid	控制 http 对象缓冲服务
syslog	启动和停止系统登录服务
xfs	启动和停止 X11 字体服务器
ypserv	控制网络信息服务（NIS）

2.3 启动过程故障分析及修复

启动过程中出现问题就要想办法解决。可能遇到的问题有：无法正常引导 Linux；遇到了硬件或软件问题，想把几个重要的文件从系统硬盘中取出；忘记了 root 口令等。下面讲解如何引导救援模式和单用户模式，及在这些模式中修复系统。

2.3.1 单用户模式

如果系统引导时，root 用户忘记了口令，可以试着使用单用户模式。在单用户模式中，计算机引导运行级别为 1，本地文件系统被挂载，但是网络不会被激活。会有一个可用的系统维护 Shell。和救援模式不同，单用户模式会自动试图挂载文件系统，如果文件系统无法成功挂载，不要使用单用户模式。若系统上的运行级别 1 的配置被损坏，就不能使用单用户模式。

在 GRUB 引导的 x86 系统上，可使用以下步骤来引导单用户模式：

（1）在 GRUB 启动后，选择 Linux 的启动项，按 e 键然后按方向键到类似图 2-4 所示光标条所在的一行，也就是 kernel 的那行：

```
kernel /vmlinuz-2.6.9-34.EL ro root=LABEL=/ rhgb quiet。
```

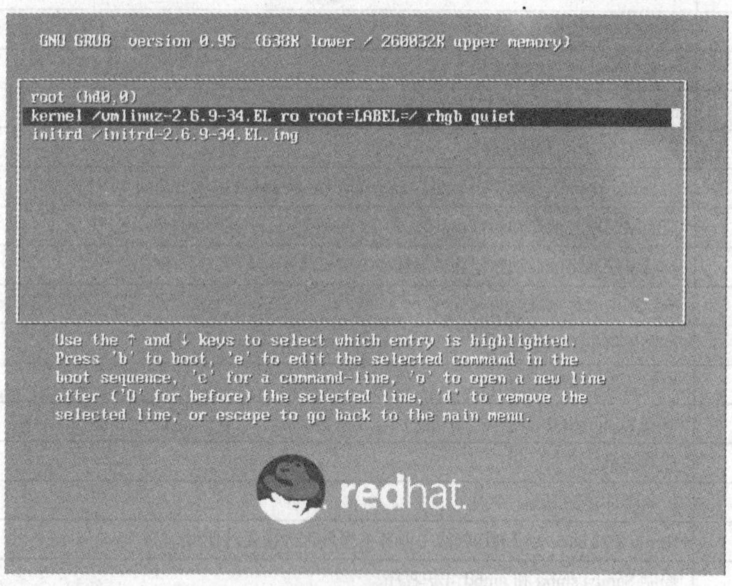

图 2-4 启动菜单项

（2）光标条移动到此行后，再按 e 键，就可以编辑这行。在行尾加一个空格，然后输入“single”，如图 2-5 所示。按回车键后就得到带有“single”的引导项，如图 2-6 所示。

（3）回到了 GRUB 屏幕后，键入 b 来引导进入单用户模式，如图 2-7 所示。

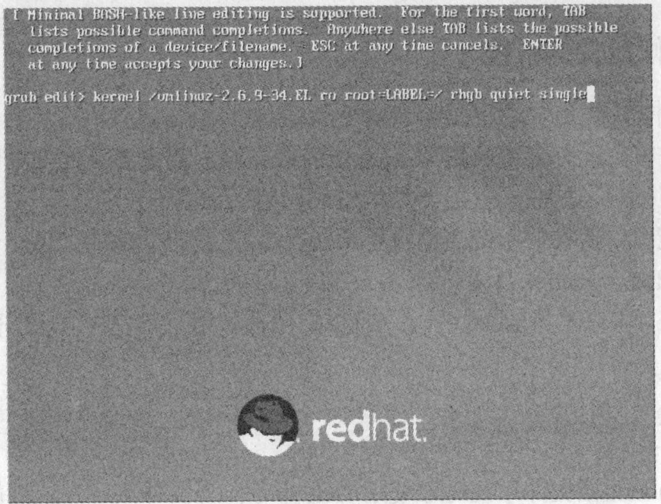

图 2-5　编辑 GRUB

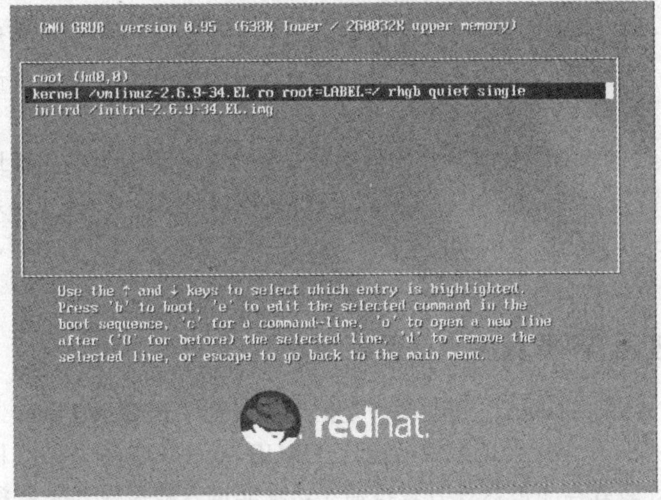

图 2-6　带 single 项的启动菜单

```
sde: assuming drive cache: write through
INIT: version 2.85 booting
Setting default font (latarcyrheb-sun16):                    [  OK  ]

                Welcome to Red Hat Enterprise Linux AS
                Press 'I' to enter interactive startup.
Starting udev:                                               [  OK  ]
Initializing hardware...  storage network audio done         [  OK  ]
Configuring kernel parameters:                               [  OK  ]
Setting clock  (localtime): ▪  1▪  9 08:11:35 CST 2007       [  OK  ]
Loading default keymap (us):                                 [  OK  ]
Setting hostname gdlc:                                       [  OK  ]
Checking root filesystem
/: clean, 181519/708224 files, 569373/1415728 blocks
                                                             [  OK  ]
Remounting root filesystem in read-write mode:               [  OK  ]
No Software RAID disks
Setting up Logical Volume Management:                        [  OK  ]
Checking filesystems
/boot: clean, 35/26104 files, 11955/104388 blocks
                                                             [  OK  ]
Mounting local filesystems:                                  [  OK  ]
Enabling local filesystem quotas:                            [  OK  ]
Enabling swap space:                                         [  OK  ]
sh-3.00# _
```

图 2-7　进入单用户模式

2.3.2 修复文件系统

当 Linux 文件系统由于人为因素或是系统本身的原因（如用户不小心冷启动系统、磁盘关键磁道出错或关机前没有来得及把 Cache 中的数据写入磁盘等）而损坏时，都会影响文件系统的完整性和正确性。这时，就需要系统管理员进行维护。

对 Linux 系统中常用文件系统的检查是通过 fsck 工具来完成的。fsck 命令的一般格式如下：fsck [options] file_system [...]

在通常情况下，可以不为 fsck 指定任何选项。例如，要检查/dev/hda1 分区上的文件系统，可以用以下命令：

```
[root@gdlc ~]# fsck /dev/hda1
```

应该在没有 mount 该文件系统时才使用 fsck 命令检查文件系统，这样能保证在检查时该文件系统上没有文件被使用。如果需要检查根文件系统，应该利用启动盘引导，而且运行 fsck 时应指定根文件系统所对应的设备文件名。

fsck 在发现文件系统有错误时可以修复它。如果需要 fsck 修复文件系统，必须在命令行中使用选项-a 和-y。当修复文件系统后，应该重新启动计算机，以便系统读取正确的文件系统信息。

fsck 对文件系统的检查顺序是从超级块开始，然后是已经分配的磁盘块、目录结构、链接数，以及空闲块链接表和文件的 i-节点等。值得注意的是 fsck 扫描文件系统时一定要在单用户模式、修复模式或把设备 umount 后进行。如果扫描正在运行中的系统，会造成系统文件损坏，如果系统正常，就不要随意使用 fsck 扫描工具。

2.3.3 使用 GRUB 程序修复系统启动

如果无法进入 RedHat Linux，问题通常是由于在安装了 RedHat Linux 之后安装另一个操作系统造成的。某些操作系统会覆盖最初包含 GRUB 或 LILO 引导装载程序的主引导记录（MBR）。如果引导装载程序被这种方式覆盖了，除非进入救援模式并重新配置引导装载程序，否则无法引导 Linux。

（1）Linux 的修复模式。Linux 的修复模式就是 Linux rescue，修复模式并不需要系统密码，当进入修复模式后，系统会提示用户要挂载哪个分区上的文件系统，可以根据自己的系统情况来选择。登录完成后，系统也会提示所在分区的文件系统会被挂载到哪个目录，如果不知道挂载在哪里，可通过 df –h 命令进行查看。执行修复模式时，需要以下几个步骤：

在 BIOS 中，设置第一个启动设备为 CD-ROM。将第一张安装盘放入 CD-ROM 运行，会提示安装的界面，在 boot:后面输入“Linux rescue”，然后按回车键，如图 2-8 所示。

根据提示选择语言和键盘格式，选择是否配置网卡，一般不需要，可以选择“否”，则跳过网卡配置，当然如果需要也可以选择“是”，具体设置过程和安装时一样。

选择是否让系统查找硬盘上的操作系统，选择继续。硬盘上的系统已经被找到并挂载在“/mnt/sysimage”下，按照提示输入“chroot /mnt/sysimage”，就进入了 RHEL 系统的真正根目录，此时可以修改相应内容。如图 2-9 所示。

```
                        Kernel Parameter Help

Some kernel parameters can be specified on the command line and will be
passed to the kernel.  This does not include options to modules for devices
such as ethernet cards or devices such as CD-ROM drives.

To pass an option to the kernel, use the following format:

     linux <options>

If a different installation mode is desired, enter it after the option(s).

For example, to install on a system with 128MB of RAM using noprobe mode,
type the following:

     linux mem=128M noprobe

To pass options to modules, you will need to use the noprobe mode to disable
PCI autoprobing.  When the installer asks for your device type that needs
an option or parameter passed to it, there will be a place to type those
in at that time.


[F1-Main] [F2-Options] [F3-General] [F4-Kernel] [F5-Rescue]
boot: linux Rescue_
```

图 2-8　引导修复模式

```
您的系统被挂载在 /mnt/sysimage 目录之下。

结束后请退出 shell，您的系统将会被重新引导。

Sh-3.00#
```

图 2-9　进入修复模式

进入修复模式后，可以挂载 U 盘进行数据备份、修改系统中的配置文件、重新设置 root 密码、挂载文件系统等。

（2）用 GRUB 来引导 Linux 系统，当用户重新安装 Windows 系统后，Windows 系统会破坏 MBR 中的 GRUB，这时需要恢复 GRUB。可以按照如下方式进行操作。

引导到修复模式，提示符为 sh#，输入“grub”：

```
sh# grub
```

会出现这样的提示符：

```
grub>
```

就可以在这样的字符后面，输入：

```
grub>root (hdX，Y)
grub>setup (hd0)
```

如果成功会出现“successful......”信息。

这里的 X，如果是第一个硬盘，就是 0，如果所安装的 Linux 的根分区在第二个硬盘上，那 X 就是 1 了。Y 就是装有 Linux 系统所在的根分区。 setup (hd0)就是把 GRUB 写到硬盘的

MBR 上。

（3）在多系统情况下，Windows 安装在基本分区，系统启动后出现“grub>”提示符时，可以输入 chainloader（hd0,0）+1，系统就能够直接进入 Windows 的菜单项。

（4）若开机后，无法进入 GRUB 界面,只有 grub>提示符，可以进行以下操作：

```
grub>cat (hd0,8)/boot/grub/grub.conf
grub>root (hd0,8)
grub>kernel /boot/vmlinuz-2.6.9-34.EL ro root=LABEL=/ rhgb quiet
grub>initrd /boot/initrd-2.6.9-34.EL.img
grub>boot
```

这样系统就启动了。以上有些数字要根据实际情况更改。其中(hd0,8)表示用户 Linux 系统的根分区为第一块硬盘的第九个分区。对应的硬件设备为/dev/hda9 或/dev/sda9。

2.3.4 系统启动修复实例

系统启动过程中常见的问题有：

（1）忘记了 root 用户密码。这种情况下可以进入单用户模式或修复模式，在 vi 下修改/etc/shadow 文件，把文件中的第一行，第二节（第一个“：”和第二个“：”之间的部分）的内容全部删除，重新引导系统即可。这样，root 账户就没有口令了，当重新从硬盘启动 Linux 系统时，就可以用 root 账户登录（系统不会要求输入密码），进入系统后，再用命令 passwd 设置新的口令。

（2）使用修复模式进行维护。修复盘组（也称为 boot/root 盘组），是系统管理员必不可少的工具。用它可以独立启动和运行一个完整的 Linux 系统。实际上，修复盘组中的第二张盘上就有一个完整的 Linux 系统，包括 root 文件系统，而第一张盘则存放了可启动的内核。

使用修复盘组维护系统很简单。只需用修复盘启动系统后，进入急救模式，这时使用的是 root 账户。为了能访问硬盘上的文件，需要手工安装硬盘文件系统，用下面的命令可在/mnt 目录中安装/dev/hda2 分区上的 ext3 类型的 Linux 文件系统：

```
# monut -t ext3 /dev/hda2 /mnt
```

为了访问硬盘文件系统中的文件，必须先把它安装到某个目录下，如果将硬盘上文件系统安装在/mnt 目录下，则硬盘上原来的/etc/passwd 文件的路径就是/mnt/etc/passwd。

（3）文件系统被破坏时的处理方法。当文件系统被破坏时，可以使用相应的 fsck 命令。当从软盘上检查文件系统时，最好不要用 mount 命令安装。文件系统被破坏的常见原因是超级块被损坏，超级块是文件系统的“头部”。它包含文件系统的状态、尺寸和空闲磁盘块等信息。超级块损坏后，Linux 可能会完全不识别该文件系统，这样也就不能安装它了，即使采用 fsck 命令也不能处理这个问题）

（4）在 ext3 文件系统中，用 rm 命令删除的文件将无法恢复。如果不小心删除了重要的文件，还可以将相应的文件从修复盘复制到硬盘上。例如，删除了文件/bin/login，此时系统无法正常运行到登录界面，可以用修复盘组启动系统，将硬盘文件系统挂载到/mnt 目录下，然后使用下述命令：

```
# cp -a /bin/login    /mnt/bin
```

当然如果被删除的基本文件不在修复盘组中，也就不能用这种方法。此时可以使用网络复制方式进行修复或直接从备份文件中恢复。网络修复方式如下：

```
# scp root@10.0.0.2:/bin/login /bin
```

（5）函数库破坏时的处理方法。如果不小心将系统函数库文件破坏了，或者破坏了/lib 目录下的符号链接，那么将导致依赖这些库的命令无法执行。最简单的解决办法是用修复盘组启动系统，在/mnt 目录中安装硬盘文件系统，然后修复/mnt/lib 目录下的库。

（6）处理不正常关机引起的故障。如果 Linux 不正常关机，有可能导致不能进入 Linux 的 KDE 环境而只能处于控制台环境下，而且不断地有大片的英文字符向上翻滚。以 root 身份登录后，键入 startx 命令，出现“x server 不能连接”的错误提示。

这时可以在控制台下，键入 setup，出现系统设置菜单，选择其中的“X 窗口设置”，然后依照提示正确设置显示器的类型、刷新频率、显存大小、分辨率等。如果一切无误，系统会自动启动 X Window 系统。

第3章 高级磁盘管理

本章主要内容

- 文件系统概述
- Linux 交换空间管理
- LVM 逻辑卷管理
- RAID 磁盘冗余阵列管理

3.1 文件系统概述

本节主要从磁盘管理基础、磁盘分区、格式化及磁盘配额几个方面讲述 Linux 文件系统。

3.1.1 磁盘管理基础知识

（1）文件系统定义。文件系统是有组织地存储文件或数据的方法，目的是易于查询和存取。文件系统是基于一个存储设备，比如硬盘或光盘。也可以说文件系统也是虚拟数据或网络数据存储的方法，比如 NFS。文件系统是包括在一个磁盘或分区的目录结构，一个可应用的磁盘设备可以包含一个或多个文件系统，如果想进入一个文件系统，首先要做的是挂载（mount）文件系统，为了挂载（mount）文件系统，必须指定一个挂载点，只有文件系统被挂载，用户才能访问。

（2）结点。文件系统最基础的组成就是 i-结点（i-node）。i-结点是一个包含着指针的文件控制结构，其中的指针要么指向其他 i-结点，要么指向数据块。i-结点中的控制信息包括文件的所有者、访问权限、长度、最后一次存取时间、建立时间、用户分组 GID 号等。i-结点中没有保存的东西就是文件名，子目录本身就是文件的一种特殊形式。这就意味着每一个子目录都有一个 i-结点，这个 i-结点指向的数据块中包含着关于这个子目录所有文件的信息资料。

（3）文件系统的类型。Windows 和 DOS 常用的文件系统是 FAT 系列（包括 FAT16 及 FAT32 等）和 NTFS 文件系统；光盘文件系统是 ISO-9660 文件系统；网络存储 NFS 服务器在客户端访问时，文件系统是 NFS。Linux 下最常用的文件系统包括 Ext、Ext2、Ext3、JFS、XFS、ReiserFS 等。

3.1.2 磁盘分区、格式化及磁盘配额

通常，在台式机上使用的硬盘有：IDE 接口、ATA 接口和 SATA 接口，目前 SATA 接口

是最常见的。服务器硬盘在性能上的要求要远远高于台式机硬盘，这是受服务器大数据量、高负荷、高速度等要求所决定的。服务器硬盘一般采用 SCSI 接口，高端服务器还有采用光纤通道接口的，极少的低端服务器采用台式机上的 ATA 硬盘，性能受到很大影响。

在一台 PC 上可以有两个 IDE 接口，而每个 IDE 接口上可以接两个 IDE 设备（主盘、从盘），其中硬盘与光驱都是 IDE 设备。第一块 IDE 设备称为/dev/hda、第二块就是/dev/hdb……最多共四块 IDE 设备。SCSI 设备通常需要加上一块 SCSI 卡来驱动。第一块 SCSI 设备称为/dev/sda、第二块就是/dev/sdb……依此类推，SATA 接口的硬盘和 U 盘也被识别为 sd 设备。磁盘要先进行分区、格式化、挂载，然后再使用。

在 Linux 系统中，由于是多用户多任务的环境，所以会有多人共同使用一个硬盘空间的情况发生，如果其中有少数几个用户大量地占据了硬盘空间，那必将影响其他用户的使用。因此管理员应该通过向各用户分配适当的硬盘使用权限，妥善安排系统资源。这就是磁盘配额的管理。

Linux 中的磁盘配额分为用户配额和组的配额。组的配额是对某组中全体用户的综合限制。Linux 中的磁盘配额根据是否可有一定的超越又分为软限制（可以超越）和硬性限制（禁止超越），但软限制超过期限后自动变为硬性限制。Linux 中的磁盘配额按限制的项目不同，可分为空间限制（blocks 大小）和文件数限制（inodes 个数）。这些内容在《Linux 管理员》中讲过，不再赘述。

3.2 Linux 交换空间管理

本节将讲述 Linux 交换空间管理，包括交换空间工作原理、交换分区创建及管理、交换文件创建及管理等知识。

3.2.1 交换空间工作原理

Linux 中的交换空间（swap space）在物理内存（RAM）被充满时使用。如果系统需要更多的内存资源，而物理内存已经充满，内存中不活跃的页面就会被转移到交换空间中。以前，遵守一个规则：交换分区一般设为内存的 1～2 倍。但是要处理大文件，单单 1～2GB 是不够的，需要使用更大的交换分区，Linux 2.2 以前的内核，支持最大 128MB 的 Linux swap 分区或文件。Linux swap 的分区或文件总数不超过 8 个。所以在 Linux 2.2 以前，可用的最大虚拟内存为 128MB×8=1GB。Linux 2.2.x 至 Linux 2.4.10 之前支持最大 2GB 的 Linux swap 分区或文件。Linux swap 的分区或文件总数不超过 8 个。所以在 Linux 2.2.x 中，可用的最大虚拟内存为 2GB×8=16GB。Linux 2.4.x 对虚拟内存的限制是：Linux 2.4.10 之前支持最大 2GB 的 Linux swap 分区或文件。Linux swap 的分区或文件总数不超过 8 个。所以在 Linux 2.4.10 之前，可用的最大虚拟内存为 2GB×8=16GB。Linux 2.4.10（含）之后支持最大 2GB 的 Linux swap 分区或文件，Linux swap 的分区或文件总数不超过 32 个。所以在 Linux 2.4.10 之后，可用的最大虚拟内存为 2GB×32=64GB。

此外，如果有不止 1 块磁盘，并且分别在不同的磁盘上建立了 swap，那么 Linux 会按照 raid 0 的方式来使用这些交换分区。

P1 1
P9 2
第 3 章
P51 4
P67 5
P83 6
P104 7
P117 8
P128 9
P143 10
P161 11
P172 12
P189 13
P214 14
P227 15
P245 16
P259 17
P284 18
P305 19
P328 20
P361 21

3.2.2 交换分区创建及管理

Linux 支持两种形式的交换空间：交换分区和交换文件。交换空间可以为内存不足的计算机提供帮助。但是，这种方法不应该被当作是对内存的取代，交换空间位于硬盘上，存取速度比物理内存慢。有时，你会有必要在安装后添加更多的交换空间。例如，用户把系统内存从 256MB 升级到 512MB，但是系统只有 512MB 的交换分区。如果用户执行的是大量使用内存的操作或运行需要大量内存的程序，则需要把交换空间增加到 1GB，这样可以提高系统的性能。

增加交换空间一般有两种选择：添加一个交换分区或添加一个交换文件。推荐读者添加一个交换分区。不过，如果系统没有空闲的分区可用，创建交换分区可能会不太容易，这时可以考虑添加交换文件。创建交换分区的命令如下：

（1）创建一个 100MB 的交换分区。

```
[root@localhost ~]# fdisk /dev/hdb
```

n　　新建一个分区
t　　修改该分区的类型为交换分区（分区代码 82）

```
Command (m for help): n
Command action
   e   extended
   p   primary partition (1-4)
p
Partition number (1-4): 1
First cylinder (1-2080, default 1):
Using default value 1
Last cylinder or +size or +sizeM or +sizeK (1-2080, default 2080): +100M

Command (m for help): t
Selected partition 1
Hex code (type L to list codes): 82
Changed system type of partition 1 to 82 (Linux swap)

Command (m for help): w
The partition table has been altered!

Calling ioctl() to re-read partition table.
Syncing disks.
[root@localhost ~]#
```

可以检查一下分区是否建立：

```
[root@localhost ~]# fdisk -l

Disk /dev/hdb: 1073 MB, 1073741824 bytes
```

```
16 heads, 63 sectors/track, 2080 cylinders
Units = cylinders of 1008 * 512 = 516096 bytes

   Device Boot      Start         End      Blocks   Id  System
/dev/hdb1               1         195      98248+   82  Linux swap
```

（2）格式化交换分区。

```
[root@localhost ~]# mkswap /dev/hdb1
Setting up swapspace version 1, size = 100601 kB
```

（3）查看系统当前交换空间的大小。

```
[root@localhost ~]# free
             total       used       free     shared    buffers     cached
Mem:        158540     149056       9484          0       2116      34740
-/+ buffers/cache:     112200      46340
Swap:       522104       7388     514716
```

（4）激活该交换空间,再查看系统交换空间的大小是否有变化。

```
[root@localhost ~]# swapon /dev/hdb1
[root@localhost ~]# free
             total       used       free     shared    buffers     cached
Mem:        158540     149464       9076          0       2204      35036
-/+ buffers/cache:     112224      46316
Swap:       620344       7388     612956
```

（5）修改/etc/fstab 文件，使系统可自动加载新增的交换分区。

```
[root@localhost ~]#vi /etc/fstab
```

在文件最后加如下一行：

```
/dev/hdb1          swap                 swap    defaults        0  0
```

重启机器，查看该交换分区是否被自动激活。

```
[root@localhost ~]#reboot
[root@localhost ~]# free
             total       used       free     shared    buffers     cached
Mem:        158540     149464       9076          0       2204      35036
-/+ buffers/cache:     112224      46316
Swap:       620344       7388     612956
```

（6）关闭交换分区。

```
[root@localhost ~]# swapoff /dev/hdb1
```

P1 1
P9 2
第 3 章
P51 4
P67 5
P83 6
P104 7
P117 8
P128 9
P143 10
P161 11
P172 12
P189 13
P214 14
P227 15
P245 16
P259 17
P284 18
P305 19
P328 20
P361 21

3.2.3 交换文件创建及管理

交换分区是在磁盘中专门分出一个磁盘分区用于交换。交换文件则是创建一个文件用于交换。当系统没有空闲的分区时可以使用。

Linux 可以利用文件系统中通常的文件作为交换文件，也可以利用某个分区进行交换操作。在交换分区上的交换操作较快，而利用交换文件可方便地改变交换空间的大小。Linux 还可以用多个交换空间或交换文件进行交换操作。使用交换分区比使用交换文件效率要高，这是因为独立的交换分区保证了磁盘块的连续，使得 Linux 系统读写数据的速度较快。但增加交换文件比较容易实现。创建交换文件的命令如下：

（1）在根目录下创建 8MB 的交换文件，名为 swapfile。

```
[root@localhost ~]# dd if=/dev/zero of=/swapfile bs=1024 count=8192
读入了  8192+0  个块
输出了  8192+0  个块
```

（2）格式化该文件。

```
[root@localhost ~]# mkswap /swapfile
Setting up swapspace version 1, size = 8384 kB
```

（3）查看当前系统交换空间的大小。

```
[root@localhost ~]# free
                   total       used       free     shared    buffers     cached
Mem:              158540     156512       2028          0       2140      42888
-/+ buffers/cache:           111484      47056
Swap:             522104       8660     513444
```

（4）激活该交换空间，再查看系统交换空间的大小是否有变化。

```
[root@localhost ~]# swapon /swapfile
[root@localhost ~]# free
                   total       used       free     shared    buffers     cached
Mem:              158540     156576       1964          0       2192      42952
-/+ buffers/cache:           111432      47108
Swap:             530288       8660     521628
```

（5）修改 etc/fstab 文件，使系统可自动加载新增的交换文件。

```
[root@localhost ~]#vi /etc/fstab
```

在文件最后添加如下一行：

```
/swapfile        swap                    swap    defaults        0  0
```

重新启动机器，查看该文件是否被自动激活。

```
[root@localhost ~]# reboot
[root@localhost ~]# free
             total       used       free     shared    buffers     cached
Mem:        158540     156576       1964          0       2192      42952
-/+ buffers/cache:     111432      47108
Swap:       530288       8660     521628
```

（6）关闭交换文件。

```
[root@localhost ~]# swapoff /swapfile
```

3.3　LVM 逻辑卷管理

本节主要讲述 LVM 工作原理、LVM 名词与术语，并给出一个完整的 LVM 配置步骤。

3.3.1　LVM 工作原理

每个 Linux 用户在安装 Linux 时都会遇到这样的困境：在为系统分区时，如何精确评估和分配各个硬盘分区的容量。因为系统管理员不但要考虑到当前某个分区需要的容量，还要预见该分区以后可能需要的容量的最大值。如果估计不准确，当遇到某个分区不够用时管理员可能甚至要备份整个系统、清除硬盘、重新对硬盘分区，然后恢复数据到新分区。

因此完美的解决方法是在零宕机的前提下，可以自如对文件系统的大小进行调整，可以方便实现文件系统跨越不同磁盘和分区。Linux 提供的逻辑卷管理（LVM，Logical Volume Manager）机制就是一个完美的解决方案。

LVM 是建立在硬盘和分区之上的一个逻辑层，可提高磁盘分区管理的灵活性。通过 LVM 系统管理员可以轻松管理磁盘分区，如：将若干个磁盘分区连接为一个整块的卷组（volume group），形成一个存储池。管理员可以在卷组上随意创建逻辑卷组（logical volumes），并进一步在逻辑卷组上创建文件系统。管理员通过 LVM 可以方便地调整存储卷组的大小，并且可以对磁盘存储按照组的方式进行命名、管理和分配，例如按照用途进行定义："development"和"sales"，而不是使用物理磁盘名"sda"和"sdb"。而且当系统添加了新的磁盘，通过 LVM 管理员就不必将磁盘的文件移动到新的磁盘上，而是直接扩展文件系统跨越磁盘即可。

使用 LVM，硬盘驱动器或硬盘驱动器集合就会分配给一个或多个物理卷（physical volumes）。而物理卷无法跨越一个以上驱动器。

物理卷被合并成逻辑卷组（logical volume group），唯一的例外是/boot 分区。/boot 分区不能位于逻辑卷组，因为引导装载程序无法读取它。如果你想把 / 分区放在逻辑卷上，你需要创建一个独立的/boot 分区，它不属于卷组的一部分。

由于物理卷无法跨越多个驱动器，如果你想让逻辑卷组跨越多个驱动器，你就应该在每个驱动器上创建一个或多个物理卷。

3.3.2　LVM 名词与术语

LVM 可为文件系统屏蔽下层磁盘分区布局，提供一个抽象的盘卷，在盘卷上建立文件系统。以下是 LVM 的相关术语。

（1）物理存储介质（physical media）。这里指系统的存储设备，一般是硬盘，如：/dev/hda1、/dev/sda 等，是存储系统最低层的存储单元。

（2）物理卷（physical volume）。物理卷就是指硬盘分区或从逻辑上与磁盘分区具有同样功能的设备（如 RAID），是 LVM 的基本存储逻辑块，和基本的物理存储介质（如分区、磁盘等）比较，包含与 LVM 相关的管理参数。

（3）卷组（volume group）。LVM 卷组类似于非 LVM 系统中的物理硬盘，其由物理卷组成。可以在卷组上创建一个或多个"LVM 分区"（逻辑卷），LVM 卷组由一个或多个物理卷组成。

（4）逻辑卷（logical volume）。LVM 的逻辑卷类似于非 LVM 系统中的硬盘分区，在逻辑卷之上可以建立文件系统（如/home 或/usr 等）。

（5）PE（physical extent）。每一个物理卷被划分为称为 PE 的基本单元，具有唯一编号的 PE 是可以被 LVM 寻址的最小单元。PE 的大小是可配置的，默认为 4MB。

（6）LE（logical extent）。逻辑卷也被划分为称为 LE 的可被寻址的基本单位。在同一个卷组中，LE 的大小和 PE 是相同的，并且一一对应。

从图 3-1 可以看到，PE 和 LE 有着一一对应的关系。一个卷组由一个或多个物理卷组成，同时在卷组上可以创建一个或多个逻辑卷。物理卷（PV）由大小相同的基本单元 PE 组成。逻辑卷就相当于非 LVM 系统的磁盘分区，可以在其上创建文件系统。

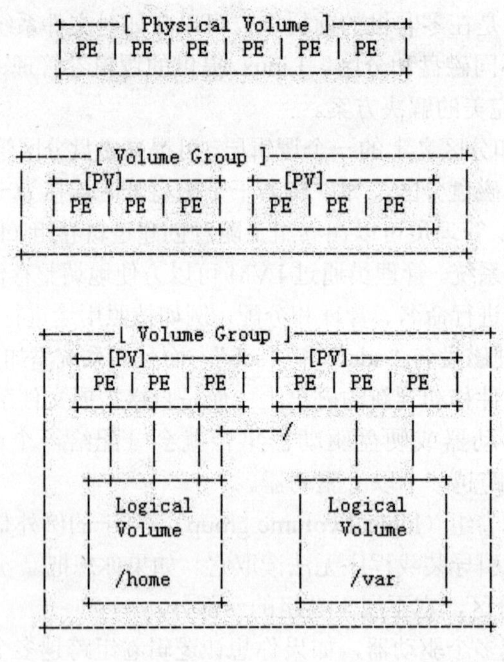

图 3-1　LE 和 PE

和非 LVM 系统将包含分区信息的数据保存在位于分区的起始位置的分区表中一样，逻辑卷以及卷组相关的数据也是保存在位于物理卷起始处的 VGDA（卷组描述符区域）中。VGDA 包括以下内容：PV 描述符、VG 描述符、LV 描述符和一些 PE 描述符。

系统启动LVM时激活VG，并将VGDA加载至内存，来识别LV的实际物理存储位置。当系统进行I/O操作时，就会根据VGDA建立的映射机制来访问实际的物理位置。也可以按照图3-2简单地去理解。

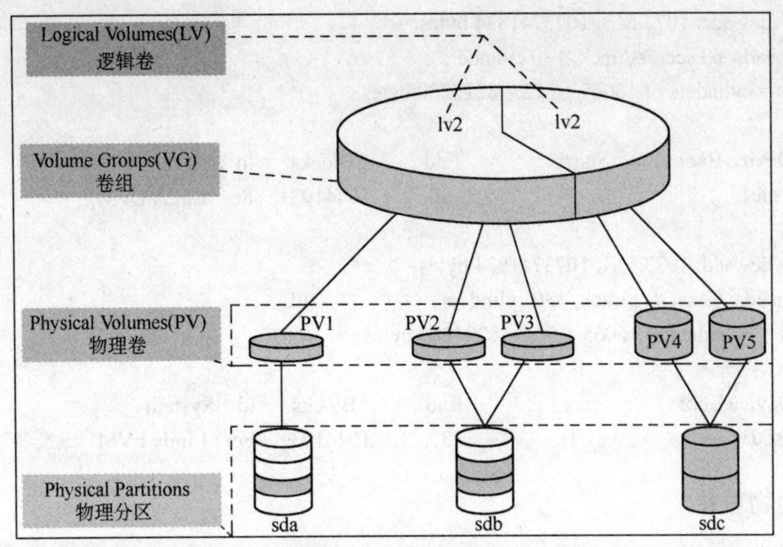

图3-2　逻辑卷组成

▷▷▷ 3.3.3　LVM配置实例

sdc、sdd是两个大小为1GB的SCSI磁盘（大小可以不同），sdc上的sdc1分区创建了PV；sdd上的sdd1分区创建了PV；来自sdc1和sdd1的PV共同组成了一个2GB的卷组：gdlcVG1，这个卷组又被划分成3个大小为200MB的逻辑卷：gdlcLV1、gdlcLV2、gdlcLV3，保留空间供扩展使用。配置步骤如下。

（1）首先确定系统中是否安装了lvm工具。

```
[root@gdlc ~]# rpm –qa|grep lvm
system-config-lvm-1.0.16-1.0
lvm2-2.02.01-1.3.RHEL4
```

（2）我们加了两个磁盘，先看看它们的原始信息。

```
[root@gdlc ~]# fdisk -l
Disk /dev/sdc: 1073 MB, 1073741824 bytes
255 heads, 63 sectors/track, 130 cylinders
Units = cylinders of 16065 * 512 = 8225280 bytes
Disk /dev/sdc doesn't contain a valid partition table

Disk /dev/sdd: 1073 MB, 1073741824 bytes
255 heads, 63 sectors/track, 130 cylinders
Units = cylinders of 16065 * 512 = 8225280 bytes
Disk /dev/sdd doesn't contain a valid partition table
```

P1 1
P9 2
第 3 章
P51 4
P67 5
P83 6
P104 7
P117 8
P128 9
P143 10
P161 11
P172 12
P189 13
P214 14
P227 15
P245 16
P259 17
P284 18
P305 19
P328 20
P361 21

（3）进行分区。两个磁盘建立主分区，并把全部磁盘空间划分给 sdc1 和 sdd1，并将它们的格式转为 Linux LVM 格式，16 进制编码为 8e。

```
[root@gdlc ~]# fdisk -l
Disk /dev/sdc: 1073 MB, 1073741824 bytes
255 heads, 63 sectors/track, 130 cylinders
Units = cylinders of 16065 * 512 = 8225280 bytes

   Device Boot      Start         End      Blocks   Id  System
/dev/sdc1               1         130     1044193+  8e  Linux LVM

Disk /dev/sdd: 1073 MB, 1073741824 bytes
255 heads, 63 sectors/track, 130 cylinders
Units = cylinders of 16065 * 512 = 8225280 bytes

   Device Boot      Start         End      Blocks   Id  System
/dev/sdd1               1         130     1044193+  8e  Linux LVM
```

（4）创建物理卷。

```
[root@gdlc ~]# pvdisplay /dev/sdc1

No physical volume label read from /dev/sdc1
        Failed to read physical volume "/dev/sdc1"
[root@gdlc ~]# pvcreate /dev/sdc1
        Physical volume "/dev/sdc1" successfully created
```

用同样的方法创建/dev/sdd1，然后查看两个物理卷。

```
[root@gdlc ~]#pvscan
PV /dev/sdc1          lvm2 [1019.53 MB]
      PV /dev/sdd1          lvm2 [1019.53 MB]
      Total: 2 [1.99 GB] / in use: 0 [0      ] / in no VG: 2 [1.99 GB]
```

（5）创建卷组。

```
[root@gdlc ~]# vgcreate gdlcVG1 /dev/sdc1 /dev/sdd1
  Volume group "gdlcVG1" successfully created
```

（6）激活卷组。

```
[root@gdlc ~]# vgchange -a y gdlcVG1
0 logical volume(s) in volume group "gdlcVG1" now active
```

（7）查看卷组。

```
[root@gdlc ~]# vgscan
Reading all physical volumes.   This may take a while...
```

```
    Found volume group "gdlcVG1" using metadata type lvm2
[root@gdlc ~]# pvscan
    PV /dev/sdc1    VG gdlcVG1    lvm2 [1016.00 MB / 1016.00 MB free]
    PV /dev/sdd1    VG gdlcVG1    lvm2 [1016.00 MB / 1016.00 MB free]
    Total: 2 [1.98 GB] / in use: 2 [1.98 GB] / in no VG: 0 [0    ]
```

（8）从卷组中删除一个物理卷。

```
[root@gdlc ~]# vgreduce gdlcVG1 /dev/sdc1
    Removed "/dev/sdc1" from volume group "gdlcVG1"
```

（9）增加一个物理卷。

```
[root@gdlc ~]# vgextend gdlcVG1 /dev/sdc1
Volume group "gdlcVG1" successfully extended
```

（10）创建逻辑卷（单位：MB）。

```
[root@gdlc ~]# lvcreate -L 200m -n gdlcLV1 gdlcVG1
      Logical volume "gdlcLV1" created
[root@gdlc ~]# lvscan
ACTIVE              '/dev/gdlcVG1/gdlcLV1' [200.00 MB] inherit
```

以同样的方式在 gdlcVG1 上建立 gdlcLV2 和 gdlcLV3。

```
[root@gdlc ~]# lvscan
    ACTIVE            '/dev/gdlcVG1/gdlcLV1' [200.00 MB] inherit
    ACTIVE            '/dev/gdlcVG1/gdlcLV2' [200.00 MB] inherit
    ACTIVE            '/dev/gdlcVG1/gdlcLV3' [200.00 MB] inherit
```

（11）建立文件系统（格式化）。

```
[root@gdlc ~]# mkfs -t ext3 /dev/gdlcVG1/gdlcLV1
[root@gdlc ~]# mkfs -t ext3 /dev/gdlcVG1/gdlcLV2
[root@gdlc ~]# mkfs -t ext3 /dev/gdlcVG1/gdlcLV3
```

（12）挂载逻辑卷。先在/mnt 创建 LV1 、LV2 和 LV3。

```
[root@gdlc ~]# mkdir /mnt/LV1
[root@gdlc ~]# mkdir /mnt/LV2
[root@gdlc ~]# mkdir /mnt/LV3
```

再把 gdlcLV1 挂载到/mnt/LV1,把 gdlcLV2 和 gdlcLV3 挂载到/mnt/LV2 和/mnt/LV3，并查看挂载情况。

```
[root@gdlc~]# mount /dev/gdlcVG1/gdlcLV1 /mnt/LV1
[root@gdlc~]# mount /dev/gdlcVG1/gdlcLV2 /mnt/LV2
[root@gdlc~]# mount /dev/gdlcVG1/gdlcLV3 /mnt/LV3
```

P1 1
P9 2
第 3 章
P51 4
P67 5
P83 6
P104 7
P117 8
P128 9
P143 10
P161 11
P172 12
P189 13
P214 14
P227 15
P245 16
P259 17
P284 18
P305 19
P328 20
P361 21

```
[root@gdlc~]# mount
/dev/mapper/gdlcVG1-gdlcLV1 on /mnt/LV1 type ext3 (rw)
/dev/mapper/gdlcVG1-gdlcLV2 on /mnt/LV2 type ext3 (rw)
/dev/mapper/gdlcVG1-gdlcLV3 on /mnt/LV3 type ext3 (rw)
```

（13）自动加载文件系统，在/etc/fstab 文件中加入以下内容。

```
[root@gdlc~]# vi /etc/fstab
/dev/gdlcVG1/gdlcLV1        /mnt/LV1        ext3    defaults    0 0
/dev/gdlcVG1/gdlcLV2        /mnt/LV2        ext3    defaults    0 0
/dev/gdlcVG1/gdlcLV3        /mnt/LV3        ext3    defaults    0 0
```

（14）删除一个逻辑卷。删除逻辑卷前先把它卸载。操作如下。

```
[root@gdlc~]# unmount /dev/gdlcVG1/gdlcLV3
[root@gdlc~]# lvremove /dev/gdlcVG1/gdlcLV3
Do you really want to remove active logical volume "gdlcLV3"? [y/n]:
Logical volume "gdlcLV3" successfully removed
```

（15）扩展、缩减逻辑卷大小，把 gdlcLV1 增加 100MB。

```
[root@gdlc~]# lvscan |grep LV1
ACTIVE            '/dev/gdlcVG1/gdlcLV1' [200.00 MB] inherit
[root@gdlc~]# lvextend -L +100m /dev/gdlcVG1/gdlcLV1
Extending logical volume gdlcLV1 to 300.00 MB
    Logical volume gdlcLV1 successfully resized
[root@gdlc~]# lvscan |grep LV1
ACTIVE            '/dev/gdlcVG1/gdlcLV1' [300.00 MB] inherit
```

（16）扩展、缩减逻辑卷大小，把 gdlcLV1 减少 50MB。

```
[root@gdlc root]# lvreduce -L -50m /dev/gdlcVG1/gdlcLV1
    Rounding up size to full physical extent 48.00 MB
    WARNING: Reducing active and open logical volume to 252.00 MB
    THIS MAY DESTROY YOUR DATA (filesystem etc.)
Do you really want to reduce gdlcLV1? [y/n]:
Reducing logical volume gdlcLV1 to 252.00 MB
      Logical volume gdlcLV1 successfully resized
[root@gdlc~]# lvscan |grep LV1
    ACTIVE            '/dev/gdlcVG1/gdlcLV1' [252.00 MB] inherit
```

注意，增加或减少时，一般设置为 n×4MB（n 为正整数）。

3.4 RAID 磁盘冗余阵列管理

本节主要讲述 RAID 种类及其工作原理、RAID 名词与术语，并给出一个 RAID 的配置实例。

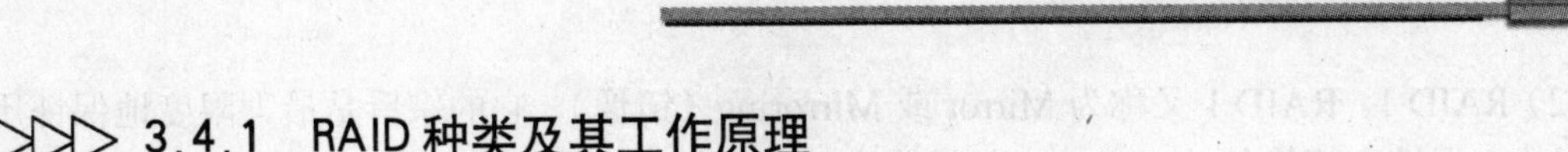

3.4.1 RAID 种类及其工作原理

RAID 是英文 Redundant Array of Independent Disks 的缩写，即“独立磁盘冗余阵列”，有时也简称磁盘阵列（Disk Array）。

简单地说，RAID 是一种把多块独立的硬盘（物理硬盘）按不同的方式组合起来形成一个硬盘组（逻辑硬盘），从而提供比单个硬盘性能更高的存储和数据备份技术。组成磁盘阵列的不同方式称为 RAID 级别（RAID Levels）。数据备份的功能是在用户数据一旦发生损坏后，利用备份信息可以使损坏数据得以恢复，从而保障了用户数据的安全性。在用户看来，组成的磁盘组就像是一个硬盘，用户可以对它进行分区、格式化等操作。总之，对磁盘阵列的操作与单个硬盘一模一样。不同的是，磁盘阵列的存储速度要比单个硬盘高很多，而且可以进行自动数据备份。

RAID 技术的两大优点是高速和安全。由于这两大优点，RAID 技术早期被应用于高级服务器中的 SCSI 接口的硬盘系统中，随着近年计算机技术的发展，PC 的 CPU 速度已进入 GHz 时代。IDE 接口的硬盘也不甘落后，相继推出了 ATA66 和 ATA100 硬盘。这就使得 RAID 技术被应用于中低档服务器甚至 PC 上成为可能。RAID 通常是由在硬盘阵列塔中的 RAID 控制器或电脑中的 RAID 卡来实现的。

RAID 技术经过不断发展，现在已拥有了从 RAID 0 到 RAID 6 等七种基本的 RAID 级别。另外，还有一些基本 RAID 级别的组合形式，如 RAID 10（RAID 0 与 RAID 1 的组合），RAID 50（RAID 0 与 RAID 5 的组合）。除此之外还有 RAID 7、RAID 5E、RAID 5EE、RAID 1E、RAID DP 等高级别磁盘 RAID 技术。不同 RAID 级别代表着不同的存储性能、数据安全性和存储成本。但最为常用的是下面的几种 RAID 形式。

（1）RAID 0。RAID 0 又称为 Stripe（条带化）或 Striping，它代表了所有 RAID 级别中最高的存储性能。RAID 0 提高存储性能的原理是把连续的数据分散到多个磁盘上存取，这样，系统有数据请求就可以被多个磁盘并行执行，每个磁盘执行属于它自己的那部分数据请求。这种数据上的并行操作可以充分利用总线的带宽，显著提高磁盘整体存取性能。

如图 3-3 所示，系统向三个磁盘组成的逻辑硬盘（RAID 0 磁盘组）发出的 I/O 数据请求被转化为 3 项操作，其中的每一项操作都对应于一块物理硬盘。从图中可以清楚地看到通过建立 RAID 0，原先顺序的数据请求被分散到所有的三块硬盘中同时执行。从理论上讲，三块硬盘的并行操作是同一时间内一块磁盘读写速度的 3 倍。但由于总线带宽等多种因素的影响，实际的提升速率肯定会低于理论值，但是，大量数据并行传输与串行传输比较，提速效果显然毋需置疑的。

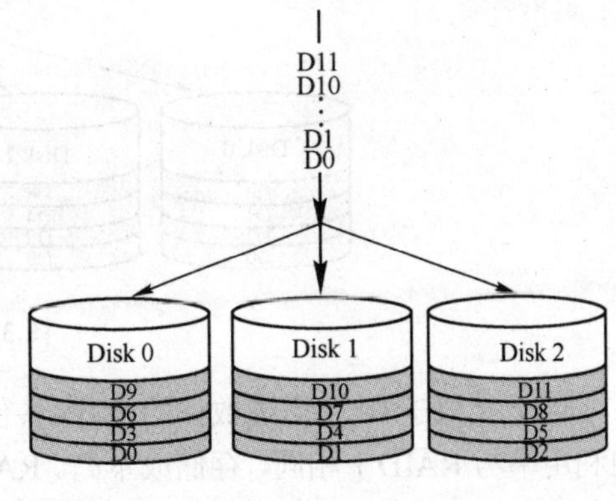

图 3-3 RAID 0

RAID 0 的缺点是不提供数据冗余，因此一旦用户数据损坏，损坏的数据将无法恢复。RAID 0 特别适用于对性能要求较高，而对数据安全不太关注的领域，如图形工作站等。对于个人用户，RAID 0 也是提高硬盘存储性能的绝佳选择。

（2）RAID 1。RAID 1 又称为 Mirror 或 Mirroring（镜像），它的宗旨是最大限度地保证用户数据的可用性和可修复性。RAID 1 的操作方式是把用户写入硬盘的数据百分之百地自动复制到另外一个硬盘上。

如图 3-4 所示，当读取数据时，系统先从 DISK 0 即源盘读取数据，如果读取数据成功，则系统不去管 DISK 1 即备份盘上的数据；如果读取源盘数据失败，则系统自动转而读取备份盘上的数据，不会造成用户工作任务的中断。当然，用户应当及时更换损坏的硬盘并利用备份数据重新建立 Mirror，以免备份盘在发生损坏时，造成不可挽回的数据损失。

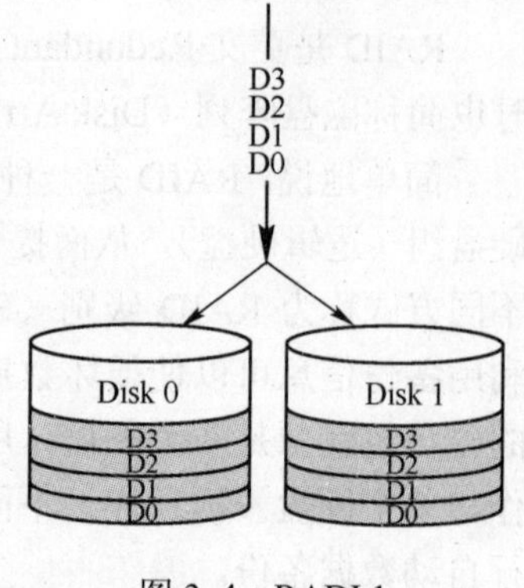

图 3-4　RADI 1

由于对存储的数据进行百分之百的备份，在所有 RAID 级别中，RAID 1 提供最高的数据安全保障。同样，由于数据的百分之百备份，备份数据占了总存储空间的一半，因而 Mirror（镜像）的磁盘空间利用率低，存储成本高。Mirror 虽不能提高存储性能，但由于其具有的高数据安全性，尤其适用于存放重要数据，如服务器和数据库存储等领域。

（3）RAID1+0。正如其名字一样，RAID1+0 是 RAID 1 和 RAID 0 的组合形式。也称为 RAID 10。

以四个磁盘组成的 RAID 10 为例，其数据存储方式如图 3-5 所示。RAID 10 是存储性能和数据安全兼顾的方案。它在提供与 RAID 1 一样的数据安全保障的同时，也提供了与 RAID 0 近似的存储性能。

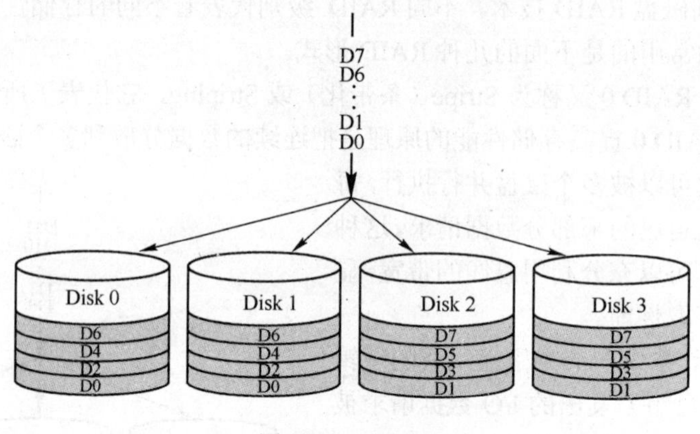

图 3-5　RAID 10

由于 RAID 10 也通过数据的 100%备份功能提供数据安全保障，因此 RAID 10 的磁盘空间利用率与 RAID 1 相同，存储成本高。RAID 10 的特点使其特别适用于既有大量数据需要存取，同时又对数据安全性要求严格的领域，如银行、金融、商业超市、仓储库房、各种档案管理等。

（4）RAID 3。RAID 3 是把数据分成多个"块"，按照一定的容错算法，存放在 N+1 个硬盘上，实际数据占用的有效空间为 N 个硬盘的空间总和，而第 N+1 个硬盘上存储的数据是校验容错信息，当这 N+1 个硬盘中的其中一个硬盘出现故障时，从其他 N 个硬盘中的数据也可以恢复原始数据，这样，仅使用这 N 个硬盘也可以带伤继续工作（如采集和回放素材），当更换一个新硬盘后，系统可以重新恢复完整的校验容错信息。由于在一个硬盘阵列中，多于一个硬盘同时出现故障的几率很小，所以一般情况下，使用 RAID 3，安全性是可以得到保障的。与 RAID 0 相比，RAID 3 的读写速度较慢。使用的容错算法和分块大小决定 RAID 使用的应用场合，在通常情况下，RAID 3 比较适合大文件且安全性要求较高的应用，如视频编辑、硬盘播放机、大型数据库等。

（5）RAID 5。RAID 5 是一种存储性能、数据安全和存储成本兼顾的存储解决方案。以四个硬盘组成的 RAID 5 为例，其数据存储方式如图 3-6 所示。图中，P0 为 D0、D1 和 D2 的奇偶校验信息，其他依此类推。由图中可以看出，RAID 5 不对存储的数据进行备份，而是把数据和对应的奇偶校验信息存储到组成 RAID 5 的各个磁盘上，并且奇偶校验信息和对应的数据分别存储于不同的磁盘上。当 RAID 5 的一个磁盘数据损坏后，可利用剩下的数据和相应的奇偶校验信息恢复被损坏的数据。

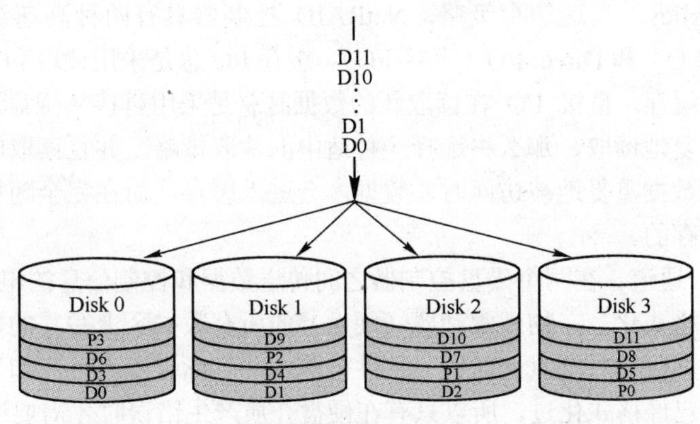

图 3-6　RAID 5

RAID 5 可以理解为 RAID 0 和 RAID 1 的折衷方案。RAID 5 可以为系统提供数据安全保障，但保障程度要比 Mirror 低而磁盘空间利用率要比 Mirror 高。RAID 5 具有和 RAID 0 近似的数据读取速度，只是多了一个奇偶校验信息，写入数据的速度比对单个磁盘进行写入操作稍慢，同时由于多个数据对应一个奇偶校验信息，RAID 5 的磁盘空间利用率要比 RAID 1 高，存储成本相对较低。

（6）RAID 6。RAID 6 是一些大型企业提出的私有 RAID 级别标准，它的全称是"Independent Data disks with two independent distributed parity schemes（带有两个独立分布式校验方案的独立数据磁盘）"。这种 RAID 级别是在 RAID 5 基础上发展而成的，因此它的工作模式与 RAID 5 有异曲同工之妙。不同的是 RAID 5 将校验码写到一个驱动器中，而 RAID 6 将校验码写到两个驱动器中，这样就增强了磁盘的容错能力，同时 RAID 6 阵列中允许出现故障的磁盘也就达到了两个，但相应的阵列磁盘数量最少也要 4 个。每个磁盘中都具有两个校验值，而 RAID 5 里面只能为每一个磁盘提供一个校验值，由于校验值的使用可以达到恢复数据的目的，因此多增加一位校验位，数据恢复的能力就更强。不过在增加一位校验位后，就需要一个比较复杂的控制器来进行控制，同时也使磁盘的写能力降低，并且还需要占用一定的磁盘空间。因此，这种 RAID 级别应用还比较少。相信随着计算机技术的不断完善，RAID 6 将得到广泛应用。

3.4.2 RAID 名词与术语

（1）Array：阵列。磁盘阵列模式是把几个磁盘的存储空间整合起来，形成一个大的单一而连续的存储空间。NetRAID 控制器利用它的 SCSI 通道可以把多个磁盘组合成一个磁盘阵列。简单地说，阵列就是由多个磁盘组成、并行工作的磁盘系统。需要注意的是，作为热备用的磁盘是不能添加到阵列中的。

（2）Array Spanning：阵列跨越。阵列跨越是把 2 个、3 个或 4 个磁盘阵列中的存储空间进行再次整合，形成一个具有单一连续存储空间的逻辑驱动器的过程。NetRAID 控制器可以跨越连续的几个阵列，但每个阵列必须由相同数量的磁盘组成，并且这几个阵列必须具有相同的 RAID 级别。就是说，跨越阵列是对已经形成了的几个阵列进行再一次的组合，RAID 1、RAID 3 和 RAID 5 跨越阵列后分别形成了 RAID 10、RAID 30 和 RAID 50。

（3）Cache Policy：高速缓存策略。NetRAID 控制器具有两种高速缓存策略，分别为 Cached I/O（缓存 I/O）和 Direct I/O（直接 I/O）。缓存 I/O 总是采用读取和写入策略，读取的时候常常随意进行缓存。直接 I/O 在读取新的数据时总是采用直接从磁盘读出的方法，如果一个数据单元被反复地读取，那么将选择一种适中的读取策略，并且读取的数据将被缓存起来。只有当读取的数据重复地被访问时，数据才会进入缓存，而在完全随机读取状态下，是不会有数据进入缓存的。

（4）Channel：通道。在两个磁盘控制器之间传送数据和控制信息的电通路。

（5）Format：格式化。在物理驱动器（硬盘）的所有数据区上写零的操作过程。格式化是一种纯物理操作，同时对硬盘介质做一致性检测，并且标记出不可读和坏的扇区。由于大部分硬盘在出厂时已经格式化过，所以只有在硬盘介质产生错误时才需要进行格式化。

（6）Hot Spare：热备用。当一个正在使用的磁盘发生故障后，一个空闲、加电并待机的磁盘将马上代替此故障盘，此方法就是热备用。热备用磁盘上不存储任何用户数据，最多可以有 8 个磁盘作为热备用磁盘。一个热备用磁盘可以专属于一个单一的冗余阵列，也可以是整个阵列热备用磁盘池中的一部分。而在某个特定的阵列中，只能有一个热备用磁盘。

当磁盘发生故障时，控制器的固件能自动地用热备用磁盘代替故障磁盘，并通过算法把原来储存在故障磁盘上的数据重建到热备用磁盘上。数据只能从带有冗余的逻辑驱动器上进行重建（除了 RAID 0 以外），并且热备用磁盘必须有足够的容量。系统管理员可以更换发生故障的磁盘，并把更换后的磁盘指定为新的热备用磁盘。

（7）Hot swap Disk Module：热交换磁盘模式。热交换模式允许系统管理员在服务器不断电和不中止网络服务的情况下更换发生故障的磁盘驱动器。由于所有的供电和电缆连线都集成在服务器的底板上，所以热交换模式可以直接把磁盘从驱动器笼子的插槽中拔除，操作非常简单。然后把替换的热交换磁盘插入到插槽中即可。热交换技术在 RAID 0 的配置情况下才可以工作。

（8）Initialization：初始化。在逻辑驱动器的数据区上写零，并且生成相应的奇偶位，使逻辑驱动器处于就绪状态的操作过程。初始化将删除以前的数据并产生奇偶校验，所以逻辑驱动器在此过程中将一并进行一致性检测。没有经过初始化的阵列是不能使用的，因为还没有生成奇偶区，阵列会产生一致性检测错误。

（9）IOP（I/O Processor）：输入输出处理器。输入输出处理器是 NetRAID 控制器的指令中心，实现包括命令处理、PCI 和 SCSI 总线的数据传输、RAID 的处理、磁盘驱动器重建、高速缓存的管理和错误恢复等功能。

（10）Logical Drive：逻辑驱动器。阵列中的虚拟驱动器，可以占用一个以上的物理磁盘。逻辑驱动器把阵列或跨越阵列中的磁盘分割成了连续的存储空间，而这些存储空间分布在阵列中的所有磁盘上。NetRAID 控制器能设置最多 8 个不同容量的逻辑驱动器，而每个阵列中至少要设置一个逻辑驱动器。输入输出操作只能在逻辑驱动器处于在线的状态下运行。

（11）Logical Volume：逻辑卷。由逻辑磁盘形成的虚拟盘，也可称为磁盘分区。

（12）Mirroring：镜像。冗余的一种类型，一个磁盘上的数据在另一个磁盘上存在一个完全相同的副本即为镜像。RAID 1 和 RAID 10 使用的就是镜像。

（13）Parity：奇偶校验位。在数据存储和传输中，字节中额外增加一位，用来检验错误。它常常是从两个或更多的原始数据中产生一个冗余数据，冗余数据可以从一个原始数据中进行重建。不过，奇偶校验数据并不是对原始数据的完全复制。

在 RAID 中，这种方法可以应用到阵列中的所有磁盘驱动器上。奇偶校验位还可以组成专用的奇偶校验方式，在专用奇偶校验中，奇偶校验数据可分布在系统中所有的磁盘上。如果一个磁盘发生故障，可以通过其他磁盘上的数据和奇偶校验数据重建出这个故障磁盘上的数据。

（14）Power Fail Safeguard：掉电保护。当此项设置为可用时，在重构过程中（非重建），所有的数据将一直保存在磁盘上，直到重构完成后才删除。这样如果在重构过程中发生掉电，将不会发生数据丢失的情况。

（15）RAID：独立冗余磁盘阵列。独立冗余磁盘阵列最初叫做廉价冗余磁盘阵列（Redundant Array of Inexpensive Disks），它是由多个小容量、独立的硬盘组成的阵列，而阵列综合的性能可以超过单一昂贵大容量硬盘（SLED）的性能。由于是对多个磁盘并行操作，所以与单一磁盘相比，RAID 磁盘子系统的输入输出性能得到了提高。服务器会把 RAID 阵列看成一个单一的存储单元，并对几个磁盘同时访问，所以提高了输入输出的速率。

（16）RAID Levels：RAID 级别。RAID 级别为不同冗余类型在逻辑驱动器上的应用。它可以提高逻辑驱动器的故障容许度和性能，但也会减少逻辑驱动器的可用容量，每个逻辑驱动器都必须指定一个 RAID 级别。

（17）Read Policy：读取策略。NetRAID 控制器提供了三种读取策略，分别为 Read-Ahead（预读），Normal（标准）和 Adaptive（适中）。预读是在运行中，控制器不断地提前读取未被请求的数据，把它存储在内存中，并期望这些数据能被使用。预读可以更快地提供连续数据，当访问随机数据时效果就不好了。

标准策略不使用预读的方法，当读取的数据大部分为随机数据时，这个策略是最有效的。适中策略是当访问的最后两个磁盘上的数据存储在连续扇区上时，将采用预读的方法。

（18）Ready State：就绪状态。就绪状态是指一个可用的硬盘，即不在线也不是热备用盘，但可以添加到任一个阵列中或者指定为热备用盘的状态。

（19）Rebuild：重建。把一个故障盘上的所有数据再生到替换磁盘上的过程。磁盘重建过程中逻辑驱动器通常不会中断对其数据的访问请求。

（20）Rebuild Rate：重建率。重建操作过程的速度。每个控制器都分配了重建率，它反映的是在重建操作中 IOP 资源使用的百分比。

3.5 RAID 配置实例

Linux 从 2.4 内核开始，就提供完美的软件 RAID，不必购买昂贵的硬件 RAID 控制器和附件（一般中、高档服务器都提供这样的设备和热插拔硬盘），就能极大地增强 Linux 磁盘的 I/O 性能和可靠性，同时，它还具有将多个较小的磁盘空间组合成一个较大磁盘空间的功能。这里的软件 RAID 不是指在单个物理硬盘上实现 RAID 功能。为提高 RAID 的性能，最好还是使用多个硬盘，使用 SCSI 接口的硬盘效果会更好。

mdadm 是一个全新的 RAID 管理工具，它比 raidtools 简单，raidtools 需要维护配置文件 /etc/raidtab。我们这里使用 mdadm 来配置 RAID。

3.5.1 mdadm 工具

基本语法：mdadm [mode] <raid-device> [options] <component-devices>。

mode 有以下七种：

- Assemble：将以前定义的某个阵列加入当前在用阵列。
- Build：创建一个没有超级块的阵列。
- Create：创建一个新的阵列，每个 device 具有 superblocks。
- Manage：管理阵列，比如 add 或 remove。
- Misc：允许单独对阵列中的某个 device 做操作，比如删除 superblocks 或终止正在使用的阵列。
- Follow or Monitor：监控 RAID 1,4,5,6 和 multipath 的状态。
- Grow：改变 RAID 容量或阵列中的 device 数目。

mdadm 的几个常用参数见表 3-1。

表 3-1 mdadm 指令参数说明表

参 数	说 明
-A, --assemble	加入一个以前定义的阵列
-C,--create	创建一个新的阵列
-D, --detail	打印一个或多个 md device 的详细信息
-E, --examine	打印 device 上的 md superblock 的内容
-c, --chunk	设置块的尺寸为 128KB，默认为 64KB
-G, --grow	改变在用阵列的大小或形态
-h, --help	帮助信息，用在以上选项后，则显示该选项信息
-v, --verbose	显示细节
-b, --brief:	较少的细节,用于 --detail 和 --examine 选项
-f, --force	强制执行
-n,--num-devices	用于创建磁盘阵列的磁盘个数
-l，--level	RAID 的级别
-s, --scan	扫描配置文件或 /proc/mdstat 以搜寻丢失的信息

（续）

参　数	说　明
-Q,--query	查看一个 device，判断它为一个 md device 或是一个 md 阵列的一部分
-x	指定用于 hotspare（热备盘）的磁盘个数。如果阵列中有一块硬盘坏了，它会立刻顶上，并 rebuild

3.5.2 划分硬盘分区

此例使用四块 SCSI 硬盘做 RAID，分别为/dev/sdb、/dev/sdc、/dev/sdd、/dev/sde。磁盘分区并转换文件系统类型编号为 fd，结果如下。

```
[root@gdlc ~]# fdisk -l
Disk /dev/sda: 6442 MB, 6442450944 bytes
255 heads, 63 sectors/track, 783 cylinders
Units = cylinders of 16065 * 512 = 8225280 bytes

   Device Boot      Start         End      Blocks   Id  System
/dev/sda1   *           1          13      104391   83  Linux
/dev/sda2              14          78      522112+  82  Linux swap
/dev/sda3              79         783     5662912+  83  Linux

Disk /dev/sdb: 1073 MB, 1073741824 bytes
255 heads, 63 sectors/track, 130 cylinders
Units = cylinders of 16065 * 512 = 8225280 bytes

   Device Boot      Start         End      Blocks   Id  System
/dev/sdb1               1          13      104391   fd  Linux raid autodetect
/dev/sdb2              14          26      104422+  fd  Linux raid autodetect
/dev/sdb3              27          39      104422+  fd  Linux raid autodetect

Disk /dev/sdc: 1073 MB, 1073741824 bytes
255 heads, 63 sectors/track, 130 cylinders
Units = cylinders of 16065 * 512 = 8225280 bytes

   Device Boot      Start         End      Blocks   Id  System
/dev/sdc1               1          13      104391   fd  Linux raid autodetect
/dev/sdc2              14          26      104422+  fd  Linux raid autodetect
/dev/sdc3              27          39      104422+  fd  Linux raid autodetect

Disk /dev/sdd: 1073 MB, 1073741824 bytes
255 heads, 63 sectors/track, 130 cylinders
Units = cylinders of 16065 * 512 = 8225280 bytes

   Device Boot      Start         End      Blocks   Id  System
/dev/sdd1               1          13      104391   fd  Linux raid autodetect
/dev/sdd2              14          26      104422+  fd  Linux raid autodetect
```

```
/dev/sdd3            27          39       104422+   fd   Linux raid autodetect

Disk /dev/sde: 1073 MB, 1073741824 bytes
255 heads, 63 sectors/track, 130 cylinders
Units = cylinders of 16065 * 512 = 8225280 bytes

   Device Boot      Start         End      Blocks   Id  System
/dev/sde1               1          13      104391   fd  Linux raid autodetect
/dev/sde2              14          26      104422+  fd  Linux raid autodetect
/dev/sde3              27          39      104422+  fd  Linux raid autodetect
/dev/sde4              40          52      104422+  fd  Linux raid autodetect
```

3.5.3 配置 RAID 0

以 root 身份登录系统，使用/sdb1、/sdc1、/sdd1，大小全为 100MB，文件系统为“Linux raid autodetect”来创建 RAID 0。

（1）创建 RAID 0 阵列。

```
[root@gdlc ~ ]# mdadm -Cv /dev/md0 -l0 -n3 /dev/sdb1 /dev/sdc1 /dev/sdd1
mdadm: chunk size defaults to 64K
mdadm: /dev/sdb1 appears to contain an ext2fs file system
    size=104388K   mtime=Thu Jan   1 08:00:00 1970
Continue creating array? mdadm: array /dev/md0 started.
```

命令中各参数意义如下：“-C”表示创建一个新的阵列；-v 表示显示细节；“/dev/md0”表示阵列设备名称；“-l0”表示设置阵列模式，“-n3”表示设置阵列中活动设备的数目；“/dev/sdb1、/dev/sdc1、/dev/sdd1”表示当前阵列中包含的所有设备标识符，也可以合在一起写成：“/dev/sd{b,c,d}1”。

（2）查看 RAID 0 阵列情况。

```
[root@gdlc ~ ]# cat /proc/mdstat
Personalities : [raid0]
md0 : active raid0 sdd1[2] sdc1[1] sdb1[0]
      312960 blocks 64k chunks

unused devices: <none>
```

在此可以看到 personality 是 RAID 0，设备/dev/md0 是活动的，而两个磁盘都是活动的。要想获得该设备的更详细信息，可使用下面的命令：

```
[root@gdlc ~ ]# mdadm –D /dev/md0
/dev/md0:
        Version : 00.90.01
  Creation Time : Fri Jan 12 18:14:52 2007
     Raid Level : raid0
```

```
        Array Size : 312960 (305.63 MiB 320.47 MB)
      Raid Devices : 3
     Total Devices : 3
   Preferred Minor : 0
       Persistence : Superblock is persistent

       Update Time : Fri Jan 12 18:14:52 2007
             State : clean
    Active Devices : 3
   Working Devices : 3
    Failed Devices : 0
     Spare Devices : 0

        Chunk Size : 64K

       Number   Major   Minor   RaidDevice State
          0       8      17        0      active sync   /dev/sdb1
          1       8      33        1      active sync   /dev/sdc1
          2       8      49        2      active sync   /dev/sdd1
             UUID : 28de3caf:799f0152:8113057c:2455ece8
           Events : 0.1
```

这个命令将打印出该设备的相关信息，包括它创建的时间、大小及上次更新的时间。

（3）格式化 md0 分区。

```
[root@gdlc ~ ]# mkfs.ext3 /dev/md0
mke2fs 1.35 (28-Feb-2004)
Filesystem label=
OS type: Linux
Block size=1024 (log=0)
Fragment size=1024 (log=0)
78312 inodes, 312960 blocks
15648 blocks (5.00%) reserved for the super user
First data block=1
Maximum filesystem blocks=67633152
39 block groups
8192 blocks per group, 8192 fragments per group
2008 inodes per group
Superblock backups stored on blocks:
        8193, 24577, 40961, 57345, 73729, 204801, 221185

Creating journal (8192 blocks): done
Writing superblocks and filesystem accounting information: done

This filesystem will be automatically checked every 29 mounts or
180 days, whichever comes first.  Use tune2fs -c or -i to override.
```

P1 1
P9 2
第 3 章
P51 4
P67 5
P83 6
P104 7
P117 8
P128 9
P143 10
P161 11
P172 12
P189 13
P214 14
P227 15
P245 16
P259 17
P284 18
P305 19
P328 20
P361 21

（4）建立/raid0disk 目录，把/md0 挂载到/raid0disk。

```
[root@gdlc ~]# mkdir /raid0disk
[root@gdlc ~]# mount /dev/md0 /raid0disk
```

之后可尝试在 raid0disk 目录中建几个文件。

（5）为了让系统重新启动后自动挂载，可以修改一下/etc/fstab 文件，添加一行：

```
/dev/md0                /raid0disk              auto      default       0 0
```

这样系统重新启动后会自动将/dev/md0 挂接到 /raid0disk 目录。

3.5.4 配置 RAID 1

使用/sdb2、/sdc3、/sdd3，大小全为 100MB，文件系统为"Linux raid autodetect"来创建 RAID 1。

（1）创建 RAID 1 阵列。

```
[root@gdlc ~]# mdadm -Cv /dev/md1 -l1 -n2 -x1 /dev/sdb2 /dev/sdc2 /dev/sdd2
```

命令中-x1 表示阵列中热备份设备的数目，当前阵列中含有 1 个热备份设备。

（2）查看 RAID 1 阵列情况。

```
[root@gdlc ~]#mdadm -D /dev/md1
/dev/md1:
        Version : 00.90.01
  Creation Time : Fri Jan 12 18:50:23 2007
     Raid Level : raid1
     Array Size : 104320 (101.88 MiB 106.82 MB)
    Device Size : 104320 (101.88 MiB 106.82 MB)
   Raid Devices : 2
  Total Devices : 3
Preferred Minor : 1
    Persistence : Superblock is persistent

    Update Time : Fri Jan 12 18:50:27 2007
          State : clean
 Active Devices : 2
Working Devices : 3
 Failed Devices : 0
  Spare Devices : 1

    Number   Major   Minor   RaidDevice State
       0       8       18        0      active sync   /dev/sdb2
       1       8       34        1      active sync   /dev/sdc2
       2       8       50       -1      spare   /dev/sdd2
```

```
            UUID : e729bcf2:9445ac6e:61f80792:a27284c4
          Events : 0.2
```

（3）格式化 md1 分区。

```
[root@gdlc ~]#mkfs.ext3 /dev/md1
```

（4）建立/raid1disk 目录，把/md1 挂载到/raid1disk。

```
[root@gdlc ~]# mkdir /raid1disk
[root@gdlc ~]# mount /dev/md1 /raid1disk
```

之后可尝试在 raid1disk 目录中建几个文件。

（5）为了让系统重新启动后自动挂载，可以修改/etc/fstab 文件，添加一行：

```
/dev/md1                /raid1disk              auto     default       0 0
```

（6）模拟磁盘分区/sdb2 故障。

```
[root@gdlc ~]# mdadm /dev/md1 -f /dev/sdb2
mdadm: set /dev/sdb2 faulty in /dev/md1
```

此时系统把 spare 状态的/dev/sdd2 替换了故障的/dev/sdb2，状态变化如下。

```
[root@gdlc ~]# mdadm -D /dev/md1
/dev/md1:
        Version : 00.90.01
  Creation Time : Fri Jan 12 18:50:23 2007
     Raid Level : raid1
     Array Size : 104320 (101.88 MiB 106.82 MB)
    Device Size : 104320 (101.88 MiB 106.82 MB)
   Raid Devices : 2
  Total Devices : 3
Preferred Minor : 1
    Persistence : Superblock is persistent

    Update Time : Fri Jan 12 18:56:59 2007
          State : clean
 Active Devices : 2
Working Devices : 2
 Failed Devices : 1
  Spare Devices : 0

    Number   Major   Minor   RaidDevice State
       0       8       50        0      active sync   /dev/sdd2
       1       8       34        1      active sync   /dev/sdc2
       2       8       18       -1      faulty   /dev/sdb2
           UUID : e729bcf2:9445ac6e:61f80792:a27284c4
         Events : 0.6
```

/dev/sdb2 转为“faulty”状态；/dev/sdd2 转为“active”状态。此时可到/raid1disk 目录中看看之前建立的文件是否丢失。

配置 RAD 1 后，任何一个驱动器错误都不会造成数据丢失，RAID 1 级别提供最好的数据安全。

3.5.5 配置 RAID 5

使用/dev/sdb3、/dev/sdc3、/dev/sdd3、/dev/sde3，大小全为 100MB，文件系统为“Linux raid autodetect”来创建 RAID 5。

（1）创建 RAID 5 阵列。

```
[root@gdlc ~]# mdadm -Cv /dev/md5 -l5 -n3 -x1 -c128 /dev/sdb3 /dev/sdc3 /dev/sdd3 /dev/sde3
mdadm: layout defaults to left-symmetric
mdadm: size set to 104320K
mdadm: array /dev/md5 started.
```

命令中“-c128”表示设置块的尺寸为 128KB，默认为 64KB。

（2）查看 RAID 5 阵列情况。

```
[root@gdlc ~]# mdadm -D /dev/md5
/dev/md5:
            Version : 00.90.01
      Creation Time : Fri Jan 12 19:34:23 2007
         Raid Level : raid5
         Array Size : 208640 (203.75 MiB 213.65 MB)
        Device Size : 104320 (101.88 MiB 106.82 MB)
       Raid Devices : 3
      Total Devices : 4
Preferred Minor : 5
        Persistence : Superblock is persistent

        Update Time : Fri Jan 12 19:34:29 2007
              State : clean
     Active Devices : 3
Working Devices : 4
     Failed Devices : 0
      Spare Devices : 1

             Layout : left-symmetric
         Chunk Size : 128K

    Number   Major   Minor   RaidDevice State
       0       8       19        0      active sync   /dev/sdb3
       1       8       35        1      active sync   /dev/sdc3
       2       8       51        2      active sync   /dev/sdd3
       3       8       67       -1      spare   /dev/sde3
```

```
UUID : 7dd33cfb:493da856:3b32c654:429b13c9
Events : 0.2
```

（3）格式化 md5 分区。

```
[root@gdlc ~]# mkfs.ext3 /dev/md5
mke2fs 1.35 (28-Feb-2004)
Filesystem label=
OS type: Linux
Block size=1024 (log=0)
Fragment size=1024 (log=0)
52208 inodes, 208640 blocks
10432 blocks (5.00%) reserved for the super user
First data block=1
Maximum filesystem blocks=67371008
26 block groups
8192 blocks per group, 8192 fragments per group
2008 inodes per group
Superblock backups stored on blocks:
        8193, 24577, 40961, 57345, 73729, 204801

Writing inode tables: done
Creating journal (4096 blocks): done
Writing superblocks and filesystem accounting information: done

This filesystem will be automatically checked every 26 mounts or
180 days, whichever comes first.  Use tune2fs -c or -i to override.
```

（4）建立/raid5disk 目录，把/md5 挂载到/raid5disk，再进入 raid5disk 目录下创建几个实验文件。

```
[root@gdlc ~]# mkdir /raid5disk
[root@gdlc ~]# mount /dev/md5 /raid5disk
```

（5）为了让系统重新启动后自动挂载，可以修改/etc/fstab 文件，添加一行：

```
/dev/md5            /raid5disk            auto      defaults        0 0
```

（6）模拟磁盘故障。

```
[root@gdlc ~]# mdadm /dev/md5 -f /dev/sdb3
mdadm: set /dev/sdb3 faulty in /dev/md5
```

查看当前状态，此时系统用 spare 状态的/dev/sde3 替换了发生故障的/dev/sdb3,状态变化如下。

```
[root@gdlc ~]# mdadm -D  /dev/md5
/dev/md5:
```

```
        Version : 00.90.01
  Creation Time : Fri Jan 12 19:34:23 2007
     Raid Level : raid5
     Array Size : 208640 (203.75 MiB 213.65 MB)

    Device Size : 104320 (101.88 MiB 106.82 MB)
   Raid Devices : 3
  Total Devices : 4
Preferred Minor : 5
    Persistence : Superblock is persistent

    Update Time : Fri Jan 12 19:40:27 2007
          State : clean
 Active Devices : 3
Working Devices : 3
 Failed Devices : 1
  Spare Devices : 0

         Layout : left-symmetric
     Chunk Size : 128K

    Number   Major   Minor   RaidDevice State
       0       8       67        0      active sync   /dev/sde3
       1       8       35        1      active sync   /dev/sdc3
       2       8       51        2      active sync   /dev/sdd3
       3       8       19       -1      faulty   /dev/sdb3
           UUID : 7dd33cfb:493da856:3b32c654:429b13c9
         Events : 0.8
```

dev/sdb3 转为“faulty”状态；/dev/sde3 转为“active”状态。到/raid5disk 目录看看之前建立的文件是否丢失。

结论：RAID 5 具有校验功能，将奇偶校验信息分布到多个驱动器中，能提高磁盘写速度。

（7）替换坏的磁盘。修改驱动器/dev/md5，从组中删除/dev/sdb3 设备，然后将正常的/dev/sde4 添加到/dev/md5。

```
[root@gdlc ~]# mdadm /dev/md5 -r /dev/sdb3
mdadm: hot removed /dev/sdb3
[root@gdlc ~]# mdadm -D   /dev/md5
/dev/md5:
        Version : 00.90.01
  Creation Time : Fri Jan 12 19:34:23 2007
     Raid Level : raid5
     Array Size : 208640 (203.75 MiB 213.65 MB)
    Device Size : 104320 (101.88 MiB 106.82 MB)
   Raid Devices : 3
  Total Devices : 3
```

```
Preferred Minor : 5
    Persistence : Superblock is persistent

    Update Time : Fri Jan 12 19:42:08 2007
          State : clean
 Active Devices : 3
Working Devices : 3
 Failed Devices : 0
  Spare Devices : 0

         Layout : left-symmetric
     Chunk Size : 128K

    Number   Major   Minor   RaidDevice State
       0       8       67        0      active sync   /dev/sde3
       1       8       35        1      active sync   /dev/sdc3
       2       8       51        2      active sync   /dev/sdd3
           UUID : 7dd33cfb:493da856:3b32c654:429b13c9
         Events : 0.9

[root@gdlc ~]# mdadm /dev/md5 -a /dev/sde4
mdadm: hot added /dev/sde4
[root@gdlc ~]# mdadm -D   /dev/md5
/dev/md5:
        Version : 00.90.01
  Creation Time : Fri Jan 12 19:34:23 2007
     Raid Level : raid5
     Array Size : 208640 (203.75 MiB 213.65 MB)
    Device Size : 104320 (101.88 MiB 106.82 MB)
   Raid Devices : 3
  Total Devices : 4
Preferred Minor : 5
    Persistence : Superblock is persistent

    Update Time : Fri Jan 12 20:02:06 2007
          State : clean
 Active Devices : 3
Working Devices : 4
 Failed Devices : 0
  Spare Devices : 1
         Layout : left-symmetric
     Chunk Size : 128K

    Number   Major   Minor   RaidDevice State
       0       8       67        0      active sync   /dev/sde3
```

P1 1
P9 2
第 3 章
P51 4
P67 5
P83 6
P104 7
P117 8
P128 9
P143 10
P161 11
P172 12
P189 13
P214 14
P227 15
P245 16
P259 17
P284 18
P305 19
P328 20
P361 21

```
      1       8       35       1       active sync      /dev/sdc3
      2       8       51       2       active sync      /dev/sdd3
      3       8       68       -1      spare      /dev/sde4
           UUID : 7dd33cfb:493da856:3b32c654:429b13c9
         Events : 0.14
```

（8）停止 RAID。

```
[root@gdlc ~]#   mdadm -S /dev/md0
```

（9）设置 mdadm.conf 文件。

/etc/mdadm.conf 配置文件的主要作用是方便跟踪软 RAID 的配置。对该配置文件进行配置是有好处的，但不是必须的。

- 查看磁盘阵列的状态。

```
 [root@gdlc ~]# mdadm -D -s
ARRAY /dev/md5 level=raid5 num-devices=3 UUID=7dd33cfb:493da856:3b32c654:429b13c9
    devices=/dev/sdb3,/dev/sdc3,/dev/sdd3,/dev/sde3
ARRAY /dev/md1 level=raid1 num-devices=2 UUID=e729bcf2:9445ac6e:61f80792:a27284c4
    devices=/dev/sdd2,/dev/sdc2,/dev/sdb2
ARRAY /dev/md0 level=raid0 num-devices=3 UUID=28de3caf:799f0152:8113057c:2455ece8
    devices=/dev/sdb1,/dev/sdc1,/dev/sdd1
```

- 把内容复制到/etc/mdadm.conf 文件中，并作修改如下。

```
[root@gdlc ~]# cat /etc/mdadm.conf
device /dev/sdb1 /dev/sdc1 /dev/sdd1
ARRAY /dev/md0 level=raid0 num-devices=3 UUID=28de3caf:799f0152:8113057c:2455ece8
device /dev/sdd2 /dev/sdc2 /dev/sdb2
ARRAY /dev/md1 level=raid1 num-devices=2 UUID=e729bcf2:9445ac6e:61f80792:a27284c4
device /dev/sdb3 /dev/sdc3 /dev/sdd3 /dev/sde3
ARRAY /dev/md5 level=raid5 num-devices=3 UUID=7dd33cfb:493da856:3b32c654:429b13c9
```

其中 device 是参与阵列的设备，ARRAY 是阵列的描述。

- 根据 mdadm.conf 文件启动 RAID。

```
[root@gdlc ~]# mdadm –As /dev/md0
```

至此 RAID 的配置结束。

第4章 日志分析及备份管理

本章主要内容

- Linux 日志子系统
- Linux 日志管理
- 系统备份介绍
- Linux 系统备份与恢复

4.1 日志子系统

日志对于安全来说，非常重要，记录了系统每天发生的各种各样的事情，用户可以通过日志文件来检查错误发生的原因或受到攻击时攻击者留下的痕迹。

备份与恢复系统承担着事前备份与事后恢复的职能，备份是保证系统安全性与完整性的最后法宝，合理适时的备份机制能使用户从各种系统灾难事故中及时地恢复数据，从而减轻或避免损失。

在 Linux 系统中，有三个主要的日志子系统。

- 连接时间日志。由多个程序执行，把记录写入到/var/log/wtmp 和/var/run/utmp、login 等程序更新 wtmp 和 utmp 文件，使系统管理员能够跟踪谁在何时登录到系统。
- 进程统计。由系统内核执行，当一个进程终止时，为每个进程向进程统计文件（pacct 或 acct）中写一个记录。进程统计的目的是为系统中的基本服务提供命令使用统计。
- 错误日志。由 syslogd 执行，各种系统守护进程、用户程序和内核通过 syslog 向文件 /var/log/messages 报告值得注意的事件。有许多 Linux 程序创建错误日志。像 HTTP 和 FTP 这样提供网络服务的服务器也保持详细的日志。

4.1.1 日志分析

在 Linux 系统中绝大部分操作或者运行情况都会有相应的日志，在分析日志的时候需要查看相应的日志记录文件。一般情况下，Linux 日志都以明文形式存储，所以不需要特殊的工具就可以搜索和阅读它们。用户还可以编写脚本，来扫描这些日志，并基于它们的内容去自动执行某些功能。

得到 Linux 系统信息日志的途径基本有以下两种。

- 使用 dmesg 命令查看。
- 查看/var/log/下的文件。

P1 1 P9 2 P24 3 第4章 P67 5 P83 6 P104 7 P117 8 P128 9 P143 10 P161 11 P172 12 P189 13 P214 14 P227 15 P245 16 P259 17 P284 18 P305 19 P328 20 P361 21

（1）dmesg 产生日志的机制。dmesg 是从 kernel 的 ring buffer（环缓冲区）中读取信息的。在 Linux 中，所有的系统信息（包括内核信息）都会传送到 ring buffer 中。而内核产生的信息由 printk()打印出来。系统启动时所看到的信息都是由该函数打印到屏幕中。printk( )打出的信息往往带有<0>、<1>、<2>...这样的数字。这里的数字表明消息的重要级别。高于一定的优先级别会打印到屏幕上，否则只会保留在系统的 ring buffer 中。至于 dmesg 具体是如何从 ring buffer 中读取信息的，可以查看 dmesg 的 C 源代码。

（2）/var/log 下的日志。Linux 系统日志主要存储在 /var/log 目录中。这里有几个由系统维护的日志文件，但其他服务和程序也可能会把它们的日志放在这里。大多数日志只有 root 才可以读，不过只需要修改文件的访问权限就可以让其他人可读。常用的日志文件如下。

- access-log：记录 HTTP/Web 的传输。
- acct/pacct：记录用户命令。
- aculog：记录 MODEM 的活动。
- btmp：记录失败的记录。
- lastlog：记录最近几次成功登录的事件和最后一次不成功的登录。
- messages：从 syslog 中记录信息（有的链接到 syslog 文件）。
- sudolog：记录使用 sudo 发出的命令。
- sulog：记录使用 su 命令的使用。
- syslog：从 syslog 中记录信息（通常链接到 messages 文件）。
- utmp：记录当前登录的每个用户。
- wtmp：一个用户每次登录进入和退出时间的永久记录。
- xferlog：记录 FTP 会话。

（3）/var/log/messages 文件。messages 日志是核心系统日志文件。它包含了系统启动时的引导消息，以及系统运行时的其他状态消息。I/O 错误、网络错误和其他系统错误都会记录到这个文件中。其他信息，比如某用户的身份切换为 root，也在这里列出。如果服务正在运行，比如 DHCP 服务器，可以在 messages 文件中观察它的活动。通常，/var/log/messages 是进行故障诊断时首先要查看的文件。

（4）/var/log/xorg.conf 文件。这个日志记录的是 X Window 服务器最后一次执行的结果。如果在启动到图形模式时遇到了问题，一般情况从这个文件中会找到失败的原因。

此外，Linux 内核由很多子系统组成，包括网络、文件访问、内存管理等。子系统需要给用户传送一些消息，这些消息内容包括消息的来源及其重要性等。所有的子系统都要把消息送到一个可以维护的公用消息区，于是，就有了一个叫 syslog 的程序。

（5）syslog 程序的作用。系统核心和许多系统程序会产生错误信息、警告信息和其他信息。这些信息是很重要的，所以它们应该被写到一个文件中。执行这个过程的程序就是 syslog，它能设置成根据输出信息的程序或重要程度将信息排序到不同的文件。例如，由于核心信息更重要且需要有规律地阅读以确定问题出在哪里，所以要把核心信息与其他信息分开来，单独定向到一个分离的文件中。

4.1.2 日志查看方法

utmp、wtmp 和 lastlog 日志文件保留用户登录进入和退出的记录。有关当前登录用户的信息记录在文件 utmp 中，登录进入和退出记录在文件 wtmp 中，最后一次登录文件可以用 lastlog 命令查看。数据交换、关机和重启动也记录在 wtmp 文件中。所有的记录都包含时间戳。这些文件（lastlog 通常不大）在具有大量用户的系统中增长十分迅速。例如 wtmp 文件可以无限增长，除非定期截取。许多系统以一天或者一周为单位把 wtmp 配置成循环使用。它通常由 cron 运行的脚本来修改。这些脚本重新命名并循环使用 wtmp 文件。通常，wtmp 在第一天结束后命名为 wtmp.1；第二天后 wtmp.1 变为 wtmp.2 等，直到 wtmp.7。

每次有一个用户登录时，login 程序在文件 lastlog 中查看用户的 UID。如果找到了，则把用户上次登录、退出时间和主机名写到标准输出中，然后 login 程序在 lastlog 中记录新的登录时间。在新的 lastlog 记录写入后，utmp 文件打开并插入用户的 utmp 记录。该记录一直用到用户登录退出时删除。utmp 文件被各种命令文件使用，包括 who、w、users 和 finger。

下一步，login 程序打开文件 wtmp 附加用户的 utmp 记录。当用户登录退出时，具有更新时间戳的同一 utmp 记录附加到文件中。wtmp 文件被程序 last 和 ac 使用。

wtmp 和 utmp 文件都是二进制文件，不能用诸如 tail、cat 命令剪贴或合并。用户需要使用 who、w、users、last 和 ac 来使用这两个文件包含的信息。

（1）who 命令查询 utmp 文件并报告当前登录的每个用户。who 命令的默认输出包括用户名、终端类型、登录日期及远程主机。who（回车）显示如下。

```
user1 pts/0 Feb 16 9:11
user2 pts/2 Feb 16 10:31
user3 pts/3 Feb 16 11:26
user4 pts/4 Feb 16 12:13
user5 pts/7 Feb 16 15:42
```

如果指明了 wtmp 文件名，则 who 命令查询所有以前的记录。命令 who /var/log/wtmp 将报告自从 wtmp 文件创建或删改以来的每一次登录。

（2）w 命令查询 utmp 文件并显示当前系统中每个用户和它运行的进程信息。输入 w，按回车键，显示如下。

```
17:21:11 up 11 days,   8:10,   2 users,   load average: 0.07，0.02，0.00
USER     TTY      FROM               LOGIN@    IDLE    JCPU    PCPU WHAT
root     pts/0    172.16.100.223     17:20     0.00s   0.01s   0.00s w
user2    pts/1    172.16.100.91      17:21     3.00s   0.00s   0.00s –bash
```

（3）users 命令用单独的一行打印出当前登录的用户，每个显示的用户名对应一个登录会话。如果一个用户有不止一个登录会话，那么他的用户名将显示相同的次数。输入 users，按回车键，显示如下。

```
root user2
```

（4）last 命令往回搜索 wtmp 来显示自从文件第一次创建以来登录过的用户。

```
user2    pts/1    172.16.100.91    Tue Feb   6 17:21    still logged in
root     pts/1    172.16.100.91    Tue Feb   6 17:20 - 17:20   (00:00)
```

```
root     pts/0    172.16.100.223   Tue Feb  6 17:20   still logged in
root     pts/0    172.16.100.223   Fri Feb  2 15:37 - 18:11  (02:34)
root     pts/1    172.16.100.223   Fri Feb  2 14:36 - 15:34  (00:58)
```

如果指明了用户，那么 last 只报告该用户的近期活动，输入 last user2，按回车键，显示如下。

```
user2    pts/0    172.16.100.223   Tue Feb  6 17:23   still logged in
user2    pts/1    172.16.100.91    Tue Feb  6 17:21   still logged in
```

（5）ac 命令根据当前的/var/log/wtmp 文件中的登录进入和退出来报告用户连接时间（小时），如果不使用标志，则报告总的时间。输入 ac，按回车键，显示如下。

```
total        10.01
```

输入 ac -d，按回车键，显示每天的总的连接时间。

```
Feb  5   total        8.95
Today    total        1.07
```

输入 ac -p，按回车键，显示每个用户的总的连接时间。

```
user2                         0.18
oracle                        4.26
root                          204.65
total                         209.09
```

（6）lastlog 文件在每次有用户登录时被查询，可以使用 lastlog 命令来检查某特定用户上次登录的时间，并格式化输出上次登录日志/var/log/lastlog 的内容，它根据 UID 排序显示登录名、端口号（tty）和上次登录时间，如果一个用户从未登录过，lastlog 显示*Never logged*，注意需要以 root 身份运行该命令。

```
fax                                          **Never logged in**
named                                        **Never logged in**
ldap                                         **Never logged in**
radiusd                                      **Never logged in**
radvd                                        **Never logged in**
postgres                                     **Never logged in**
firebird                                     **Never logged in**
oracle      pts/0    172.16.100.236    一  2月 19  14:32:12 +0800 2007
user1                                        **Never logged in**
svn                                          **Never logged in**
mysql                                        **Never logged in**
```

另外可以加一些参数，例如，last -u 110 将报告 UID 为 110 的用户；last -t 7 表示限制上一周的报告。

4.1.3　常用日志分析工具

任何文本工具都可以用来处理日志文件。下面是一些特别有用的工具。

（1）dmesg 命令。使用 dmesg 命令可以快速查看最后一次系统引导的引导日志。通常它的内容会很多，所以可将其通过管道传输到 more 命令。

```
dmesg | more
```

此命令将以分页的方式显示引导信息。

（2）tail 命令。有时，当某些行为发生时，管理人员希望密切关注一个日志文件。tail 命令设计用于显示文本文件的最后几行。使用 -f 开关，当日志增加新的内容时，tail 将继续显示新的输出。

```
tail -f /var/log/messages
```

此命令将显示 /var/log/messages 文件的最后 10 行，然后继续监控那个文件，并输出新的行为。要停止 tail -f 命令，可以使用〈Ctrl + C〉键来中止进程。

（3）more 命令。more 的工作方式与 DOS 版本相同。可以将它指向一个文件，或者通过它以管道输出信息，以分页的方式来查看信息。以分页方式显示 Xfree86 启动日志文件的内容如下。

```
more /var/log/Xorg.0.log
```

或

```
more /var/log/XF86Config.0.log
```

使用“q”或者〈Ctrl+C〉键来停止查看文件。

（4）less 命令。less 是另一个文本阅读器，不过它还允许在文件中滚动浏览以及检索信息。

```
less /var/log/messages
```

此命令将显示 /var/log/messages 文件的内容。使用“q”来停止查看文件。使用“h”来获得 less 的使用帮助。

（5）logger 命令。有时可能会希望将自己的消息也记录到日志文件。可以只是将日志消息附加到恰当的文本文件，但必须套用日志信息格式。同样，如果日志系统被定制，你还将不得不修改你的代码。logger 命令可以将自己的消息发送到日志工具。在脚本中使用它来提供关于执行和错误的消息。

4.1.4　日志定制

在系统中有两个服务控制日志，分别是 klogd 和 syslogd。klogd 只处理内核消息，syslogd 处理其他系统消息，比如应用程序。可以通过编辑/etc/syslog.conf 和/etc/sysconfig/syslog 来配置它们的行为。这就是日志定制。

本质上，软件所产生的每一条消息都提供一些信息，用于确定消息是从哪里来的以及这个消息是什么。/etc/syslog.conf 文件允许用户指定如何处理哪种类型的消息。可以将它转储到消息文件，也可以将它转储到一个定制的文件。也可以将它发送到远程的主机，由远程主机根据自己的 syslogd 配置来处理它。远程日志是一个非常好的安全功能。通过将日志放置到远程系统中，可以防止有人通过改变日志文件来掩饰其踪迹。

下面是取自/etc/syslog.conf 页面中的一个定制日志的例子。

- 第一个规则将所有内核消息定向到 /var/adm/kernel 文件。
- 第二个语句将所有优先级为 crit 或者更高的内核消息定向到一个名为 finlandia 的远程主机。这是有用的，因为如果主机崩溃以及磁盘错误无法恢复，用户将无法读取存储的消息。如果那些消息同时在远程主机上也存在，用户就依然可以找出崩溃的原因。
- 第三个规则将这些消息定向到实际的控制台，这样，在这台机器上工作的人也可以看到它们。
- 第四行告诉 syslogd 将所有优先级为 info 到 warning 的内核消息保存到 /var/adm/kernel-info 文件。所有优先级为 err 以及更高的消息不包括在内。

```
# Kernel messages are first，stored in the kernel
# file，critical messages and higher ones also go
# to another host and to the console
#
kern.*                    /var/adm/kernel
kern.crit                 @finlandia
kern.crit                 /dev/console
kern.info;kern.!err       /var/adm/kernel-info
```

这种定制日志的能力为 Linux 环境提供了极大的灵活性与可控制性。

4.1.5 日志循环管理

在前面提到了日志文件会不断增加，系统会自动将旧的日志文件加上.n（n 为正整数）这样的扩展名转储起来。

在日志记录中对于每个事件都有一个日志文件，所有事件都将记录在该文件中，如果服务器有大量的用户的话，这些日志文件的大小会很快地增加，在服务器硬盘不是非常充足的情况下，必须采取措施防止日志文件将硬盘“撑爆”。主流的 Linux 版本都有一个小程序，名为 logrotate，用来帮助用户管理日志文件，它以自己的守护进程工作。logrotate 周期性地转储日志文件并把每个日志文件重命名成一个备份名字，然后让它的守护进程开始使用一个日志文件的新的副本。这就是为什么在/var/log/下看到许多诸如 maillog、maillog.1、maillog.2、boot.log.1、boot.log.2 之类的文件名。它由一个配置文件驱动，该文件是/etc/logroatate.conf。

以下是该文件的一个例子。

```
# see "man logrotate" for details
# rotate log files weekly
```

```
weekly
#以 7 天为一个周期。
# keep 4 weeks worth of backlogs
rotate 4
#每隔 4 周备份日志文件。
# send errors to root
errors root
#发生错误向 root 报告。
# create new (empty) log files after rotating old ones
create
#转储完旧的日志文件就创建新的日志文件。
# uncomment this if you want your log files compressed
#compress
#指定是否压缩日志文件。
# RPM packages drop log rotation information into this directory
include /etc/logrotate.d

# no packages own lastlog or wtmp -- we'll rotate them here
/var/log/wtmp {
        monthly
        create 0664 root utmp
        rotate 1
}
# system-specific logs may be configured here
```

4.2 系统备份

备份与恢复系统承担着事前备份与事后恢复的职能。网络技术发展到今天，任何一个网络上的信息系统都不可能保证绝对的安全。只要有网络存在，就会有来自网络的形形色色的威胁。为了抵御网络攻击和入侵，虽然用户可以采用日趋成熟的入侵检测系统、防火墙系统等安全手段，但黑客们的入侵手段也在不断改进，他们总能找到这些系统的安全漏洞及不足进行入侵，所以网络入侵所引起的安全事件呈逐年增加之势。

简单地讲，备份数据的过程就是复制重要的数据到其他的介质之上（通常是可移动的），以保证在原始数据丢失的情况下可以恢复数据。一次备份可能是简单的 cp 命令，将一个文件复制到其他目录下，也可能是使用特定的程序将数据流写进一个特定的设备中的复杂过程。很多情况下是将要备份的数据写入到磁带机中，当然也有其他情况。在 Linux 或 UNIX 系统中，备份可以是将文件复制到已存在的文件系统、可替换的文件系统、磁带机、远程文件系统，甚至是远程系统上的磁带机。当然，从用户的角度来看，并不存在磁带机或 RAID 驱动器的概念，而仅仅是文件而已。如下的诸多因素将有可能导致系统的崩溃或数据丢失。

- 系统硬件故障。
- 软件故障。
- 电源故障。

- 用户的误操作。
- 人为破坏。
- 缓存中的内容没有及时写入磁盘。

随着服务器海量数据的不断增长，数据的体积变得越来越庞大。同时，各种数据的安全性和重要程度也越来越被人们所重视。对数据备份的认同涉及两个主要问题，一是为什么要备份，二是为什么要选择磁带作为备份的介质。

4.2.1 备份的重要性

备份是保护数据的一种方法。有数据的多个备份，就不怕某个损坏（所需做的仅仅是从备份中恢复丢失的数据）。因此，正确地做好备份并确保备份有效、可用是很重要的。由于硬件的损坏、人为误操作和灾难事件等造成的数据丢失是每个企业需要避免的。最常用的对策是数据备份。数据备份的重要性是如何强调都不过分的，如果企业认为数据的丢失是不可接受的，那么应备份这些数据。并对备份数据和出现数据丢失后进行恢复工作需要的时间以及花费的成本进行综合评估。如果数据的离线备份仍然不能满足企业运作连续性的需要，那么就需要考虑在线实时备份，即本地高可用性集群或异地灾难备份方案。

大到自然灾害，小到病毒、电源故障乃至操作员操作失误，都会影响系统的正常运行，甚至造成这个系统完全瘫痪。数据备份的任务与意义就在于，当灾难发生后，通过备份的数据完整、快速、简捷、可靠地恢复原有系统。在进行备份工作时，用户必须认清备份方案的一些误区：

第一，复制就是备份。其实单纯复制数据无法使数据留下历史记录，也无法留下系统的NDS或者Registry等信息。完整的备份包括自动化的数据管理与系统的全面恢复，因此，从这个意义上说，备份=复制+管理。

第二，以硬件备份代替备份。虽然很多服务器都采取了容错设计，即硬盘备份（双机热备份、磁盘阵列与磁盘镜像等），但这些都不是理想的备份方案。比如双机热备份中，如果两台服务器同时出现故障，那么整个系统便陷入瘫痪状态，因此存在的风险还是相当大的。

第三，只把数据文件作为备份的目标。有人认为备份只是对数据文件的备份，系统文件与应用程序无需进行备份，因为它们可以通过安装盘重新进行安装。事实上，考虑到安装和调试整个系统的时间可能要持续好几天，其中花费的投入是十分不必要的，因此，最有效的备份方式是对整个IT架构进行备份。如果没有备份，一旦系统崩溃，除了显而易见的金钱损失，隐含的各种损失有时候是更加触目惊心的。

认识到备份的重要性，那么应该选择什么备份技术来进行备份呢？在备份的几大技术中，硬盘存储、光存储、磁带存储都已经实现大容量。一般认为从性价比上磁带技术比较适合数据存储备份设备，事实上磁带技术长期以来一直是首选的存储备份技术，但随着磁盘存储技术和光存储技术的发展，使用磁盘或光盘作为数据存储设备而带来的成本越来越低，性能却越来越高，所以现在也有很多场合使用磁盘存储技术和光存储技术进行备份。

同时，备份的目的是为了防止自然灾害、病毒侵入、人为破坏等，因此备份数据的频率并不是很高，备份数据的存取速度虽然值得考虑，但并不是一个十分重要的指标。我们并不需要追求备份的高速度，相反，存储介质的容量在备份中应该是首要考虑的。

4.2.2 备份策略

备份需要花费一定的物力和财力，如何在备份所取得的收益与备份消耗的资源上做一个权衡是网络安全工作者需要考虑的一个大问题，因为支出大于产出也就意味着低效甚至失败。所以在 Linux 环境中进行数据备份，需要根据实际情况区别对待，以取得比较好的效果。特别是，需要对一些关键的目录进行区分，从而做到有针对性的备份，减少不必要的浪费。

一般情况下，以下所列目录是需要备份的，它们在系统中具有举足轻重的地位:/etc 目录;/var 目录、/home 目录、/root 目录、/bin 目录等。4.4 节将讨论这些目录的重要性。

在 Linux 系统中，/proc、/dev 等目录是不应该备份的。/proc 永远不需要备份，它不是一个真实的文件系统，而是运行内核和环境的虚拟化视图，它包括诸如/proc/cpuinfo、/proc/meminfo 这样的文件。一旦系统关机或者重新启动，该目录下的信息便不复存在。/dev 包含硬件设备的文件表示，如果计划还原到一个空白的系统，那就可以备份 /dev，如果计划还原到一个已安装的 Linux 系统，那么备份/dev 是没有必要的。

在对系统进行备份或者恢复操作之前，有几个因素必须先考虑清楚。当然，进行备份操作的一个最佳时机就是安装好 Linux 操作系统，并确信所有的设备（如声卡、显卡或者磁带机等）都能够正常工作的时候。必须清楚备份和归档文件之间是有区别的。备份是定期进行的操作，用来保存重要的文档、文件或者整个系统；而对文件归档则是为了长期保存重要的文档、文件或者整个系统进行的操作。要进行成功的备份，就必须首先考虑所有的因素并设计出一个进行备份操作的策略：

- 可移植性（即在一个系统下执行的备份在另外一个系统上恢复的能力）。
- 是否自动备份。
- 执行备份的周期。
- 需要把归档的备份保存多长时间。
- 用户界面的友好性（决定是选择基于 GUI 界面的工具还是基于文本的）。
- 是否需要使用压缩技术、直接复制或者加密技术。
- 备份介质（需要从价格、性能、存储能力上考虑）。
- 是否远程备份或网络备份。
- 是保存一个文件、一个子目录还是整个系统。

4.2.3 备份介质的选择

有很多介质可以用来进行备份。目前常用的备份介质有 U 盘、光盘、硬盘和磁带。下面介绍一些可选择的备份介质：

（1）U 盘。要把容量不大的重要文件和资料快速备份或带到家中时，U 盘是一种非常好的备份介质。

（2）光盘。光盘刻录机越来越可靠，价格也越来越低，光盘本身也非常便宜，而且有的光盘还可以重复使用。选用光盘存储的好处是光盘不容易被损坏，备份的可靠性高。但用光盘刻录有两个缺点，一是刻录速度较慢，二是容量比较小，如 CD-ROM 只能保存大约 700MB 数据，一般的 DVD-ROM 也只能保存大约 4.3GB 数据。现在有一种蓝光技术可以使得 DVD-ROM 的存储容量达到 27GB，但作为存储设备有时还是不够。

P1 1
P9 2
P24 3
第 4 章
P67 5
P83 6
P104 7
P117 8
P128 9
P143 10
P161 11
P172 12
P189 13
P214 14
P227 15
P245 16
P259 17
P284 18
P305 19
P328 20
P361 21

（3）硬盘。目前硬盘技术飞速发展，有些普通硬盘的性能甚至能超越几年前的 SCSI 硬盘，而且由于容量、单碟容量、转速、缓存等技术指标的提升，在很多场合，硬盘或移动硬盘都成为存储设备的首选。

（4）磁带。磁带备份设备是大多数 Linux 服务器的标准配置。磁带是可靠的，并且很少出现错误，它几乎比其他介质存储时间都要长。

用户在选择备份介质时，要从可靠性、速度、费用、易保管性等方面综合考虑，根据需要选择合适的存储设备。

4.3 备份技术及分类

一般说来，建立一套完备的网络数据备份系统必须具备如下几个条件。

（1）数据备份的容量都是比较大的，所以针对关键业务系统的数据备份需要实现自动化，以减少系统管理员的工作量。

（2）以备份服务器形成备份中心，对各种平台的应用系统及其他数据进行集中备份，系统管理员可以在任意一台工作站上管理、监控、配置备份系统，实现分布处理、集中管理。

（3）用户可以比较方便和快捷地恢复损坏的整个文件系统和各类数据。

（4）备份系统还应考虑网络带宽对备份性能的影响、备份服务器的平台选择及安全性、备份系统容量的适度冗余、备份系统良好的扩展性等因素。

进行备份工作需要确定数据备份的策略。备份策略指确定需备份的内容、备份时间及备份方式。用户要根据自己的实际情况来制定不同的备份策略。目前采用最多的备份策略主要有三种。

4.3.1 完全备份

完全备份是指每隔一段时间对系统进行一次完全的备份，这样在备份时间间隔内，一旦系统发生故障使得数据丢失时，就可以用上一次的备份数据恢复到上一次备份时的情况。例如，星期一用一盘磁带对整个系统进行备份，星期二再用另一盘磁带对整个系统进行备份，依此类推。这种备份策略的好处是：当发生数据丢失的灾难时，只要用一盘磁带（即灾难发生前一天的备份磁带），即可快速、完全恢复丢失的数据。然而它亦有不足之处，首先，由于每天都对整个系统进行完全备份，造成备份的数据大量重复。这些重复的数据占用了大量的磁带空间，这对用户来说就意味着增加成本。其次，由于需要备份的数据量较大，因此备份所需的时间也就较长。并且，由于备份的时间间隔太小而造成的完全备份数目过多，造成硬件资源的大量浪费，也是很不必要的。对于那些业务繁忙、备份时间有限的单位来说，选择这种备份策略是不明智的。

4.3.2 增量备份

增量备份是指一开始需要进行一次完全备份，以后每隔一个较短时间对新的或被修改过的数据进行备份。这样一旦发生数据丢失，首先恢复到前一个完全备份，然后按日期逐个恢复每天的备份，就能恢复到前一天的情况。例如在星期天进行一次完全备份，然后在接下来的六天里只对当天新的或被修改过的数据进行备份。这种备份策略的优点是备份速度快，没有重复的备份数据，节省了磁带空间，缩短了备份时间。但它的缺点在于，当灾难发生时，数据的恢复比较麻烦。例如，系统在星期三的早晨发生故障，丢失了大量的数据，那么现在就要将系统恢复到星期二晚上时的状态。这时系统管理员就要首先找出星期天的那盘完全备份磁带进行系统恢复，然后再找出星期一的磁带来恢复星期一的数据，然后找出星期二的磁带来恢复星期二的数据。很明显，这种方式很繁琐。另外，这种备份的可靠性也很差。在这种备份方式下，各盘磁带间的关系就像链子一样，一环套一环，其中任何一盘磁带出了问题都会导致整条链子脱节。比如在上例中，若星期二的磁带出了故障，那么管理员最多只能将系统恢复到星期一晚上时的状态。因此，用户需要在指定备份间隔时做适当的权衡，才能取得比较好的效果。

4.3.3　差分备份

差分备份是指前期每月进行一次完全备份，然后备份从上次进行完全备份后更改的全部数据文件。一旦发生数据丢失，使用一个完全备份和一个差分备份就可以恢复故障以前的状态。例如，管理员先在星期天进行一次系统完全备份，然后在接下来的几天里，再将当天所有与星期天不同的数据（新的或修改过的）备份到磁带上。差分备份策略在避免了以上两种策略的缺陷的同时，又具有了它们的所有优点。首先，它无需每天都对系统做完全备份，因此备份所需时间短，并节省了磁带空间，其次它的灾难恢复也很方便。系统管理员只需两盘磁带，即完全备份的磁带与灾难发生前一天的磁带，就可以将系统恢复。

增量备份可以减少备份时间，有效地利用处理器资源和备份 I/O 带宽，而完全备份在恢复上有很大的优势。现在一些企业备份管理软件提供了一个折衷的办法：将一个基本完全备份和几个增量备份合成为一个较新的“完全备份”。合成的完全备份是通过整合完全备份和增量备份的内容，随后写入不同的介质生成新备份。这个新的合成完全备份成为以后增量备份的基准。

合成完全备份从物理资源（磁带、磁带驱动器和带宽）和时间来看消耗很大，但是简化了恢复过程。

4.4　备份内容

在制定备份策略的时候，很重要的一点是事先规划好要备份的内容。在备份和还原系统时，Linux 基于文件的性质成了一个极大的优点。在 Windows 系统中，配置和软件安装不仅是将文件放到系统上，还与注册表密切相关。因此，还原系统就需要有能够处理 Windows 这种特性的软件。在 Linux 中，情况就不一样了。配置文件是基于文本的，一般情况下，它们在很大程度上是与系统无关的。硬件驱动程序的现代方法是，使它们以动态加载的模块的形式可用，这样内核就变得更加与系统无关。不同于让备份必须处理操作系统如何安装到系统和硬件上的复杂细节，Linux 备份处理的是文件的打包和解包。

一般情况下，以下这些目录是需要备份的。

（1）/etc 目录。包含系统所有核心配置文件，其中包括网络配置、系统名称、防火墙规则、用户、组，以及其他全局系统项。

（2）/var 目录。包含系统守护进程（服务）所使用的信息，包括 dns 配置、dhcp 租期、邮件缓冲文件、http 服务器文件、db2 实例配置等等。

（3）/home 目录。包含所有用户的默认用户主目录。这包括每个用户个人设置、已下载的文件和用户不希望失去的其他信息。

（4）/root 目录。是根（root）用户的主目录。root 用户的所有配置配置文件、属性文件和环境变量都在此目录下。

（5）/opt 目录。是安装许多非系统文件的地方。OpenOffice、jdk 等软件在默认情况下也安装在这里。

在服务器环境中，大多数自定义文件都在/etc 和/home 目录中。

在 Linux 系统中，大部分系统配置文件位于/etc 目录，应该考虑对此目录中所有文件进行备份，具体包括以下内容。

- dns 域信息（/var/bind）。
- nis/nis+文件和配置（/var/yp）。
- apache 或其他 Web 服务器配置（/var/apache、/etc/apache 或/usr/local/apache）。
- 邮件文件或文件夹（/var/mail 和/usr/mail）。
- lightweight directory access protocol（ldap）服务器数据（/var/ldap 或/usr/local/ldap）。
- 安全证书。
- 自定义内核驱动程序。
- 内核配置或构建配置和参数。
- 许可密钥和序列号。
- 自定义脚本和应用程序。
- 用户/root 登录脚本。
- 邮件配置。

4.5 常用备份工具

备份及恢复技术就是使用存储介质和一定的策略，定期将系统业务数据备份下来，以保证数据意外丢失时能尽快恢复，将用户的损失降到最低点。它是信息安全学科中一种非常重要的核心技术。以下是一些常用的备份工具。

4.5.1 Xtar

Xtar 是桌面环境下查看和处理 tar 的工具。tar 工具是 UNIX 备份文件的工具，Linux 继承了它。tar 几乎可以工作于任何环境中，所以 Linux 用户都信赖它。但是 tar 是一个命令行的工具，没有图形界面。tar 命令的参数非常多，常用的有 30 多个，初学者往往不易掌握。Xtar 是一个图形化的 tar 工具。Xtar 全部兼容 tar 命令，可以在桌面环境下完成打包整个目录树的任务，这使得它特别适用于备份。Xtar 与文件系统无关，可以使用在 Ext2、Ext3、JFS、Reiser 和其他文件系统上，支持各种备份介质：软盘、光盘、可重写的光盘、Jaz、Zip、磁带等。

4.5.2 KDat

KDat 是一个功能强大的 Linux 备份工具。由于使用了 GTK 图形库，所以拥有非常友好和漂亮的用户界面。它支持多片压缩的方式，并包含备份、恢复、比较等功能。KDat是KDE自身的备份软件，使用KDat需要安装系统工具包kdeadmin，它在Linux发行版本中可以找到，也可以在它的主页下载。使用Kdat前必须先安装磁带机。安装磁带机有三种方法：

（1）从“文件”菜单中选择“Mount Tape”。

（2）单击工具条上的磁带驱动器图标。

（3）右键单击磁带驱动器树的节点，选择“Mount Tape”项。

4.5.3　taper

taper是一款拥有良好用户界面的磁带备份和恢复软件，并且是开放源代码的。它可以从一台磁带机上备份/恢复软件，支持自动更新备份和恢复，是一个相当好用的工具。taper可以运行在命令行和KDE、Gnome桌面环境下。在命令行下打开一个终端，输入$Taper T r即可启动。和Kdat相比taper最大的优点是支持多种备份介质：磁带、软盘、ZIP驱动器、硬盘等。缺点是taper最新版本一次备份文件最大容量不能大于4GB。

4.5.4　tar

tar是一个已移植到Linux中的经典UNIX命令。tar是tape archive（磁带归档）的缩写，最初设计用于将文件打包到磁带上，现在一般使用它来实现备份某个分区或者某些重要的文件目录。使用tar可以打包整个目录树，这使得它特别适合用于备份。归档文件可以全部还原，或从中展开单独的文件和目录。备份可以保存到基于文件的设备或磁带设备上。文件可以在还原时重定向，以便将它们重新放到一个与最初保存它们的目录（或系统）不同的目录（或系统）中。tar是与文件系统无关的，因而它的适用范围很广，它可以使用在Ext2、Ext3、JFS、Reiser和其他文件系统上。

使用tar非常类似于使用诸如Windows环境下的Winzip、WinRAR这样的文件压缩工具。只需将它指向一个目的（可以是文件或设备），然后指定想要打包的文件，就可以通过标准的压缩类型来动态压缩归档文件，或指定一个自己选择的外部压缩程序。要通过bzip2压缩或解压缩文件，可使用tar -z命令。

下面是一个简单的使用该工具进行数据备份的例子。

```
[root@as4 tmp]# tar   czvf   /tmp/aaa.tar.gz   /tmp/sess_*   (将/tmp/目录下的所有以 sess_开头的文件打包备份到/tmp/aaa.tar.gz)
[root@as4 tmp]# tar zxvf /tmp/aaa.tar.gz -C /tmp/aaa/   (将备份的目录文件恢复到指定目录)
```

4.5.5　cpio

cpio命令可以从tar或者cpio档案文件中提取文件或向里面添加文件。cpio命令和tar命令兼容，但是这个命令具备一些tar命令没有的功能，如下所示。

（1）支持cpio和tar两种档案文件格式。

（2）支持许多老式磁带数据格式。

（3）能够通过一个管道（pipe-line）读取文件的文件名。

目前看来，只有很少的Linux软件包是以cpio格式发行的。用户如果对cpio命令的详细情况感兴趣，可以通过“man cpio”命令阅读它的使用手册。

4.5.6 dump 和 restore

dump 是备份工具程序，可将目录或整个文件系统备份至指定的设备，或备份成一个大文件。dump 可以执行类似 tar 的功能。然而，dump 倾向于考虑文件系统而不是个别的文件。下面是引自 dump 手册文件中的内容：“dump 检查 Ext2 文件系统上的文件，并确定哪些文件需要备份。这些文件将出于安全保护而被复制到给定的磁盘、磁带或其他存储媒体上……大于输出媒体容量的转储将被划分到多个卷。在大多数媒体上，容量是通过一直写入直至返回一个 end-of-media 标记来确定的。”

dump 命令格式如下。

```
dump [-cnu][-0123456789][-b <区块大小>][-B <区块数目>][-d <密度>][-f <设备名称>][-h <层级>][-s <磁带长度>][-T <日期>][目录或文件系统] 或 dump [-wW]
```

此命令主要选项如下。

- -0123456789：备份的层级。
- -b<区块大小>：指定区块的大小，单位为 KB。
- -B<区块数目>：指定备份卷册的区块数目。
- -c：修改备份磁带预设的密度与容量。
- -d<密度>：设置磁带的密度，单位为 BPI。
- -f<设备名称>：指定备份设备。
- -h<层级>：当备份层级等于或大于指定的层级时，将不备份用户标示为“nodump”的文件。
- -n：当备份工作需要管理员介入时，向所有“operator”群组中的使用者发出通知。
- -s<磁带长度>：备份磁带的长度，单位为英尺。
- -T<日期>：指定开始备份的时间与日期。
- -u：备份完毕，在/etc/dumpdates 中记录备份的文件系统、层级、日期与时间等。-w 与 -W 类似，但仅显示需要备份的文件。
- -W：显示需要备份的文件及最后一次备份的层级、时间与日期。

dump 命令操作举例如下。

执行一个完全 Linux 备份，它把所有 Ext2 和 Ext3 文件系统备份到一个 SCSI 磁带设备。

```
dump 0f /dev/nst0 /boot
dump 0f /dev/nst0 /
```

在这个例子中，系统中有两个文件系统。一个用于 /boot，另一个用于 /，这是常见的配置。它们必须在执行备份时单独地引用。/dev/nst0 引用第一个 SCSI 磁带驱动器，不过是以非重绕的模式引用。这样确保各个卷在磁带上一个接一个地排列。dump 的一个有趣特性是其内置的增量备份功能。在上面的例子中，0 表示 0 级或基本级备份。这是完全系统备份，要定期执行以保存整个系统。对于后续的备份，可以使用其他数字（1～9）来代替 0，以改变备份级别。1 级备份会保存自从执行 0 级备份以来更改过的所有文件。2 级备份会保存自从执行

1 级备份以来更改过的所有文件，以此类推。使用 tar 和脚本可以执行相同的功能，但要求脚本创建人员提供一种机制来确定上次备份是何时执行的。dump 具有它自己的机制，即它在执行备份时会输出一个更新文件（/etc/dumpupdates）。这个更新文件将在每次执行 0 级备份时被重设。后续级别的备份会保留它们的标记，直至执行另一次 0 级备份。如果要执行基于磁带的备份，dump 会自动跟踪多个卷。

配合 dump 的程序是 restore，它用于从转储映像还原文件。restore 命令执行转储的逆向功能。可以首先还原文件系统的完全备份，而后续的增量备份可以在已还原的完全备份之上覆盖。可以从完全或部分备份中还原单独的文件或者目录树。

dump 和 restore 都能在网络上运行，因此用户可以通过远程设备进行备份或还原。dump 和 restore 使用磁带驱动器和提供广泛选项的文件设备。然而，两者都仅适用于 Ext2 和 Ext3 文件系统。如果使用的是 JFS、Reiser 或者其他文件系统，将需要其他的实用工具，如 tar。

restore 的用法如下：

```
restore -xf /dev/nst0 /home/code（将备份的 SCSI 设备中的/home/code 目录下所有数据还原到磁盘）
```

4.5.7 dd

dd 是一个文件系统复制工具，它产生文件系统的二进制副本。dd 还可用于产生硬盘驱动器的映像，类似于使用诸如 Symantec 的 Ghost 这样的产品。然而，dd 不是基于文件的，因此只能用它将数据还原到完全相同的硬盘驱动器分区。

dd 命令操作举例如下。

（1）把第一个硬盘的前 512B 存为一个文件。

```
dd if=/dev/hda of=disk.mbr bs=512 count=1
```

（2）为软盘建立镜像文件。

```
dd if=/dev/fd0 of=disk.img bs=1440k
```

4.5.8 cp

命令 cp 是 copy 的缩写，用于复制文件、目录。标准的 cp 命令可用于复制整个目录树。该选项将对非标准的文件执行未知的操作。有些 UNIX 变种和 GNU cp 工具支持-r 选项，使用该选项可以正确地复制命名管道、链接和其他的文件。

cp 命令操作举例如下。

（1）将 dir1 下的所有目录包括子目录陆续地复制到 dir2 中。

```
#cp -a dir1 dir2
```

（2）将一个目录中的内容复制到一个已有的目录中。

```
#cp -r /home/mc/*    /export/home/mc
```

另外，现在市场上还存在着诸如Tivoli Storage Manager之类的存储备份软件，它是可视化的工具，用户可以方便地通过用户界面来实现备份与恢复。值得注意的是，这是一款商业软件，因而并不是免费的，对于很多用户来说，它所提供的功能与上述的 Linux 自带的备份与恢复工具比较相似，只是界面更加友好，使用户从枯燥的命令行方式下摆脱出来，从而方便使用。

第 5 章　系统及环境管理

本章主要内容

- 系统的性能指标
- 影响性能的因素
- 性能分析工具讲解

5.1　系统性能指标

Linux 系统性能指标比较多，用户可根据不同的应用目的来查看和调整相应系统性能参数。

在 Linux 环境下判断一个应用系统的性能高低需要看多方面因素，从底层的硬件到操作系统到应用系统，每个环节都有优化指标。在这里主要讨论操作系统这一层次的性能指标。

5.2　影响性能的因素

5.2.1　使用磁盘阵列提速

根据实际情况选择适当的 RAID 级别可以满足用户对存储系统可用性、性能和容量的要求。常用的 RAID 级别有以下几种：RAID 0，RAID 1，RAID 0+1，RAID 3，RAID 5，RAID 6 等。为提高可靠性和性能，常使用 RAID 5 和 RAID 0+1。下面分别简要介绍各自的原理及特点。

（1）RAID 0，即 Data Stripping 数据分条技术。整个逻辑盘的数据是被分条（stripped）分布在多个物理磁盘上，可以并行读/写，提供最快的速度，但没有冗余能力。要求至少两个磁盘。通过 RAID 0 可以获得更大的单个磁盘的容量，且通过对多个磁盘的同时读取获得更高的存取速度。RAID 0 首先考虑的是磁盘的速度和容量，忽略了安全，只要其中一个磁盘出了问题，那么整个阵列的数据将全部丢失。

（2）RAID 1，又称镜像方式，也就是数据的冗余。在整个镜像过程中，只有一半的磁盘空间可以利用，如两块 40GB 的硬盘，可利用的空间只有 40GB，而不是 80GB。同 RAID 0 相比，RAID 1 首先考虑的是安全性，容量减半、速度不变。为了达到既高速又安全，出现了 RAID 10（或者叫 RAID 0+1），可以把 RAID 10 简单地理解成由多个磁盘组成的 RAID 0 阵列再进行镜像。

（3）RAID 3 和 RAID 5 都是校验方式。RAID 3 的工作方式是用一块磁盘存放校验数据。由于任何数据的改变都要修改相应的数据校验信息，存放数据的磁盘有好几个且并行工作，而存放校验数据的磁盘只有一个，这就带来了校验数据存放时的瓶颈。RAID 5 的工作方式是将各个磁盘生成的数据校验切成块，分别存放到组成阵列的各个磁盘中去，这样就缓解了校验数据存放时所产生的瓶颈问题，但是分割数据及控制存放都要付出速度上的代价。RAID 30、RAID 50 相对应的工作方式可以像 RAID 10 那样去理解。

由此可见，使用 RAID 功能组成阵列，总能做到单个磁盘无法做到的功能，所以说 RAID 卡+多磁盘可以有多种组合设置。

一般来说，磁盘阵列有两种方式可以实现，那就是“硬件阵列”与“软件阵列”。

（1）Linux 下硬 RAID 设置。硬件阵列是使用专门的磁盘阵列卡来实现。现在的 PC-Server 服务器几乎都提供磁盘阵列卡，不管是集成在主板上或非集成的都能轻松实现阵列功能。硬件阵列能够提供在线扩容、动态修改阵列级别、自动数据恢复、驱动器漫游、超高速缓冲等功能。它能提供性能、数据保护、可靠性、可用性和可管理性的解决方案。磁盘阵列拥有一个专门的处理器，如 Intel 的 I960 芯片，HPT370A/372、Silicon Image SIL3112A 等，还拥有专门的存储器，用于高速缓冲数据。这样一来，服务器对磁盘的操作就直接通过磁盘阵列来进行处理，因此服务器不需要大量的 CPU 及系统内存资源，不会降低磁盘子系统的性能。阵列卡专用的处理单元来进行操作，它的性能要远远高于常规非阵列硬盘，并且更安全更稳定。

（2）Linux 下软 RAID 设置。如果服务器上没有硬件 RAID 控制器的话，在 Linux 下可以通过软件来实现 RAID。类似硬 RAID，软 RAID 也有很多的级别，不同的级别对硬件有不同的要求，相应也会产生不同的性能和可靠性。RAID 0 为数据分割，数据块被交替写到磁盘，可以得到最好的读写性能，但是不提供数据冗余。RAID 1 为磁盘镜像，写到磁盘 1 中的一切也写到磁盘 2 中，从任何一个磁盘都可以读取。RAID 3 除了数据分割之外，还指定一个磁盘驱动器来存储奇偶信息。

在 Linux 下通过软件来实现 RAID，需要 Linux 的内核支持，可以通过编译新内核来添加对 RAID 的支持，然后还需编译并安装 mdadm 软件包，mdadm 是可以初始化、启动、停止及控制 RAID 阵列的用户级工具。

5.2.2 swap 分区优化设置

swap，即交换分区，它对 Linux 服务器特别是 Web 服务器的性能至关重要。通过调整 swap，有时可以越过系统性能瓶颈，节省系统升级费用。

swap 空间的作用可简单描述为：当系统的物理内存不够用的时候，就需要将物理内存中的一部分空间释放出来，以供当前运行的程序使用。那些被释放的空间可能来自一些很长时间没有什么操作的程序，这些被释放的空间被临时保存到 swap 空间中，等到那些程序要运行时，再从 swap 中恢复保存的数据到内存中。这样，系统总是在物理内存不够时，才进行 swap 交换。

通常情况下 swap 空间应等于物理内存的 2～2.5 倍，但最小不应小于 64MB，最大不能超过 2GB。根据不同的应用应有不同的配置。如果是桌面系统则只需要较小的 swap 空间，而大的服务器系统特别是数据库服务器和 Web 服务器，随着访问量的增加，对 swap 空间的要求

也会增加。

swap 分区的数量对性能也有很大的影响。因为 swap 交换的操作是磁盘 I/O 的操作，如果有多个 swap 交换区，swap 空间的分配会以轮流的方式操作于所有的 swap，这样会大大均衡 I/O 的负载，加快 swap 交换的速度。如果只有一个交换区，所有的交换操作会使交换区变得很忙，使系统大多数时间处于等待状态，效率很低。

5.2.3 sysctl 文件设置

要提升软件性能，特别是数据库等系统的性能，可以通过设置/etc/sysctl.conf 文件来实现。sysctl 是一个允许用户改变正在运行中的 Linux 系统的接口。它包含一些 TCP/IP 堆栈和虚拟内存系统的高级选项，这可以让有经验的管理员提高系统性能。用 sysctl 可以读取设置超过 500 个系统变量。基于这点，sysctl 提供两个功能：读取和修改系统设置。

（1）使用以下命令查看所有可读变量。

```
[root@as4 /]# sysctl –a
```

（2）编辑/etc/sysctl.conf 文件来调整性能。

```
# Kernel sysctl configuration file for Red Hat Linux
#
# For binary values, 0 is disabled, 1 is enabled.   See sysctl(8) and
# sysctl.conf(5) for more details.

# Controls IP packet forwarding
net.ipv4.ip_forward = 1

# Controls source route verification
net.ipv4.conf.default.rp_filter = 1

# Do not accept source routing
net.ipv4.conf.default.accept_source_route = 0

# Controls the System Request debugging functionality of the kernel
kernel.sysrq = 0

# Controls whether core dumps will append the PID to the core filename.
# Useful for debugging multi-threaded applications.
kernel.core_uses_pid = 1

#-----------------用户设置-------------------------------------
fs.file-max = 65536
net.core.rmem_max = 16777216
net.core.wmem_max = 16777216
net.ipv4.tcp_wmem = 4096 87380 16777216
net.ipv4.tcp_max_syn_backlog =4096
```

```
kernel.sem = 250 64000 100 1024
kernel.shmmax = 1073741824
kernel.shmmax = 2147483648
kernel.shmmni = 8192
#------------------用户设置结束---------------------------------
```

（3）常用语句说明如下。

- fs.file-max = 65536：设置系统最大打开文件数为 65536。
- net.core.rmem_max = 16777216：套接字最大接受缓冲区。
- net.core.wmem_max = 16777216：套接字最大发送缓冲区。
- net.ipv4.tcp_rmem = 4096 87380 16777216：TCP 套接字接收缓冲区设置（最小 默认 最大），默认设置为（8192 87380 87380×2），其中默认值重载 net.core.rmem_default，最大值不重载 net.core.rmem_max。
- net.ipv4.tcp_wmem = 4096 87380 16777216：TCP 套接字发送缓冲区设置（最好 默认 最大），默认设置为（4KB 16KB 128KB），其中默认值重载 net.core.wmem_default，最大值不重载 net.core.wmem_max。
- net.ipv4.tcp_max_syn_backlog =4096：TCP 支持的最大连接请求，128MB 内存默认为 1024。调大链接数设置后，最好将系统信号量的设置相应调大。
- kernel.sem = 250 64000 100 1024：信号量设置（SEMMSL SEMMNS SEMOPM SEMMNI），SEMMSL 设置信号量集的最大信号量数，SEMMNS 设置系统范围的最大信号量数目，SEMOPM 设置一次系统调用可同时操作的信号量数目，SEMMNI 设置信号量集的最大数目。
- kernel.shmmax = 1073741824：设置内核所允许的最大共享内存段的大小，默认值为 33554432（32MB）。
- kernel.shmmni = 8192：设置整个系统共享内存段的最大数目，默认值为 4096。
- net.ipv4.icmp_echo_ignore_all = 1：禁止 ping 包。

（4）编辑完成后，请执行以下命令使变动立即生效。

```
[root@as4 /]# sysctl -p
[root@as4 /]# sysctl -w net.ipv4.route.flush=1
```

5.3 性能分析工具

5.3.1 vmstat 工具

最常用的性能分析工具是 vmstat 命令（在大多数 Linux 操作系统下都有这样一些命令），此命令可以查看大多数性能指标。如图 5-1 所示。

vmstat 后面的参数指定了性能指标捕获的时间间隔。5 表示每 1 秒钟捕获五次。第一行为标题，从第 2～5 行开始显示每 1 秒钟系统性能指标。各项参数说明如下。

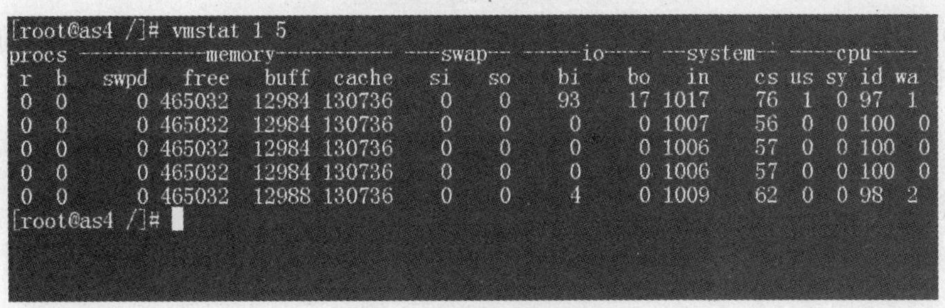

```
[root@as4 /]# vmstat 1 5
procs -----------memory---------- ---swap-- -----io---- --system-- ----cpu----
 r  b   swpd   free   buff  cache   si   so    bi    bo   in    cs us sy id wa
 0  0      0 465032  12984 130736    0    0    93    17 1017    76  1  0 97  1
 0  0      0 465032  12984 130736    0    0     0     0 1007    56  0  0 100  0
 0  0      0 465032  12984 130736    0    0     0     0 1006    57  0  0 100  0
 0  0      0 465032  12984 130736    0    0     0     0 1006    57  0  0 100  0
 0  0      0 465032  12988 130736    0    0     4     0 1009    62  0  0 98  2
[root@as4 /]#
```

图 5-1　vmstat 使用方法

（1）procs。

r：等待运行的进程数。

b：处在非中断睡眠状态的进程数。

（2）memoy。

swpd：虚拟内存使用情况，单位：Kbit。

free：空闲的内存，单位：Kbit。

buff：被用来作为缓存的内存数，单位：Kbit。

cache：缓存使用内存，单位：Kbit。

（3）swap。

si：从磁盘交换到内存的交换页数量，单位：Kbit/s。

so：从内存交换到磁盘的交换页数量，单位：Kbit/s。

（4）io。

bi：发送到块设备的块数，单位：块/s。

bo：从块设备接收到的块数，单位：块/s。

（5）system。

in：每秒的中断数，包括时钟中断。

cs：每秒的环境（上下文）切换次数。

（6）CPU。

按 CPU 的总使用百分比来显示。

us：CPU 使用时间。

sy：CPU 系统使用时间。

id：CPU 闲置时间。

wa：CPU 等待 I/O 的时间。

当系统物理内存使用不足时，可以通过以下方法增加交换文件：

（1）创建一个有连续空间的 swap 文件。

```
[root@as4 /]# dd if=/dev/zero of=/swapfile bs=1024 count=65536
```

（2）激活 swap 文件，swapfile 指的是上一步创建的交换文件。

```
[root@as4 /]# swapon swapfile
```

（3）现在新加的 swap 文件已经起作用了，但系统重新启动以后，并不会记住前几步的操作。因此要在/etc/fstab 文件中记录文件的名字和 swap 类型。

```
/swapfile    none        swap        swap pri=3        0     0
```

（4）检验 swap 文件是否加上。

```
swapon -s
Filename     Type       Size      Used      Priority
/dev/hda3    partition  19304     0           -1
```

5.3.2 top 工具

top 是一个 Linux 中常用的命令，用该命令可以方便地查看系统当前性能，包括 CPU、内存、交换分区和 I/O 的使用情况，如图 5-2 所示。top 命令和 ps 命令的基本作用是相同的，显示系统当前的进程和其他状况。但是 top 是一个动态显示过程，即可以通过用户按键来不断刷新当前状态。若前台执行该命令，它将独占前台，直到用户终止该程序为止。比较准确地说，top 命令提供了实时的对系统处理器的状态监视。该命令可以按 CPU 使用、内存使用和执行时间对任务进行排序，而且该命令很多特性都可以通过交互式命令或在个人定制文件中进行设定。在后面的介绍中将把命令参数和交互命令分开讲述。

```
top - 14:59:07 up 20 min,  1 user,  load average: 0.00, 0.00, 0.00
Tasks:  60 total,   2 running,  58 sleeping,   0 stopped,   0 zombie
Cpu0  :  1.0% us,  0.0% sy,  0.0% ni, 99.0% id,  0.0% wa,  0.0% hi,  0.0% si
Mem:    768072k total,   302528k used,   465544k free,    12552k buffers
Swap:   819304k total,        0k used,   819304k free,   130604k cached

  PID USER      PR  NI  VIRT  RES  SHR S %CPU %MEM    TIME+  COMMAND
    1 root      16   0  4752  552  460 S  0.0  0.1   0:00.87 init
    2 root      34  19     0    0    0 S  0.0  0.0   0:00.00 ksoftirqd/0
    3 root       5 -10     0    0    0 S  0.0  0.0   0:00.00 events/0
    4 root       9 -10     0    0    0 S  0.0  0.0   0:00.00 khelper
    5 root      15 -10     0    0    0 S  0.0  0.0   0:00.00 kacpid
   31 root       5 -10     0    0    0 S  0.0  0.0   0:00.00 kblockd/0
   32 root      15   0     0    0    0 S  0.0  0.0   0:00.00 khubd
   55 root      20   0     0    0    0 S  0.0  0.0   0:00.00 pdflush
   56 root      15   0     0    0    0 S  0.0  0.0   0:00.00 pdflush
   58 root      13 -10     0    0    0 S  0.0  0.0   0:00.00 aio/0
   57 root      25   0     0    0    0 S  0.0  0.0   0:00.00 kswapd0
  202 root      20   0     0    0    0 S  0.0  0.0   0:00.00 kseriod
  315 root       6 -10     0    0    0 S  0.0  0.0   0:00.00 ata/0
  317 root      21   0     0    0    0 S  0.0  0.0   0:00.00 scsi_eh_0
```

图 5-2 top 命令显示信息

第一行的项目依次为当前时间、系统启动时间、当前系统登录用户数目、平均负载。

第二行为进程情况，依次为进程总数、休眠进程数、运行进程数、僵死进程数、终止进程数。

第三行为 CPU 状态，依次为用户占用、系统占用、优先进程占用、闲置进程占用。

第四行为内存状态，依次为平均可用内存、已用内存、空闲内存、共享内存、缓存使用内存。

第五行为交换状态，依次为平均可用交换容量、已用容量、闲置容量、高速缓存容量。后面就是和 ps 相仿的各进程情况列表了。

top 命令的功能非常强大，但需要长久占用前台，所以用户应该根据自己的情况来使用这个命令。下面是该命令的语法格式。

```
top [-] [d delay] [q] [c] [s] [S] [i]
```

- d：指定每两次屏幕信息刷新之间的时间间隔。当然用户可以使用 s 交互命令来改变之。
- q：该选项将使 top 没有任何延迟地进行刷新。如果调用程序有超级用户权限，那么 top 将以尽可能高的优先级运行。
- S：指定累计模式。
- s：使 top 命令在安全模式中运行。这将去除交互命令所带来的潜在危险。
- i：使 top 不显示任何闲置或者僵死进程。
- c：显示整个命令行而不只是显示命令名。

top 命令显示的项目很多，默认值是每 5 秒更新一次，显示的各项参数如下。

- uptime：该项显示的是系统启动时间、已经运行的时间和三个平均负载值（最近 1s、5s、15s 的负载值）。
- processes：自最近一次刷新以来的运行进程总数。当然这些进程被分为正在运行的、休眠的、停止的等很多种类。进程和状态显示可以通过交互命令 t 来实现。
- CPU states：显示用户模式、系统模式、优先级进程（只有优先级为负的列入考虑）和闲置等各种情况占用 CPU 时间的百分比。优先级进程所消耗的时间也被列入到用户和系统的时间中，所以总的百分比将大于 100%。
- Mem：内存使用情况统计，其中包括总的可用内存、空闲内存、已用内存、共享内存和缓存所占内存的情况。
- swap：交换空间统计，其中包括总的交换空间、可用交换空间、已用交换空间。
- PID：每个进程的 ID。
- PPID：每个进程的父进程 ID。
- UID：每个进程所有者的 UID。
- USER：每个进程所有者的用户名。
- PRI：每个进程的优先级别。
- NI：该进程的优先级值。
- SIZE：该进程的代码大小加上数据大小再加上堆栈空间大小的总数，单位是 KB。
- TSIZE：该进程的代码大小。对于内核进程这是一个很奇怪的值。
- DSIZE：数据和堆栈的大小。
- TRS：文本驻留大小。
- LIB：使用的库页的大小。对于 ELF 进程没有作用。
- RSS：该进程占用的物理内存的总数量，单位是 KB。
- SHARE：该进程使用共享内存的数量。
- STAT：该进程的状态。其中 S 代表休眠状态；D 代表不可中断的休眠状态；R 代表运行状态；Z 代表僵死状态；T 代表停止或跟踪状态。
- TIME：该进程自启动以来所占用的总 CPU 时间。如果进入的是累计模式，那么该时间还包括这个进程子进程所占用的时间。且标题会变成 CTIME。

- %CPU：该进程自最近一次刷新以来所占用的 CPU 时间和总时间的百分比。
- %MEM：该进程占用的物理内存占总内存的百分比。
- COMMAND：该进程的命令名称，如果一行显示不下，则会进行截取。内存中的进程会有一个完整的命令行。

下面介绍在 top 命令执行过程中可以使用的一些交互命令。从使用角度来看，熟练地掌握这些命令比掌握选项更重要。这些命令都是单字母的，如果在命令行选项中使用了 s 选项，则其中一些命令可能会被屏蔽。

- Ctrl+L：擦除并且重写屏幕。
- h：显示帮助画面，给出一些简短的命令总结说明。
- k：终止一个进程。系统将提示用户输入需要终止的进程 PID，以及需要发送给该进程什么样的信号。一般的终止进程可以使用 15 信号；如果不能正常结束那就使用信号 9 强制结束该进程。默认值是信号 15。在安全模式中此命令被屏蔽。
- i：忽略闲置和僵死进程。这是一个开关式命令。
- q：退出程序。
- r：重新安排一个进程的优先级别。
- S：切换到累计模式。
- s：改变两次刷新之间的延迟时间。系统将提示用户输入新的时间，单位为 s。如果有小数，就换算成 ms。输入 0 值则系统将不断刷新，默认值是 5s。需要注意的是如果设置太小的时间，很可能会引起不断刷新，从而根本来不及看清显示的情况，而且系统负载也会大大增加。
- f 或者 F：从当前显示中添加或者删除项目。
- o 或者 O：改变显示项目的顺序。
- l：切换显示平均负载和启动时间信息。
- m：切换显示内存信息。
- t：切换显示进程和 CPU 状态信息。
- c：切换显示命令名称和完整命令行。
- M：根据驻留内存大小进行排序。
- P：根据 CPU 使用百分比大小进行排序。
- T：根据时间/累计时间进行排序。
- W：将当前设置写入~/.toprc 文件中。这是写 top 配置文件的推荐方法。

从上面的介绍中可以看到，top 命令是一个功能十分强大的系统监控工具，尤其对于系统管理员而言更是如此。一般的用户可能会觉得 ps 命令其实就够用了，但是 top 命令的强大功能确实提供了不少方便。

5.3.3 mpstat 工具

mpstat 是 Multi processor Statistics 的缩写，是实时系统监控工具。它报告 CPU 的一些统计信息，如图 5-3 所示。这些信息存放在/proc/stat 文件中。在多 CPU 系统里，它不但能查看所有 CPU 的平均状况信息，而且能够查看特定 CPU 的信息。下面只介绍 mpstat 与 CPU 相关的参数，mpstat 的语法如下。

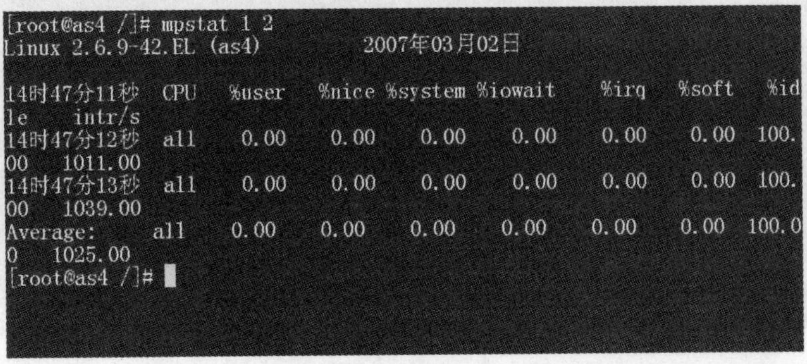

```
[root@as4 /]# mpstat 1 2
Linux 2.6.9-42.EL (as4)        2007年03月02日

14时47分11秒  CPU   %user   %nice %system %iowait    %irq   %soft   %id
le    intr/s
14时47分12秒  all    0.00    0.00    0.00    0.00    0.00    0.00  100.
00   1011.00
14时47分13秒  all    0.00    0.00    0.00    0.00    0.00    0.00  100.
00   1039.00
Average:      all    0.00    0.00    0.00    0.00    0.00    0.00  100.0
0   1025.00
[root@as4 /]#
```

图 5-3　mpstat 命令显示信息

```
mpstat [-P {|ALL}] [internal [count]]
```

参数的含义如下。

- -P {|ALL}：表示监控哪个 CPU，CPU 在[0,CPU 个数-1]中取值。
- internal：相邻的两次采样的间隔时间。
- count：采样的次数，count 只能和 delay 一起使用。

其中 mpstat 命令后的参数 1 表示每隔 1 秒钟给出一次当前性能结果，2 表示只给出两次。运行结果中各参数的含义如下。

- user 表示在采样间隔时间内用户进程占用的 CPU 时间百分比，但不包含 nice 值为负的进程。
- nice 表示在采样间隔时间内 nice 值为负的进程占用的 CPU 时间百分比。
- system 表示在采样间隔时间内系统核心占用的 CPU 时间百分比。
- iowait 表示在采样间隔时间内硬盘 IO 占用的 CPU 时间百分比。
- irq 表示在采样间隔时间内硬中断占用的 CPU 时间百分比。
- soft 表示在采样间隔时间内软中断占用的 CPU 时间百分比。
- idle 表示在采样间隔时间内 CPU 除去等待磁盘 I/O 操作外的因为任何原因而空闲的时间占用的 CPU 时间百分比。
- intr/s 表示在采样间隔时间内每秒 CPU 接收的中断的次数占用的 CPU 时间百分比。
- CPU 总的工作时间为上述各项时间总和。

5.3.4　iostat 工具

在 Linux 中 iostat 命令主要是通过读取/proc/ partitions 或/proc/diskstats 等文件显示当前系统 I/O 情况的，如图 5-4 所示。对于 kernel 2.4，iostat 的数据的主要来源是 /proc/partitions，而对于 kernel 2.6，数据主要来自/proc/diskstats 或者/sys/block/[block-device-name]/stat。

- rrqm/s: 每秒进行 merge 的读操作数目。即 delta(rmerge)/s。
- wrqm/s: 每秒进行 merge 的写操作数目。即 delta(wmerge)/s。
- r/s: 每秒完成的读 I/O 设备次数。即 delta(rio)/s。

```
[root@as4 /]# iostat -x
Linux 2.6.9-42.EL (as4)         2007年03月02日

avg-cpu:  %user   %nice    %sys %iowait   %idle
           8.66    0.00    3.39   10.55   77.40

Device:    rrqm/s wrqm/s   r/s   w/s  rsec/s  wsec/s    rkB/s    wkB/s
avgrq-sz avgqu-sz   await  svctm  %util
hda         17.76  15.93 24.22 11.88 1687.39  222.45   843.69   111.22
   52.91     0.46   12.65   3.78  13.63
dm-0         0.00   0.00  0.95  0.01    7.58    0.10     3.79     0.05
    7.96     0.01    7.03   0.79   0.08

[root@as4 /]#
```

图 5-4　iostat 命令显示信息

- w/s：每秒完成的写 I/O 设备次数。即 delta(wio)/s。
- rsec/s：每秒读扇区数。即 delta(rsect)/s。
- wsec/s：每秒写扇区数。即 delta(wsect)/s。
- rkB/s：每秒读 K 字节数。是 rsect/s 的一半，因为每扇区大小为 512B。
- wkB/s：每秒写 K 字节数。是 wsect/s 的一半。
- avgrq-sz：平均每次设备 I/O 操作的数据大小（扇区）。即 delta(rsect+wsect)/delta(rio+wio)。
- avgqu-sz：平均 I/O 队列长度。即 delta(aveq)/s/1000（因为 aveq 的单位为毫秒）。
- await：平均每次设备 I/O 操作的等待时间（毫秒）。即 delta(ruse+wuse)/delta(rio+wio)。
- svctm：平均每次设备 I/O 操作的服务时间（毫秒）。即 delta(use)/delta(rio+wio)。
- %util：一秒中有百分之多少的时间用于 I/O 操作，或者说一秒中有多少时间 I/O 队列是非空的。即 delta(use)/s/1000（因为 use 的单位为毫秒）。

如果%util 接近 100%，说明产生的 I/O 请求太多，I/O 系统已经满负荷，该磁盘可能存在瓶颈。

svctm 一般要小于 await（因为同时等待的请求的等待时间被重复计算了），svctm 的大小一般和磁盘性能有关，CPU/内存的负荷也会对其有影响，请求过多也会间接导致 svctm 的增加。await 的大小一般取决于服务时间（svctm）以及 I/O 队列的长度和 I/O 请求的发出模式。如果 svctm 比较接近 await，说明 I/O 几乎没有等待时间；如果 await 远大于 svctm，说明 I/O 队列太长，应用得到的响应时间变慢，如果响应时间超过了用户允许的范围，这时可以考虑更换更快的磁盘，调整内核 elevator 算法，优化应用，或者升级 CPU。

队列长度（avgqu-sz）也可作为衡量系统 I/O 负荷的指标，但由于 avgqu-sz 是按照单位时间的平均值，所以不能反映瞬间的 I/O 流量。

5.3.5　sar 测试工具

sar 是 System Activity Reporter（系统活动情况报告）的缩写。顾名思义，sar 工具将对系统当前的状态进行取样，然后通过计算数据和比例来表达系统的当前运行状态。它的特点是可以连续对系统取样，获得大量的取样数据；取样数据和分析的结果都可以存入文件，所需的负载很小。sar 是目前 Linux 上最为全面的系统性能分析工具之一，可以从 14 个大方面对系统的活动进行报告，包括文件的读写情况、系统调用的使用情况、串口、CPU 效率、内存

使用状况、进程活动及 IPC 有关的活动等，如图 5-5 所示。sar 的使用也较为复杂。

```
[root@localhost ~]# ls
        anaconda-ks.cfg  install.log.syslog
aa.txt   install.log      zhcon-0.2.tar.gz
[root@localhost ~]# sar -c
Linux 2.6.9-34.EL (localhost.localdomain)        05/05/07

10:30:49          LINUX RESTART

10:40:02       proc/s
10:50:01         2.98
11:00:01         1.11
11:10:01         0.16
11:20:01         0.61
Average:         1.21

22:29:55          LINUX RESTART

22:40:40          LINUX RESTART

22:45:27          LINUX RESTART

23:57:00          LINUX RESTART
[root@localhost ~]# _
```

图 5-5　sar 命令显示信息

sar 命令的语法为 sar [option] [o file] t [n]。其含义是每 t 秒取样一次，共取样 n 次。其中 o file 表示取样结果将以二进制形式存入文件 file 中。

sar 命令的另一种语法为 sar [option] [s time] [e time] [i sec] [f file]。其含义是表示从 file 文件中取出数据，如果没有指定 f file，则从标准数据文件/var/adm/sa/sadd 取数据，其中 dd 表示当前天。另外，s time 表示起始时间；e time 表示停止时间；i sec 表示取样的时间间隔，如不指定则表示取文件中所有的数据。

一般 sar 命令常与 q 和 u 选项同时使用，以便对每个 CPU 的使用情况进行分析，比如运行 sar q u 5 1 将输出如下结果。

```
Linux 2.4.1818smp (builder.Linux.com)
09 时 46 分 16? CPU %user %nice %system %idle
09 时 46 分 21? all 0.20 0.00 0.00 99.80
09 时 46 分 16? runqsz plistsz ldavg1 ldavg5
09 时 46 分 21? 0 91 0.00 0.00
Average: CPU %user %nice %system %idle
Average: all 0.20 0.00 0.00 99.80
Average: runqsz plistsz ldavg1 ldavg5
Average: 0 91 0.00 0.00
```

sar 命令有以下主要参数。

- A：汇总所有的报告。
- a：报告文件读写使用情况。
- B：报告附加的缓存的使用情况。
- b：报告缓存的使用情况。
- c：报告系统调用的使用情况。

- d：报告磁盘的使用情况。
- g：报告串口的使用情况。
- h：报告关于 buffer 使用的统计数据。
- m：报告 IPC 消息队列和信号量的使用情况。
- n：报告命名 cache 的使用情况。
- p：报告调页活动的使用情况。
- q：报告运行队列和交换队列的平均长度。
- R：报告进程的活动情况。
- r：报告没有使用的内存页面和硬盘块。
- u：报告 CPU 的利用率。
- v：报告进程、i 节点、文件和锁表状态。
- w：报告系统交换活动状况。
- y：报告 TTY 设备活动状况。

由于 sar 命令太复杂，只有通过熟练使用才能了解每个选项的含义，对于 sar 输出中每个字段的含义，运行 man sar 命令可以得到详细的解释。

5.3.6 ps 工具

ps 命令的主要功能是显示系统的进程等相关的信息，如图 5-6 所示。

```
[root@localhost ~]# ps -aux
Warning: bad syntax, perhaps a bogus '-'? See /usr/share/doc/procps-3.2.3/FA
USER       PID %CPU %MEM   VSZ  RSS TTY      STAT START   TIME COMMAND
root         1  0.0  0.3  2488  552 ?        S    23:11   0:00 init [3]
root         2  0.0  0.0     0    0 ?        SN   23:11   0:00 [ksoftirqd/0]
root         3  0.0  0.0     0    0 ?        S<   23:11   0:00 [events/0]
root         4  0.0  0.0     0    0 ?        S<   23:11   0:00 [khelper]
root         5  0.0  0.0     0    0 ?        S<   23:11   0:00 [kacpid]
root        18  0.0  0.0     0    0 ?        S<   23:11   0:00 [kblockd/0]
root        36  0.0  0.0     0    0 ?        S    23:11   0:00 [pdflush]
root        37  0.0  0.0     0    0 ?        S    23:11   0:00 [pdflush]
root        39  0.0  0.0     0    0 ?        S<   23:11   0:00 [aio/0]
root        19  0.0  0.0     0    0 ?        S    23:11   0:00 [khubd]
root        38  0.0  0.0     0    0 ?        S    23:11   0:00 [kswapd0]
root       185  0.0  0.0     0    0 ?        S    23:11   0:00 [kseriod]
root       299  0.0  0.0     0    0 ?        S    23:11   0:00 [scsi_eh_0]
```

图 5-6 ps 命令显示的信息内容

显示结果中各列的含义如下。

- 第一列：表示目前是 root 这个用户。
- 第二列：表示当前的进程号。
- 第三列：表示 CPU 的利用效率。
- 第四列：表示内存的利用百分比。
- 第五列：表示占用的虚拟内存的大小。
- 第六列：表示占用内存的大小。
- 第七列：登录的终端是哪个。
- 第八列：当前是哪种状态。
- 第九列：进程开始运行的时间。

- 第十列：进程已运行的时间。
- 第十一列：所使用的命令。

ps 命令有以下主要参数。

- -a 代表 all，所有的进程都显示出来。
- -u 代表用户。
- -x 对终端的控制。
- --help 查看所有的参数，如图 5-7 所示。

各个参数既可以单独使用也可以联合使用。

5.3.7 uptime 工具

这个命令不是很复杂，运行情况如图 5-8 所示，它提供的信息有以下几种。

- 第一列：表示系统什么时候开始启动（本例为 23 时 42 分 38 秒）。
- 第二列：系统已运行了多长时间（本例为 30min）。
- 第三列：用户的数量（本例为 1 个用户）。
- 第四列：系统在过去的 1min、5min 和 15min 内的平均负载。

```
[root@localhost ~]# ps --help
********* simple selection *********  ********* selection by list *********
-A all processes                      -C by command name
-N negate selection                   -G by real group ID (supports names)
-a all w/ tty except session leaders  -U by real user ID (supports names)
-d all except session leaders         -g by session OR by effective group name
-e all processes                      -p by process ID
T  all processes on this terminal     -s processes in the sessions given
a  all w/ tty, including other users  -t by tty
g  OBSOLETE -- DO NOT USE             -u by effective user ID (supports names)
r  only running processes             U  processes for specified users
x  processes w/o controlling ttys     t  by tty
*********** output format **********  *********** long options ***********
-o,o user-defined  -f full            --Group --User --pid --cols --ppid
-j,j job control   s  signal          --group --user --sid --rows --info
-O,O preloaded -o  v  virtual memory  --cumulative --format --deselect
-l,l long          u  user-oriented   --sort --tty --forest --version
-F   extra full    X  registers       --heading --no-heading --context
                    ********* misc options *********
-V,V  show version      L  list format codes  f  ASCII art forest
-m,m,-L,-T,H  threads   S  children in sum    -y change -l format
-M,Z  security data     c  true command name  -c scheduling class
-w,w  wide output       n  numeric WCHAN,UID  -H process hierarchy
```

图 5-7 ps 显示所有的参数

```
[root@localhost ~]# uptime
 23:42:38 up 30 min,  1 user,  load average: 0.47, 0.25, 0.14
[root@localhost ~]# uptime  -V
procps version 3.2.3
```

图 5-8 uptime 显示的结果信息

5.3.8 free 命令

free 命令也是常用的系统性能测试工具，可以显示内存的使用情况。

free 命令可以提供给我们关于内存的很多详细的信息，包含内存总的大小、已经使用了多少、空闲了多少、缓存的容量、缓冲的多少，还有内存处在低消耗时所占的多少容量，以及处在高消耗时的状况，以及交换的数据等。如图 5-9 所示。

```
[root@localhost ~]#  free  -l
             total       used       free     shared    buffers     cached
Mem:        158540      78384      80156          0      10164      43008
Low:        158540      78384      80156
High:            0          0          0
-/+ buffers/cache:      25212     133328
Swap:       200804          0     200804
```

图 5-9　free 显示的结果信息

5.3.9　netstat 工具

netstat 是个网络测试工具，主要用来测试网络连接的状态，如图 5-10 所示。

显示结果中各列的含义如下。

- 第一列：Proto 表示当前所使用的协议，其中包含 UNIX 协议、s_socket（网络套接字）协议。

```
[root@localhost ~]# netstat
Active Internet connections (w/o servers)
Proto Recv-Q Send-Q Local Address               Foreign Address             Stat
e
Active UNIX domain sockets (w/o servers)
Proto RefCnt Flags       Type       State         I-Node Path
unix  2      [ ]         DGRAM                    6891   @/var/run/hal/hotplug_s
ocket
unix  12     [ ]         DGRAM                    5768   /dev/log
unix  2      [ ]         DGRAM                    3196   @udevd
unix  2      [ ]         DGRAM                    9028
unix  2      [ ]         DGRAM                    8750
unix  2      [ ]         DGRAM                    8663
unix  3      [ ]         STREAM     CONNECTED     6890   /var/run/dbus/system_bu
s_socket
unix  3      [ ]         STREAM     CONNECTED     6889
unix  3      [ ]         STREAM     CONNECTED     6876   /var/run/dbus/system_bu
s_socket
unix  3      [ ]         STREAM     CONNECTED     6875
unix  3      [ ]         STREAM     CONNECTED     6760
```

图 5-10　netstat 测试信息显示

- 第二列：RefCnt 表示连接到本套接口上的进程号。
- 第三列：Flags 标志。
- 第四列：Type 表示类型。
- 第五列：State 为连接状态，其中的 CONNECTED 表示已经连接上。
- 第六列：I-Node 代表 i 节点。
- 第七列：Path 代表所在的目录路径。

netstat 的其他用法将在第 9 章介绍。

5.3.10　ipcs 工具

按照用途来说，ipcs 也是用来查看内存的使用情况，同 vmstat 命令相似，但有一些细小的差别。如图 5-11 所示。

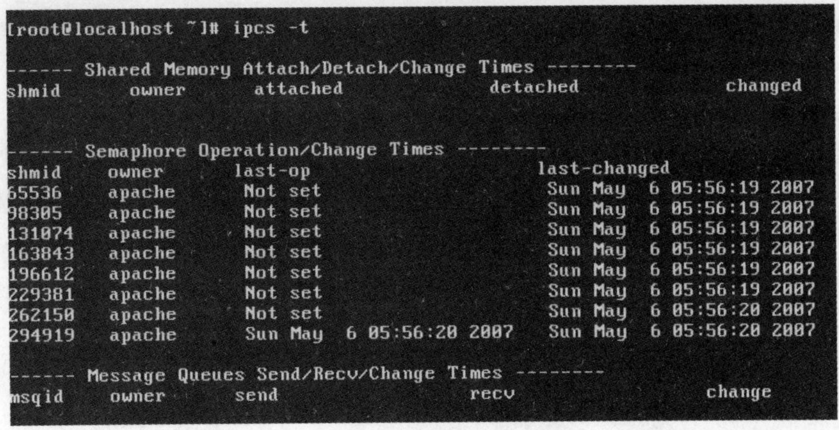
```
[root@localhost ~]# ipcs -t

------ Shared Memory Attach/Detach/Change Times --------
shmid      owner      attached             detached             changed

------ Semaphore Operation/Change Times --------
shmid      owner      last-op                    last-changed
65536      apache     Not set                    Sun May  6 05:56:19 2007
98305      apache     Not set                    Sun May  6 05:56:19 2007
131074     apache     Not set                    Sun May  6 05:56:19 2007
163843     apache     Not set                    Sun May  6 05:56:19 2007
196612     apache     Not set                    Sun May  6 05:56:19 2007
229381     apache     Not set                    Sun May  6 05:56:19 2007
262150     apache     Not set                    Sun May  6 05:56:20 2007
294919     apache     Sun May  6 05:56:20 2007   Sun May  6 05:56:20 2007

------ Message Queues Send/Recv/Change Times --------
msqid      owner      send                 recv                 change
```

图 5-11 ipcs 的查看信息

从图 5-11 中可以获得很多信息，如对内存共享的了解、Web 服务器的类别以及最后的更改时间（图中时间为 2007 年 5 月 6 日星期日 5 时 56 分 19 秒）。

目前，对系统进行性能调试的工具有很多，可以分为两大类：一类是标准的分析工具，即所有的 Linux 都会带的分析工具，正如上面介绍的 vmstat，iostat 及 top 等；另一类是不同厂商的 Linux 或 UNIX 特有的性能分析工具，比如 HP-UX 就有自己的增值性能分析工具。下面就介绍一种 HP-UX 的测试工具 GlancePlus。

5.3.11 GlancePlus 工具

GlancePlus 是 HP 公司的性能分析工具，它是一个联机性能分析和诊断工具，用于监控正在发生的系统活动情况。

GlancePlus 有以下主要特点。

- 联机性能分析和诊断。
- 监控系统资源的使用情况。
- 多屏幕输出。
- 带有联机帮助。
- 进程阈值识别和报警，这个阈值可以基于被监控的进程、资源的利用率、用户、进程名或者终端名。

与其他性能分析工具，如 sar、iostat、vmstat 等相比，GlancePlus 的最大优点就是不仅能对系统的整体情况进行分析，还可以对某个进程进行深入分析。

GlancePlus 可以监控以下系统资源。

- CPU、磁盘、内存和交换区的整体使用情况。
- 全局进程的活动情况。
- CPU 的详细使用情况。
- 内存的详细使用情况。
- 文件系统、设备和逻辑卷的磁盘输入/输出。
- 磁盘队列和长度。
- 交换区的详细使用情况。

- 系统表的使用情况。
- 单个进程的活动情况。

GlancePlus 的运行形式有图形方式和终端方式两种。

（1）图形方式。执行/opt/perf/bin/gpm 命令或以后台方式运行 gpm&命令。不过必须先设置环境变量 DISPLAY，因为它是图形输出的目的地，比如：export DISPLAY=主机名(IP 地址):0.0；如果从工作站 telnet 至别的主机上，则本工作站还要运行“xhost +”命令，表示别的机器上可以输出到本工作站。

（2）终端方式。执行/opt/perf/bin/glance 命令。

GlancePlus 的界面主要有两部分，上面部分是系统资源的整体使用情况，下面部分则是不同资源的详细使用情况。

GlancePlus 的界面的上面部分中的字母表示谁用了资源，而字母之间的长度表示资源占用率。

（1）CPU 的利用率：S－系统 CPU 利用率，U－用户 CPU 利用率，R－实时 CPU 利用率，N－nice CPU 利用率，A－negative-nice CPU 利用率。

（2）磁盘的利用率：F－文件系统 I/O，V－虚拟内存，I/O－内存的利用率：S－用于系统代码和数据的内存，U－用于用户代码和数据的内存，B－用作缓存的内存。

（3）交换区的利用率：U－正在使用的交换区，R－预留的交换区。

前面讲到，GlancePlus 是一个联机分析诊断工具，其实，GlancePlus 还可以与 MeasureWare Agent 一起使用，MeasureWare Agent 将可以在一段时间内帮助 GlancePlus 收集基本数据，然后由 GlancePlus 进行分析。

Glance 可以运行在 HP-UX，Solaris 和 AIX 上。与其他的工具相比，Glance 占用的系统资源会更多。通常情况下，启动工具的命令语法如下。

```
#glance [-j interval][-p dest][-f dest][maxpagers n][-command][-nice n][-nosort][lock][]
```

其中各选项的含义如下。

- -j：指定数据刷新的时间间隔。
- -p：将结果送到打印机队列。
- -f：将结果打印到文件。

5.4 性能优化的思路

应该说，影响系统性能的因素很多，可归纳为以下几个因素。

- 硬件因素：CPU、内存、硬盘、主板的性能。
- 操作系统：操作系统的配置是否合理。
- 应用软件：应用系统设计得如何。
- 人的因素：操作人员是否经过充分的培训，完全懂得操作系统。
- 经常性的变化因素：如用户需求是否经常变化及用户对系统负载的要求是否经常变化等。

要使系统处于良好性能状态，就必须让所有的系统资源（CPU、内存、磁盘、输入输出，尤其是网络和串行通信）协调工作。

第 6 章 Shell 编程

本章主要内容

- Shell 概述
- Shell 流程控制
- Shell 函数与函数调用
- awk 与 sed 工具讲解
- Shell 脚本实例

6.1 Shell 概述

6.1.1 什么是 Shell

Shell 是一个命令解释器，是用户和内核之间交互的接口，如图 6-1 所示。内核在系统启动的时候就自动加载到内存中，管理系统运行直到关机。内核创建并控制进程、管理内存和文件系统、管理网络连接等等。包括 Shell 在内的其他应用程序保存在硬盘上，内核负责将应用程序读到内存中运行，在其终止的时候完成一些清除工作。Shell 在用户登录系统时就开始运行。用户向命令行输入命令，Shell 分析这些命令并调用对应的程序来完成用户指定的任务。有了 Shell 用户才可以和内核交互。

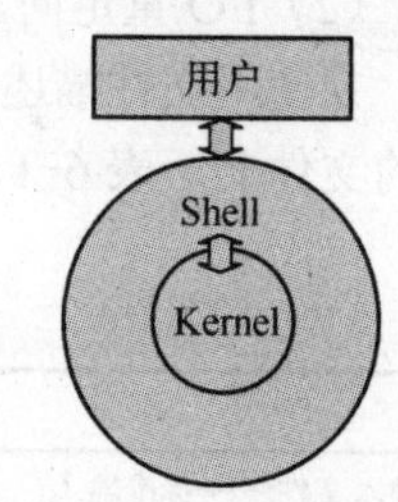

图 6-1 Shell 原理图

除了作为内核和用户交互的界面外，Shell 还可以被当作一种解释型的程序设计语言来使用。用户将需要执行的操作写在一个脚本文件中，然后运行它们。不像 C、C++等编译语言一样，解释型语言在使用前不用编译成机器可执行格式，由 Shell 分析脚本中的语句，然后执行它。与编译型语言相比，解释型语言的执行速度较慢，但是由于不需要编译，所以非常方便和易用。

6.1.2 Shell 的作用

下面仔细地分析一下 Shell 的作用和职责。

（1）执行程序。当我们通过某个终端使用 Shell 和计算机交互的时候，Shell 最主要的任务就是翻译用户在命令行输入的命令，执行正确的动作。命令行信息的基本格式如下：

P1 1
P9 2
P24 3
P51 4
P67 5
第6章
P104 7
P117 8
P128 9
P143 10
P161 11
P172 12
P189 13
P214 14
P227 15
P245 16
P259 17
P284 18
P305 19
P328 20
P361 21

```
程序名 参数表
```

Shell先解析命令行，根据空白符（包括制表符、空格和换行符）将命令行分成几个标号。然后Shell根据标号中的特殊字符，来处理I/O重定向、后台执行等操作。最后得到要执行的命令和命令的参数。

如在命令行输入以下命令：

```
$cp -a /source/directory/* /dest/directory
```

Shell先得到需要运行的命令名称“cp”（Shell的复制命令，用man cp命令可以获得在线帮助文档），接着解析得到给它的参数为“-a”（cp 命令的选项，Shell 下用“-”来表示选项）、“/source/directory/*”和“/dest/directory”。

最后Shell调用cp程序，并将“-a”、“/source/directory/*”、“/dest/directory”作为命令行参数传给cp程序，如图6-2所示。这个命令的作用是将/source/directory目录下的所有文件复制到/dest/directory目录下。

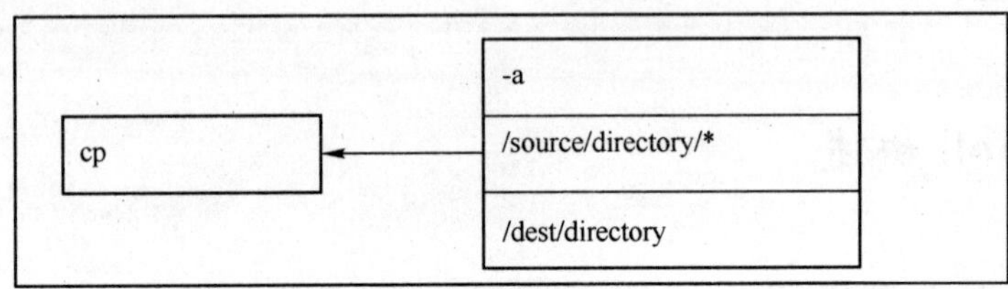

图6-2　cp命令执行过程

（2）I/O重定向。当我们在Shell中执行命令的时候，每个进程都和三个打开的文件相联系，并使用文件描述符来引用这些文件。由于文件描述符不容易记忆，Shell同时也给出了相应的文件名。表6-1列出了这些文件描述符及它们通常所对应的文件名。

表6-1　文件描述符

文　件	文件描述符
输入文件——标准输入	0
输出文件——标准输出	1
错误输出文件——标准错误	2

- 标准输入：标准输入是文件描述符0。它是命令的输入，缺省是键盘，也可以是文件或其他命令的输出。
- 标准输出：标准输出是文件描述符 1。它是命令的输出，缺省是屏幕，也可以是文件。
- 标准错误：标准错误是文件描述符2。这是命令错误的输出，缺省是屏幕，同样也可以是文件。

在执行命令时，可以指定命令的标准输入、输出和错误，要实现这一点就需要使用文件重定向。表6-2列出了最常用的重定向组合，并给出了相应的文件描述符。

在对标准错误进行重定向时，必须使用文件描述符，但是对于标准输入和输出来说，这

不是必须的。为了完整起见，表 6-2 中列出了两种方法。

表 6-2　常见的 Shell 重定向

命令格式	解释
command > filename	把标准输出重定向到一个文件中
command >> filename	把标准输出重定向到一个文件中(追加)
command 1 > filename	把标准输出重定向到一个文件中
command > filename 2>&1	把标准输出和标准错误一起重定向到一个文件中
command 2 > filename	把标准错误重定向到一个文件中
command 2 >> filename	把标准输出重定向到一个文件中(追加)
command >> filename 2>&1	把标准输出和标准错误一起重定向到一个文件中(追加)

如果希望把标准输出重定向到文件中，可以用>filename。在下面的例子中，ls 命令的所有输出都被重定向到 ls.out 文件中。

```
$ls > ls.out
```

如果希望追加到已有的文件中（在该文件不存在的情况下创建该文件），那么可以使用>>filename。

```
$pwd >> path.out
$find . –name “Data.doc” –print >> path.out
```

可以指定命令的标准输入。

```
$sort  <  students.txt
```

在上面的命令中，sort 命令的输入是采用重定向的方式给出的，不过也可以直接把相应的文件作为该命令的参数。

```
$sort  students.txt
```

为了重定向标准错误，可以指定文件描述符 2。举一个例子：假设要使用 grep 命令在 student.dat 文件中查找“eric”，但是文件 student.dat 并不存在。

```
$grep  “eric”  student.dat
grep: student.dat: No such file or directory
```

grep 命令没有找到该文件，缺省地向终端输出了一个错误信息。现在把错误重定向到文件/dev/null 中（实际就上是系统的垃圾箱）。

```
$grep  “eric”  student.dat  2>/dev/null
```

这样所有的错误输出都输送到了/dev/null，不再出现在屏幕上。

（3）管道。可以通过管道把一个命令的输出传递给另一个命令作为输入。管道用竖杠|表示。它的一般形式如下。

P1 1
P9 2
P24 3
P51 4
P67 5
第 6 章
P104 7
P117 8
P128 9
P143 10
P161 11
P172 12
P189 13
P214 14
P227 15
P245 16
P259 17
P284 18
P305 19
P328 20
P361 21

```
命令 1 |命令 2
```

在下面的例子中，在当前目录中执行文件列表操作，如果没有管道的话，所有文件就会显示出来。当 Shell 看到管道符号以后，就会把所有列出的文件交给管道右边的命令，因此管道的含义正如它的名字所暗示的那样：把信息从一端传送到另外一端。在这个例子中，接下来 grep 命令在文件列表中搜索 quarter1.doc。

```
$ls  |  grep  quarter1.doc
```

（4）环境控制。Shell 的另一个重要的功能是制定用户自己的环境。这个工作通常是由用户目录下的一些脚本文件完成的。这些文件中包含了 Shell 环境变量的设置，例如可执行文件的查找路径 PATH 变量、用户初始目录 HOME 变量、终端类型 TREM 变量等等。一些 Shell（如 Linux 下的 Bash）还提供了许多方便的功能，如命令输入的历史记录、别名的定义、退出系统要执行的命令等。

如果用户使用的是 Bash，在用户的 home 目录下，运行

```
$ls ~/.bash*
```

用户将看到这些文件：

- ~/.bash_history：记录了用户以前输入的命令。
- ~/.bash_logout：当用户退出 Shell 时，要执行的命令。
- ~/.bash_profile：当用户登入 Shell 时，要执行的命令。
- ~/.bashrc：每次打开新的 Shell 时，要执行的命令。

请注意后两个文件的区别：“~/.bash_profile”只在会话开始时被读取一次，而“~/.bashrc”则每次打开新的终端时，都要被读取。

Shell 程序（也可称为 Shell 脚本）将一系列的命令写在一个文件中。Shell 程序设计语言包含了面向过程程序设计语言的许多特点，可以进行定义变量、条件测试、循环控制。用户也可以定义自己的函数。

6.1.3 不同类型的 Shell

（1）Bourne Shell。Bourne Shell 是出现较早的在 UNIX 系统上运行的标准 Shell。它在 1977 年由 Stephen Bourne 开发，并以他的名字命名。Bourne Shell 是基于一种叫 Algol 的编程语言开发的，主要是用来方便、快速地进行 UNIX 系统管理的工作。虽然 Bourne Shell 十分简洁和快速，但是它的交互性不是很好，没有命令历史、别名和作业控制等特性。

（2）C Shell。C Shell 于 20 世纪 70 年代末在加州大学伯克利分校开发完成，并作为 BSD UNIX 的一部分发布。作者 Bill Joy 在 C Shell 中加入了许多 Bourne Shell 中没有的特性。C Shell 是基于 C 语言开发的，其编程语法和 C 语言很相似。为了方便交互，C Shell 中加入了命令历史、别名和作业控制等特性。因为 C Shell 是提供给大型机使用的，所以在一般的小型机上运行时效率不如 Bourne Shell。

（3）Korn Shell。20 世纪 80 年代中期，AT&T 的 David Korn 发明了 Korn Shell。Korn Shell 在 1986 年发布，并且在 1988 年正式成为 SVR4 版本 UNIX 的一部分。Korn Shell 是 Bourne Shell

的一个超集，不仅能够运行在 UNIX/Linux 系统上，还可以运行在 OS/2，VMS 和 DOS 上。它和 Bourne Shell 完全兼容，还加入了许多 C Shell 中好的特性。更重要的是 Korn Shell 十分快速和有效。

（4）Bourne Again Shell（bash）。在 Linux 系统中，Bourne Again Shell（bash）是标准的 Shell。Bash 在 1988 年由自由软件联盟的 Brian Fox 开发，它遵循 GPL 发布。Bash 在交互和使用和脚本编程方面加入了许多 Bourne Shell 没有的特性。Bash 提高的地方包括：命令历史记录、目录栈、作业控制、函数、别名、数组、整数运算。Bash 也加入了一些 Korn Shell 的特性。Bash 是目前最流行的 Shell。

（5）TC Shell。TC Shell 是和 C Shell 完全兼容的一个加强版本。一些新的特性加入到其中：命令行的文本编辑器（Emacs 和 vi）、命令历史记录的循环查看、增强的文件名、变量、命令补全、拼写检查、计划任务、自动加锁和登出、在历史记录中加入时间等特性。TC Shell 的体积很大。

6.2 Shell 流程控制

和其他高级程序设计语言一样，Shell 提供了用来控制程序执行流程的命令，包括条件分支和循环结构，用户可以用这些命令创建非常复杂的程序。

与传统语言不同的是，Shell 用于指定条件值的不是布尔运算式，而是命令和字串。

6.2.1 测试命令

test 命令用于检查某个条件是否成立，它可以进行数值、字符和文件 3 个方面的测试，其测试符和相应的功能分别如下。

（1）数值测试

- -eq：等于则为真。
- -ne：不等于则为真。
- -gt：大于则为真。
- -ge：大于或等于则为真。
- -lt：小于则为真。
- -le：小于或等于则为真。

（2）字串测试

- =：等于则为真。
- !=：不相等则为真。
- -z：字串长度为零则为真。
- -n：字串长度不为零则为真。

（3）文件测试

- -e 文件名：如果文件存在则为真。
- -r 文件名：如果文件存在且可读则为真。
- -w 文件名：如果文件存在且可写则为真。
- -x 文件名：如果文件存在且可执行则为真。

P1 1
P9 2
P24 3
P51 4
P67 5
第 6 章
P104 7
P117 8
P128 9
P143 10
P161 11
P172 12
P189 13
P214 14
P227 15
P245 16
P259 17
P284 18
P305 19
P328 20
P361 21

- -s 文件名：如果文件存在且至少有一个字符则为真。
- -d 文件名：如果文件存在且为目录则为真。
- -f 文件名：如果文件存在且为普通文件则为真。
- -c 文件名：如果文件存在且为字符型特殊文件则为真。
- -b 文件名：如果文件存在且为块特殊文件则为真。

另外，Linux 还提供了与（-a）、或（-o）、非（!）三个逻辑操作符，用于将测试条件连接起来，其优先顺序如下：! 最高，-a 次之，-o 最低。

同时，bash 也能完成简单的算术运算，格式如下：

```
$[expression]
```

例如：

```
var1=2
var2=$[var1*10+1]
```

则 var2 的值为 21。

6.2.2 if 条件语句

Shell 程序中的条件分支是通过 if 条件语句来实现的，其一般格式如下：

```
if 条件命令串
then
条件为真时的命令串
else
条件为假时的命令串
fi
```

6.2.3 case 条件选择

if 条件语句用于在两个选项中选定一项，而 case 条件选择为用户提供了根据字串或变量的值从多个选项中选择一项的方法，其格式如下：

```
case "string" in
exp-1)
若干个命令行 1
;;
exp-2)
若干个命令行 2
;;
……
*)
其他命令行
esac
```

Shell 通过计算字串 string 的值，将其结果依次和运算式 exp-1，exp-2 等进行比较，直到找到一个匹配的运算式为止。如果找到了匹配项，则执行它下面的命令，直到遇到一对分号（;;）为止。

在 case 运算式中也可以使用 Shell 的通配符（“*”、“？”、“[]”）。通常用 * 作为 case 命令的最后运算式，以便在前面找不到任何相应的匹配项时执行“其他命令行”的命令。

6.2.4 for 循环

for 循环对一个变量的可能的值都执行一个命令序列。赋给变量的几个数值既可以在程序内以数值列表的形式提供，也可以在程序以外以位置参数的形式提供。for 循环的一般格式如下：

```
for 变量名 [in 数值列表]
do
若干个命令行
done
```

变量名可以是用户选择的任何字串，如果变量名是 var，则在 in 之后给出的数值将顺序替换循环命令列表中的$var。如果省略了 in，则变量 var 的取值将是位置参数。对变量的每一个可能的赋值都将执行 do 和 done 之间的命令列表。

6.2.5 while 和 until 循环

while 和 until 命令都是用命令的返回状态值来控制循环的。while 循环的一般格式如下。

```
while 条件命令串
do
若干个命令行 2
done
```

只要 while 的“若干个命令行 1”中最后一个命令的返回状态为真，while 循环就继续执行 do...done 之间的“若干个命令行 2”。

until 命令是另一种循环结构，它和 while 命令相似，其格式如下：

```
until 条件命令串
do
若干个命令行 2
done
```

until 循环和 while 循环的区别在于：while 循环在条件为真时继续执行循环，而 until 则是在条件为假时继续执行循环。

Shell 还提供了 true 和 false 两条命令用于创建无限循环结构，它们的返回状态分别是总为 0 或总为非 0。

6.2.6 无条件控制语句 break 和 continue

break 用于立即终止当前循环的执行，而 continue 用于不执行循环中后面的语句而立即开始下一个循环的执行。这两个语句只有放在 do 和 done 之间才有效。

6.2.7 函数定义

在 Shell 中还可以定义函数。函数实际上也是由若干条 Shell 命令组成的，因此它与 Shell 程序形式上是相似的，不同的是它不是一个单独的进程，而是 Shell 程序的一部分。函数定义的基本格式如下：

```
functionname ()
{
若干命令行
}
```

调用函数的格式如下：

```
functionname  param1  param2…
```

Shell 函数可以完成某些例行的工作，而且还可以有自己的退出状态，因此函数也可以作为 if、while 等控制结构的条件。

在函数定义时不用带参数说明，但在调用函数时可以带有参数，此时 Shell 将为这些参数分别赋予相应的位置参数$1、$2、...及$*。

6.2.8 命令分组

在 Shell 中有两种命令分组的方法：()和{}。当 Shell 执行()中的命令时将再创建一个新的子进程，然后这个子进程去执行圆括弧中的命令。当用户在执行某个命令时不想让命令运行时对状态集合（如位置参数、环境变量、当前工作目录等）的改变影响到下面语句的执行时，就应该把这些命令放在圆括弧中，这样就能保证所有的改变只对子进程产生影响，而父进程不受任何干扰。{}用于将顺序执行的命令的输出结果作为另一个命令的输入（管道方式）。当真正使用圆括弧和花括弧时（如计算运算式的优先顺序），则需要在其前面加上转义符（\）以便让 Shell 知道它们不是用于命令执行的控制。

6.2.9 信号

trap 命令用于在 Shell 程序中捕捉信号，之后可以有 3 种反应方式。

- 执行一段程序来处理这一信号。
- 接受信号的默认操作。
- 忽视这一信号。

trap 对上面 3 种方式提供了 3 种基本形式。

第一种形式的 trap 命令在 Shell 接收到与 signal list 清单中数值相同的信号时，将执行双引号中的命令串。

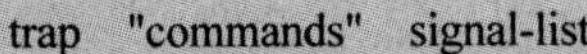

```
trap  "commands"  signal-list
```

为了恢复信号的默认操作，使用第二种形式的 trap 命令。

```
trap ignal-list
```

第三种形式的 trap 命令允许忽略信号。

```
trap "" signal-list
```

注意：

（1）对信号 11（段违例）不能捕捉，因为 Shell 本身需要捕捉该信号去进行内存的转储。

（2）在 trap 中可以定义对信号 0 的处理（实际上没有这个信号），Shell 程序在其终止（如执行 exit 语句）时发出该信号。

（3）在捕捉到 signal-list 中指定的信号并执行完相应的命令之后，如果这些命令没有将 Shell 程序终止的话，Shell 程序将继续执行收到信号时所执行的命令后面的命令，这样将很容易导致 Shell 程序无法终止。

另外，在 trap 语句中，单引号和双引号是不同的。当 Shell 程序第一次遇到 trap 语句时，将把 commands 中的命令扫描一遍。此时若 commands 是用单引号括起来的话，那么 Shell 不会对 commands 中的变量和命令进行替换，否则 commands 中的变量和命令将用当时具体的值来替换。

6.3 Shell 函数与函数调用

函数由两部分组成：

- 函数标题。
- 函数体。

标题是函数名。函数体是函数内的命令集合。标题名应该唯一，否则会混淆结果，因为脚本在查看调用脚本前将首先搜索函数调用相应的 Shell。

定义函数的格式如下：

```
函数名（）
{
命令 1
…
}
```

或者：

```
函数名（）{
命令 1
…
}
```

P1 1
P9 2
P24 3
P51 4
P67 5
第6章
P104 7
P117 8
P128 9
P143 10
P161 11
P172 12
P189 13
P214 14
P227 15
P245 16
P259 17
P284 18
P305 19
P328 20
P361 21

两种方式都可行。如果愿意，可在函数名前加上关键字 function，这取决于使用者。

```
function 函数名 ()
{ ...
}
```

可以将函数看作是脚本中的一段代码，但是有一个主要区别。执行函数时，它保留当前 Shell 和内存信息。此外如果执行或调用一个脚本文件中的另一段代码，将创建一个单独的 Shell，因而去除所有原脚本中定义的存在变量。

函数可以放在同一个文件中作为一段代码，也可以放在只包含函数的单独文件中。函数不必包含很多语句或命令，甚至可以只包含一个 echo 语句，这取决于使用者。

6.3.1 在脚本中使用函数

以下是一个简单函数。

```
hello()
{
echo "hello world，today's date is 'date' "
}
```

所有函数在使用前必须定义。这意味着必须将函数放在脚本开始部分，直至 Shell 解释器首次发现它时，才可以使用。调用函数仅使用其函数名即可。上面的例子中，函数名为 hello，函数体包含一个 echo 语句，反馈当天日期。

现在创建函数，观察其在脚本中的用法。

```
#! /bin/sh
#func1
hello()
{
echo "hello world，today's date is 'date' "
}

echo "now going to the function    hello"
hello

echo "back form the function"
```

运行脚本结果如下。

```
$func1
now going to the function hello
hello world，today's date is Sat Oct    6    12:45:59    GMT    2005
back from the function
```

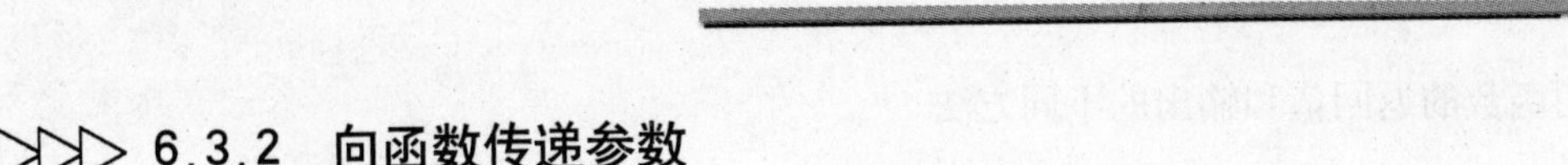

6.3.2 向函数传递参数

向函数传递参数就像在一般脚本中使用特殊变量$1，$2...$9 一样，函数取得所传参数后，将原始参数传回 Shell 脚本，因此最好先在函数内重新设置变量保存所传的参数。这样如果函数有错，就可以通过已经本地化的变量名迅速加以跟踪。函数里调用参数（变量）的转换以下划线开始，后加变量名，如：_FILENAME 或_filename。

6.3.3 函数返回值

当函数完成处理或希望函数基于某一测试语句返回时，可进行两种处理。

（1）让函数正常执行到函数末尾，然后返回脚本中调用函数的控制部分。

（2）使用 return 返回脚本中函数调用的下一条语句，可以带返回值。0 为无错误，1 为有错误，这是可选的。其格式如下。

- return 从函数中返回，用最后状态命令决定返回值。
- return 0 无错误返回。
- return 1 有错误返回。

6.3.4 函数返回值测试

可以直接在脚本调用函数语句的后面使用最后状态命令来测试函数调用的返回值。

```
check_it_is_a_directory $FILENAME      #this is the function call and check
if [$?=0]    #use the last status command now to test
then
echo "All is OK"
else
        echo "Something went wrong"
fi
```

更好的办法是使用 if 语句测试返回 0 或者返回 1。最好在 if 语句里用括号将函数调用括起来以增加可读性。

```
if check_it_is_a_directory $FILENAME；then
echo "All is OK"
#do something ??
else
echo "Something went wrong !"
#do something ??
fi
```

如果函数将从测试结果中反馈输出，那么使用替换命令可保存结果。函数调用的替换格式如下。

```
variable_name=function_name
```

函数 function_name 输出被设置到变量 variable_name 中。不久我们会接触到许多不同的函数及使用函数的返回值和输出的不同方法。

6.3.5 在 Shell 中使用函数

当你收集一些经常使用的函数时，可以将之放入函数文件中并将文件载入 Shell。文件头应包含语句#!/bin/sh，文件名可任意选取，但最好与相关任务有某种实际联系。例如，functions.main。一旦文件载入 Shell，就可以在命令行或脚本中调用函数。可以使用 set 命令查看所有定义的函数。输出列表包括已经载入 Shell 的所有函数。

如果要改动函数，首先用 unset 命令从 Shell 中删除函数，尽管 unset 删除了函数以便此函数对于 Shell 或脚本不可利用，但并不是真正的删除。改动完毕，再重新载入此文件。有些 Shell 会识别改动，不必使用 unset 命令，但为了安全起见，改动函数时最好使用 unset 命令。

6.3.6 创建函数文件

下面创建包含函数的函数文件并将其载入 Shell，进行测试，再作改动，之后重新载入。函数文件名为 functions.main，内容如下：

```
#!/bin/sh
#functions.main
#
#findit:this is front end for the basic find command
fintid() {
#findit
if   [$# -lt] 1;then
echo “usage：findit file”
return 1
fi
find / -name $1 –print
```

这是一个 find 命令的前端。如果不加参数，函数将返回 1，即发生错误。

6.3.7 定位文件

定位文件格式如下：

```
./pathname/filename
```

文件已经创建好，要将之载入 Shell，键入以下命令：

```
$. functions.main
```

如果返回“file not found”的信息，再尝试以下命令：

```
$.sh /functions.main
```

如果仍有错误，可使用“sh -x functions.main”命令调试。

6.3.8 检查载入函数

使用 set 命令确保函数已载入。set 命令将在 Shell 中显示所有的载入函数。

```
$set
USER=eric
Findit=()
{
if [$# -lt 1]; then
echo "usage : findit file";
return 1;
fi;
find / -name $1 -print
}
…
```

使用函数可以节省大量的脚本编写时间。创建可用和可重用的脚本很有意义，可以使主脚本变短，结构更加清晰。

当创建了许多函数后，将之放入函数文件里，然后其他脚本就可以使用这些函数了。

6.4 awk 工具和 sed 工具

6.4.1 awk 工具

（1）awk 介绍。如果要格式化报文或从一个大的文本文件中抽取数据包，那么 awk 可以完成这些任务。它在文本扫描和数据的熟练使用上性能优异。可以说 awk 是一种自解释的编程语言，之所以要在 Shell 中使用 awk 是因为 awk 本身是学习的好例子，但结合 awk 与其他工具诸如 grep 和 sed，将会使 Shell 编程更加容易。

（2）awk 的使用。有三种方式调用 awk。

第一种是命令行方式。

```
awk [-F field-separator] 'commands' input-file(s)
```

其中，commands 是真正的 awk 命令，field-separator 是域分隔符。上面例子中，[-F field-separator]是可选的，因为 awk 使用空格作为缺省的域分隔符，因此如果要扫描域间有空格的文本，不必指定这个选项，但如果要扫描诸如 passwd 文件，此文件各域以冒号作为分隔符，则必须指明-F 选项。

```
awk –F: 'commands' input-file
```

第二种方法是将所有 awk 命令插入一个文件，并使 awk 程序可执行，然后用 awk 命令解释器作为脚本的首行，以便通过输入脚本名称来调用它。

第三种方式是将所有的 awk 命令插入一个单独文件，然后调用。

P1 1
P9 2
P24 3
P51 4
P67 5
第 6 章
P104 7
P117 8
P128 9
P143 10
P161 11
P172 12
P189 13
P214 14
P227 15
P245 16
P259 17
P284 18
P305 19
P328 20
P361 21

-f 选项指明在文件 awk_script_file 中的 awk 脚本，input_files 是使用 awk 进行扫描的文件名。

```
awk –f awk-script-file input-files
```

（3）模式和动作。任何 awk 语句都由模式和动作组成。在一个 awk 脚本中可能有许多语句。模式部分决定动作语句何时触发及触发事件。动作即对数据进行的操作。如果省略模式部分，动作将时刻保持执行状态。

模式可以是任何条件语句或复合语句或正则表达式。模式包括两个特殊字段 BEGIN 和 END。使用 BEGIN 语句设置计数和打印头。BEGIN 语句使用在任何文本浏览动作之前，之后文本浏览动作依据输入文件开始执行。END 语句用来在 awk 完成文本浏览动作后打印输出文本总数和结尾状态标志。如果不特别指明模式，awk 总是匹配或打印行数。

实际动作在大括号{}内指明。动作大多数用来打印，但是还有些更长的代码诸如 if 和循环（looping）语句及循环退出结构。如果不指明采取动作，awk 将打印出所有扫描出来的记录。

（4）域和记录。awk 执行时，其扫描域标记为$1，$2，...，$n。这种方法称为域标识。使用这些域标识将更容易对域进行进一步处理。

使用$1，$3 表示参照第 1 和第 3 域，注意这里用逗号作域分隔符。如果希望打印一个有 5 个域的记录的所有域，不必指明$1，$2，$3，$4，$5，可使用$0，意即所有域。awk 扫描时，到达一新行，即假定到达包含域的记录末尾，然后执行新记录下一行的读动作，并重新设置域分隔符。

打印一个域或所有域，使用 print 命令。这是一个 awk 动作（动作语法用圆括号括起来）。

假设有一个 students.txt 文件，记录了一个班级中学生的姓名、学号、年龄和专业。

```
$more students.txt
李刚      4521      23    计算机
赵诚      8673      22    控制
王亮      6729      22    通信
```

此文本文件有四个域，即（1）姓名，（2）学号，（3）年龄，（4）专业。因为域间使用空格作为域分隔符，故不必用-F 选项划分域，现扫描文件并导出一些数据。

在例子中为了便于显示，将空格加宽使各域看得更清晰。

假定只需要打印学生姓名和专业，通过查看域所在的列，可知为 field-1 和 field-4，因此可以使用$1 和$4，但不要忘了加逗号以分隔域。

```
$ awk '{print $1，$4}' students.txt
李刚      计算机
赵诚      控制
王亮      通信
```

（5）条件操作符。表 6-3 给出了 awk 条件操作符。

（6）awk 内置变量。awk 有许多内置变量用来设置环境信息。这些变量可以被改变。表 6-4 显示了最常使用的一些变量，并给出其基本含义。

表 6-3　awk 条件操作符

操 作 符	描　述
<	小于
<=	小于等于
>=	大于等于
==	等于
!=	不等于
~	匹配正则表达式
!~	不匹配正则表达式

表 6-4　awk 内置变量

内 置 变 量	描　述
ARGC	命令行参数个数
ARGV	命令行参数排列
ENVIRON	支持队列中系统环境变量的使用
FILENAME	awk 扫描的文件名
FNR	扫描文件的记录数
FS	设置输入域分隔符，等价于命令行-F 选项
NF	扫描记录的域个数
NR	已读的记录数
OFS	输出域分隔符
ORS	输出记录分隔符
RS	控制记录分隔符

- ARGC 支持命令行中传入 awk 脚本的参数个数。ARGV 是 ARGC 的参数排列数组，其中每一元素表示为 ARGV[n]，n 为期望访问的命令行参数。
- ENVIRON 支持系统设置的环境变量，要访问单独变量，可使用实际变量名。如

```
ENVIRON[“EDITOR”]=“vi”。
```

- FILENAME 支持 awk 脚本实际操作的输入文件。因为 awk 可以同时处理许多文件，因此如果访问了这个变量，将告之系统目前正在浏览的实际文件。
- FNR 支持 awk 目前操作的记录数。其变量值小于或等于 NR。如果脚本正在访问许多文件，每个新输入文件都将重新设置此变量。
- FS 用来在 awk 中设置域分隔符，与命令行中-F 选项功能相同。缺省情况下为空格。如果用逗号来作域分隔符，则设置 FS=","。
- NF 支持记录域个数，在记录被读之后再设置。
- OFS 允许指定输出域分隔符，缺省为空格。如果想设置为#，则写入 OFS="#"。
- ORS 为输出记录分隔符，缺省为新行（\n）。
- RS 是记录分隔符，缺省为新行（\n）。

（7）awk 操作符。在 awk 中使用操作符，基本表达式可以划分为数字型、字符串型、变

量型、域及数组元素。

在表达式中可以使用下述任何一种操作符。

- = += *= / = %= ^=　　赋值操作符
- ?　　条件表达操作符
- || && !　　并、与、非
- !~　　匹配操作符，包括匹配和不匹配
- < <= == != > >=　　关系操作符
- + - * / % ^　　算术操作符
- ++ --　　前缀和后缀

（8）内置的字符串函数。awk 有许多强大的字符串函数，见表 6-5。

表 6-5　awk 内置字符串函数

awk 内置字符串函数	描　述
gsub(r，s)	在整个$0 中用 s 替代 r
gsub(r，s，t)	在整个 t 中用 s 替代 r
index(s，t)	返回 s 中字符串 t 的第一位置
length(s)	返回 s 长度
match(s，r)	测试 s 是否包含匹配 r 的字符串
split(s，a，fs)	在 fs 上将 s 分成序列 a
sprint(fmt，exp)	返回经 fmt 格式化后的 exp
sub(r，s)	用$0 中最左边最长的子串代替 s
substr(s，p)	返回字符串 s 中从 p 开始的后缀部分
substr(s，p，n)	返回字符串 s 中从 p 开始长度为 n 的后缀部分

gsub 函数类似于 sed 查找和替换。它允许替换一个字符串或字符为另一个字符串或字符，并以正则表达式的形式执行。第一个 gsub 函数作用于$0，第二个 gsub 函数允许指定目标，然而，如果未指定目标，缺省为$0。

Index(s，t)函数返回目标字符串 s 中查询字符串 t 的首位置。length 函数返回字符串 s 字符长度。match 函数测试字符串 s 是否包含一个正则表达式 r 定义的匹配。split 使用域分隔符 fs 将字符串 s 划分为指定序列 a。sprint 函数类似于 printf 函数（下文涉及），返回基本输出格式 fmt 的结果字符串 exp。sub(r，s)函数将用 s 替代$0 中最左边最长的子串，该子串被 r 匹配。

sub(s，p)返回字符串 s 在位置 p 后的后缀。substr(s，p，n)同上，并指定子串长度为 n。

（9）awk 输出函数 printf。到目前为止，所有例子的输出都是直接到屏幕，除了 tab 键以外没有任何格式。awk 提供函数 printf，具有几种不同的格式化输出功能。例如按列输出、左对齐或右对齐方式。

每一种 printf 函数（格式控制字符）都以一个%符号开始，以一个决定转换的字符结束。转换包含三种修饰符。

printf 函数基本语法是 printf（[格式控制符]，参数），格式控制字符通常在引号里。以下为一些常用的 printf 格式。

- %c——ASCII 字符。
- %d——整数。
- %e——浮点数，科学记数法。
- %f——浮点数，例如 123.44。
- %g——由 awk 决定使用哪种浮点数转换（e 或者 f）。
- %o——八进制数。
- %s——字符串。
- %x——十六进制数。

6.4.2 sed 工具

（1）sed 介绍。sed 是一种在线编辑器，它一次处理一行内容。处理时把当前处理的行存储在临时缓冲区中，称为“模式空间”（pattern space），接着处理缓冲区中的内容，处理完成后把缓冲区的内容送往屏幕。接着处理下一行，这样不断重复直到文件末尾。文件内容并没有改变，除非你使用重定向存储输出。sed 主要用来自动编辑一个或多个文件、简化对文件的反复操作、编写转换程序等。

（2）保存 sed 输出。sed 从文件的一个文本行或从标准输入的几种格式中读取数据，将其复制到一个编辑缓冲区，然后读命令行或脚本的第一条命令，并使用这些命令查找模式或定位行号编辑它。重复此过程直到命令结束。

sed 不改动原始文件，如果想要保存改动内容，简单地将所有输出重定向到一个文件即可。下面的例子重定向 sed 命令的所有输出至文件“myoutfile”，当对结果很满意时可使用这种方法。

```
$sed 'some-sed-commands' input-file > myoutfile
```

（3）sed 在文件中查询文本的方式。sed 浏览输入文件时，默认从第一行开始，有两种方式定位文本。

- 使用行号，可以是一个简单数字，或是一个行号范围。
- 使用正则表达式。

表 6-6 给出了使用 sed 定位文本的一些方式。

表 6-6 使用 sed 在文件中定位文本的方式

sed 在文件中定位文本的方式	描　述
X	X 为一行号，如 1
X，Y	表示行号范围从 x 到 y
/pattern/	查询包含模式的行
/pattern/pattern/	查询包含两个模式的行
/pattern/，x	在给定行号上查询包含模式的行
x，/pattern/	通过行号和模式查询匹配行
x.y!	查询不包含指定行号 x 和 y 的行

（4）基本 sed 编辑命令。表 6-7 列出了 sed 的编辑命令。

表 6-7 sed 编辑命令

sed 编辑命令	描 述
P	打印匹配行
=	显示文件行号
a\	在定位行号后附加新文本信息
i\	在定位行号后插入新文本信息
d	删除定位行
c\	用新文本替换定位文本
s	使用替换模式替换相应模式
r	从另一个文件中读文本
w	写文本到一个文件
q	第一个模式匹配完成后退出或立即退出
l	显示与八进制 ASCII 代码等价的控制字符
{}	在定位行执行的命令组
n	从另一个文件中读文本下一行，并附加在下一行
g	将模式 2 粘贴到/pattern n/
y	传送字符
n	延续到下一输入行；允许跨行的模式匹配语句

（5）使用替换修改字符串。如果要附加或修改一个字符串，可以使用&命令，&命令保存发现模式以便重新调用它，然后把它放在替换字符串里面。这里给出一个修改的设计思路，先给出一个被替换模式，然后是一个准备附加在第一个模式后的另一个模式，并且后面带有&，这样修改模式将放在匹配模式之前。例如，sed 语句 s/nurse/"Hello"&/p 的结果如下：

```
$ sed –n ` s/nurse' Hello' &/p` quote.txt
The local "Hello" nurse Miss P.Neave was in attendance
```

原句是文本行 The local nurse Miss P.Neave was in attendance。

记住模式中要使用空格，因为输出结果表明应加入空格。

```
$ sed –n ` s/played/from Hockering &/p` quote.txt
The honeysuckle band from Hockering played all night long for only $90
```

原句是 The honeysuckle band played all night long for only $90。相信这种修改动作已经很清楚了。

（6）将 sed 结果写入文件命令。像使用>文件重定向发送输出到一个文件一样，在 sed 命令中也可以将结果输入文件。格式有点像使用替换命令。

```
[address[，address]]w filename
```

w 选项通知 sed 将结果写入文件。filename 是自解释文件名。下面有两个例子。

```
$ sed`1，2 w filedt` quote.txt
```

将文件 quote.txt 输出到屏幕。模式范围即 1，2 行输出到文件 filedt。

```
$ cat filedt
The honeysuckle band played all night long for only $90.
It was an evening of splendid music and company.
```

下面例子中查询模式 Neave，匹配结果行写入文件 filedht。

```
$sed ` /Neave/ w dht` quote.txt
$cat dht
The local nurse Miss P.Neave was in attendance
```

（7）从文件中读文本。处理文件时，sed 允许从另一个文件中读文本，并将其文本附加在当前文件。此命令放在模式匹配行后，格式如下。

```
address r filename
```

这里 r 通知 sed 将从另一个文件源中读文本。filename 是其文件名。

现在创建一个小文件 sedex.txt，内容如下。

```
$ cat sedex.txt
Boom boom went the music
```

将 sedex.txt 内容附加到文件 quote.txt 中。在模式匹配行/company/后放置附加文本。本例为第三行。注意所读的文件名需要用单引号括起来。

```
$ sed ` /company/r sedex.txt` quote.txt
The honeysuckle band played all night long for only $90.
It was an evening of splendid music and company.
Boom boom went the music
Too bad the disco floor fell through at 23:10
The local nurse Miss P.Neave was in attendance
```

（8）从 Shell 向 sed 传值。要从命令行中向 sed 传值，值得注意的是用双引号，否则功能不执行。

```
$ NAME="just do it"
$REPLACE="DO"
echo $NAME | sed "s/go/$REPLACE/g"
just DO it
```

（9）从 sed 输出中设置 Shell 变量。从 sed 输出中设置 Shell 变量是一个简单的替换过程。运用上面的例子，创建 Shell 变量 NEW-NAME，保存上述 sed 例子的输出结果。

```
$NAME="just do it"
REPLACE="DO"
NEW_NAME=`echo $NAME | sed ' s/go/$REPLACE/g ' `
```

```
$echo $NEW_NAME
just DO it
```

6.5 Shell 脚本实例

6.5.1 清除/var/log 下的日志文件

在一个最简单的例子中，一个 Shell 脚本其实就是将一堆系统命令列在一个文件中。它的最基本的用处就是，在你每次输入这些特定顺序的命令时可以少敲一些字。而且对于特定的应用来说，这个脚本就很容易被修改或定制。例如，下面的脚本清除/var/log 下的日志文件：

```
#!/bin/bash
cd /var/log
cat /dev/null > messages
cat /dev/null > wtmp
echo "logs cleaned up."
```

6.5.2 一个改良的清除脚本

```
#!/bin/bash
LOG_DIR=/var/log
cd $LOG_DIR
cat /dev/null > messages
cat /dev/null > wtmp
echo "Logs cleaned up."
Exit
```

6.5.3 一个增强的和广义的删除日志文件的脚本

```
#!/bin/bash
LOG_DIR=/var/log
ROOT_UID=0
LINES=50
E_XCD=66
E_NOTROOT=67

if [ "$UID" -ne "$ROOT_UID" ]
then
echo "Must be root to run this script."
exit $E_NOTROOT
fi

if [ -n "$1" ]
```

```
then
lines=$1

else
lines=$LINES
fi

# E_WRONGARGS=65
#
# case "$1" in
# "" ) lines=50;;
# *[!0-9]*) echo "Usage: `basename $0` file-to-cleanup"; exit $E_WRONGARGS;;
# * ) lines=$1;;
# esac
#

cd $LOG_DIR

if [ `pwd` != "$LOG_DIR" ] #  或者  if[ "$PWD" != "$LOG_DIR" ]
then
echo "Can't change to $LOG_DIR."
exit $E_XCD
fi


# cd /var/log || {
# echo "Cannot change to necessary directory." >&2
# exit $E_XCD;
# }

tail -$lines messages > mesg.temp
mv mesg.temp messages

# cat /dev/null > messages


cat /dev/null > wtmp
echo "Logs cleaned up."

exit 0
```

第 7 章 内核升级及其配置

本章主要内容

- 内核概述
- 2.6.x 内核配置
- 内核升级常见故障
- 定制内核

7.1 内核概述

Linux 内核是完全开放的，用户可以直接到其官方网站 www.kernel.org 下载最新的源码，编译后使用新内核。这使得用户对 Linux 的使用和配置得到了极大的自由。但是，更多的自由也意味着更大的责任和风险。内核配置的选项非常多，要全部看懂需要不少时间；而且在编译内核的过程中也会出现不少问题。本章将详细讲解内核编译及配置。

内核是一个用来和硬件打交道并为用户程序提供一个有限服务集的底层支撑软件，它是一个操作系统的核心，决定系统的性能和稳定性。计算机系统是硬件和软件的共生体，它们互相依赖，不可分割。计算机的硬件，含有外围设备、处理器、内存、硬盘和其他的电子设备，是计算机的发动机。但是没有软件来操作和控制它，发动机自身是不能工作的。完成这个控制工作的软件就称为操作系统，在 Linux 的术语中被称为“内核”，也可以称为“核心”。Linux 内核的主要模块分以下几个部分：存储管理、CPU 进程管理、文件系统管理、设备管理和驱动、网络通信，以及系统的初始化（引导）、系统调用等。

内核稳定性方面：以内核版本 2.6.18 为例，2 代表主版本号，6 代表次版本号，18 代表改动较小的末版本号。在版本号中，序号的第二位为偶数的版本表明这是一个可以使用的稳定版本，如 2.6.18，而序号的第二位为奇数的版本一般有一些新的东西加入，是个不一定很稳定的测试版本，如 2.7.8。稳定版源于上一个测试版升级版本号。

价格方面：许多项目和公司采用 Linux 的最重要原因就是成本。同样对于嵌入式项目也一样。当然，事实上，任何采用了或支持免费提供的内核的方案一般都有费用发生。包括安装工时费，或付费给完成安装的第三方。安装和测试工具系列及使它成为一个新处理器核心的内核都需要费用。对于 OEM 或平台供应商，无论选择什么内核都存在这些花费。安装支持新硬件的 Linux 解决方案相比其他选择便宜许多（真正的 Linux 内核是免费的）。对于集成商或应用开发商来说，涉及 Linux 的相关费用是可以忽略不计的。

Linux 内核在一些领域中已得到了极大的认可。它甚至在家用电脑中受欢迎的程度也在增长。

在应用领域方面：Linux 内核在我国的应用市场不断扩大，应用领域扩大到了政府、金融、电信、教育、交通等行业及各种数字设备领域。

7.2　基于 2.6.x 内核的配置

目前可以获得的最新内核是 2.6.x，新内核无论对于企业用户、个人爱好者还是开发者都是振奋人心的。新内核的功能比以往任何一个版本都更加强大，它支持更多类型的处理器，提高了可靠性和可扩展性，势必推动 Linux 更广泛的应用。

7.2.1　2.6.x 内核的新特性

（1）模块子系统（Module Subsystem）、统一设备模型（Unified Device Model）和 PnP 支持模块子系统发生了重大变化。

（2）稳定性有所提高。为了彻底避免或降低内核加载或者导出内核模块，同时使用该模块的可能性（这有时会导致系统崩溃），内核加载和导出内核模块的过程都得到了改进。

（3）统一设备模型。统一设备模型的创建是 2.6 内核最重要的变化之一。它促进了模块接口的标准化，其目的是更好地控制和管理设备，例如：更准确地确定系统设备；电源管理和设备电源状态；改进的系统总线结构管理。

（4）即插即用（PnP）支持。运行 2.6 内核的 Linux 为一个真正即插即用的 OS。例如，对 ISA PnP 扩展、遗留 MCA 和 EISA 总线以及热插拔设备的 PnP 支持。

（5）内核基础设施的变化。为了区别以“.o”为扩展名的常规对象文件，内核模块现在使用的扩展名是“.ko”。创建了新的 sysfs 文件系统，当内核发现设备树时就会描述它。2.6 内核支持更多内存，在分页模式下最高可达 64GB。

（6）NUMA。对非一致内核访问（Non-Uniform Memory Access，NUMA）系统的支持是 2.6 内核中新出现的。

（7）线程模型（NPTL）。相对于 v2.4 的 LinuxThreads，在版本 2.6 中新出现的是 NPTL（Native POSIX Threading Library）。NPTL 为 Linux 带来了企业级线程支持，提供的性能远远超过了 LinuxThreads。它所基于的用户与内核线程的比率是 1:1。

在 2003 年 10 月，GNU C 程序库 glibc 中融入了 NPTL 支持，Red Hat 率先在 Red Hat Linux 9 和 Red Hat Enterprise Linux 中使用定制的 2.4 内核实现了 NPTL。

（8）性能改进。新的调度器算法，2.6 内核引入了新的 $O(1)$算法。在高负载情况下它运行得特别好。新的调度器基于每个 CPU 来分布时间片，这样就消除了全局同步和重新分配循环，从而提高了性能。

内核抢占（Kernel Preemption），新的 2.6 内核是抢占式的。这将显著地提高交互式和多媒体应用程序的性能。

I/O 性能改进，Linux 的 I/O 子系统也发生了重大的变化，通过修改 I/O 调度器来确保不会有进程驻留在队列中过长时间等待进行输入/输出操作，这样就使得 I/O 操作的响应更为迅速。

快速用户空间互斥（Fast User-Space Mutexes，futexes）可以使线程串行化以避免静态条件，引入它也提高了响应速度。通过在内核空间中部分实现 futexes 以允许基于竞争设置等待

P1 1 P9 2 P24 3 P51 4 P67 5 P83 6 第7章 P117 8 P128 9 P143 10 P161 11 P172 12 P189 13 P214 14 P227 15 P245 16 P259 17 P284 18 P305 19 P328 20 P361 21

任务的优先级而实现改进。

（9）扩展性改进。处理器数目更多，Linux 内核 2.6 最多可以支持 64 个 CPU。支持更大的内存，这要归功于 PAE（Physical Address Extensions，物理地址扩展），在 32 位系统上分页模式下所支持的内存增加到了 64GB。

唯一用户和组的数量从 65 000 增至 40 多亿，也就是从 16 位增加到了 32 位。

PID 的最大数量从 32 000 增至 10 亿。

打开文件描述符的数量没有增加，但是不再需要事先设置该参数，它将自行调节。

（10）支持更多的设备。在 Linux 内核 2.6 之前，内核中有可以约束大型系统的限制，比如每条链最多有 256 个设备。v2.6 内核彻底地打破了这些限制，不但可以支持更多类型的设备，而且支持更多同类型的设备。在 Linux 2.6 系统中，可以支持 4095 种主要的设备类型，每一个单独的类型可以有超过一百万个子设备。Linux 内核 2.6 所允许的可寻址文件系统大小最大为 16TB。

（11）文件系统。ext2、ext3 和 ReiserFS 等传统 Linux 文件系统得到了显著的改进。最值得注意的改进是扩展属性（或文件元数据）的引入。最重要的是 POSIX ACL 的实现，这是对普通 UNIX 权限的扩展，可以支持更细化的用户访问控制。

（12）除了对传统 Linux 文件系统的改进支持以外，新的内核完全支持在 Linux 中相对较新的 XFS 文件系统。Linux 2.6 内核现在还允许以读/写模式安装 NTFS 文件系统。

7.2.2　2.6.x 内核配置项

内核的配置的界面一般来说有三种：

- 基于文本的最为传统的配置界面。
- 基于文本选单的配置界面，字符终端下使用。
- 基于图形窗口模式的配置界面，X Window 下使用。

下面以界面最友好的 X Window 下的界面来介绍一下 2.6.x 内核配置的选项。配置的界面如图 7-1 所示。

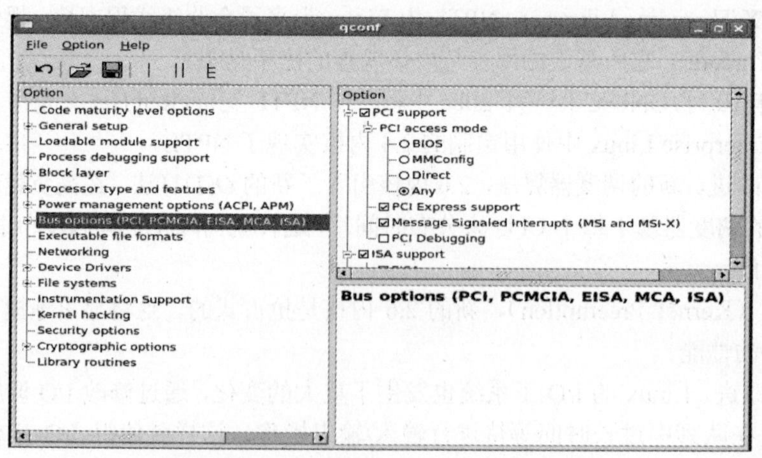

图 7-1　2.6.x 内核配置界面

图中左边的树形列表分层次地列出了内核配置的选项。以下是一级菜单的 17 个选项。

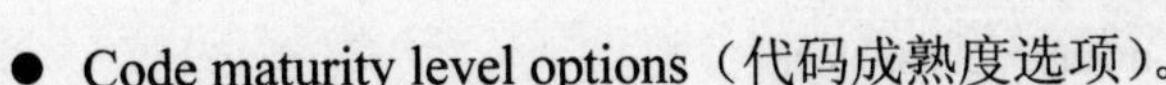

- Code maturity level options（代码成熟度选项）。
- General setup（常规设置），配置编译的基础选项。
- Loadable module support（可加载模块支持），配置内核对可加载模块的支持和加载方式。
- process debugging report （处理器的调试选项），供内核开发测试人员使用，一般不要选择。
- Block layer（块设备层），设置块设备的驱动方式，比如是否支持大硬盘系统等等。
- Processor type and features（中央处理器（CPU）类型及特性）。
- Power management options 电源管理选项。
- Bus options（PCI, PCMCIA, EISA, MCA, ISA）总线选项。
- Executable file formats（可执行文件格式）。
- Networking（网络相关选项）。
- Device Drivers（设备驱动程序选项）。
- File systems（文件系统选项）。
- Instrumentation Support（分析支持）。
- Kernel hacking（内核 hack 选项）。
- Security options（安全选项），SELinux 就在此项中配置。
- Cryptographic options（加密选项）。
- Library routines（动态链接库子程序）。仅有那些不包含在内核源码中的第三方内核模块才需要使用此动态链接库中的程序，否则可以全部不选，内核中若有其他部分依赖它，会自动选上。

7.2.3　2.6.x 内核配置实例

内核配制中最难的就是选项的配置，如果没有配置好会导致系统运行不正常。然而配置内核的选项多达几百项，要完全看懂它们是一个不小的工作量。上一节列出了系统配置的 17 个大项，每个大项的下面又分了许多小项。

以下列出了一个 2.6.9 内核中一些主要配置的实例，以便大家参考。

```
[*] Prompt for development and/or incomplete code/drivers (y);
```

选择尚未完全测试的代码（alpha-test）。

```
[*] Select only drivers expected to compile cleanly (y);
```

隐藏可能存在问题的驱动，如果没找到对应设备的驱动，可以将它取消。

```
General setup --->
() Local version - append to kernel release (enter,输入字符串);
```

从 2.6.8 的版本起，可以在内核版本号后面添加个性化字符串。

```
[*] Support for paging of anonymous memory (swap) (y);
```

如果使用了 swap 分区提供虚拟内存，一定要选上它。

```
[*] System V IPC (y);
```

System V 的进程间通信。

```
[*] POSIX Message Queues (y);
```

POSIX 消息队列。

```
[*] BSD Process Accounting (y);
```

user process 可以通过系统调用使内核在它退出时将相关信息写入某个文件（如进程创建时间、拥有者、命令、内存使用量）。选上它，可以在应用程序中利用这些信息。

```
[*] BSD Process Accounting version 3 file format (y);
```

将前面所述的进程信息记录到 v3 格式的文件中，选上它。

```
[*] Sysctl support (y);
```

提供动态更改内核参数与变量的接口，而不需要重新启动系统。打开这个选项将会增加内核的体积至少 8KB。如果你的内核仅用于制作安装与恢复系统系统盘，那么可以不选，以减少对内存的占用。

```
[*] Kernel Userspace Events (y);
```

开启内核-用户空间事件层，它是比 socket 简单的 kernel-user 通信机制。这样应用程序就可以通过监听而不用轮询系统设备或文件。

```
[*] Module unloading (y);
```

卸载模块，应选择（有些模块一旦加载就不能卸载，不管是否选择了这个选项）。

```
[*] Forced module unloading (y);
```

强制卸载内核，即便内核认为该行为不安全的时候（“rmmod –f” 命令强制卸载，不等使用的模块停止）。

```
[*]Automatic kernel module loading   (y) ;
```

内核在任务中要使用一些被编译为模块的驱动或特性时，先使用 modprobe 命令来加载它。该选项自动调用 modprobe 加载需要的模块，当然要选择。

```
Block layer --->
[ ] IO Schedulers    -->
```

```
<*> Anticipatory I/O scheduler          (y)
<*> Deadline I/O scheduler              (y)
<*> CFQ I/O scheduler                   (y)
Default I/O scheduler (Anticipatory) --->
(X) Anticipatory
```

上述三种调度方式都选择，默认的调度方式选为 Anticipatory（按空格键选择）。

```
Processor type and features --->
Subarchitecture Type (PC-compatible) ---> ;
用的 PC,选 PC-compatible Processor family
(Pentium-4/Celeron(P4-based)/Pentium-4 M/Xeon) ---> ;
```

选择 CPU 类型，可通过“cat /proc/cpuinfo”命令查看。

```
[*] HPET Timer Support(y);
```

这也是一个新的特性，HPET 是 Intel 制定的新的用以代替传统的 8254(PIT)中断定时器与 RTC 的定时器，全称为高精度事件定时器。一般它是一个安全的选项，即使你的硬件不支持 HPET 也不会造成问题，因为它会自动用 8254 替换。

```
[*] Preempt The Big Kernel Lock (NEW) (y);
```

大内核锁。选择它可加强桌面系统性能。

```
[*] Local APIC support on uniprocessors (y);
```

单 CPU 的本地 APIC（advanced programmable interrupt controller）支持，它内嵌在 CPU 中，支持 CPU 自身产生的中断。建议选择，即使 CPU 不支持 APIC，也没有影响。

```
[*] IO-APIC support on uniprocessors (y);
```

同上，支持 I/O 高级可编程中断控制器。

```
[*] Machine Check Exception (y);
```

如果系统出现问题，内核采取一定的措施，比如打印警告信息或挂起系统。

```
cat /proc/cpuinfo | grep mce
```

若 CPU flags 中有 mce，这个功能是需要硬件支持的。可以查看/proc/cpuinfo，若有 mce 标志，则说明 CPU 支持该选项。启动时加 nomce 参数可关闭它。

```
[*] MTRR (Memory Type Range Register) support (y);
```

在 Intel P6 家族的处理器中（Ppro、PII 和更新的）有一个内存类型范围寄存器，可用来控制处理器访问的内存范围。打开它一般可以提升显卡的显示性能（2.5 倍）。

```
[*] Enable seccomp to safely compute untrusted bytecode (y) ;
```

使用 seccomp 将计算程序孤立到它们各自的地址空间。如果不是用于嵌入式系统，还是在这里选 yes。

```
Timer frequency (250 HZ) ---> ;
```

时钟频率（250Hz）。

```
Power management options (ACPI, APM) --->
[*] Legacy Power Management API (y);
```

为 pm_regiter()提供支持。

```
[*]Software Suspend (EXPERIMENTAL) (y);
```

支持系统 suspend（休眠），打开这项功能后，可用“swsusp”或者“shutdown -z <time>”命令挂起系统。这样系统会将当前正在进行的工作（也就是当前内存中的内容）做成一个镜像保存到交换分区中，在下一次启动时使用启动参数“resume=/dev/交换分区”。内核就会将上一次的工作内核从镜像文件中恢复到内存，这可以大大提高系统的启动速度。当不想恢复上次的工作时向内核传递参数“noresume”。不过系统启动后的交换分区将不可以使用，可以使用 mkswap 命令来重新格式化交换分区。这个功能不需要高级电源管理的支持。

```
ACPI (Advanced Configuration and Power Interface) Support --->
[*] ACPI Support (y);
```

使用 ACPI 来管理电源，想让它起作用，还要在系统中安装 acpid 守护程序。

```
[*] Sleep States (y);
```

选择这个选项可以使系统具有挂起的功能，可以暂时中断工作，让系统处于一种低电能消耗的状态（sleep state），此时的系统状态会保存在内存或者磁盘上（取决于挂起的深度），当需要时再恢复到正常的工作状态。但由于各种系统之间的差别，目前这项功能并不完善。只有很少的设备可以完美地支持这个特性，所以不建议一般用户使用。

```
CPU Frequency scaling --->
[*] CPU Frequency scaling;
```

动态调节 CPU 频率以节电。有人提出频率降低，影响了处理速度，导致 deadline 问题。

```
<M> CPU frequency translation statistics;
```

通过 sysfs 文件系统输出 CPU 频率信息。

```
[*]CPU frequency translation statistics details;
```

显示上述的详细的 CPU 频率信息。

```
Default CPUFreq governor (userspace) --->;
```

默认选择动态调整 CPU 频率。

```
<M>'performance' governor;
```

performance 将 CPU 频率设定在支持的最高频率，而不动态调节。

```
<M>'powersave' governor;
```

将 CPU 频率设置为最低。

```
<M>'ondemand' cpufreq policy governor;
```

快速动态调整 CPU 频率，Pentuim M 的 CPU 可以使用。

```
<M>'conservative' cpufreq governor;
```

与 ondemand 不同，平滑地调整 CPU 频率，适用于用电池工作时。

```
< >Intel Speedstep on ICH-M chipsets (ioport interface)
< >Intel SpeedStep on 440BX/ZX/MX chipsets (SMI interface)
< > Intel Pentium 4 clock modulation
< >nVidia nForce2 FSB changing;
```

上述选项根据具体 CPU、显卡类型选择。

```
Bus options(PCI, PCMCIA, EISA, MCA, ISA)--->;
--- PCI support    PCI access mode (Any)-->;
```

PCI 访问模式，选 Any。

```
[*]PCI Express suppor;
```

自动打开 PCI 快速总线支持，应选择。

```
[*]ISA support;
```

ISA 总线支持，运行 lspci | grep ISA，若有，则选择。

```
PCCARD (PCMCIA/CardBus) support --->;
```

这些选项都是笔记本电脑用的，台式机不选。

```
<M>PCCard (PCMCIA/CardBus) support;
```

笔记本电脑选为 module。

```
[]Enable PCCARD debugging;
```

P1 1
P9 2
P24 3
P51 4
P67 5
P83 6
第 7 章
P117 8
P128 9
P143 10
P161 11
P172 12
P189 13
P214 14
P227 15
P245 16
P259 17
P284 18
P305 19
P328 20
P361 21

PCMCIA 的调试，不选。

```
[*]Load CIS updates from userspace (EXPERIMENTAL);
```

有的 PCMCIA 卡需要这个功能，选上。

```
[*]PCMCIA control ioctl (obsolete);
```

提供 PCMCIA 的 ioctl 接口。

```
[*]]32-bit CardBus support;
```

早先的 PCMCIA 卡是 16 位的，这里允许使用 32 位的 CardBus，新的 PC-card 实际上是 CarBus 卡。

```
PCI Hotplug Support --->;
```

支持 PCI 的热拔插。

```
[*] Kernel support for ELF binaries;
```

支持 ELF 可执行文件格式。

```
[*] Packet socket: mmapped IO;
```

mmapped IO 让传输加速，要开启 MapleBBS 内的 MMIO 也需要它。

```
[*]TCP/IP networking;
```

支持 TCP/IP，当然要选上。

```
[*] IP: TCP syncookie support (disabled per default);
```

防止 SYN flooding 攻击，如果选择，SYN cookies 默认不会开启。

```
<*>INET: socket monitoring interface;
```

支持 socket 监听接口。

```
[*]Prevent firmware from being built;
```

禁止编译 firmware，firmware 一般与硬件一起绑定，只在更新时才需要重新编译。

```
Plug and Play support--->
[*]Plug and Play support;
```

支持即插即用设备。

7.3　内核启动及内核升级常见故障

7.3.1　以新内核启动系统

在 Grub 配置文件/boot/grub/grub.conf 中，添加如下项即可以新内核启动系统。

```
title Red Hat Linux (2.6.18)
root (hd0,0)
kernel /vmlinuz-2.6.18 ro root=/dev/hda2
```

grub 不需再次调用命令，自动生效。重启 Linux 即可使用新内核了。

7.3.2　内核升级常见故障及解决

Linux 内核重编译通常包括了许多步骤。如果"幸运"的话，Linux 内核重编译是可以一次编译成功的。如果在编译完成后，启动计算机或者内核的时候系统有错误信息的提示，那么最有可能出错的是以下 3 个：

- I/O 异常。
- 内核反映缓慢。
- 内核不能正确编译。

故障分析及其解决方法如下：

（1）I/O 异常。如果重新创建了一个 Linux 内核，并且能正常启动，但在使用新内核过程中，系统经常出现崩溃、死机等异常现象。那么很可能是 I/O 出现了问题。I/O 异常除了使得系统频繁出现莫名其妙的故障之外，更重要的是会使 Linux 内核性能下降，导致整个系统性能严重下降。

I/O 错误的原因，是用户在编译 Linux 内核结束的时候没有执行"make dep clean"这一步骤。一般来说，我们在保存 Kernel configuration 选项中的"menuconfig"或"xconfig"时并不包含"make dep clean"这个步骤。因此，这里建议用户在保存配置后的 Kernel configuration 选项时注意确认是否已经进行了"make dep clean"这一步。

（2）内核反应缓慢。目前很多计算机都采用了高速的 CPU 和大容量内存。但有时候在创建新内核后系统显得比没有配置内核之前的反映速度慢得多。出现这个情况，很可能是用户在修改 Kernel configuration options 的时候，在"menuconfig"或者"xconfig"选择了过多的选项。这样不仅使得计算机在编译新内核的时候要花费更多的时间，也使得系统在工作的时候占用了太多的内存。由于很多内存都是被无用的选项所占用，这就导致了系统运行的缓慢。解决方法很简单，尽量选择需要的选项，那些无用的、过于复杂的选项就无需去修改，有时候使用默认的参数效果会显得更好。

（3）内核不能编译。当用户输入"make bzImage；make modules"并按下回车键的时候，出现了内核不能编译或者其他的错误。此时最好的方法就是重新启动系统，然后使用"rpm –e"命令移除 Kernel configuration tools 这个内核配置工具。接着再重新安装这个工具（请使用"rpm –i"或"rpm –Uvh"命令来安装），此时再重新配置内核和再编译就能成功。如果还是不能编译内核，请检查硬件设备是不是有问题。

7.4 定制内核

7.4.1 定制内核的意义

Linux 的开放精神给了用户极大的自由，从内核到 Shell 没有什么是不能定制的。那么定制内核的意义是什么呢？为什么 Linux 要允许用户自己定义内核呢？总的来说内核定制有以下几个作用。

（1）由于现有内核中会不断发现漏洞，需要打补丁后重新编译内核，以便系统能够更加安全地运行。

（2）新的内核版本通常会带来用户所需要的新功能。

（3）新的内核版本会支持较新的硬件设备正常工作。

（4）正确地为主机配置个性化的内核会使系统运行得更加快速、稳定。

7.4.2 内核定制实例

下面介绍一个内核定制的实例。

（1）获得内核。Linux 内核版本发布的官方网站是 http://www.kernel.org。新版本的内核的发布有两种形式：一种是 full Source 版本；另外一种是 patch 文件，即补丁。完整的内核版本比较大，一般是 tar.gz 或者是.bz2 文件，二者分别是使用 gzip 或者 bzip2 进行压缩的文件，使用时需要解压缩。.patch 文件则比较小，一般只有几十 KB 到几百 KB，但是 patch 文件是针对特定的版本的，需要找到对应的版本才能使用。

编译内核需要 root 权限，以下操作都假定读者是 root 用户。请把需要升级的内核复制到/usr/src/下（下文中以 2.6.18 的内核的 linux-2.6.18.tar.gz 为例），命令如下：

```
#cp linux-2.6.18.tar.gz /usr/src
```

现在解压下载的源程序文件。如果所下载的是.tar.gz（.tgz）文件，请使用下面的命令。

```
#tar -zxvf linux-2.6.18.tar.gz.tar.gz
```

如果所下载的是.bz2 文件，例如 linux-2.4.0test8.tar.bz2，请使用下面的命令。

```
#bzip2 -d linux-2.6.18.tar.bz2
#tar -xvf linux-2.6.18.tar
```

文件将解压到/usr/src/linux 目录中，可以把它稍作修改。

```
#mv linux linux-2.6.18
#ln -s linux-2.6.18 linux
```

如果下载的是 patch 文件，就可以进行 patch 操作（下面假设 patch-2.6.18 已经位于/usr/src 目录下了，否则需要先把该文件复制到/usr/src 下）。

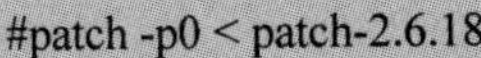

```
#patch -p0 < patch-2.6.18
```

（2）内核编译。通常要运行的第一个命令是：

```
# cd /usr/src/linux
#make mrproper
```

该命令确保源代码目录下没有不正确的.o 文件以及文件的互相依赖。由于我们使用刚下载的完整的源程序包进行编译，所以这个步骤可以省略。如果多次使用了这些源程序编译内核，那么最好先运行这个命令。确保/usr/include/目录下的 asm、Linux 和 SCSI 等链接是指向要升级的内核源代码的。它们分别链接源代码目录下的、该计算机体系结构（对于 PC 来说，使用的体系结构是 i386）所需要的真正的 include 子目录，如 asm 指向/usr/src/linux/include/asm-i386 等。若没有这些链接，就需要手动创建，按照下面的步骤进行：

```
# cd /usr/include/
# rm -r asm linux scsi
# ln -s /usr/src/linux/include/asm-i386 asm
# ln -s /usr/src/linux/include/linux linux
# ln -s /usr/src/linux/include/scsi scsi
```

这是配置非常重要的一部分。删除/usr/include 下的 asm、linux 和 scsi 链接后，再创建新的链接指向新内核源代码目录下的同名的目录。这些头文件目录包含着保证内核正确编译所需要的重要的头文件。接下来的内核配置过程比较复杂，但是配置适当与否与日后 Linux 的运行直接相关，有必要了解一下一些主要的且经常用到的选项的设置。配置内核可以根据需要使用下面命令中的一个：

```
#make config          //基于文本的最为传统的配置界面，不推荐使用
#make menuconfig      //基于文本选单的配置界面，字符终端下推荐使用
#make xconfig         //基于图形窗口模式的配置界面，X Window 下推荐使用
#make oldconfig       //如果只想在原来内核配置的基础上修改一些小地方，会省去不少麻烦
```

这几个命令中，make xconfig 的界面最为友好，如果可以使用 X Window，那么就推荐使用这个命令。

如果不能使用 X Window，那么可以使用 make menuconfig。界面虽然比上面一个差，但比 make config 要好。

选择相应的配置时，有三种选择，它们分别代表的含义如下：

Y——将该功能编译进内核。

N——不将该功能编译进内核。

M——将该功能编译成可以在需要时动态插入到内核中的模块。

如果使用的是 make xconfig，使用鼠标就可以选择对应的选项。如果使用的是 make menuconfig，则需要使用空格键进行选取。此时会发现在每一个选项前都有个括号，但有的是中括号有的是尖括号，还有一种圆括号。用空格键选择时可以发现，中括号里要么是空，要么是“*”，而尖括号里可以是空、“*”和“M”，其中“*”表示将选项编译到内核，“M”

表示将选项编译成模块。

在编译内核的过程中，最繁琐的事情就是这步配置工作了，很多新手都不清楚到底该如何选取这些选项。实际上在配置时，大部分选项可以使用其默认值，只有小部分需要根据用户不同的需要选择。选择的原则是将与内核其他部分关系较远且不经常使用的部分功能代码编译成为可加载模块，有利于减小内核的大小，减少内核消耗的内存，简化该功能相应的环境改变时对内核的影响；不需要的功能就不要选；与内核关系紧密而且经常使用的部分直接编译到内核中。

配置完后，存盘退出，当然也可以把现在的配置文件保存起来，这样下次再配置的时候就省力气了。

接下来是编译，输入以下命令。

```
#make dep
#make clean
#make bzImage 或 make zImage
#make modules
#make modules_install
#depmod –a
```

第一个命令 make dep 实际上是读取配置过程生成的配置文件，来创建对应于配置的依赖关系树，从而决定哪些需要编译而哪些不需要；第二个命令 make clean 完成删除前面步骤留下的文件，以避免出现一些错误；make zImage 和 makebzImage 则实现完全编译内核，二者生成的内核都是使用 gzip 压缩的，只要使用一个就够了，它们的区别在于使用 make bzImage 可以生成大一点的内核。建议大家使用 make bzImage 命令。

后面三个命令只有在进行配置的过程中，在回答 Enable loadable module support (CONFIG_MODULES)时选了“Yes”才是必要的，make modules 和 make modules_install 分别生成相应的模块和把模块复制到需要的目录中。严格说来，“depmod -a”命令和编译过程并没有关系，它是生成模块间的依赖关系，这样启动新内核之后，使用 modprobe 命令加载模块时就能正确地定位模块。

（3）内核更新。经过以上的步骤，终于得到了新版本的内核。为了能够使用新版本的内核，还需要做一些改动。

```
#cp /usr/src/linux/System.map /boot/System.map-2.6.18
#cp /usr/src/linux/arch/i386/bzImage /boot/vmlinuz-2.6.18
```

以上这两个文件是刚才编译时新生成的。下面修改/boot 下的两个链接 System.map 和 vmlinuz，使其指向新内核的文件。

```
#cd /boot
#ln -s vmlinuz-2.6.18 vmlinuz
#ln -s System.map-2.6.18 System.map
```

之后就可以使用新内核了。

第 8 章 TCP/IP 协议体系

本章主要内容

- 网络体系概念
- ISO 参考模型
- TCP/IP 参考模型
- IP 地址讲解
- 子网划分及 IP 路由

8.1 网络体系概念

计算机网络和其他网络一样，有共同的特点。如数据传输过程的寻址方式、采用什么样的网络协议，数据的同步、数据的判断等。本节着重介绍计算机网络的概念、计算机网络的分类、网络协议及网络寻址内容。

8.1.1 计算机网络

计算机网络是利用通信设备和线路将地理位置不同的，功能独立的多个计算机系统连接起来，以功能完善的网络软件实现网络的资源共享和信息传递的系统。简单地说，即连接两台或多台计算机进行通信的系统。从微观上来说，网络的功能就是将不同地理位置的计算机连接起来，使其相互之间可以收发电子信号。对两台通信的终端而言，网络可以虚拟成连接它们的一根电缆。

计算机网络可以根据拓扑结构分为星形拓扑、网状拓扑、环形拓扑、树状拓扑、总线拓扑及混合拓扑结构等。根据地域范围可以分为局域网、城域网、广域网、互联网。从节点功能上看可以分为 B/S 模式、C/S 模式、对等网、多层结构网等。

8.1.2 网络协议

网络协议是为网络数据交换而制定的规则、约定与标准。网络协议由语义、语法与时序这三部分组成。

- 语义：用于解释比特流的每一部分的意义，主要描述的是做什么。
- 语法：用户数据与控制信息的结构与格式，以及数据出现的顺序的意义，主要描述的是如何做。
- 时序：事件实现顺序的详细说明，主要描述的是何时做。

8.1.3 网络寻址

在整个计算机网络中，发送方如何将数据有效、准确地传送到接收方呢？这就需要用到网络寻址的内容。常见的网络寻址方式有广播方式寻址、IP 寻址、MAC 地址寻址、域名寻址等。如 dhcp 动态 IP 地址分配的时候，dhcp 客户端不知服务器端是谁，服务器端也不知 dhcp 客户端是谁，此时采用广播寻址方式进行。当知道目的地址时，采用 IP 地址方式进行寻址。通过通信子网（路由器、交换机等）将数据直接传送到接收方。在交换机中采用 MAC 地址寻址。

8.2 ISO 参考模型

在早期，每个计算机厂商都有一套自己的网络体系结构，它们互不兼容。国际标准组织（International Standard Organization，ISO）提出了一套相互兼容的网络系统互连模型。通过将协议栈划分为不同的层次，以简化问题的分析、处理过程以及网络系统设计的复杂性，同时解决了不同厂商、不同结构的网络产品之间互连时遇到的不兼容性问题。

8.2.1 OSI 参考模型概述

OSI 参考模型（OSI/RM）的全称是开放系统互连参考模型（Open System Interconnection Reference Model，OSI/RM)，它是由国际标准化组织提出的一个网络系统互连模型。国际标准化组织在 1979 年建立了一个分委员会来专门研究一种用于开放系统互联的体系结构（Open Systems Interconnection，OSI)。只要遵循 OSI 标准，一个系统可以和位于世界上任何地方的、也遵循 OSI 标准的其他任何系统进行连接。这个分委员会提出了开放系统互连。

8.2.2 各层的功能

OSI 参考模型定义了异质系统互联的标准框架。共分为 7 层，分别是物理层、数据链路层、网络层、传输层、会话层、表示层和应用层，每一层使用下层提供的服务，并向其上一层提供服务。下层封装上层传输过来的数据并加上本层的相应协议头。上层收到下层的数据时，需将下层的协议头解包。各层的主要功能如下。

（1）应用层（Application Layer)。应用层确定进程之间通信的性质以满足用户需要以及提供网络与用户应用软件之间的接口服务。如用户访问 gdlc.cublog.cn 网站时，应用层会将用户数据（网址）加上本层的协议（HTTP）一起封装组成一个完整数据传输到下层。应用层协议的代表包括：HTTP、FTP、RSTP、SMTP、POP3、TELNET 等。传送的数据类型为数据报。

（2）表示层（Presentation Layer)。表示层一般没有什么协议，用户习惯在表示层为数据进行加密、解密、压缩、解压缩等数据转换服务，转换为适合于 OSI 系统内部使用的传送语法。传送的数据类型是数据报。

（3）会话层（Session Layer)。会话层也称对话层，主要管理主机之间的会话进程，即负责建立、管理、终止进程之间的会话。会话层还利用在数据中插入校验点来实现数据的同步。会话层不参与具体的传输，它提供包括访问验证和会话管理在内的建立和维护应用之间通信的机制。如服务器验证用户登录便是由会话层完成的。会话层协议的代表是 NetBIOS。传送的数据类型是数据报。

（4）传输层（Transport Layer）。传输层是第一个端到端，即主机到主机的层次。传输层负责将上层数据进行分组并提供可靠的或不可靠的传输。此外，传输层还提供建立、维护和取消传输连接的功能及处理端到端的差错控制和流量控制问题。传输层协议的代表是包括TCP、UDP 等。传输层数据传送单位是数据段（报文）。

（5）网络层（Network Layer）。数据在进行长距离传输时，可能还会经过很多通信子网。网络层的任务就是负责子网间的数据包进行路由选择。此外，网络层还需实现拥塞控制、网际互连、报文分组或重组等功能。网络层协议的代表包括 IP、RIP、OSPF、BGP、ISIS、IPX、ICMP 等。传送的数据类型是分组报文。

（6）数据链路层（Data Link Layer）。数据链路层是在不可靠的物理介质上提供可靠的传输。数据链路层需要负责物理地址寻址、数据帧的组建、数据发送和接收的同步控制、流量控制、数据的检错、重发等功能。数据链路层协议的代表包括 HDLC、SDLC、PPP、帧中继等。传送的数据类型是帧。

（7）物理层（Physical Layer）。物理层规定了激活、维持、关闭通信端点之间的机械特性、电气特性、功能特性以及过程特性。该层为上层协议提供了一个传输数据的媒体介质。如规定使用电缆和接头的类型、传送信号的电压等。在物理层数据还没有被组织，仅作为原始的电流或电压处理，用不同高低的电压或电流表示 0 和 1。物理层定义的典型规范代表包括RJ-45、RS-449、RS-232、V.35 等。传送的数据类型是比特流。

8.2.3 工作原理

OSI 模型的工作原理如图 8-1 所示。

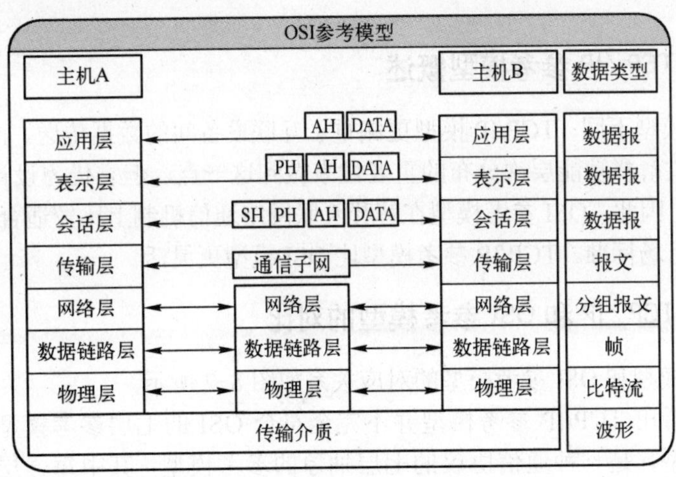

图 8-1 OSI 参考模型工作原理

从上图可知，当主机 A 在向主机 B 发送数据请求时，数据在传送前会加上应用层协议头，如 SMTP、FTP、HTTP、POP3、TELNET 等，然后将数据通过接口传到下一层表示层。

在表示层数据会加上表示层协议头，然后再传到会话层。

在会话层数据也会加上会话层特有的协议头，不过一般来说表示层和会话层的协议都很少。然后将数据通过接口传到传输层。

在传输层会根据情况将应用层的协议类型加上 TCP 或 UDP 协议头。再将数据传到网络层。

在网络层数据会加上 IP 协议头，同时根据情况对数据报进行分组和流量控制。再将数据传输到数据链路层。

数据链路层会在原有数据上加上帧头和帧尾，同时在数据中加入源 MAC 地址和目的 MAC 地址及控制位和校验位，最后将数据传到物理层。

在物理层将数据转换成比特流。通过传输介质到通信子网，再由通信子网路由寻址，将数据传输到主机 B。

在主机 B 上物理层接收到比特流后。将数据传输到数据链路层，在数据链路层主机 B 会将数据进行校验，判断数据是否有误，若数据错误主机 B 会要求主机 A 重传。若丢包严重，会进行流量控制和同步控制等。若正确，数据链路层将去除数据的帧头、帧尾、控制位和校验位。再传到网络层。数据到达网络层，主机 B 会将数据进行重组，除去网络协议头。再传到传输层，传输层再去除本层协议头。直到最后传到应用层。应用层再将本层协议头除去，得到最终数据。

8.3 TCP/IP 参考模型

OSI 模型的复杂性阻碍了其在计算机网络领域的实际应用。相比之下 TCP/IP 参考模型获得了非常广泛的应用。TCP/IP 参考模型比 OSI 模型简单，它从 OSI 的七层参考模型中减去了一些作用不大的层，将其整合成四层。它们分别为：应用层、传输层、网络互联层、网络接口层。

8.3.1 TCP／IP 参考模型概述

与 OSI 参考模型不同，TCP/IP 模型更侧重于互联设备间的数据传送。而不是严格的功能层次划分。它通过解释功能层次分布的重要性来做到这一点，但它仍为设计者具体实现协议留下很大的余地。因此，OSI 参考模型在解释互联网络通信机制上比较适合，但 TCP/IP 成为了互联网协议的市场标准。TCP/IP 参考模型比 OSI 模型更灵活。

8.3.2 TCP／IP 和 OSI 参考模型的对比

TCP/IP 参考模型和 OSI 参考模型的对应关系如图 8-2 所示。

从上图可以看出 TCP/IP 参考模型并不完全符合 OSI 的七层参考模型。传统的开放式系统互连参考模型，是一种通信协议的七层抽象的参考模型，其中每一层执行某一特定任务。该模型的目的是使各种硬件在相同的层次上相互通信。而 TCP/IP 参考模型四层的层级结构，每一层都调用它的下一层所提供的网络来完成自己的需求。同时可以从图 8-2 看出 TCP/IP 参考模型的网络接口层整合了 OSI 参考模型的物理层和数据链路层的大部分功能。网络互联层（也叫互联网络层）整合了 OSI 参考模型中的网络层功能和小部分数据链路层功能。

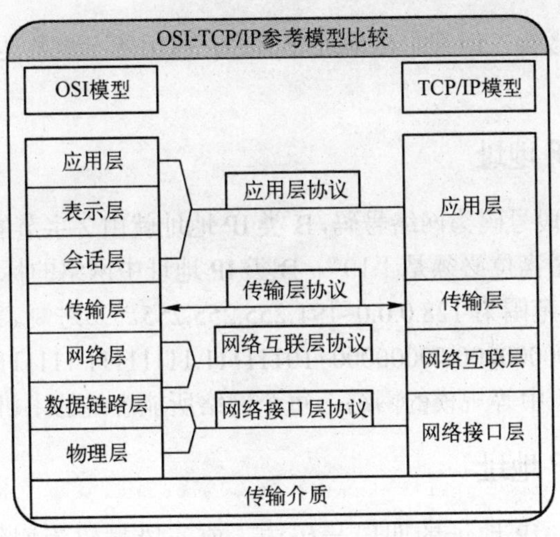

图 8-2 OSI-TCP/IP 参考模型对比图

8.4 IP 地址

IP 是 Internet Protocol 的简写，属于网络层协议。它定义了相互通信的两个节点之间网络层交互方式的标准。每个连接在网络上的设备在网络层的唯一标识称为 IP 地址。IP 数据包中含有源 IP 地址和目的 IP 地址。目前使用最多的 IPv4 版本。最新版为 IPv6 版本，但现在的普及率并不高。下面对 IPv4 版本的 IP 内容进行讲解。

8.4.1 IP 地址概述

IP 地址已成为网络通信中不可缺少的一部分内容。IP 地址由 32 位二进制组成，如 11000001.11000000.00000000.00000001；因为二进制非常难以记忆。因此人们将二进制转换成十进制，每一个 8 位二进制组合成一个十进制，则 11000010.11000000.00000000.00000001 转换成十进制 IP 地址为 193.192.0.1。

8.4.2 IP 地址的分类

每个网络中包含的主机数量有可能不一样多。有的网络含有较多的计算机，也有的网络计算机数量较少。于是人们按照网络规模的大小，把 32 位地址信息设成三种定位的划分方式。这三种划分方法分别为 A 类、B 类、C 类 IP 地址。

8.4.3 A 类 IP 地址

A 类 IP 地址是指在 IP 地址的四段号码中，第一段号码为网络号码，剩下的三段号码为主机的号码。如果用二进制表示 IP 地址的话，A 类 IP 地址就由 1 字节的网络地址和 3 字节主机地址组成。网络地址的最高位必须是“0”。A 类 IP 地址中网络的标识长度为 7 位，主机标识的长度为 24 位，地址范围为 0.0.0.0~127.255.255.255；二进制表示为：

00000000.00000000.00000000.00000000~01111111.11111111.11111111.11111111。

A 类网络地址数量较少，但其主机地址非常多，可用的主机数达 1600 多万台，非常适合互联网或大型网络使用。

8.4.4 B 类 IP 地址

B 类 IP 地址的前两段号码为网络号码，B 类 IP 地址就由 2 字节的网络地址和 2 字节主机地址组成。网络地址的最高位必须是“10”。B 类 IP 地址中网络的标识长度为 14 位，主机标识的长度为 16 位。地址范围为 128.0.0.0~191.255.255.255。二进制表示为：

1000000.00000000.00000000.00000000~10111111.11111111.11111111.11111111

B 类网络地址适用于中等规模的网络，每个网络所能容纳的主机数为 6 万多台。

8.4.5 C 类 IP 地址

C 类 IP 地址是指在 IP 地址的四段号码中，前三段号码为网络号码，剩下的一段号码为本地计算机的号码。如果用二进制表示 IP 地址的话，C 类 IP 地址就由 3 字节的网络地址和 1 字节主机地址组成。网络地址的最高位必须是“110”。C 类 IP 地址中网络的标识长度为 21 位，主机标识的长度为 8 位。地址范围为 192.0.0.0~223.255.255.255。二进制表示为：

11000000.00000000.00000000.00000000~11011111.11111111.11111111.11111111

C 类网络地址数量较多，适用于小规模的局域网络，每个网络最多有 254 个可用 IP 地址。

8.4.6 其他类

D 类 IP 地址的范围：224.0.0.0~239.255.255.255。

11100000.00000000.00000000.00000000~11101111.11111111.11111111.11111111

E 类 IP 地址的范围：240.0.0.0~255.255.255.255。

11110000.00000000.00000000.00000000~11111111.11111111.11111111.11111111

TCP/IP 规定，凡 IP 地址中的第一个字节以“11110”开始的地址都称为多点广播地址。因此，任何第一个字节大于 223 且小于 240 的 IP 地址都属于多点广播地址。IP 地址中的所有字节都为 0 的地址（“0.0.0.0”）称为当前主机地址。IP 地址中的所有字节都为 1 的 IP 地址（“255.255.255.255”）称为当前子网的广播地址。IP 地址中凡是以“11110”开头的地址都留着将来作为特殊用途使用。其中以十进制“127”开头的 IP 地址（“127.0.0.1”）称为环路地址，一般用于测试。同时网络 ID 的第一个 6 位组也不能全置为“0”，全“0”表示本地网络。

8.5 IP 地址的寻址规则

在现实生活中。可以采用邮政地址的方式进行寻址。若需要去寻找某人，只要知道某个人正确的邮政地址都可以找到对方。但是在互联网上，发送方如何将数据传送到接收方呢？此时就需要采用 IP 地址寻址的方式进行查询，下面将介绍各种寻址规则。

8.5.1 网络寻址规则

- 网络地址必须唯一。

- 网络标识不能以数字 127 开头。在 A 类地址中，数字 127 保留给内部回送函数。
- 网络标识的第一个字节不能为 255。数字 255 作为广播地址。
- 网络标识的第一个字节不能为“0”，“0”表示该地址是本地主机，不能传送。

8.5.2 主机寻址规则

- 主机标识在同一网络内必须是唯一的。
- 主机标识的各个位不能都为“1”，如果所有位都为“1”，则该地址是广播地址，而非主机的地址。
- 主机标识的各个位不能都为“0”，如果各个位都为“0”，则表示“只有这个网络”，而这个网络上没有任何主机。

8.6 子网划分、子网计算命令 ipcalc

在某些中小型企业中，当员工的使用计算机的台数超过了 254 台，但又少于 300 台时。就不能再使用 C 类地址进行分配。若采用 B 类地址进行分配，又非常浪费。此时可以将 B 类地址进行子网划分。组成一个特殊的地址。这种子网划分在路由器与路由器使用非常频繁。如路由器的 S 接口与另一个路由器的 S 接口只需要两个有效的 IP 地址。此时也需要用于子网划分，接下来介绍子网划分。

8.6.1 子网划分方法

子网掩码是一个 32 位的 IP 地址，用于屏蔽 IP 地址的一部分以区别网络标识和主机标识。并说明该 IP 地址是在局域网上，还是在互联网或其他网络上。

在进行子网划分的时候，需要用子网掩码来确定网络号和主机数。例如一个网络中有 300 台主机，是用 B 类 IP 地址还是用 C 类 IP 地址呢？采用 B 类 IP 地址，其主机数远远超过了 300 个主机。会造成大量的多余的空闲 IP 地址。若采用 C 类 IP 地址，则 IP 地址只能提供给 254 台主机使用。为此需要进行子网划分。需向网络位借一位，并将其当作主机标识使用。使得主机地址从原来的 254（2^8 减去 1 个网络地址和 1 个广播地址）个变成现在的 512（2^9）个 IP 地址。这样就可以满足此时的需求。具体的计算方法如下：

（1）确定子网掩码。因为向网络位借了一位，所以需从原来的 C 类地址的子网掩码中减一即可。即子网掩码为 255.255.254.0。

（2）确定子网个数。只有一个网络，主机个数在 300 台左右，所以只需一个子网。

（3）确定 IP 地址范围。在此采用 192.168.10.0 这个网段，其可用 IP 地址范围为 192.168.10.1~192.168.11.254/23。

其中 192.168.10.0/23 为网络地址，192.168.11.255/23 为广播地址。

8.6.2 ipcalc 命令的使用

从上例来看，计算机子网划分的方法非常麻烦。在 Linux 中系统提供了 ipcalc 命令解决了这个问题。当需要进行子网划分时，采用 ipcalc 命令即可。ipcalc 命令能够计算出子网掩码和 IP 地址范围及网络地址和广播地址。

P1 1
P9 2
P24 3
P51 4
P67 5
P83 6
P104 7
第 8 章
P128 9
P143 10
P161 11
P172 12
P189 13
P214 14
P227 15
P245 16
P259 17
P284 18
P305 19
P328 20
P361 21

命令格式：ipcalc 选项 IP 地址/跳数

常用参数见表 8-1。

表 8-1　ipcalc 参数说明

参　数	说　明
-n	计算网络号
-m	计算子网掩码
-b	计算广播地址
-p	计算跳数

实例：

（1）计算出 192.168.10.1/26 的子网掩码、网络号、广播地址、各子网范围。

```
# ipcalc -bmn 192.168.10.1/26
```

显示结果如下。

```
NETMASK=255.255.255.192
BROADCAST=192.168.10.63
NETWORK=192.168.10.0
```

（2）计算出 192.168.10.64/26 的子网掩码、网络号、广播地址、各子网范围。

```
# ipcalc -bmn 192.168.10.64/26
```

显示结果如下。

```
NETMASK=255.255.255.192
BROADCAST=192.168.10.127
NETWORK=192.168.10.64
```

（3）计算出 192.168.10.128/26 的子网掩码、网络号、广播地址、各子网范围。

```
# ipcalc -bmn 192.168.10.128/26
```

显示结果如下。

```
NETMASK=255.255.255.192
BROADCAST=192.168.10.191
NETWORK=192.168.10.128
```

（4）计算出 192.168.10. 192/26 的子网掩码、网络号、广播地址、各子网范围。

```
# ipcalc -bmn 192.168.10.192/26
```

显示结果如下。

```
NETMASK=255.255.255.192
```

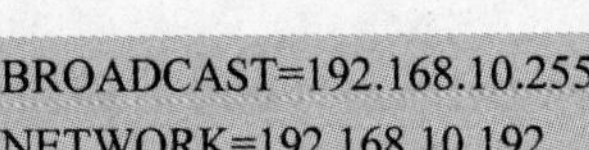

```
BROADCAST=192.168.10.255
NETWORK=192.168.10.192
```

由以上操作可知，子网掩码为255.255.255.192。也可获得4个子网的网段地址、网络号和广播地址。

8.7 IP路由、路由设置命令route

大家都知道路由器的主要职责是寻址和转发，寻址就是路径的选择，选择哪条路径最快、最合理地到达目的地。转发就是将数据进行放大并传输到下一个路由器或路由主机上。路由一般可以分为静态路由和动态路由两种。下面将对路由的定义及其配置进行讲解。

8.7.1 路由的定义

路由就是信息通过一条路径从源地址转移到目的地址的过程。在TCP/IP网络上，源方和目的方都叫做主机，信息被分成小包在主机之间传送。路由发生在OSI参考模型中的第三层即网络层。路由规定把信息包从一个地址发送到另外一个地址的路径。一条路由并不规定全部路由，仅仅只是主机到网关的一条路径，然后再由网关把包转发到目的地主机或另外一个网关。

8.7.2 路由的方式

- 主机路由：定义网关到一个指定主机的路由。
- 网络路由：定义网关到一个指定网段或网络的一条路由。
- 默认路由：如果主机路由和网络路由都没有定义一条到目的地的路由，则使用默认路由。
- 直接路由：源地址和目的地址在同一个网段上，无需路由器转发。
- 间接路由：源地址和目的地址不在同一个网段上，需通过路由器转发。

8.7.3 静态路由

静态路由是指由网络管理员手工配置的路由信息。当网络的拓扑结构或链路的状态发生变化时，网络管理员需要手工修改路由表中相关的静态路由信息。静态路由信息在默认情况下是私有的，不会传递给其他的路由器。

静态路由器包括一个静态路由表，所有的静态路由表条目包括以下信息：

- 网络地址：包发往网络的网络ID或者网络名称。
- 网络掩码：相关网络ID的子网掩码。
- 网关地址：发往目的网络的包被转发的IP地址。

8.7.4 动态路由

动态路由是指路由器能够自动地建立自己的路由表，并且能够根据实际情况的变化适时地进行调整。常用的路由协议有RIP、OSPF、BGP、IS-IS、IGRP等。在Linux系统中

P1 1
P9 2
P24 3
P51 4
P67 5
P83 6
P104 7
第8章
P128 9
P143 10
P161 11
P172 12
P189 13
P214 14
P227 15
P245 16
P259 17
P284 18
P305 19
P328 20
P361 21

有专业的路由器实现服务。支持常用的路由协议。如RIP、RIPv2、OSPF、BGP等。动态路由机制的运作依赖路由器的两个基本功能：对路由表的维护和路由器之间适时的路由信息交换。

8.7.5 route命令的使用

route命令用于手工设置静态路由信息。如路由信息的添加、删除、显示等功能。

其语法结构如下：

- 添加：route add[网络/主机]目标网络/主机 netmask 子网掩码 gw 网关 dev 设备名
- 删除：route del [网络/主机]目标网络/主机 netmask 子网掩码 gw 网关 dev 设备名
- 显示：route –n

此命令无参数。

执行范例如下：

（1）添加一条网络路由。要求目的网段为220.10.10.0/24的所有数据都通过172.16.100.1网关送出，且经过eth0网卡设备。

```
# route add -net 220.10.10.0 netmask 255.255.255.0 gw 172.16.100.1 dev eth0
```

（2）用route –n命令显示路由信息，显示结果如下。

```
Kernel IP routing table
Destination     Gateway          Genmask          Flags Metric Ref    Use Iface
172.16.100.0    0.0.0.0          255.255.255.0    U     0      0        0 eth0
220.10.10.0     172.16.100.1     255.255.255.0    UG    0      0        0 eth0
0.0.0.0         172.16.100.254   0.0.0.0          UG    0      0        0 eth0 //默认路由信息
```

（3）添加一条本机到达192.168.1.1主机的路由信息。

```
# route add -host 192.168.1.1 gw 172.16.100.98 dev eth0
```

（4）用route –n命令显示路由信息，显示结果如下。

```
Kernel IP routing table
Destination     Gateway          Genmask          Flags Metric Ref    Use Iface
192.168.1.1     172.16.100.98    255.255.255.255 UGH    0      0        0 eth0
172.16.100.0    0.0.0.0          255.255.255.0    U     0      0        0 eth0
220.10.10.0     172.16.100.1     255.255.255.0    UG    0      0        0 eth0
0.0.0.0         172.16.100.254   0.0.0.0          UG    0      0        0 eth0
```

（5）删除一条本机到达192.168.1.1主机的路由信息。

```
# route del -host 192.168.1.1
```

（6）通过route –n命令显示结果如下：

```
Kernel IP routing table
```

Destination	Gateway	Genmask	Flags	Metric	Ref	Use	Iface
172.16.100.0	0.0.0.0	255.255.255.0	U	0	0	0	eth0
220.10.10.0	172.16.100.1	255.255.255.0	UG	0	0	0	eth0
0.0.0.0	172.16.100.254	0.0.0.0	UG	0	0	0	eth0

通过以上显示结果可知，到达 192.168.1.1 主机的路由信息已被顺利删除。可以添加三种路由信息，分别为添加网络路由、添加主机路由、添加默认路由等。

第 9 章 Linux 网络命令及配置文件

本章主要内容

- Linux 常用网络命令
- Linux 常用网络配置文件

9.1 Linux 常用网络命令

本节将着重介绍 Linux 下的常用网络命令。如网卡设置命令 ifconfig、netconfig；连接监听命令 netstat；文件下载命令 wget；设置某个服务在特定运行级别运行的命令 chkconfig、ntsysv；域名解析命令 nslookup、host、dig。

9.1.1 ifconfig 命令

【命令功能】

添加、修改、显示临时性 ip 地址信息。通过 ifconfig 命令添加或修改 IP 地址。只是临时有效，当重启 network 服务或重启计算机系统时，用 ifconfig 创建的 IP 地址将无效。

【语法结构】

```
ifconfig [interface]
ifconfig interface [aftype] options | address ...
ifup/ifdown {接口}
```

【参数说明】

参数见表 9-1。

表 9-1 ifconfig 命令参数

参 数	说 明
interface	网络设备接口，如 eth0 表示第一块网卡
address	接口 IP 地址
netmask *addr*	子网掩码
metric *N*	跳数
mtu *N*	最大传输单元，默认为 1500B
up	激活接口
down	禁用接口

【执行范例】

（1）显示所有网络设备接口信息。

```
# ifconfig –a
```

（2）操作结果如下。

```
eth0      Link encap:Ethernet  HWaddr 00:11:09:FB:1E:D3
          inet addr:172.16.100.98  Bcast:172.16.100.255  Mask:255.255.255.0
          inet6 addr: fe80::211:9ff:fefb:1ed3/64 Scope:Link
          UP BROADCAST RUNNING MULTICAST  MTU:1500  Metric:1
          RX packets:100063 errors:0 dropped:0 overruns:0 frame:0
          TX packets:1836 errors:0 dropped:0 overruns:0 carrier:0
          collisions:0 txqueuelen:1000
          RX bytes:7206038 (6.8 MiB)  TX bytes:153281 (149.6 KiB)
          Interrupt:193 Base address:0xa000

eth0:1    Link encap:Ethernet  HWaddr 00:11:09:FB:1E:D3
          inet addr:172.16.100.100  Bcast:172.16.100.255  Mask:255.255.255.0
          UP BROADCAST RUNNING MULTICAST  MTU:1500  Metric:1
          Interrupt:193 Base address:0xa000

lo        Link encap:Local Loopback
          inet addr:127.0.0.1  Mask:255.0.0.0
          inet6 addr: ::1/128 Scope:Host
          UP LOOPBACK RUNNING  MTU:16436  Metric:1
          RX packets:149 errors:0 dropped:0 overruns:0 frame:0
          TX packets:149 errors:0 dropped:0 overruns:0 carrier:0
          collisions:0 txqueuelen:0
          RX bytes:19471 (19.0 KiB)  TX bytes:19471 (19.0 KiB)

sit0      Link encap:IPv6-in-IPv4
          NOARP  MTU:1480  Metric:1
          RX packets:0 errors:0 dropped:0 overruns:0 frame:0
          TX packets:0 errors:0 dropped:0 overruns:0 carrier:0
          collisions:0 txqueuelen:0
          RX bytes:0 (0.0 b)  TX bytes:0 (0.0 b)
```

其中 eth0 表示第一块网卡设备；eth0:1 表示第一块网卡的子接口信息；lo 表示环路地址信息；sit0 表示 IPv4 升级 IPv6 地址转换信息。只有 IPv6 启动时才会显示此接口信息。

通过 ifconfig 命令可以看到网卡的 IP 地址、子网掩码、MTU（最大传输单元）、MAC 地址、跳数、发送数据包的个数、接收数据包的个数及其错误个数、丢弃个数等信息。

（3）将第一块网卡的 ip 地址设为 192.168.1.103，同时将其子网掩码设为 255.255.255.0。

```
# ifconfig eth0 192.168.1.103 netmask 255.255.255.0
# ifconfig eth0
```

（4）操作结果如下。

```
eth0      Link encap:Ethernet  HWaddr 00:0C:29:26:08:94
          inet addr:192.168.1.103  Bcast:192.168.1.255  Mask:255.255.255.0
          inet6 addr: fe80::20c:29ff:fe26:894/64 Scope:Link
          UP BROADCAST RUNNING MULTICAST  MTU:1500  Metric:1
          RX packets:1273 errors:0 dropped:0 overruns:0 frame:0
          TX packets:1750 errors:0 dropped:0 overruns:0 carrier:0
          collisions:0 txqueuelen:1000
          RX bytes:137022 (133.8 KiB)  TX bytes:170659 (166.6 KiB)
          Interrupt:10 Base address:0x1400
```

（5）设置第一块网卡的子接口，同时将其 IP 地址设为 172.16.100.98,并将其激活。

```
# ifconfig eth0:1 172.16.100.98 netmask 255.255.255.0 up
# ifconfig eth0:1
```

（6）操作结果如下。

```
eth0:1    Link encap:Ethernet  HWaddr 00:0C:29:26:08:94
          inet addr:172.16.100.98  Bcast:172.16.100.255  Mask:255.255.255.0
          UP BROADCAST RUNNING MULTICAST  MTU:1500  Metric:1
          Interrupt:10 Base address:0x1400
```

在服务配置过程中，临时需要测试某个 IP 地址时，可以使用 ifconfig 命令。因为 ifconfig 命令设置的 IP 地址是一个临时性的 IP 地址。当测试完成后，只需重启 network 服务即可恢复到原来网卡配置文件中的 IP 地址；同时当需要临时添加一个网卡子接口测试时，也可采用 ifconfig 命令实现。

9.1.2 netconfig 命令

【命令功能】

通过对话的方式，配置一个永久 IP 地址、网关及 DNS 服务器信息。通过 netconfig 命令设置的 IP 信息会直接写到网卡配置文件（/etc/sysconfig/network-scripts/ifcfg-eth0）和 DNS 客户端配置文件（/etc/resolv.conf）中，但不会立即生效。设置完成后还需重启 network 服务或重启计算机系统。

【语法结构】

```
netconfig --device 网卡设备名（eth0/eth1 之类网卡设备名）。
```

【参数说明】

无。

【执行范例】

（1）配置 eth0 网卡的 IP 地址为 172.16.100.98，子网掩码为 255.255.255.0，网关为 172.16.100.254，DNS 为 172.16.100.1。具体操作命令如下。

```
# netconfig --device eth0                //设置 eth0 网卡 IP 地址，此时的--device 可以省略。
```

（2）弹出如图 9-1 所示界面。选择“Yes”，进入配置界面。

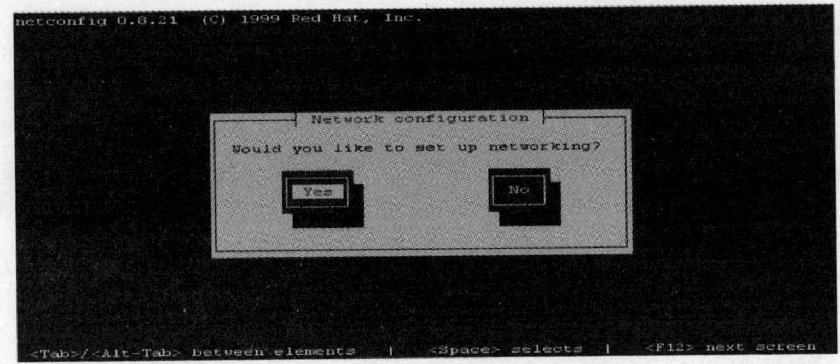

图 9-1　更改网卡配置文件

（3）弹出如图 9-2 所示界面，若在单选框中用空格选定时，表示 eth0 采用 dhcp 方式动态获取 IP 地址。若不选定单选框，则在对应的文本框中输入 IP 地址、子网掩码、网关、DNS 服务器 IP 地址信息。根据实验输入相应内容，输入完成后，单击“OK”按钮确定。

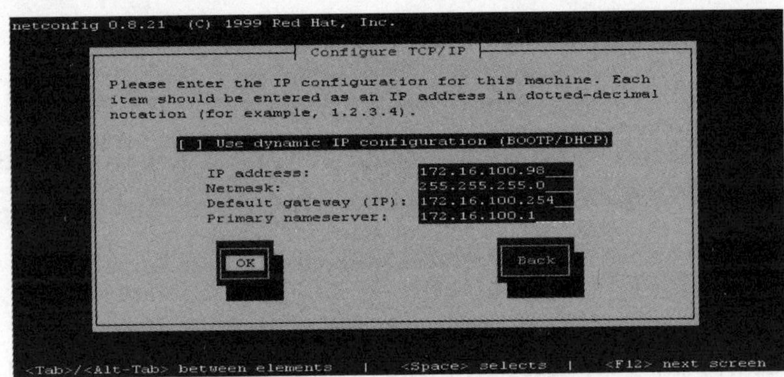

图 9-2　配置网卡静态 ip 地址

（4）查看/etc/sysconfig/network-scripts/ifcfg-eth0 配置文件。

```
# cat /etc/sysconfig/network-scripts/ifcfg-eth0
```

（5）显示结果如下。

```
DEVICE=eth0
ONBOOT=yes
BOOTPROTO=static
IPADDR=172.16.100.98
NETMASK=255.255.255.0
GATEWAY=172.16.100.254
```

（6）查看/etc/resolv.conf 配置文件。

```
# cat /etc/resolv.conf
```

P1 1
P9 2
P24 3
P51 4
P67 5
P83 6
P104 7
P117 8
第 9 章
P143 10
P161 11
P172 12
P189 13
P214 14
P227 15
P245 16
P259 17
P284 18
P305 19
P328 20
P361 21

（7）显示结果如下。

```
nameserver 172.16.100.1
```

（8）重启 network 服务。

```
# service network restart
```

（9）显示结果如下。

```
Shutting down interface eth0:                          [  OK  ]
Shutting down loopback interface:                      [  OK  ]
Setting network parameters:                            [  OK  ]
Bringing up loopback interface:                        [  OK  ]
Bringing up interface eth0:                            [  OK  ]
```

重启 network 服务后。刚刚设置的静态永久 IP 地址已生效，可采用 ifconfig eth0 或 ping 172.16.100.98 进行查看或测试 ip 地址的有效性。

9.1.3 ethtool 命令

【命令功能】

ethtool 是一个专业修改和查看网卡的传输速率、半双工、全双工、网卡连接状态、自适应工作方式等。功能非常强大。

【语法结构】

ethtool 参数 [子参数] 设备。

【参数说明】

ethtool 语法结构非常多，不用的参数语法结构不一样，用户可以使用 ethtool –h 命令查看。

【执行范例】

（1）查看网卡工作情况。

```
# ethtool eth1
Settings for eth1:
        Supported ports: [ MII ]
        Supported link modes:    10baseT/Half 10baseT/Full
                                 100baseT/Half 100baseT/Full
                                 1000baseT/Half 1000baseT/Full
        Supports auto-negotiation: Yes
        Advertised link modes:   10baseT/Half 10baseT/Full
                                 100baseT/Half 100baseT/Full
                                 1000baseT/Half 1000baseT/Full
        Advertised auto-negotiation: Yes
        Speed: 100Mb/s                    //传输速率为 100Mb/s。
        Duplex: Full                      //工作方式为全双工。
        Port: Twisted Pair
        PHYAD: 1
```

```
        Transceiver: internal
        Auto-negotiation: on                              //自适应打开。
        Supports Wake-on: g
        Wake-on: d
        Current message level: 0x000000ff (255)
        Link detected: yes                     //网线连接正常，即有网线连接。如果为 no 时，表示此网卡没有激活、启用或网线没有连接。
```

（2）设置 eth1 网卡，自适应关闭，传输速率为 10Mbit/s，工作模式为半双工。

```
# ethtool -s eth1 autoneg off speed 10 duplex half
# ethtool eth1
Settings for eth1:
        Supported ports: [ MII ]
        Supported link modes:    10baseT/Half 10baseT/Full
                                 100baseT/Half 100baseT/Full
                                 1000baseT/Half 1000baseT/Full
        Supports auto-negotiation: Yes
        Advertised link modes:   Not reported
        Advertised auto-negotiation: No              //自适应关闭。
        Speed: 10Mb/s                                //传输速率为 10Mb/s。
        Duplex: Half                                 //工作模式为半双工。
        Port: Twisted Pair
        PHYAD: 1
        Transceiver: internal
        Auto-negotiation: off
        Supports Wake-on: g
        Wake-on: d
        Current message level: 0x000000ff (255)
        Link detected: yes
```

9.1.4 mii-tool 命令

【命令功能】

用于查看、管理网卡的网络接口的状态，如网卡的传输速率、半双工、全双工、自适应、网卡是否连接正确等。

【语法结构】

```
mii-tool [-v,--verbose] [-V,--version] [-R,--reset] [-r,--restart] [-w,--watch] [-l,--log] [-A,--advertise=media,...] [-F,--force=media] [interface ...]
```

【参数说明】

- -V：显示 mii-tool 命令的版本。
- -v：显示网络接口的信息。
- -R：重新设置 mii 到开启状态。

- -r：重启自动协商模式。
- -w：查看网络接口连接的状态变化。
- -l：写入事件到系统日志。
- -A：指定特定的网络接口。
- -F：更改网络接口协商方式，常用的协商方式有：100baseT4，100baseTx-FD，100baseTx-HD，10baseT-FD，10baseT-HD 等。

【执行范例】

（1）查看网络接口的协商状态。

```
# mii-tool -v
eth0: negotiated 100baseTx-FD, link ok
  product info: vendor 00:08:18, model 24 rev 0
  basic mode:     autonegotiation enabled
  basic status: autonegotiation complete, link ok
  capabilities: 100baseTx-FD 100baseTx-HD 10baseT-FD 10baseT-HD
  advertising:    100baseTx-FD 100baseTx-HD 10baseT-FD 10baseT-HD flow-control
  link partner: 100baseTx-FD 100baseTx-HD 10baseT-FD 10baseT-HD
eth1: negotiated 100baseTx-FD flow-control, link ok
  product info: vendor 00:08:18, model 24 rev 0
  basic mode:     autonegotiation enabled
  basic status: autonegotiation complete, link ok
  capabilities: 100baseTx-FD 100baseTx-HD 10baseT-FD 10baseT-HD
  advertising:    100baseTx-FD 100baseTx-HD 10baseT-FD 10baseT-HD flow-control
  link partner: 100baseTx-FD 100baseTx-HD 10baseT-FD 10baseT-HD flow-control
# mii-tool
eth0: negotiated 100baseTx-FD, link ok
eth1: negotiated 100baseTx-FD flow-control, link ok
```

（2）更改网络接口的传输速率。

```
# mii-tool -v eth1
eth1: negotiated 100baseTx-FD flow-control, link ok
  product info: vendor 00:08:18, model 24 rev 0
  basic mode:     autonegotiation enabled
  basic status: autonegotiation complete, link ok
  capabilities: 100baseTx-FD 100baseTx-HD 10baseT-FD 10baseT-HD
  advertising: 100baseTx-FD 100baseTx-HD 10baseT-FD 10baseT-HD flow-control
  link partner: 100baseTx-FD 100baseTx-HD 10baseT-FD 10baseT-HD flow-control
# mii-tool -F 100baseTx-FD eth1
# mii-tool -v eth1
eth1: 100 Mbit, full duplex, link ok
  product info: vendor 00:08:18, model 24 rev 0
  basic mode:     100 Mbit, full duplex
  basic status: link ok              //表示已将网卡的协商方式从自适应设置为 100baseTX-FD 方式。
  capabilities: 100baseTx-FD 100baseTx-HD 10baseT-FD 10baseT-HD
```

```
advertising: 100baseTx-FD 100baseTx-HD 10baseT-FD 10baseT-HD flow-control
```

9.1.5 netstat 命令

【命令功能】

用于数据监听及连接的情况。包括正在监听的服务、已连接的会话、正在结束的会话、服务器的 socket 连接情况等。

【语法结构】

```
netstat –antplur。
```

【参数说明】

参数见表 9-2。

表 9-2 netstat 命令参数

参 数	说 明
-a	显示所有协议和 socket 连接信息
-n	显示对应的源 IP 地址和目的 IP 地址
-l	显示正在监听的信息
-u	显示 UDP 信息
-t	显示 TCP 信息
-p	显示协议的服务器名称
-r	显示路由表信息

【执行范例】

（1）显示所有正在监听的 TCP 和 UDP 的服务信息，要求显示对应的服务器名称。

```
# netstat –antupl
```

（2）显示结果如下。

```
Active Internet connections (servers and established)
Proto Recv-Q Send-Q Local Address    Foreign Address    State    PID/Program name
tcp    0     0 0.0.0.0:111    0.0.0.0:*    LISTEN    5342/portmap
tcp    0     0 :::22    :::*    LISTEN    3542/sshd
tcp    0     148    ::ffff:172.16.100.98:22  ::ffff:172.16.100.204:1325  ESTABLISHED 6081/1
udp    0     0 0.0.0.0:111    0.0.0.0:*    5342/portmap
```

- 第一列：显示对应的协议是 TCP 还是 UDP。
- 第二列：接收的数据包。
- 第三列：发送的数据包。
- 第四列：本地 IP 地址及开放的端口。
- 第五列：远程 IP 地址及连接的端口。
- 第六列：现在连接状态，如监听（LISTEN）、回应包（ESTABLISHED）、结束包（FIN）、等待包（WAIT）等。

- 第七列：服务的进程 ID 号（PID）和服务器名称（服务守护进程）。

9.1.6 chkconfig 命令

【命令功能】

- 添加、删除对应的系统服务。对应命令为 chkconfig --add {name}/chkconfig --del {name}。
- 设置某个服务在特定的级别中是否随系统启动时启动或停止。对应命令为 chkconfig --level {0-6} {name} {on/off/reset}。也可以采用 ntsysv --level {12345}命令实现此功能。
- 显示某个服务在各运行级别中的状态。对应命令为 chkconfig --list [name]。

【语法结构】

```
chkconfig --add|--del|--level|--list servername on|off
```

【参数说明】

参数见表 9-3。

表 9-3 chkconfig 命令参数

参 数	说 明
--add	添加某个自定义服务到系统服务中，开机时随系统一起启动
--del	从系统服务列表中删除某个自定义服务
--list	显示某些服务在特定级别的启动状态
--level	设置某些服务在特定的级别启动或停止
on	开机时自动运行此服务
off	开机时不自动运行此服务
reset	恢复此服务在各运行级别的默认状态

【执行范例】

（1）设置 sendmail 服务在 2345 启动级别中，不自动运行。

```
# chkconfig --level 2345 sendmail off
```

（2）显示 sendmail 服务在 2345 启动级别中的状态。

```
# chkconfig --list sendmail
```

（3）显示结果如下。

```
sendmail        0:off   1:off   2:off   3:off   4:off   5:off   6:off
```

通过 chkconfig 命令设置完成后。系统启动时，Sendmail 服务不会随系统启动时自动运行。其中在设置时，一般不需要对级别 0、1、6 进行配置。默认情况大多数服务都不会在这三个级别下运行。

9.1.7 nslookup 命令

【命令功能】

检测域名对应的 IP 地址或者根据 IP 检测出对应的域名等。同时可以设置不同的类型进行专项检测。如只检测 SOA（起始授权记录）记录信息。能够实现相应功能的命令还有 host 和 dig 命令。

【语法结构】

```
nslookup domain name|ip address
```

【参数说明】

domin name：解析域名。

ip address：解析 IP 地址。

【执行范例】

（1）启动 DNS 服务。

```
# service named start
```

（2）修改 DNS 客户端配置。具体内容如下。

```
; generated by /sbin/dhclient-script
search domain
nameserver 172.16.100.98                    //本机 IP 地址或 DNS 服务器的 IP 地址。
nameserver 202.96.128.166
```

（3）采用 nslookup 命令检测 localhost 域名的对应的 IP 地址。

```
# nslookup
```

（4）显示结果如下。

```
> set type=a                                //设置 A 记录信息。
> localhost                                 //检测 localhost 域名的 A 记录信息。
Server:          172.16.100.98
Address:         172.16.100.98#53

Name:    localhost
Address: 127.0.0.1
> set type=soa                              //设置 SOA 记录信息。
> localhost                                 //检测 localhost 域名的 SOA 记录信息。
Server:          172.16.100.98
Address:         172.16.100.98#53

localhost
         origin = localhost
```

```
            mail addr = root.localhost
            serial = 42
            refresh = 10800
            retry = 900
            expire = 604800
            minimum = 86400
> set type=ns                                 //设置 NS 记录信息。
> localhost                                   //检测 localhost 域名的 NS 记录信息。
Server:           172.16.100.98
Address:          172.16.100.98#53

localhost         nameserver = localhost.
>exit                                         //退出 nslookup 检测
```

以上通过 nslookup 命令检测了 localhost 的 A 记录、SOA 记录、NS 记录信息。其他对应类型有 MX（邮件交换器）、CNAME（别名记录）、PTR（指针记录）等。也可采用 host 或 dig 命令进行域名检测。具体用法请查阅 man 手册。

9.1.8 wget 命令

【命令功能】

下载 ftp、http 协议文件，为某个网站做映射，下载整个网站所有网页等。

【语法结构】

```
wget [options] [url] [localdir]。
```

【参数说明】

参数见表 9-4。

表 9-4 wget 命令参数

参 数	说 明
-c	断点续传
-b	将 wget 移到后台运行，下载日志文件将记录在当前目录下 wget-log 文件中
-k	将绝对链接转换为相对链接
-l [depth]	下载远程服务器目录结构的深度。如 l5 表示下载当前目录下的 5 级目录
-r	采用递归方式进行下载
-t	尝试连接次数

【执行范例】

（1）下载 yum 源码软件包。尝试连接次数为 10 次，采用断点续传。

```
# wget -c -t10 http://www.chinaLinuxpub.com/yum.tgz
```

（2）显示结果如下。

```
--06:28:02--    http://l3/
                => `l3/index.html'
Resolving l3... 202.104.57.161
Connecting to l3|202.104.57.161|:80... connected.
HTTP request sent, awaiting response... 200 OK
Length: 11,917 (12K) [text/html]

100%[==========================>] 11,917         --.--K/s

06:28:03 (120.50 KB/s) - `l3/index.html' saved [11917/11917]

Loading robots.txt; please ignore errors.
--06:28:03--    http://l3/robots.txt
                => `l3/robots.txt'
Connecting to l3|202.104.57.161|:80... connected.
HTTP request sent, awaiting response... 404 Not Found
06:28:03 ERROR 404: Not Found.

--06:28:03--    http://l3/font.css
                => `l3/font.css'
Connecting to l3|202.104.57.161|:80... connected.
HTTP request sent, awaiting response... 200 OK
Length: 738 [text/css]

100%[==============================>] 738            --.--K/s

06:28:03 (3.83 MB/s) - `l3/font.css' saved [738/738]
后面所有内容已省略。
```

wget 命令主要用于下载某个特定网址的文件。除了 wget 命令还有其他第三方下载工具，如 Proz（http://prozilla.genesys.ro/）、MyGet（http://myget.sourceforge.net/release）、Linuxdown（https://gro.cLinux.org/frs/download.php/1015）等。

9.2 Linux 常用网络配置文件

本节着重介绍 Linux 下常用网络配置文件内容，如网卡的配置文件；域名解析顺序配置文件；Linux 下服务及对应端口配置文件；DNS 客户端配置文件及网络配置文件等。主要介绍各配置的功能及语法格式。

9.2.1 /etc/nsswitch.conf

【配置文件功能】

名称服务交换配置（/etc/nsswitch.conf）文件是由 Sun 公司开发的，用于管理系统中多个配置文件的查找顺序，是/etc/host.conf 配置文件的增强版。它控制了数据库搜寻的工作，包括主机、使用者、群组等。此外，还定义了所要搜寻的数据库。如 hosts: files bind nis：表示客户端从 hosts 文件、DNS 服务器、NIS 服务器上解析域名或主机名的顺序。其中 files 文件表示为“etc/hosts”文件，其中 bind 表示 DNS 服务器，nis 表示从 NIS 网络信息服务器上解析。其中“hosts:file bind nis”表示先从本地/etc/hosts 文件中查找解析，若无法查找时，再从 DNS 服务器上查找，最后再从 NIS 网络信息服务器上查寻。

/etc/host.conf 文件由版本 5 的 libc 库所使用，而/etc/nsswitch.conf 由版本 6 的 glibc 所使用。在 Linux 高版本中一般用的是/etc/nsswitch.conf 文件。

/etc/nsswitch.conf 文件的每一个关键字都代表不同的含义。下面为常用的关键字。

- aliases：邮件别名。
- passwd：系统用户。
- group；用户工作组。
- shadow：加密口令。
- hosts：主机名。
- networks：网络名。
- protocols：网络协议。
- services：服务名称。
- ethers：以太网。
- vrpc：远程进程调用的名称。
- netgroup：网内工作组
- files：除了 netgroup，对其他关键字都有效。
- dns：只对 hosts 有意义。

/etc/nsswitch.conf 配置文件内容如下。

```
passwd:       files
shadow:       files
group:        files
hosts:        files dns   //域名的解析顺序，先查找/etc/hosts 文件，若没有找到。再询问 DNS 服务器
bootparams: files
ethers:       files
netmasks:     files
networks:     files
protocols:    files
rpc:          files
services:     files
netgroup:     files
publickey:    files
automount:    files
aliases:      files
```

设置 dns 的解析顺序。支持的查询有 hosts 文件、bind 服务、nis 服务。默认情况先查询 hosts 文件，再查询 dns 服务器。若用户需添加 nis 服务查询。可采用 hosts：files,dns,nis 方式添加。

9.2.2 /etc/services

【配置文件功能】

网络服务配置文件，将网络服务名转换为端口号/协议。文件中的每一行对应一种服务，由四个字段组成。分别表示“服务名称”、“使用端口”、“协议名称”以及“服务说明”。

/etc/services 配置文件内容如下。

```
//服务                  端口/协议类型                       服务说明
.......前面内容已省略。
ftp-data        20/tcp
ftp-data        20/udp
# 21 is registered to ftp, but also used by fsp
ftp             21/tcp
ftp             21/udp          fsp fspd
ssh             22/tcp                          # SSH Remote Login Protocol
ssh             22/udp                          # SSH Remote Login Protocol
telnet          23/tcp
telnet          23/udp
# 24 - private mail system
lmtp            24/tcp                          # LMTP Mail Delivery
lmtp            24/udp                          # LMTP Mail Delivery
smtp            25/tcp          mail
smtp            25/udp          mail
time            37/tcp          timserver
time            37/udp          timserver
rlp             39/tcp          resource        # resource location
rlp             39/udp          resource        # resource location
.......后面内容已省略
```

通过以上内容可知，ftp 协议对应着 20 和 21 号端口，ssh 协议对应着 22 号端口。若用户将 ssh 协议对应的 22 号端口改成其他端口。系统将访问本机 22 端口，发生系统错误或访问不成功。

9.2.3 /etc/resolv.conf

【配置文件功能】

/etc/resolv.conf 为 DNS 客户端配置文件，当 DNS 客户端用户需要进行 DNS 解析时，系统会将查询请求发送到此文件中 nameserver 语句定义的 IP 地址（DNS 服务器的 IP 地址）上。要求此 IP 地址帮忙解析。若解析成功。DNS 服务器会返回一个值给 DNS 客户端。同时可以设置要求查询的域名等。

/etc/resolv.conf 文件格式如下。

```
; generated by /sbin/dhclient-script
search gdLinux.com
nameserver 172.16.100.92
```

相关指令解释如下。

“search gdLinux.com”：将搜索域设置为 gdLinux.com 域。

"nameserver 172.16.100.92"：设置 DNS 服务器的 IP 地址为 172.16.100.92。

"domain gdLinux.com"：定义本地域名。

9.2.4 /etc/sysconfig/network

【配置文件功能】

主要用于设置 Linux 系统的主机名及系统启动时是否加载网卡信息。/etc/sysconfig/network 配置文件内容如下。

```
NETWORKING=yes
HOSTNAME=localhost.localdomain
```

以上相关指令解释如下。

- "NETWORKING=yes"：表示系统启动时加载 network 服务。
- "HOSTNAME=localhost.localdomain"：表示设置系统的主机名为 localhost.localdomain。

9.2.5 /etc/sysconfig/network-scripts/ifcfg-eth0

【配置文件功能】

网卡信息配置文件，包括网络接口设备、协议类型（静态、动态）、IP 地址、子网掩码、网关、DNS 服务器等。可以通过 netconfig 命令进行设置，也采用直接编辑此文件进行更改。

/etc/sysconfig/network-scripts/ifcfg-eth0 配置文件（静态 IP 设置）内容如下。

```
DEVICE=eth0
ONBOOT=yes
BOOTPROTO=static
IPADDR=172.16.100.98
NETMASK=255.255.255.0
GATEWAY=172.16.100.254
```

/etc/sysconfig/network-scripts/ifcfg-eth0 配置文件（动态 IP 设置）内容如下。

```
DEVICE=eth0
ONBOOT=yes
BOOTPROTO=dhcp
```

以上相关语句解释如下。

- "DEVICE=eth0"设置网络接口设备为 eth0。如果是第二块网卡，则应设置成 eth1，第三块网卡设置成 eth2，设备子接口设置成 DEVICE=eth0:1 等。
- "ONBOOT"：系统开机时是否加载本网卡信息。
- "BOOTPROTO"：引导协议类型。其中 static 表示采用静态 IP 地址；dhcp 表示采用动态 IP 地址。由 dhcp 服务器进行动态 IP 地址分配。
- "IPADDR"：设置网卡的 IP 地址。
- "NETMASK"：设置 IP 地址的子网掩码。
- "GATEWAY"：设置网关 IP 地址。

第 10 章 远程管理 Linux 系统

本章主要内容

- Telnet 服务配置
- SSH 服务与密钥认证
- VNC 服务
- webmin 服务
- JRE 环境配置

10.1 Telnet 服务

在实际的系统管理工作中，系统管理人员不可能时刻坐在服务器前面进行系统管理，通常会采用各种方法从远程登录服务器系统进行管理。如何有效而安全地远程连接到服务器系统进行工作是每个系统管理人员必须掌握的技能。本章将讲述在 Linux 环境下远程管理服务器的常见方法。

首先介绍 Telnet 服务。

Telnet 是一个在 UNIX 时期就存在的一个古老服务，它允许用户登录远程计算机，就像登录本地服务器一样。大多数 Linux 操作系统发布中都包括 Telnet 服务，但由于它是采用明文传输信息，安全性不好，所以在默认情况下 Telnet 服务都处于关闭状态。

10.1.1 安装 Telnet 服务

首先用户需要确认自己安装了如下两个同 Telnet 相关的软件包。

- telnet-client（或 telnet），该软件包提供 telnet 客户端程序。
- telnet-server，该软件包提供 telnet 服务器端程序。

这两个软件包可以通过安装光盘获取或者通过网络下载。一般情况下 Linux 默认已安装 telnet 软件包，只需要安装 telnet-server 软件包即可。

10.1.2 启动 Telnet 服务

（1）开启 Telnet 服务。方法一是在命令行下执行 ntsysv 命令，在出现的设置窗口中将光标移至 telnet 服务前面的空格，加上“*”确定即可。方法二是使用命令“chkconfig telnet on”开启 telnet 服务。方法三是编辑/etc/xinetd.d/telnet 文件，找到 disable = yes 行，将 yes

改成 no。

（2）激活 Telnet 服务。使用以下命令激活 Telnet 服务。

```
# service xinetd restart
```

因为 telnet 服务是由超级守护进程 xinetd 代理的，所以需要重新启动 xinetd 进程来激活 telnet 服务。

（3）测试 Telnet 服务。使用以下命令测试 Telnet 服务。

```
#telnet ip(或者 hostname)
```

如果配置正确，系统提示输入远程机器的用户名和密码。输入正确的用户名和密码即可登录。默认情况下，为了保证安全，Telnet 只允许普通用户而不允许 root 用户登录。可以以普通用户身份登录后再使用 sudo 或者 su 命令以 root 用户身份运行程序。

10.1.3 配置 Telnet 服务

（1）设置 Telnet 服务端口。

使用 vi 编辑器编辑服务端口配置文件/etc/services，找到以下两行内容。

```
telnet 23/tcp
telnet 23/udp
```

23 是 Telnet 服务的默认端口，可以将 23 修改成未使用的端口号（如 2323），退出 vi 后重启 Xinetd 服务，这样 Telnet 默认端口号就被修改了。

（2）Telnet 服务限制。

Telnet 服务的默认配置文件是/etc/xinetd.d/telnet，可以在配置文件/etc/xinetd.d/telnet 中加入以下内容以适应需要。

```
service telnet
{
......
Disable = no                        #激活 telnet 服务。
bind = 172.16.100.66                #只在 172.16.100.66 这个 IP 地址向外提供服务。
only_from = 172.16.100.0/24         #只允许 172.16.100.0/24 这个网段访问服务。
only_from = .edu.cn   .itlab.org.cn #只有来自教育网和 itlab.org.cn 域的服务请求可被接受。
no_access = 172.16.100.{77,88}      #172.16.100.77 和 172.16.100.88 这 2 个 IP 地址不能访问服务。
access_times = 8:30-12:00 13:30-18:00        #每天只在上班时间开放服务。
instances = 5                                #服务同时允许的连接数为 5。
......
}
```

读者可以参考以上的描述根据需要配置自己的 Telnet 服务。

10.2　SSH服务

由于Telnet是明文传送信息，所以很不安全。为了保证数据传输的安全性，可以使用SSH协议。SSH是Secure SHell protocol 的简写，它可以将数据加密后再进行数据传递，因此数据比较安全。

10.2.1　启动SSH服务

通常Linux各种发行版都会默认安装SSH组件，只需要直接启动即可使用。

使用以下命令启动SSH服务：

```
#/etc/init.d/sshd start
```

或

```
#service sshd start
```

也可以使用ntsysv命令或chkconfig命令配置SSH服务开机自动启动。

10.2.2　SSH客户端连接

如果客户端是Linux，可以在命令行下使用SSH命令连接到SSH服务器。

```
# ssh account@hostname 或 ip
```

（1）如果需要连接到某台服务器的SSH服务，可以使用下面的命令。

```
# ssh gdlc@172.16.100.44
The authenticity of host '172.16.100.44' can't be established.
RSA key fingerprint is f8:ae:67:0e:f0:e0:3e:bb:d9:88:1e:c9:2e:62:22:72.
Are you sure you want to continue connecting (yes/no)? yes
```

注意这里需要填入完整的“yes”而不是“Y”或“y”。上面要求用户验证服务器的“密钥”，是为了防止“代理人欺骗”，即可以通过“指纹”判定正在连接的服务器是不是正确的服务器，可以把上面看到的“密钥”信息同要连接的服务器的“密钥”比对，只有一致才能进行连接以防连接到错误的计算机而导致安全问题。输入完成后出现以下提示。

```
Warning: Permanently added '172.16.100.44' (RSA) to the list of known hosts.
gdlc@172.16.100.44's password:
```

输入远程主机172.16.100.44上的gdlc用户的密码就可以登入了。而要退出在远程计算机上的登录，只需要使用exit命令就可以了。

（2）如果需要不登录远程主机就直接在远程主机上执行命令，可以进行以下操作。

```
# ssh gdlc@172.16.100.44 date
```

```
gdlc@172.16.100.44's password:
Tue Nov 22 11:57:27 CST 2005
```

以上命令在远程主机上使用了 date 命令显示了远程主机上的当前时间设置。

（3）如果要在两个主机之间复制文件，可以使用 scp 命令。

scp 命令的用法与 cp 类似。先看下面这个例子。

```
#scp /etc/crontab gdlc@172.16.100.44:/home/gdlc
gdlc@172.16.100.44's password:
crontab                    100%   620      0.6KB/s    00:00
```

上面的信息显示将本机目录的/etc/crontab 文件以远程主机 172.16.100.44 上的 gdlc 用户的身份传送到了此用户的家目录中。再看下面的例子。

```
#scp gdlc@172.16.100.44:~/.bashrc .
```

这个例子显示将远程主机 172.16.100.44 上的 gdlc 用户的家目录中的.bashrc 文件复制到本机的当前目录中。如果想要复制目录，可以加上-r 参数。

假如是 Windows 客户端，推荐使用 putty 这个工具，这个工具很多网站都有下载而且使用起来非常简单。它的英文版界面如图 10-1 所示。

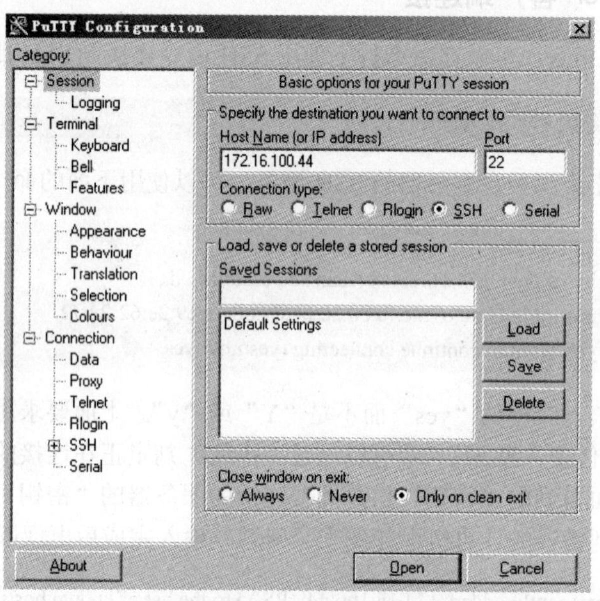

图 10-1　putty 程序界面

在 HostName 栏和 Port 栏内输入正确的服务器 IP 地址及端口，然后单击 Open 按钮，如果是第一次访问服务器，则可以看到如图 10-2 所示的界面。这是为了防止“代理人欺骗”。如果用户确认服务器“指纹”无误，则可点击“是”确认连接。

接着出现如图 10-3 所示的登录界面，输入正确的用户名和密码即可从本地登录到远程服务器。在本地终端窗口的操作与在服务器界面上的操作基本没有任何区别，管理员可以很方

便地进行各种管理工作。

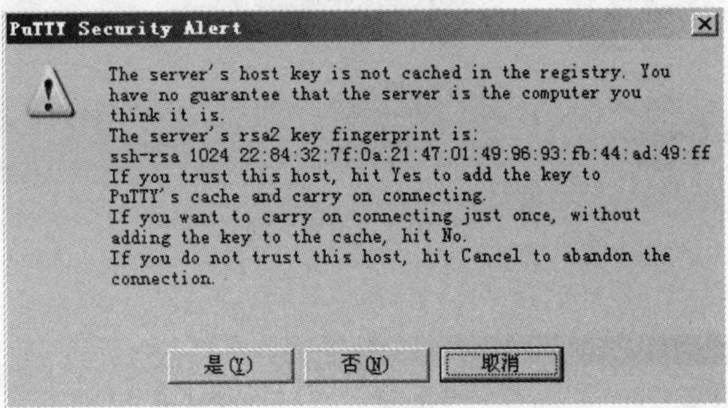

图 10-2　确认服务器“指纹”

```
root@RHAS4U2:~
login as: root
root@172.16.100.44's password:
Last login: Wed Oct  1 00:13:19 2008
[root@RHAS4U2 ~]#
```

图 10-3　远程登录界面

Putty 还提供了一些其他功能。在软件界面的标题栏点击鼠标右键，可以看到如图 10-4 所示的菜单，这个菜单可以提供丰富的功能，提供新开登录、复制登录、重置登录等功能，下面介绍一下“Change Settings”选项里的部分实用功能。

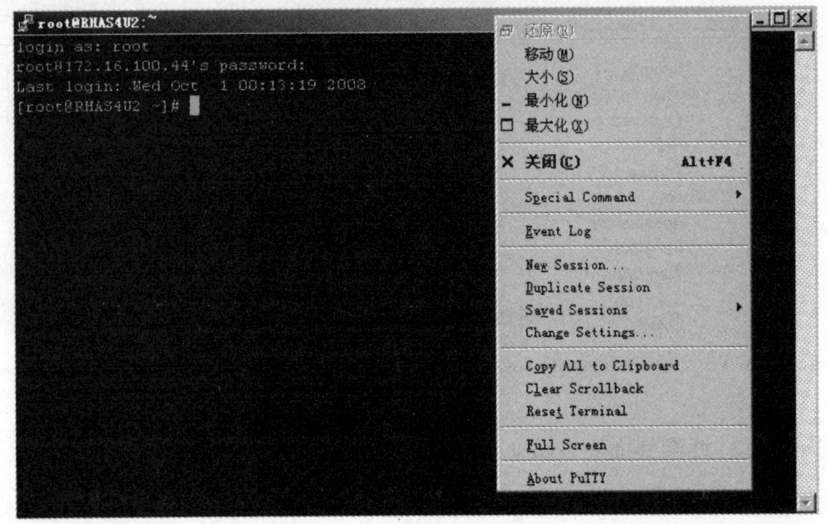

图 10-4　putty 的扩展功能

有时候在上述的远程窗口工作，用户会觉得字体也许太小，特别是通过屏幕广播或投影仪向别人演示操作的时候，黑底白字的界面显得不清楚，这时候可以选择“Change Settings”选项开启如图 10-5 所示的窗口，选择“Appearance”后单击右边的“Change”按钮，进行字体设置，如图 10-6 所示。

P1 1
P9 2
P24 3
P51 4
P67 5
P83 6
P104 7
P117 8
P128 9

第10章
P161 11
P172 12
P189 13
P214 14
P227 15
P245 16
P259 17
P284 18
P305 19

P328 20
P361 21

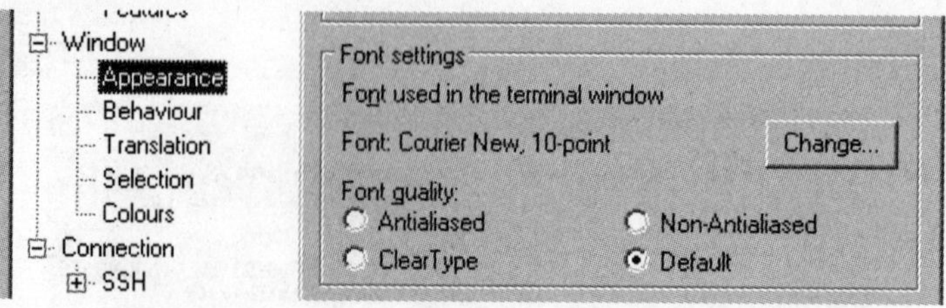

图 10-5　设置界面

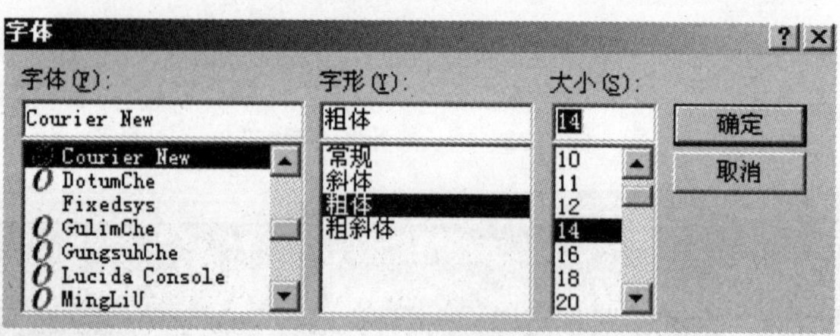

图 10-6　字体设置

设置完返回后，可以选择“Colours”，将右边的“Use system colours”选中，如图 10-7 所示。

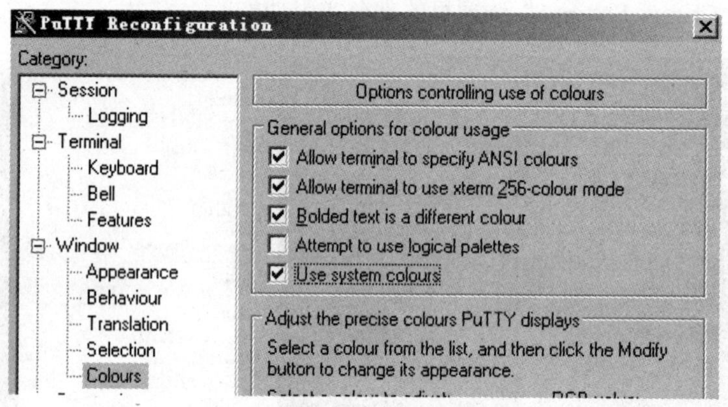

图 10-7　颜色设置

设置完毕，远程终端界面将变成如图 10-8 所示，字体变粗变大了，而且白底黑字让人感觉舒服。

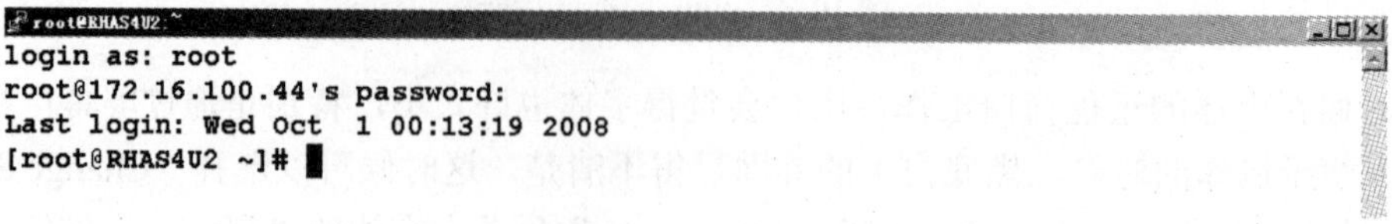

```
root@RHAS4U2:~
login as: root
root@172.16.100.44's password:
Last login: Wed Oct  1 00:13:19 2008
[root@RHAS4U2 ~]#
```

图 10-8　设置结果

在 Windows 下还有一个好用的软件 WinSCP，它可以方便地在本地 Windows 计算机和远程 Linux 服务器之间相互传递文件，它是工作在 SSH 协议上的，所以要首先保证远程计算机正常开启了 SSH 服务。此软件可以在网络上下载，其初始界面如图 10-9 所示。

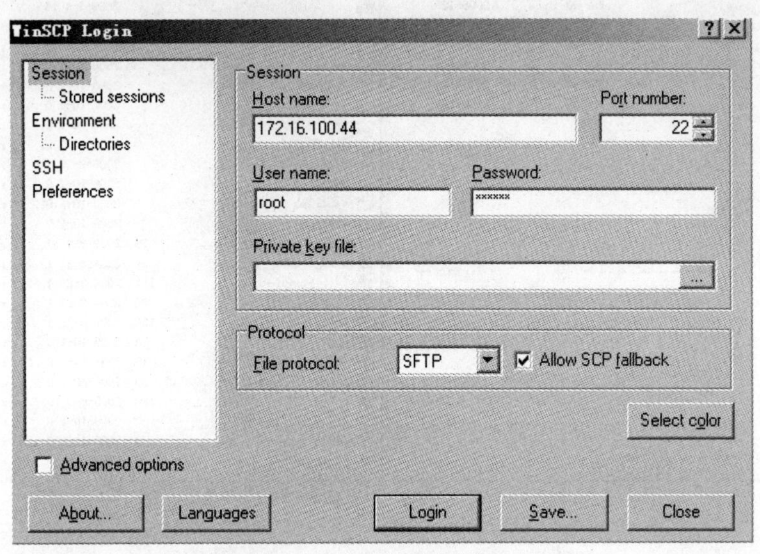

图 10-9 WinSCP 初始界面

如果是第一次连接服务器，会出现如图 10-10 所示窗口，这是为了防止“代理人欺骗”的服务器“指纹”确认窗口。如果确认要连接的服务器是正确的服务器的话，可以单击“Yes”按钮确认。

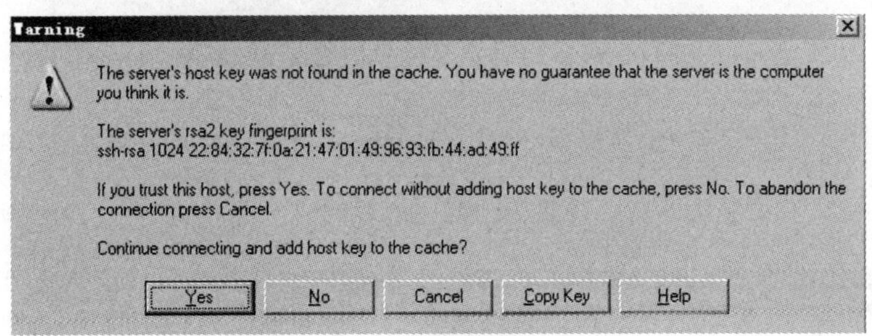

图 10-10 确认服务器“指纹”

之后将出现 WinSCP 的主界面，如图 10-11 所示。可以发现界面的左边是本地 Windows 计算机的当前目录，而右边是远程 Linux 服务器的当前目录。可以方便地在两个窗口之间拖曳文件或目录实现文件复制。这里将 Linux 服务器上的 Desktop 目录复制到本地计算机，将该目录从右窗口拖曳到左窗口后松开鼠标，将会弹出一个确认复制窗口，如图 10-12 所示。确认后，文件进行复制直到完成，如图 10-13 所示。可以看到 Desktop 目录已经复制到了本地计算机当前目录中。图 10-14 显示了把本地计算机上的 Sti_Trace.log 文件成功复制到远程 Linux 服务器上的情形。

P1 1
P9 2
P24 3
P51 4
P67 5
P83 6
P104 7
P117 8
P128 9
第10章
P161 11
P172 12
P189 13
P214 14
P227 15
P245 16
P259 17
P284 18
P305 19
P328 20
P361 21

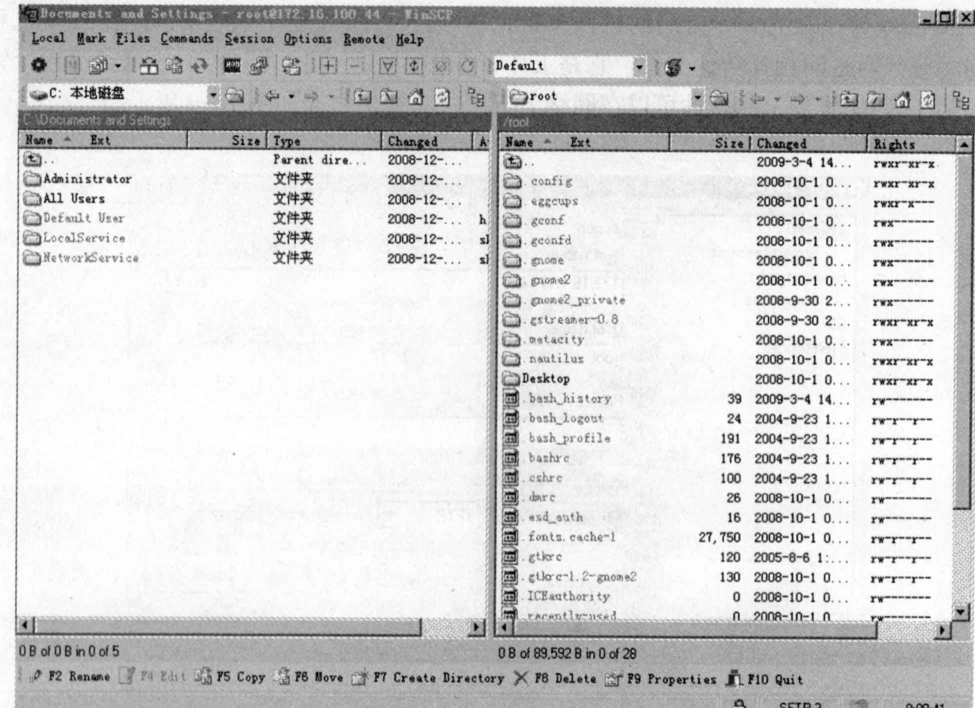

图 10-11　WinSCP 主界面

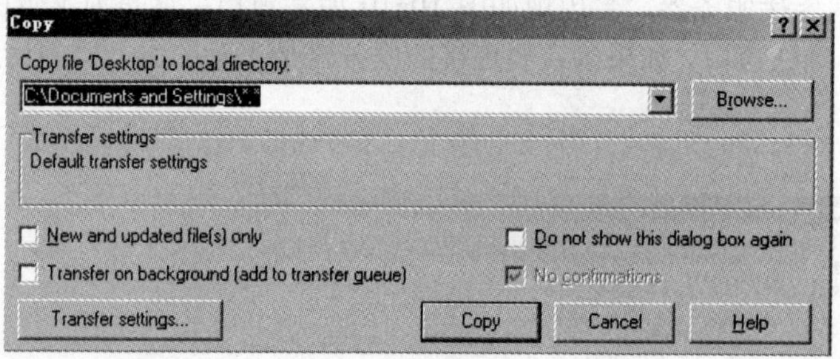

图 10-12　确认复制

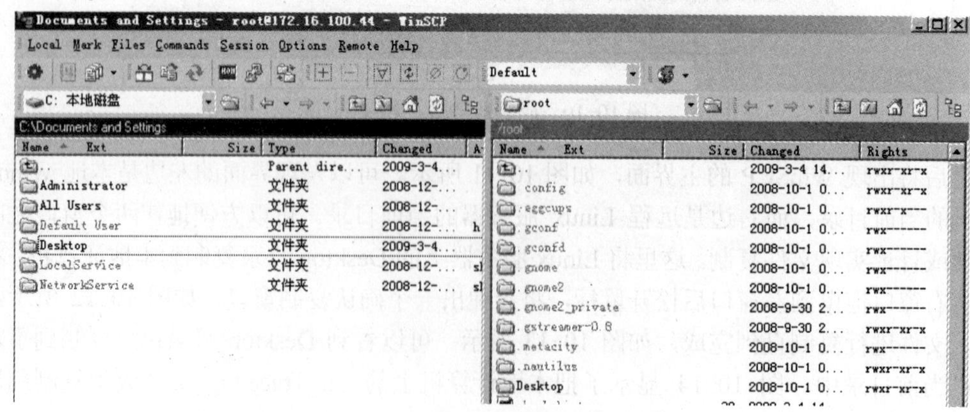

图 10-13　复制完成

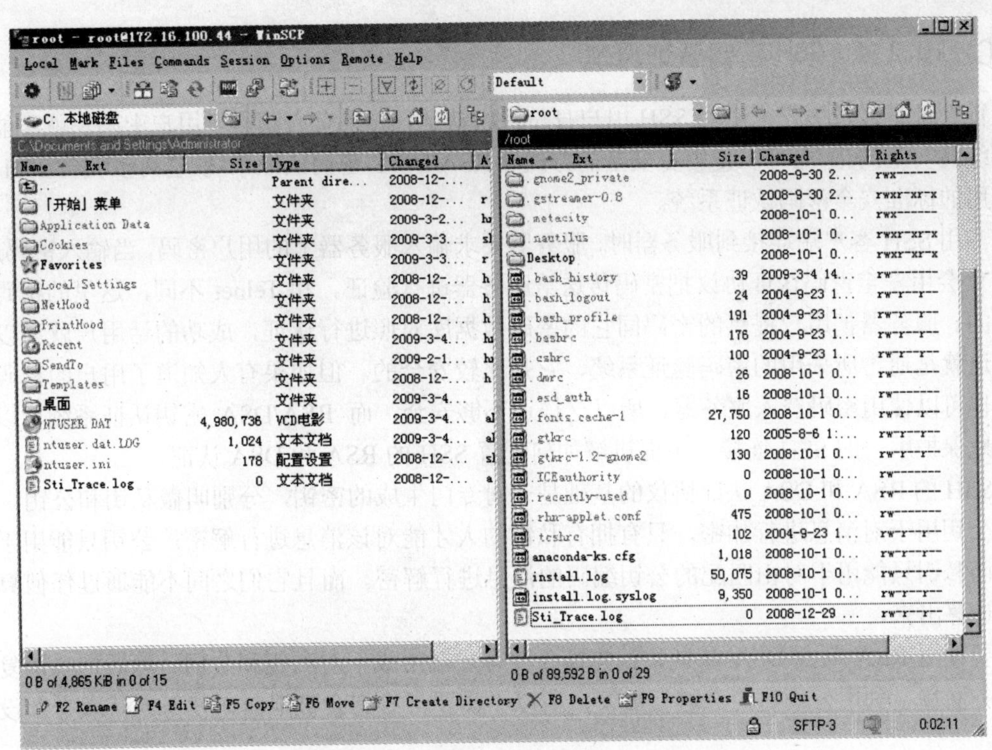

图 10-14　将本地计算机文件复制到远程计算机

10.2.3　SSH 服务的常规配置

一般情况下 SSH 服务可以工作得很好，但也可以修改 SSH 服务的配置文件以使得它能更符合需要，SSH 服务的配置文件是/etc/sshd/sshd_config，可以用 vim 编辑器编辑此文件，做如下修改：

（1）将 Port 22 改为 Port 1600。SSH 服务端口默认为 22，可以将其改为其他未被使用的端口。注意不能通过/etc/services 文件来修改，而且在修改后需要重新启动 SSH 服务，新的设置才会生效。在连接到新的端口时需要使用 p 参数。

```
ssh –p 1600 gdlc@172.16.100.44
```

假如在改变端口的情况下要使用 scp 命令，要借助“P”参数来完成。

```
scp -P 1600 /etc/crontab gdlc@172.16.100.44:/home/gdlc
```

（2）将 Protocol 2,1 改为 Protocol 2。ssh 默认使用协议版本 2 工作，当一些版本无法正常工作时，SSH 将会转换到协议版本 1 工作，可以通过上面的修改强制 SSH 只使用协议版本 2 向外提供服务。

（3）将 PermitRootLogin 后面的 no 改为 yes。为了保证安全，SSH 服务也是默认不允许 root 用户从远程登录，在不需要考虑太多安全性的情况下，可以修改配置文件让 root 用户可以直接从远程登录。

10.2.4 SSH密钥认证原理

前面都是通过用户密码对SSH用户身份进行认证，如果有人获得了用户密码那就不能保证系统的安全。实际上可以使用更安全的方式即RSA/DSA 密钥认证系统，它可以代替SSH 缺省使用的标准安全密码认证系统。

当用SSH客户端连接到服务器时，服务器要求输入服务器上的用户密码，当输入密码后，SSH就会用安全密码认证协议把密码传送给服务器进行验证。和Telnet不同，这里的密码是加密的。服务器把用户提供的密码同它的密码数据库对照进行认证，成功的话用户就可以登录，这就是通常所采用的密码验证系统，它是比较安全的。但如果有人知道了用户的密码，那他也可以使用密码登入服务器，所以这样还不够安全，而RSA/DSA密钥认证系统可以更安全地保护用户的SSH连接。下面讲解如何配置SSH的RSA和DSA认证。

SSH的RSA和DSA认证协议的基础是一对专门生成的密钥，分别叫做私钥和公钥。

公钥用于对消息进行加密，只有拥有私钥的人才能对该消息进行解密。公钥只能用于加密，而私钥只能用于对由匹配的公钥编码的消息进行解密。而且它们之间不能通过任何算法互相计算出来。

要使用RSA或者DSA认证，首先需要在客户端生成一对私钥和公钥，然后把公钥复制到服务器端，利用公钥对消息进行加密，所以不需要担心它会被泄露，任何人获取它都没有关系。

在要用RSA登录的时候，服务器端会生成一个随机数，并用前面复制过去的公钥对这个随机数进行加密。然后服务器端把加密后的随机数发回给正在客户端上运行的SSH程序。SSH程序用私钥对这个随机数进行解密后，再把它发回给服务器端，如果发回的随机数和原始的随机数相同，则表示客户端拥有匹配的私钥，所以客户端被授权访问服务器端。

用户可以把公钥复制到想要访问的那些远程机器上，远程机器都会根据匹配的私钥进行恰当的认证。用户并不需要为想要访问的每个系统都准备一对密钥，只要一对就足够了。

从上面的讲解可以看到，公钥是可以让其他人获取的，它并不会带来什么安全问题，而私钥是用户访问用公钥配置过的服务器的唯一方式（假如服务器被配置为只允许密钥认证），所以私钥不能丢失，更不能落入其他人手中，因为任何拥有某用户私钥的人都会被授予和该用户完全相同的特权来访问对应的服务器。

现在读者知道了，拥有和相应公钥配对的私钥就可以访问用相应公钥配置过的SSH服务器了，不再需要输入用户密码，即使密码泄露，假如别人没有这个私钥，他也是不能访问SSH服务器的。但是私钥的安全怎么保证呢？因为不能保证其他人是否会从用户的客户机上复制私钥。

对私钥进行保护的常用方法是在用户创建公钥/私钥对的时候，程序会要求用户输入一个密码短语，该密码短语可以加密用户的私钥，这样即使私钥被盗，因为盗取者不知道密码短语，那么这把私钥毫无用处。在这种情况下，要正确登录SSH服务器，不仅需要拥有对应的私钥，还必须知道这个私钥的密码短语。

10.2.5 SSH密钥认证配置

（1）RSA 密钥对的生成。设置 RSA 认证的第一步从生成一对公用 / 私钥对开始,方法如下。

```
#ssh-keygen –t rsa
Generating public/private rsa1 key pair.
Enter file in which to save the key (/root/.ssh/id_rsa):
Enter passphrase (empty for no passphrase):
Enter same passphrase again:
Your identification has been saved in /root/.ssh/id_rsa.
Your public key has been saved in /root/.ssh/id_rsa.pub.
The key fingerprint is:
a4:e7:f2:39:a7:eb:fd:f8:39:f1:f1:7b:fe:48:a1:09 root@localhost
```

当 ssh-keygen 要求输入存放密钥的缺省位置时，可以使用缺省的/root/.ssh/id_rsa。ssh-keygen 将把私钥保存在此路径中，而公钥就存在 id_rsa.pub 的文件里。ssh-keygen 还提示用户输入密码短语。sh-keygen 用这个密码短语加密私钥（~/.ssh/id_rsa）。

（2）RSA 公钥的安装。用户需要把正在运行 SSH 服务的远程系统设置成使用用户的公用 RSA 密钥进行认证。一般情况下通过把公钥复制到远程系统完成这一步，假设服务器 IP 地址为 172.16.100.44。

```
#scp   ~/.ssh/id_rsa.pub   root@172.16.100.44:/root/.ssh/authorized_keys
```

由于此时还没有启用 RSA 认证，所以会提示输入服务器端上的 root 用户密码。然后，登录到服务器端并把公钥追加到文件“ ~/.ssh/authorized_keys”上，如下所示。

```
#ssh root@172.16.100.44
root@172.16.100.44's password:
Last login: Thu March 29 9:28:47 2007 from zhanglv.gd-Linux.org
        Welcome to172.16.100.44!
#cat id_rsa.pub >> ~/.ssh/authorized_keys
#exit
```

注意在上面的命令中采用追加方式将复制过去的 id_rsa.pub 文件内容附加到 authorized_keys 文件中，这里不能使用覆盖方式，因为 authorized_keys 文件中还保存了其他客户端进行密钥认证的公钥信息。

（3）配置密钥认证。现在只需要对 SSH 服务器配置文件进行简单修改就可以使用密钥认证体系了，系统默认已经支持密钥认证，也可以编辑/etc/ssh/sshd_config 文件，将其中的“RSAAuthentication yes”前面的注释去掉以开启 RSA 认证，同时将“PasswordAuthentication yes”改为“PasswordAuthentication no”以关闭密码认证（如果不关闭此项则对于没有密钥对的用户连接仍然采用密码验证，而对于配置了密钥对的用户会采用密钥认证），这样 RSA 认证就配置完毕了。

配置完 RSA 认证后，当用户使用 SSH 连接到服务器端时，客户端系统会提示用户输入

RSA 密码短语（注意这个密码是用来解密私钥的，而不是服务器上的用户密码）。从这里可以知道，假如用户在创建密钥对时没有对私钥进行短语加密而使用了空密码，可以想到在这种情况下不输入任何密码就可以登录服务器。

```
#ssh root@172.16.100.44
Enter passphrase for key "/root/.ssh/id_rsa":
```

有关 SSH 服务的高级配置读者可以参考更权威的资料。总之，SSH 可以说是目前最安全的远程管理工具之一，熟练掌握它将会给读者的工作带来极大的便利。

10.3 VNC 服务管理

VNC 是 Vitual Network Computing 的缩写，它可以支持多种操作平台，甚至可在浏览器中操作。VNC 客户端通过架构在 TCP/IP 上的 vnc 协议与 VNC 服务器沟通。通过认证后，把 X server 的桌面环境、输入设备和 X 资源交给 VNC 服务器控制。VNC 服务器将桌面环境通过 vnc 协议送给 VNC 客户端，让 VNC 客户端控制 VNC 服务器桌面环境和输入设备。

10.3.1 启动 VNC 服务器

默认情况下，典型安装的 RedHat 服务器已经安装了 VNC 组件，如果没有安装，可从光盘或网络获取安装包安装。VNC 软件的官方网站是 http://www.vnc.com。

安装好后在正式启动 VNC 服务之前应该设置 VNC 服务器的访问密码，客户端就是通过这个密码连接到 VNC 服务器上的。设置访问密码直接输入 vncpasswd 命令即可，如果没有事先设置密码，当第一次建立 vncserver 的时候系统也会提示设置密码。

现在就可以使用 vncserver 命令启动一个 VNC 服务器了，第一个 vncserver 的桌面号为 1。可以重复执行 vncserver 命令启动多个 vnc 服务器，它们对应的桌面号从 1 往后递增，假如需要以某指定桌面号如 6 启动一个 VNC 服务器，可以使用如下命令。

```
#vncserver :6
```

一般情况下不推荐以 root 用户身份启动 VNC 服务器，因为一旦有人知道了 VNC 访问密码，那么他不需要知道 root 用户密码就可以通过 VNC 服务以 root 身份连接到主机了。

10.3.2 VNC 客户端访问配置

在 Linux 客户端可以使用 vncviewer 工具连接指定的 VNC 服务器，假设在 IP 地址为 172.16.100.225 的主机上建立了一个 vncserver，那么客户端可以使用如下命令连接桌面号为 1 的 VNC 服务器：

```
#vncviewer 172.16.100.225:1
```

连接界面如图 10-15 所示。

输入正确的访问密码就能进入 VNC 服务器了，但这个时候一般情况看到的界面是个简陋的 X 图形界面，这是系统提供的默认的 twm，它是一个小型的传统的 X Window。如果希望看到 GNOME 桌面或 KDE 桌面（首先服务器上需要安装相应组件），则可以进入启动 VNC 服务器的那个用户在服务器上的家目录，然后再进入.vnc 子目录（注意这是个隐藏目录），编辑 xstartup 文件，将最后一行中的 twm 改为 gnome-session 或者 startkde，并把下文中加粗行前面的注释符号去除即可。

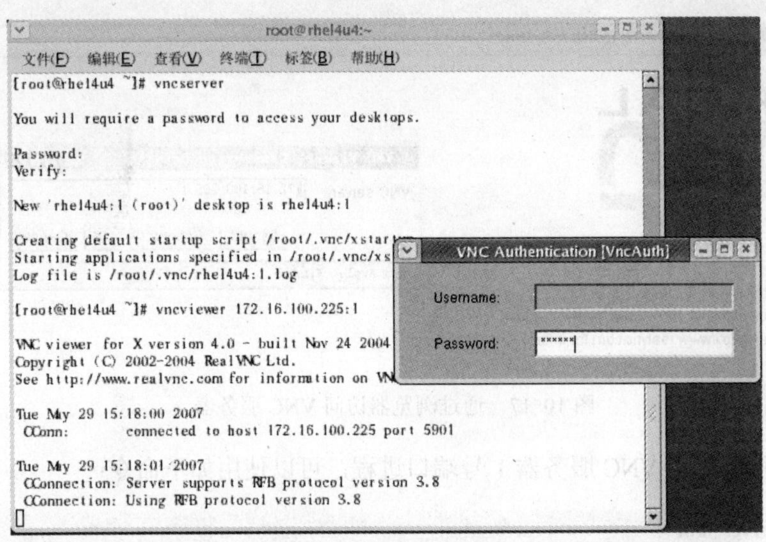

图 10-15　使用 vncviewer 命令连接 VNC 服务器

```
#!/bin/sh
# Uncomment the following two lines for normal desktop:
unset SESSION_MANAGER
exec /etc/X11/xinit/xinitrc
[ -x /etc/vnc/xstartup ] && exec /etc/vnc/xstartup
[ -r $HOME/.Xresources ] && xrdb $HOME/.Xresources
xsetroot -solid grey
vncconfig -iconic &
xterm -geometry 80x24+10+10 -ls -title "$VNCDESKTOP Desktop" &
#twm &
gnome-session &
```

VNC 客户端软件很多，在 Linux 下除了有 vncviewer，KDE 还提供了一个 krdc（它对应的菜单项就是"Remote Desktop Connection"，远程桌面连接）。Windows 也有不少 VNC 客户端，图 10-16 就是 Windows 里一个常用的 VNC 客户端软件 realvnc 的登录界面。读者可以到 http://www.realvnc.com/下载并安装这个软件。

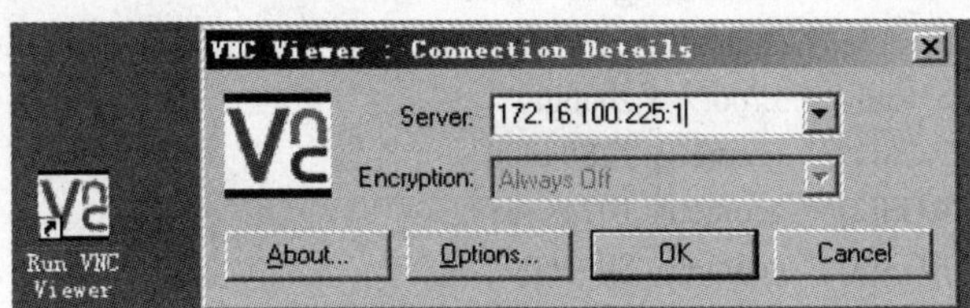

图 10-16　Windows 环境下 VNC 客户端软件 realvnc 的登录界面

还可以通过支持 Java 运行环境的浏览器访问 VNC 服务器，不过要注意需要在访问桌面号的基础上加上 5800 作为访问端口号。在上面的例子里，假如需要使用客户端的浏览器访问 VNC 服务器的 1 号端口，则可在浏览器地址栏里输入 http://172.16.100.225:5801 进行访问。如图 10-17 所示。

图 10-17　通过浏览器访问 VNC 服务器

如果要在服务器上 VNC 服务器 1 号端口进程，可以使用如下命令：

```
#vncserver –kill :1
```

10.3.3　VNC 后台服务

如果服务器重启了，那就需要重新运行一次 vncserver 命令来启动 VNC 服务器，这样很不方便。可以把 VNC 服务配置为系统后台服务来运行。

首先需要允许 VNC 服务在系统启动过程中启动。这可以通过“chkconfig vncserver on”命令来实现。

然后编辑/etc/sysconfig/vncservers 文件，加入所需内容。

```
# The VNCSERVERS variable is a list of display:user pairs.
#
# Uncomment the line below to start a VNC server on display :1
# as my 'myusername' (adjust this to your own).  You will also
# need to set a VNC password; run 'man vncpasswd' to see how
# to do that.
#
# DO NOT RUN THIS SERVICE if your local area network is
# untrusted!  For a secure way of using VNC, see
# <URL:http://www.uk.research.att.com/vnc/sshvnc.html>.
VNCSERVERS="1:gdlc   5:root   8:zhanglv"
VNCSERVERARGS[1]="-geometry 1280x800"
VNCSERVERARGS[2]="-geometry 1024x768"
VNCSERVERARGS[3]="-geometry 800x600"
```

VNCSERVERS 这一行用于配置在系统启动时启动几个 VNC 服务器，在上面的例子里运行了三个 VNC 服务器，其中以用户 gdlc 的身份创建了桌面号为 1 的 vncserver，以用户 root 的身份创建了桌面号为 5 的 vncserver，以用户 tom 的身份创建了桌面号为 8 的 vncserver。

包含 VNCSERVERARGS 的三行，分别为 3 个 VNC 服务器配置启动参数，在上面的例子里对不同的 vncserver 采用了不同的屏幕分辨率。

编辑好文件后保存，然后以 root 身份运行/sbin/service vncserver start，这样 gdlc、root、tom 的 VNC 服务器就启动了，而且以后每次系统重启时，都会自动启动这三个用户的 VNC 服务器。

注意上面三个用户必须已经使用 vncpasswd 命令设置过 VNC 访问密码。

VNC 协议在 Linux 和 Windows 平台上都有服务器端软件和客户端软件，非常适合在局域网中使用。

10.4 Webmin

Webmin 是基于 Web 的 Linux 系统管理界面。用户可以使用支持 Java 的浏览器访问服务器来对服务器进行系统管理，它能配置的内容相当多，基本上涵盖了大部分日常的系统管理任务。Webmin 包括一个简单的 Web 服务器和许多 CGI 程序，这些程序可以直接修改系统文件，所以使用 Webmin 工具可以大大简化管理人员的工作。

10.4.1 Webmin 应用

在少数 Linux 发行版本中已经附带了 Webmin，也可以从 Webmin 官方网站 http://www.webmin.org 上下载合适的版本进行安装。对于 Red Hat Linux 来讲，最简单的方法是下载 RPM 包进行安装。

Webmin 安装后默认是启用的，立刻就可以在客户端使用 Web 浏览器来访问 Webmin。如前所述，客户端需要支持 Java 虚拟机。假如在 IP 地址为 172.16.100.225 的计算机上配置了 Webmin，如果要访问其上的 Webmin 服务，可以在客户端浏览器的地址栏输入 http://172.16.100.225:10000，此时就可以看到 Webmin 的登录界面。

Webmin 的用户与系统用户是分开的，不过第一次登录必须输入系统用户 root 的用户名和密码登录，如图 10-18 所示。

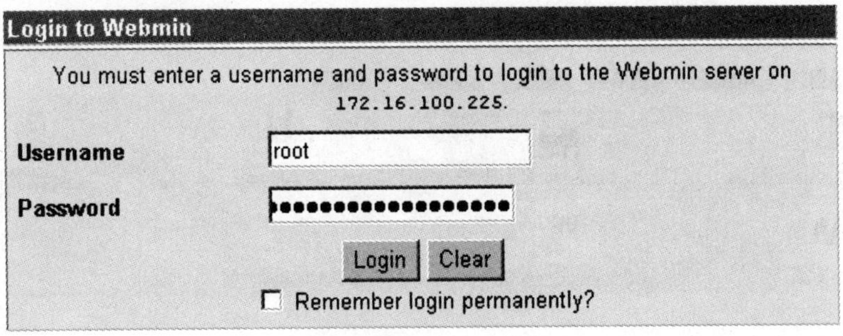

图 10-18 Webmin 登录界面

登录后可以看到如图 10-19 所示的界面，这个界面和《Linux 系统管理员》中描述的

P1 1 P9 2 P24 3 P51 4 P67 5 P83 6 P104 7 P117 8 P128 9 第10章 P161 11 P172 12 P189 13 P214 14 P227 15 P245 16 P259 17 P284 18 P305 19 P328 20 P361 21

webmin 界面不同。可以在界面左侧选择 Webmin 项目，如图 10-20 所示。在其中修改语言设置和外观设置，就可以得到如图 10-21 所示的熟悉界面。然后可以选择需要管理的项目进行管理，进行具体参数的修改和配置，如图 10-22 所示。关于 Webmin 的细节，请读者自己研究。

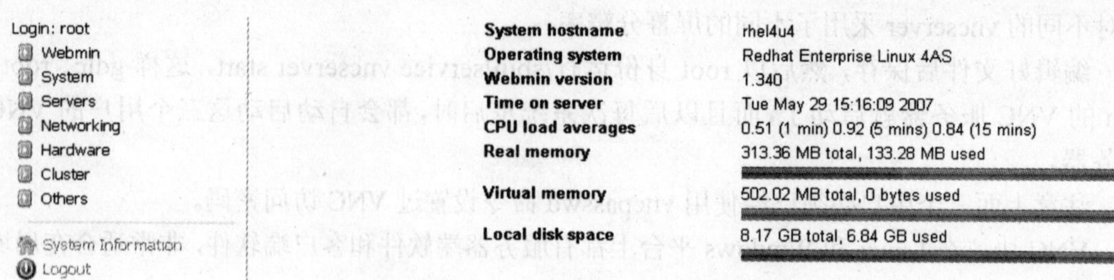

图 10-19　Webmin 登录后界面

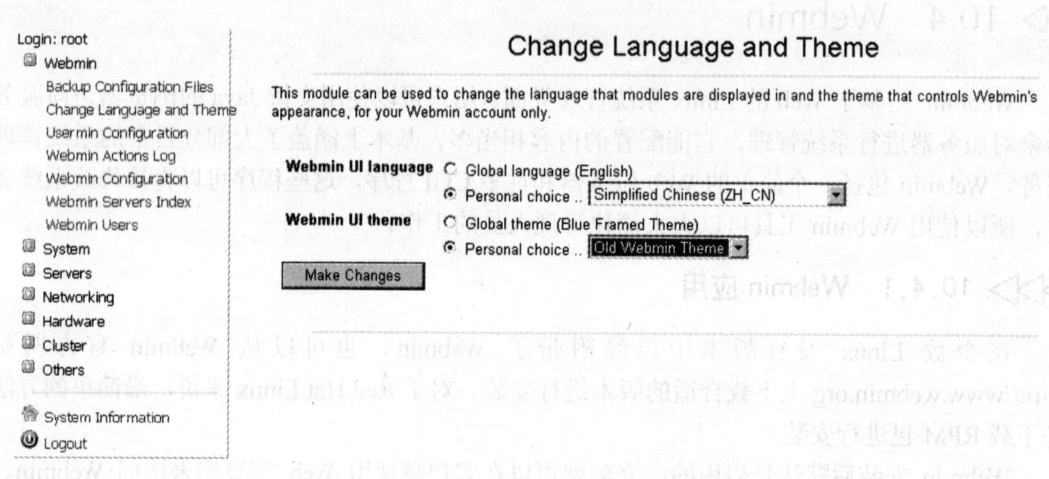

图 10-20　修改 Webmin 语言设置和界面设置

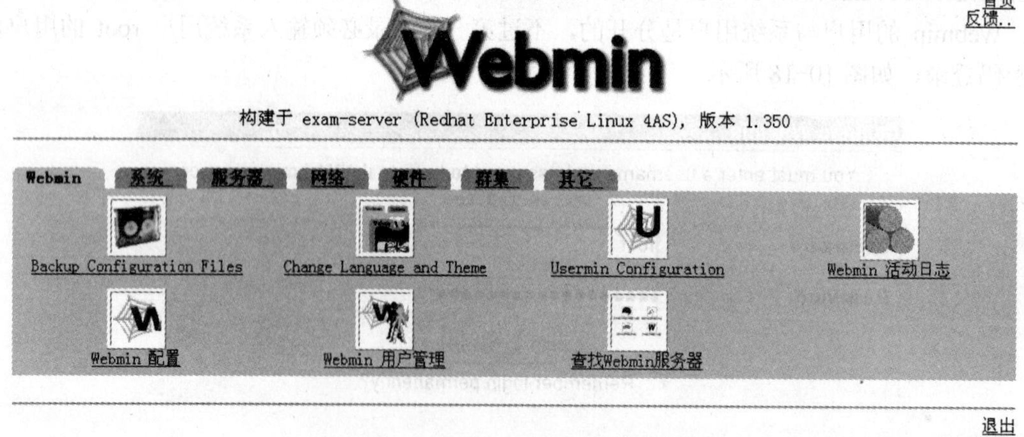

图 10-21　旧版的 Webmin 登录后界面

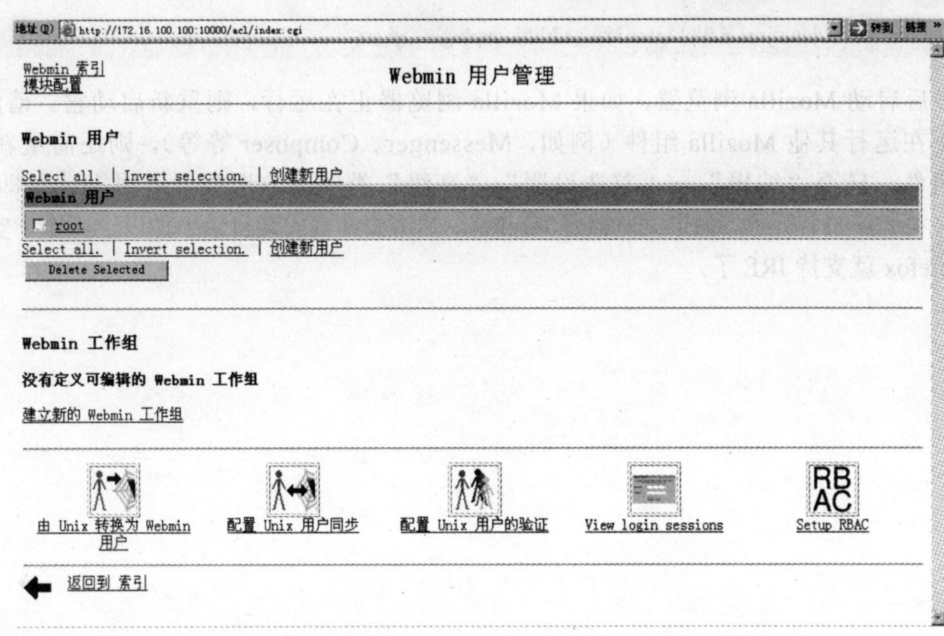

图 10-22　选择“webmin 用户管理”模块进行管理

10.4.2　安装并配置 JRE

如果需要使用浏览器来访问 VNC，则计算机系统需要安装并配置 JRE，下面介绍如何在 Windows 和 Linux 环境下安装并配置 JRE。

在 Windows 环境下，在 Java.com 下载最新版本的 jre-6u12-windows-i586-p-s.exe 后直接双击按照提示安装即可。安装完毕，IE 浏览器就支持 JRE 了。

在 Linux 环境下，在 java.com 下载最新版本的 Linux RPM 软件包或 Linux 自解压二进制文件（这里假设下载的是 jre-6u12-linux-i586.bin 文件）。

首先以 root 身份登录并在下载文件所在目录下执行以下命令。

```
#chmod   a+x   jre-6u12-linux-i586.bin
#./jre-6u12-linux-i586.bin
```

此时将显示二进制许可协议。通读许可协议，按空格键显示下一页。读完许可协议后，输入“yes”继续安装。JRE 安装在其自身的目录中。在本例中，JRE 将安装在/usr/java/jre1.6.0 目录中。当安装完成时，用户将看到“Done”字样。

如果浏览器版本是 Mozilla 1.4 及更高版本，则转至 Mozilla 安装目录下的 plugins 子目录并在当前目录中创建一个指向 JRE 的 ns7/libjavaplugin_oji.so 文件的符号链接。

假设在本例中 Mozilla 安装在/usr/lib/mozilla-1.4/目录中，并且 JRE 安装在/usr/java/jre1.6.0 目录中，则在终端上键入以下命令，转至浏览器的插件目录。

```
cd /usr/lib/mozilla-1.4/plugins
```

输入以下命令，为 Mozilla 浏览器创建指向 Java Plug-in 的符号链接。

```
ln -s /usr/java/jre1.6.0/plugin/i386/ns7/libjavaplugin_oji.so .
```

最后启动 Mozilla 浏览器，如果 Mozilla 浏览器正在运行，则重新启动它。请注意，如果正在运行其他 Mozilla 组件（例如，Messenger、Composer 等等），则还需重新启动这些组件。转至“编辑”→“首选设置”，“高级”类别下方选择“启用 Java”即可。

基本步骤如上所述。如果浏览器是 Firefox，则需要在其安装目录中做以上操作。安装完毕，Firefox 就支持 JRE 了。

第 11 章 DHCP 服务器

本章主要内容

- DHCP 服务工作原理
- DHCP 服务配置与管理
- DHCP 服务应用
- DHCP 服务客户端
- 远程安装服务器配置

11.1 DHCP 简介

DHCP 的全称是动态主机配置协议（Dynamic Host Configuration Protocol），其目的就是为了减轻 TCP/IP 网络的规划、管理和维护的负担，解决 IP 地址空间缺乏问题。运行 DHCP 的服务器把 TCP/IP 网络设置集中起来，动态处理工作站 IP 地址的配置，用 DHCP 租约和预置的 IP 地址相联系，DHCP 租约提供了自动在 TCP/IP 网络上安全地分配和租用 IP 地址的机制，实现 IP 地址的集中式管理，基本上不需要网络管理人员的人为干预。而且，DHCP 本身被设计成 BOOTP（自举协议）的扩展，支持需要网络配置信息的无盘工作站，对需要固定 IP 地址的系统也提供了相应支持。

首先 DHCP 服务可以提供 IP 地址租用，在一个可用 IP 地址少于计算机数量的网络里，只有有需求的计算机可以临时从服务器获得一个有租期的 IP 地址，租期到了，服务器就可以把这个 IP 地址继续分配给其他机器使用，从而节约 IP 地址资源。因为在同一时间不是所有的计算机都需要一个 IP 地址，所以这种方法可以在一定程度上缓解 IP 地址空间使用的压力。

实际上，在大多数网络里。IP 地址的数量是足够的，甚至每台计算机都可以永久使用一个固定的 IP 地址。那么这时候又出现一个问题：如何管理庞大的计算机客户端的网络配置信息？这时候我们可以借助 DHCP 服务。DHCP 服务器在网内提供相应的网络配置服务，可以为网络终端设备提供临时的 IP 地址、默认网关、DNS 服务器等各种网络配置信息。客户端所需要的网络配置信息可以在服务器端设置好，然后由 DHCP 服务器分配给客户端。这样，系统工程师不再需要手动为每台客户端配置网络参数，大大减轻了管理工作量。

如上所述，DHCP 服务的优点在于网络管理员可以验证 IP 地址和其他配置参数，而不用去检查每个主机；DHCP 不会同时租借相同的 IP 地址给两台主机；DHCP 管理员可以约束特定的计算机使用特定的 IP 地址；可以为每个 DHCP 作用域设置很多选项；客户机在不同子网间移动时不需要重新设置 IP 地址。

但DHCP服务也有缺点，比如DHCP服务器不能发现网络上非DHCP客户机已经在使用的IP地址；当网络上存在多个DHCP服务器时，一个DHCP服务器不能查出已被其他服务器租出去的IP地址；DHCP服务器不能跨路由器与客户机通信，除非路由器允许BOOTP转发等。

11.2 DHCP的工作原理

DHCP客户端在启动时发送一个有限地址广播(32位全为1的IP地址，即255.255.255.255，称为有限广播地址，对此地址的广播称为有限地址广播，或本地网络广播)。当本地网络中的DHCP服务器收到广播后，根据收到的物理地址（Physical Address）在服务器上查找相应的配置，并从规划好的IP地址池中发送一个IP地址及附加选项(如租用到期时间等)给客户端；DHCP客户端收到响应后，发送一条注册消息，告诉服务器该IP已被租用，以防止IP地址冲突。如果客户端重新启动，或租约时间达到50%时，客户端需要更新租约。此时，客户端直接向提供租约的DHCP服务器发送请求，要求更新及延长现有地址的租约。如果DHCP服务器收到请求，则发送DHCP确认信息给客户端，更新客户端的租约；如果客户端无法与提供租约的DHCP服务器取得联系，则客户端一直等到租期达到87.5%时，向网络上所有DHCP服务器广播请求，以更新现有的地址租约；如服务器响应客户端的请求，则客户端用该服务器提供的地址信息更新现有的租约，否则租约过期，客户端无法使用现有的地址租约；客户端返回到最初始启动状态，重新发送广播，申请新的IP地址租约。另外DHCP服务器也可以为某些特定主机保留IP地址或排除一段IP地址范围不被分配而留做他用。整个过程如图11-1所示。

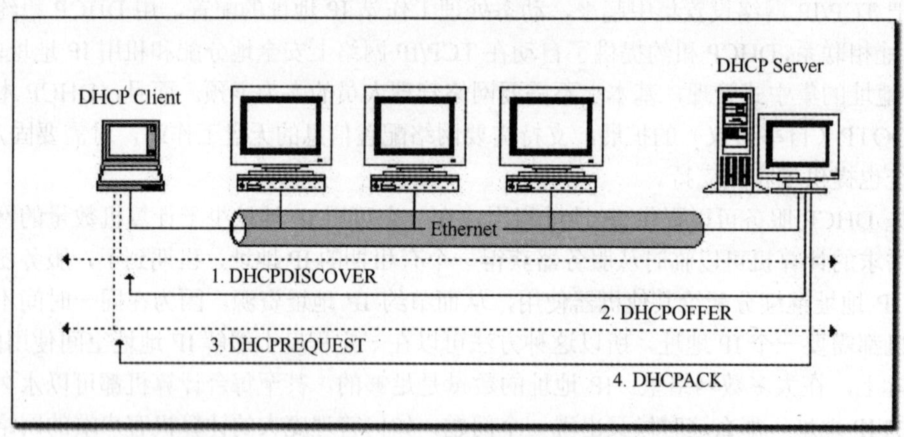

图11-1 DHCP服务工作原理

有关DHCP服务的一些概念及术语的解释参见表11-1。

表11-1 DHCP服务相关概念与术语

概念与术语	说 明
DHCP客户端	DHCP客户端是一台通过DHCP服务器获得网络配置参数（如IP地址默认网关、DNS服务器等网络配置）的计算机，通常是普通用户的工作站
DHCP服务器	DHCP服务器是提供网络设置参数（主要指IP地址默认网关、DNS服务器等网络配置）给DHCP客户端的主机

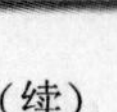

（续）

概念与术语	说　明
作用域	作用域是一个网络中的所有可分配的 IP 地址的连续范围
地址池	可供 DHCP 客户端使用的地址范围
租约	DHCP 服务器指定客户端所获得的 IP 地址的时间长度（允许使用的时间），在租约到期前，客户端需要更新 IP 地址的租约，否则不能继续使用该 IP 地址
保留地址	保留地址是子网中指定硬件设备使用的 IP 地址
排除范围	排除范围是不用于 DHCP 分配的 IP 地址范围

11.3 安装 DHCP 服务器

Red Hat Enterprise Linux 4 包含 DHCP 服务器组件，可选择在系统安装时一并安装；如果没有安装，则可以在图形界面下选择“应用程序->系统设置->添加/删除应用程序”选项打开配置窗口，然后在里面寻找相应组件进行安装。如果在字符界面下，则需要在光盘中找到相应安装包进行安装，在光驱中插入 Red Hat Enterprise Linux 4 的第 4 张安装盘，系统一般会自动装载 CD-ROM 设备，如果不能自动装载，可以使用命令“mount /dev/cdrom /mnt/cdrom”装载。在/mnt/cdrom/Redhat/RPMS 目录下可以找到文件 dhcp-3.0.1-58.EL4.i386.rpm，这个文件就是 DHCP 服务器软件，用户可以使用 rpm 命令安装这个软件。

```
#rpm –ivh /mnt/cdrom/Redhat/RPMS/dhcp-3.0.1-58.EL4.i386.rpm
```

当然用户也可以在网络上下载最新的 DHCP 服务器版本然后自行安装。安装完毕，第一次启动 DHCP 服务器时，可以使用以下命令：

```
#/usr/sbin/dhcpd –d –f
```

这是排错的模式，可以通过服务器端查看 DHCP 的一些工作情况。用户可以执行 ntsysv 或 chkconfig 命令，设置 DHCP 服务在哪些运行级别下开机自动运行。也可使用“service dhcpd start/stop/restart”命令手工启动/停止/重启 DHCP 服务。

11.4 DHCP 服务配置

在安装好 DHCP 服务以后，如果不做任何配置就直接启动 DHCP 服务，往往会得到系统的报错信息，这通常是因为 DHCP 服务器配置文件有问题，所以要使 DHCP 服务器正常工作，首先应该熟悉并正确配置同 DHCP 服务相关的配置文件。

11.4.1 DHCP 服务主配置文件

DHCP 服务的主配置文件是/etc/dhcpd.conf 文件。默认情况下，该文件不存在，需要手工创建，在新版本的 RHEL 中这个文件存在但内容是空的，不过里面指示了可以使用的模板文件位置，可以使用这个模板文件创建适合自己网络环境的标准配置文件。在/usr/share/doc/dhcp-3.0.1/下面有个 dhcpd.conf.sample 文件，这个文件就是 DHCP 服务的模版文件，可以将它复制到/etc 目录下并改名为 dhcpd.conf，然后进行相应修改。

dhcpd.conf 是个递归下降格式的配置文件，有点像 C 的源程序风格，由参数和声明两大类语句构成，参数类语句主要告诉 DHCP 网络参数，如租约的时间、网关、DNS 等，而声明语句则是描述网络的拓扑，用来表明网络上的客户、要提供给客户的 IP 地址、提供一个参数组给一组声明等。描述网络拓扑的声明语句有 shared-network 和 subnet 声明。如果要给一个子网里的客户动态指定 IP 地址，那么在 subnet 声明里必须有一个 range 声明，说明地址范围。如果要给 DHCP 客户静态指定 IP 地址，那么每个客户都要有一个 host 声明。对于每个要提供服务的与 DHCP 服务器连接的子网，都要有一个 subnet 声明，即使这是个没有 IP 地址要动态分配的子网。

/etc/dhcpd.conf 文件通常包括三部分：parameters（参数）、declarations（声明）、option（选项）。

（1）parameters（参数）说明如何执行任务，是否要执行任务，或将哪些网络配置选项发送给客户，其主要内容见表 11-2。

表 11-2　parameters

参　数	解　释
ddns-update-style	配置 DHCP-DNS 互动更新模式
default-lease-time	指定默认租赁时间的长度，单位是秒
max-lease-time	指定最大租赁时间长度，单位是秒
hardware	指定网卡接口类型和 MAC 地址
server-name	通知 DHCP 客户服务器名称
get-lease-hostnames flag	检查客户端使用的 IP 地址
fixed-address ip	分配给客户端一个固定的地址
authoritative	拒绝不正确的 IP 地址的要求

（2）declarations（声明）描述网络布局、提供客户的 IP 地址等，其主要内容见表 11-3。

表 11-3　declarations

声　明	解　释
shared-network	用来告知是否一些子网络分享相同网络
subnet	描述一个 IP 地址是否属于该子网
range 起始 IP 终止 IP	提供动态分配 IP 的范围
host 主机名称	参考特别的主机
group	为一组参数提供声明
allow unknown-clients deny unknown-client	是否动态分配 IP 给未知的使用者
allow bootp deny bootp	是否响应激活查询
allow booting deny booting	是否响应使用者查询
filename	开始启动文件的名称，应用于无盘工作站
next-server	设置服务器从引导文件中装入主机名，用于无盘工作站

（3）option（选项）配置 DHCP 可选参数，以 option 关键字开始，其主要内容见表 11-4。

1 P1 2 P9 3 P24 4 P51 5 P67 6 P83 7 P104 8 P117 9 P128 10 P143 第11章 12 P172 13 P189 14 P214 15 P227 16 P245 17 P259 18 P284 19 P305 20 P328 21 P361

表 11-4 option

选 项	解 释
subnet-mask	为客户端设定子网掩码
domain-name	为客户端指明 DNS 名字
domain-name-servers	为客户端指明 DNS 服务器 IP 地址
host-name	为客户端指定主机名称
routers	为客户端设定默认网关
broadcast-address	为客户端设定广播地址
ntp-server	为客户端设定网络时间服务器 IP 地址
time－offset	为客户端设定和格林尼治时间的偏移时间，单位是秒

注意，如果客户端使用 Windows 操作系统，不要选择“host-name”选项，即不要为其指定主机名称。

以下是一个典型的 dhcpd.conf 文件，用户可以参考并修改自己的配置文件。

```
default-lease-time 600;
max-lease-time 7200;
ddns-update-style ad-hoc;
option subnet-mask 255.255.255.0;
option broadcast-address 172.16.100.255;
option routers 172.16.100.1;
option domain-name-servers 172.16.100.1，172.16.100.2;
option domain-name "gd-linux.org";
subnet 172.16.100.0 netmask 255.255.255.0 {
range 172.16.100.10    172.16.100.100;
range 172.16.100.150 172.16.100.200;
}
host mypc {
hardware ethernet 00:00:21:7A:8B:C7;
fixed—address 172.16.100.188;
}
```

上述配置文件的注释如下。

（1）dcfault—lease—time。定义默认的租期的时间，单位是秒。

（2）max-lease-time。定义最大租约时间，单位是秒。定义可以使用的租期的最大值。

（3）ddns-update-style。DHCP 服务器可以动态升级的域名系统，该选项用来设置动态升级域名系统的模式，目前，可以支持三种模式：ad-hoc，interim 和 none。其中，none 表示不支持自动升级模式。

（4）option subnet-mask。定义分配给客户端的子网掩码。

（5）option broadcast-address。定义分配给客户端的广播地址。

（6）option routers。定义分配给客户端的默认网关的地址。

（7）option domain-name-servers。定义分配给客户端的域名解析服务器地址，可以设置多个。

（8）option domain-name。定义分配给客户端的域名。

（9）地址分配范围。subnet 172.16.100.0 netmask 255.255.255.0 {

```
range 172.16.100.10 172.16.100.100;
range 172.16.100.150 172.16.100.200;
}
```

以上内容定义用来给客户端分配的 IP 地址池，注意这里是使用一台 DHCP 服务器划分两个地址段。另外要保证网络的健壮性，经常使用至少两台 DHCP 服务器一起工作，如果一台出了故障，另一台可以继续为 DHCP 客户服务。然而目前 DHCP 协议里并没有能让两台 DHCP 服务器协同工作的机制，不能保证分配的地址的唯一性，所以这两台 DHCP 服务器里的可分配地址空间必须进行调整，不能有交叉重复的 IP 地址，这是我们在建立多台 DHCP 服务器时必须注意的。

（10）保留地址。

```
host mypc {
hardware ethernet 00:00:21:7A:8B:C7;
fixed—address 172.16.100.188;
}
```

以上内容显示 DHCP 服务器可以进行 MAC 地址绑定，即实现对同一网卡分配固定的 IP 地址。其中，hardware ethernet 指定客户端网卡的 MAC 地址，fixed-address 指定要为该主机分配的 IP 地址。因为用户可以修改发送帧中的真实 MAC 地址从而骗取固定分配 IP，而真正的主机反而得不到固定分配的 IP，所以这种捆绑方式一般比较少用，目前大多使用第 3 层交换机来把 MAC 地址和 IP 地址及端口进行捆绑。

11.4.2 DHCP 服务的客户租约文件

运行 DHCP 服务器还需要一个名为 dhcpd.leases 的文件，用于保持（记录）所有已经分发出去的 IP 地址。在 Red Hat Enterprise Linux 4 中，该文件存在于/var/lib/dhcp/目录中，文件内容是自动生成的，不需要用户编辑。如果在/var/lib/dhcp/目录中没有该文件，用户可以用 touch 命令手工创建一个以 dhcpd.leases 命名的空文件，文件内容由 DHCP 服务自动生成。

dhcpd.leases 的文件格式如下：

```
leases address {statement}
```

以下是一个典型的 dhcpd.leases 文件内容。

```
lease 172.16.100.170 {                          #DHCP 服务器分配的 IP 地址
    starts 1 2005/10/02 03:02:26;               # lease 开始租约时间
    ends 1 2005/10/02 09:02:26;                 # lease 结束租约时间
    binding state active;
    next binding state free;
    hardware ethernet 00:00:e8:a0:25:86;        #客户端网卡 MAC 地址
    uid "\001\000\000\350\240%\206";            #用来验证客户端的 UID 标示
    client-hostname "gdlc";                     #客户端名称
}
```

注意，lease 开始租约时间和 lease 结束租约时间是格林尼治标准时间（GMT），不是本地时间。要查看本机的 GMT 时间，可以用"date -u"命令。

11.4.3 DHCP 客户端的配置

DHCP 客户端的配置主要包括 Linux 客户端和 Windows 客户端的配置。

配置 Linux 客户端需要修改/etc/sysconfig/network 文件以启用联网；还需要修改/etc/sysconfig/network-scripts 目录中每个网络设备的配置文件。在该目录中，每个设备都有一个称为 ifcfg-ethx（x 为数字）的配置文件。其中，ethx 是网络设备名称，如 eth0 等。如果想在引导时启动联网，则 NETWORKING 变量必须被设置为 yes。

/etc/sysconfig/network 文件应包含以下行：

```
NETWORKING=yes
DEVICE=eth0
BOOTPROTO=dhcp    #网络参数使用 DHCP 方式进行配置。
ONBOOT=yes
```

在 X-Window 环境下，用户可以启动网络配置程序简便地进行相关配置，在 Shell 里面用户可以通过运行 netconfig 命令或 setup 程序来进行配置。

如果 Linux 用户需要获取动态 IP 地址，也可以直接使用 dhclient 命令。

Windows 客户端配置比较简单，只要在 TCP/IP 属性中选择“自动获得 IP 地址”即可，如图 11-2 所示。

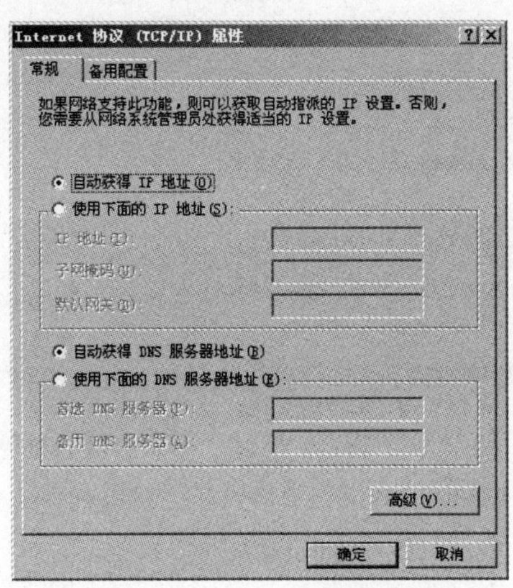

图 11-2 DHCP 客户端配置

11.5 DHCP 服务应用

前面介绍了 DHCP 服务常用的基本功能，下面通过实例介绍 DHCP 服务的其他高级应用。

11.5.1 共享作用域

share-network 语句用于告诉 DHCP 服务器某些 IP 子网其实是共享同一个物理网络。任何一个在共享物理网络里的子网都必须声明在 share-network 句里。当属于共享物理网络的其子网里的计算机启动时，将通过 DHCP 获得 IP 地址，同时也获得在 share-network 语句里指定的参数，除非这些参数被 subnet 或 host 里的参数覆盖。share-network 语句的语法如下：

```
shared-network name {
[ 参数 ]
[ 声明 ]
}
```

例如某公司用 B 类网络 172.16，公司里的部门 A 被划在子网 172.16.1.0 里，子网掩码为 255.255.255.0，这里子网号为 8bit，主机号也为 8bit，但如果部门 A 急速增长，超过了 254 个节点，而物理网络还来不及增加，就要在原来这个物理网络上运作两个 8bit 掩码的子网，而这两个子网其实是在同一个物理网络上，这时就需要配置共享作用域了。那么 DHCP 服务的配置文件就可以写成如下样式：

```
#全局配置。
ddns-update-style interim;
option domain-name-servers          172.16.1.254;
default-lease-time                  416000;
max-lease-time                      632000;
#共享作用域配置。
shared-network    rhel   {
subnet   172.16.1.0   netmask   255.255.255.0 {
option   routers                  172.16.1.254;
option   broadcast-address        172.16.1.255;
range       172.16.1.10           172.16.1.253;
}
subnet   172.16.2.0   netmask      255.255.255.0   {
option   routers                  172.16.2.254;
option   broadcast-address        172.16.2.255;
range    172.16.2.1     172.16.2.253;
}
}
```

文件中的 rhel 是个共享网络名。这样配置的 DHCP 服务器就可以解决上述问题了。

11.5.2 多作用域

在小型网络中，一般只需一个基本的 DHCP 服务器就能满足要求，而在大型网络中通常会由路由器划分为多个物理子网。路由器的一个主要功能是屏蔽各子网之间的广播，而 DHCP 客户机却是通过广播来获得 IP 地址的。因此问题产生了：如果存在多个子网，如何使各子网中的 DHCP 客户机都能获得正确的 IP 地址呢？

第一种方案是在每个子网都设置一个 DHCP 服务器，显然这不是个好办法；第二种方案是在某个子网中设置一个 DHCP 服务器（提供多作用域），然后配置一台与 RFC1542 兼容的路由器，使其可转发 DHCP 广播；第三种方案是在某个子网中设置一个 DHCP 服务器(提供多作用域)，然后在其余每个子网设置一台 DHCP 中继代理。

如果需要 DHCP 服务器提供多作用域，那么其配置文件可以写成如下样式，这里假设 DHCP 服务器的 IP 地址为 192.168.1.254。

```
#全局配置。
ddns-update-style interim;
option   subnet-mask                    255.255.255.0;
option   domain-name-servers            192.168.1.254;
option   time-offset                    -180000;
default-lease-time                      416000;
max-lease-time                          632000;
#多作用域配置。
subnet   192.168.1.0   netmask   255.255.255.0   {
option   routers                        192.168.1.254;
option   broadcast-address              192.168.1.255;
range   192.168.1.5     192.168.1.253;
 }
subnet   192.168.2.0   netmask   255.255.255.0   {
option routers                          192.168.2.254;
option broadcast-address                192.168.2.255;
range   192.168.2.2   192.168.2.253;
}
```

如果使用的是第二种方案，则只要配置路由器连接到特定子网的网卡属于多作用域的范围之内并启用 DHCP 广播转发即可，当然路由器和 DHCP 服务器连接的另一块网卡需要和 DHCP 服务器在一个网段内；如果使用的是第三种方案，即使用 DHCP 中继代理的话，除了 IP 地址的设置和第二种方案一样，还需要启用 DHCP 中继代理服务，假设 DHCP 中继代理的 IP 地址是 192.168.2.1，则需要编辑 DHCP 中继代理的配置文件/etc/sysconfig/dhcrelay 如下：

```
INTERFACES="eth0"
DHCPSERVERS="192.168.1.254"
```

然后再启动 DHCP 中继代理服务即可。

```
#service dhcrelay start
```

11.6 Linux 网络安装服务器架设

用户可以利用 DHCP 服务和前面介绍的相关服务搭建一台 Linux 网络安装服务器，客户机可以利用支持 PXE 的网卡从网络启动 Linux 安装而不需要光盘等安装介质，也不需要把 ISO

安装文件复制到硬盘上进行安装，大大简化了安装过程，同时可以进行大批量的快速部署。

11.6.1 工作流程

下面是客户端从网络服务器安装 Linux 的工作流程。

（1）客户端 PXE 网卡启动。

（2）客户端从 DHCP 服务器获得 IP 地址。

（3）客户端从 TFTP 服务目录上下载 pxelinux.0。

（4）客户端根据配置文件下载指定的 vmlinuz、initrd 启动系统内核。

（5）客户端通过内核指定地址去下载安装系统所需要的文件。

（6）客户端在 NFS、HTTP 或 FTP 服务器共享目录中下载 RPM 包并安装系统。

（7）完成安装。

11.6.2 实现步骤

按照以下步骤进行操作。

（1）完全安装一台 Red Hat Enterprise Linux 4 服务器，假设设置其 IP 地址为 192.168.1.1。

（2）配置 NFS 服务器作为安装源。建立一个目录/netinstall 用于放 Red Hat Enterprise Linux 4 的安装文件并把其共享出去。将 Red Hat Enterprise Linux 4 第一张安装盘的 RedHat 目录及下面的内容全部复制到这个目录下，再把后面几张安装光盘的 RPMS 目录下的 rpm 包复制到/netinstall/RedHat/RPMS 目录下，然后开启 NFS 服务。

（3）配置 TFTP 服务器，用“chkconfig tftp on”命令打开 xinetd 代理的 tftp 服务。用“service xinetd restart”命令重启动服务。

（4）建立一台 DHCP 服务器，配置文件 dhcp.conf 内容如下：

```
ddns-update-style interim ;
ignore client-updates ;
allow booting ;
allow bootp ;
subnet 192.168.1.0 netmask 255.255.255.0
{
default-lease-time 216000 ;
max-lease-time 432000 ;
option routers 192.168.1.1 ;
option domain-name "gdlc.org" ;
option subnet-mask 255.255.255.0 ;
option domain-name-servers 192.168.1.1 ;
range dynamic-bootp 192.168.1.100 192.168.1.200 ;
filename"/linux-install/pxelinux.0" ;
}
```

用“service dhcpd restart”命令重启 DHCP 服务。

（5）要远程启动机器就必须装有 PXElinux，它是由 syslinux、isolinux 派生出来的并支持 PXE 的启动装载器，它可以实现远程通过 PEX 启动一台机器。把/usr/lib/syslinux/pxelinux.0

复制到/tftpboot/linux-install 目录下，把 Red Hat Enterprise Linux 4 第一张安装光盘上 images/pxeboot 目录下的 initr.img 和 vmlinux 也复制到/tftpboot/linux-install 目录下。/tftpboot/linux-install/pxelinux.cfg 目录用于放 syslinux 的配置文件，在 Red Hat Enterprise Linux 4 第一张安装光盘 isolinux/下有一个 isolinux.cfg 文件，把它复制成/tftpboot/linux-install/pxelinux.cfg/default 文件，把 isolinux/*.msg 复制到/tftpboot/linux-install 下，对 default 文件（也就是 isolinux.cfg）作相应修改，下面是 default 文件的内容（它实际上就是 isolinux 的配置文件，它告诉工作站启动后使用哪个内核引导，需要添加什么参数等）。

```
default linux
prompt 1
timeout 600
display boot.msg
F1 boot.msg
F2 options.msg
F3 general.msg
F4 param.msg
F5 rescue.msg
F7 snake.msg
label linux
kernel vmlinuz
append initrd=initrd.img
label text
kernel vmlinuz
append initrd=initrd.img text
label expert
kernel vmlinuz
append expert initrd=initrd.img
label lowres
kernel vmlinuz
append initrd=initrd.img lowres
```

这样在工作站启动后，会根据 DHCP 和 TFTP 服务提供的信息启动相应的 Linux 内核（默认等待 600s 或手工输入 linux），而在安装源的选择步骤中，只需要指定 NFS 安装方式并指定 NFS 服务器的地址和安装源目录即可完成 Linux 系统的安装，如果能配合 kickstart 文件，甚至可以实现无人值守安装。有关这方面的更多资料可以查看发行版本的帮助手册。

第12章 DNS服务器

本章主要内容

- 域名系统与名字解析
- 各类 DNS 服务配置与管理
- BIND 服务应用实例
- DNS 服务客户端

12.1 DNS服务概述

DNS 服务是网络服务里面相当重要的一个服务，它主要负责域名到 IP 地址的解析，没有它就不能使用简单易记的名字来访问需要的网站。

12.1.1 域名系统

DNS 是 Domain Name System（域名系统）的缩写。在早期的因特网中都使用 IP 地址标识网络主机的地址，可以直接使用 IP 地址去访问其他的计算机，但记忆大量的 IP 地址是一件非常痛苦的事情。为了解决这个问题，后来出现了所谓域名系统（DNS），DNS 的主要功能是将人们易于记忆的 Domain Name（域名）和人们不容易记忆的 IP 地址进行转换，而且域名是以一种有组织、有规律、有意义的形式进行规划，所以相对记忆大量的 IP 地址来说，记忆域名要容易得多。在网络中执行 DNS 服务的主机称为 DNS 服务器（域名服务器），它里面就存储了网络计算机的域名及其 IP 地址对应关系的数据库，DNS 服务器除了可将域名转换成 IP 地址外（正向解析），还可以将 IP 地址转换成域名（逆向解析）。

域名系统（DNS）是一种应用于 TCP/IP 应用程序的全球分布式数据库。在因特网上，单个站点不能拥有因特网上所有的信息。每个站点（如某所大学、某间公司）保留自己的信息数据库，并提供给因特网上的客户查询。这个数据库的结构可以用反转树状图来表示，DNS 的域是一种分布式的层次结构系统，最上面的节点称为根域，根域的下一级是顶级域。

顶级域有两种划分方法：地理域划分方式和通用域划分方式。地理域划分方式为世界上每个国家或地区设置区域代号，例如中国是 cn，美国是 us，日本是 jp，中国台湾省是 tw，中国香港特别行政区是 hk。而通用域划分方式是按照机构类别设置的顶级域，主要包括：com（商业组织），gov（政府机构），edu（教育机构）等。另外，随着因特网的不断发展，新的通用顶级域名也根据实际需要不断被扩充到现有的域名体系中。新增加的通用顶级域名有 biz（商业）、info（信息行业）等。在顶级域名下还可以根据需要定义次一级的域名，例如，在我国的顶级域名 cn 下设立了 com、net、org、gov、edu 等，以及我国各个行政区划的字母代表，如 bj 代表北京，sh 代表上海，gz 代表广州等。

每个连接在因特网上的主机都可以注册这样一个层次结构的名字，通常称为域名，每一个主机名及其对应的 IP 地址存储在一台或多台 DNS 服务器中，以便因特网中的其他用户可以通过计算机名来搜索相应主机的 IP 地址。一个完整的域名包括从树叶节点到根节点的路径，各节点以分隔符“.”按顺序连接起来。例如www.sina.com.cn.，其中，“.”代表根域，“cn”为顶级域，“com”为二级域，“sina”为三级域，“www”为主机名。

在图 12-1 中显示了一个在一个域内再划分子域的情形。在"."域下有 com、edu、net 等顶级域，groucho 是 edu 下的一个一级域，而在它之下又划分了 maths 和 physics 两个二级域，其中在 maths 子域下是 3 台主机，而在 physics 下又再划分了 theory 和 collider 两个子域，其下再各包含了 3 台主机。主机 otto 的完整域名应该使用所有路径描述：otto.theory.physics.groucho.edu。事实上，groucho 域之下的子域与主机的名称解析一般由 groucho 即此实体内部的域名服务器来完成，而在企业内部建立的 DNS 服务器大致也是实现内部域和主机名称解析的。

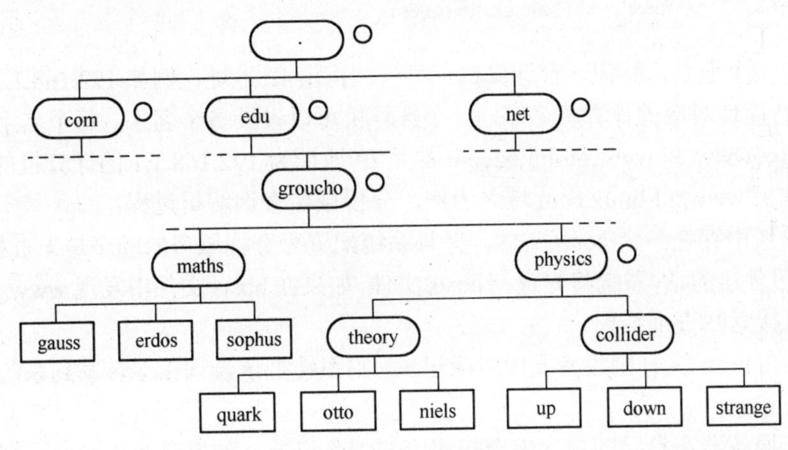

图 12-1 域与子域

因特网上主机的域名和地址解析主要由 DNS 域名服务器完成。常见的有下面几种 DNS 服务器：

（1）根服务器。用“.”表示，位于整个域名空间的最上层，主要用来管理根域和顶级域名。目前，世界上一共有 13 台根服务器。

（2）缓存（cache-only）域名服务器。在域名系统中，所有的域名服务器都把非它们授权管理的远程域名信息保存在自己的缓存中。遇到域名查询时，首先查找缓存中的记录，如果发现该记录，则把结果返回给客户端；如果没有找到，则按照 DNS 的查找规则进一步查找。缓存服务器只用来缓存 DNS 域的信息，而没有本地的域名数据库，不管理任何域名信息。

（3）主域名（primary servers）服务器。每个域都必须有一个主域名服务器。该域的所有 DNS 数据库文件的修改都在这台服务器上进行。主域名服务器管理对其子域的授权，并且对该域中的辅助域名服务器进行周期性的更新和同步。

（4）辅助域名（secondary servers）服务器。每个域还可以拥有一个或多个辅助域名服务器。辅助域名服务器从相应主域名服务器获得所有域名数据库文件的副本，并对所服务的域提供和主域名服务器一样的授权信息。

（5）转发域名服务器。这是主域名服务器和辅助域名服务器的一种演变，其负责所有非本地域名的非本地查询。如果在网络中存在一台转发域名服务器，则所有对于非本地域名的查询都将先转发给它，再由转发域名服务器进行域名解析。

12.1.2 域名解析过程

许多网络操作系统都有一个 hosts 文件。hosts 文件包括域名和 IP 地址的对应信息。当一台计算机需要通过域名定位网络上的另一台计算机时，往往先查看本地 hosts 文件。可以把它看作一个小型、直接但功能薄弱的名称查询系统，在 Linux 系统中，hosts 文件在/etc 目录下。

一个典型的 hosts 文件的格式如下。

```
127.0.0.1      localhost    localhost.localdomain
192.168.1.1    www          www.gd-linux.com
192.168.1.2    ftp          ftp.gd-linux.com
```

每一行为一个记录，标识一台计算机。第一列指出 IP 地址，例如 192.168.1.1；从第二列开始指明该 IP 地址对应的计算机名字，一个计算机可以设置多个名字，每个名字之间用空格分隔开。例如，www 和 www.gd-linux.com 都是 IP 地址为 192.168.1.1 的计算机的名字。

下面以解析 www.gd-linux.com 域名为例，分析域名查询解析过程。

（1）当系统中存在一个 hosts 文件，并且系统配置为查找域名的顺序是先查找 hosts 文件后查找 DNS 服务器的话，系统将先查询 hosts 文件。如果在 hosts 文件中发现 www.gd-linux.com 的记录，则直接返回查询结果。

（2）如果在 hosts 文件中没有发现对应记录，则系统把该查询指令转发到系统指定的域名服务器进行查询。

（3）域名服务器在自己的缓存中查找相应的域名记录，如果存在该记录，则返回结果；如果没有找到，则把这个查询指令转发到根域名服务器。

（4）根据递归查询的规则，根域名服务器把能够解析 com 的域名服务器地址返回给客户机。

（5）根据返回信息，客户机继续向能解析 com 的域名服务器发送递归请求，服务器将返回能解析 gd-linux.com 域的域名服务器的地址给客户机。

（6）客户机再次向 gd-linux.com 的域名服务器发送递归请求，收到请求的服务器再次进行解析，该服务器已经能够把 www.gd-linux.com 域名完全解析到一个 IP 地址，并把这个 IP 地址返回。

12.1.3 DNS 的服务资源记录

DNS 的服务管理层次结构允许将整个域名空间的管理任务分成多份，分别由每个子域自行进行管理。被委托子域有自己的域名服务器，负责维护属于该子域的所有主机信息。父域的域名服务器不保留子域的所有信息，只保留指向子域的指针。域和子域的实际信息包含在区数据文件（zonefile）中。

域和子域指域名空间的逻辑分区，区是域名服务器含有的域名空间中某一部分的完整信息。一个域内可以有多个区。区数据文件是一套包含某个域内机器信息的文本，其格式是资源记录（resource record）。这些记录中表示主机及其 IP 地址的映射方法。

大部分的资源记录为：Name [TTL] Class Type Data。

其中，Name 是域名；TTL 域表示“生存时间”，告诉域名服务器隔多长时间更新一次记录；Class 域说明记录的等级，一般是 IN，表示因特网数据；Type 域指出记录的类型；Data 域保存资源记录要求的参数。主要的资源记录见表 12-1。

表 12-1　主要的资源记录的类型

类　型	名　称	说　明
A	Address	主机（A）资源记录。主机（A）资源记录在区域中使用，以将计算机（或主机）的 DNS 域名与它们的 IP 地址相关联，并能按多种方法添加到区域中
AAAA	IP Version 6 Address records	IPv6 主机地址（AAAA）资源记录。将 DNS 域名映射到网际协议（IP）版本 6 的 128 位地址中
AFSDB	AFS Data Base location	Andrew 文件系统数据库（AFSDB）资源记录
All		所有信息
ATMA	Asynchronous Transfer Mode address	异步传输模式地址（ATMA）资源记录
CNAME	Canoninal Name	别名（CNAME）资源记录。用于将 DNS 域名的别名映射到另一个主要的或规范的名称
HINFO	Host information	主机信息（HINFO）资源记录
ISDN	Integrated Services Digital Network records	集成服务数字网络（ISDN）资源记录。将 DNS 域名映射到 ISDN 电话号码
MB	Mailbox	邮箱（MB）资源记录
MG	Mail group member	邮件组（MG）资源记录
MINFO	Mailbox or mail list information	邮箱邮件列表信息（MINFO）资源记录
MR	Renamed mailbox	邮箱重命名（MR）资源记录
MX	Mail exchanger	邮件交换器（MX）资源记录：用于将 DNS 域名映射为交换或转发邮件的计算机的名称
NS	Name Server records	名称服务资源记录（NS）：标记哪些 DNS 服务器可作为区域的授权服务器
PTR	Pointer	指针（PTR）资源记录。指针（PTR）RR 用于支持基于在 in-addr.arpa 域中创建和确立的区域的反向搜索过程。这些记录用于通过 IP 地址定位计算机并为该计算机将信息解析为 DNS 域名
RP	Responsible person	负责人（RP）资源记录。在 mailbox_name 中指定负责人的域邮箱名
RT	Route through	路由经过（RT）资源记录。为没有直接广域网（WAN）或外部网络连接的内部主机提供中间主机绑定关系
SOA	Start of Authority	启动授权资源记录（SOA）：区域以服务器授权机构的概念为基础
SRV	location of service	服务位置（SRV）资源记录。服务定位器（SRV）资源记录允许多个服务器提供相似的基于 TCP/IP 的服务，并使用 DNS 查询操作来定位该服务
TXT	Text	文本（TXT）资源记录
WKS	Well-Known Services records	已知服务（WKS）资源记录。描述特定 IP 地址上特定协议所支持的已知 TCP/IP 服务
X25	X.25 PSDN address	X.25（X25）资源记录。将 owner 字段中的 DNS 域名映射到 psdn_number 中指定的公用交换数据网（PSDN）地址编号中
ZONE		区域查询

12.1.4 BIND 服务简介

在 DNS 服务器软件里最著名的应该就是 BIND 了，它是一款开放源码的 DNS 服务器软件，由美国加州大学伯克利分校开发和维护，全名为 Berkeley Internet Name Domain，而其缩写也正好是英文中的“绑定”（BIND），这也和它的功能比较贴切。它是目前世界上使用最广泛的 DNS 服务器软件，支持各种 UNIX/Linux 平台和 Windows 平台。

12.1.5 DNS 服务器的安装和启动

RedHat Linux 的各个版本已经包含了 BIND，一般情况下不需要用户另行安装。用户也可以到 BIND 的网站 http://www.bind.com 浏览关于它的最新消息。BIND 是开源软件，用户可以免费下载使用。

例如，由其官方网站中下载源码软件包 BIND-9.3.1.tar.gz，并按以下步骤进行安装。

```
#tar xzvf BIND-9.3.1.tar.gz
#cd BIND-9.3.1
#./configure
#make
#make install
```

本书使用 Red Hat Enterprise Linux 4 自带的 BIND，其服务进程为/etc/rc.d/init.d/named，其默认的主配置文件为/etc/named.conf。但这个文件是一个软链接文件，它指向的实际文件为/var/named/chroot/etc/named.conf。这是因为系统上安装了 BIND 服务的 chroot 包，chroot 机制类似匿名 ftp 服务，如果把 BIND 服务 chroot 到/var/named/chroot 目录运行，则 named 在运行时将认为/var/named/chroot 是 BIND 服务的根目录，即使 named 有某种安全漏洞被人攻击，黑客也只能攻击该目录而已，而不会影响到其他目录。

可以使用以下命令启动、停止、重启或重读配置文件。

```
#/etc/init.d/named start
#/etc/init.d/named stop
#/etc/init.d/named restart
#/etc/rc.d/init.d/named reload
```

BIND 服务的默认端口为 53，可以通过“ps –aux”或“netstat -an”命令配合 grep 命令查看 BIND 服务是否启动并提供服务。

12.2 DNS 服务配置

12.2.1 与 DNS 相关的两个文件

在 Linux 系统中，除了 BIND 的配置文件以外，还有两个与 DNS 解析有关的文件。

一个文件是/etc/resolve.conf，该文件用来配置客户端使用的 DNS 服务器的 IP 地址和一些相关信息，其格式如下。

```
search gd-linux.com
nameserver 192.168.1.1
nameserver 192.168.1.254
```

第一行对于未知计算机的域时，默认该计算机属于指定的域。例如，如果要查询计算机 www，则默认它是 gd-linux.com 域的一个成员，即 www 和 www.gd-linux.com 是一样的。

第二行和第三行指定系统中域名服务器的 IP 地址。可以为系统指定多个域名服务器。当系统进行域名查询时，首先查找第一台域名服务器，如果第一台域名服务器没有响应，则查找第二台域名服务器。

另一个文件是/etc/nsswitch.conf，这个文件决定进行域名解析时查找 host 文件和 DNS 服务器的顺序。

```
order files，bind
```

文件中如有上面的行，则说明客户机在解析域名时先查找/etc/hosts 文件，再查询网络上的 DNS 服务器，如果需要修改查询顺序，则将上面的 files 和 bind 调换位置即可。

12.2.2 BIND 服务配置

BIND 的主配置文件是/var/named/chroot/etc/named.conf，也可以访问/etc/named.conf 这个链接文件编辑它。另外除主配置文件外，/var/named/chroot/var/named 目录下的所有文件（如 named.ca、named.local 等）都是 DNS 服务器的相关配置文件。

1. named.conf 文件的主要内容

这个文件包含 BIND 服务的基本配置，不包含具体的区域数据。它的内容如下。

```
//
// named.conf for Red Hat caching-nameserver
//
options {
        directory "/var/named";
        dump-file "/var/named/data/cache_dump.db";
        statistics-file "/var/named/data/named_stats.txt";
        /*
        * If there is a firewall between you and nameservers you want
        * to talk to，you might need to uncomment the query-source
        * directive below.  Previous versions of BIND always asked
        * questions using port 53，but BIND 8.1 uses an unprivileged
        * port by default.
        */
        // query-source address * port 53;
};
//以上表示将 named 的区域记录文件（zone file）存储在/var/named 的目录中，也就是 BIND 服务器中所有 DNS 记录档案都集中在这里。如果在用户和 DNS 服务器之间存在防火墙的话，就需要启用“query-source address * port 53”行。在早期的 BIND 中会推荐使用端口 53，但是 BIND 8.1 版本后就不再使用缺省特权端口。上面还规定了服务器存放数据库的路径和服务器统计信息文件的路径。
```

P1 1
P9 2
P24 3
P51 4
P67 5
P83 6
P104 7
P117 8
P128 9
P143 10
P161 11
第12章
P189 13
P214 14
P227 15
P245 16
P259 17
P284 18
P305 19
P328 20
P361 21

```
//
// a caching only nameserver config
//
controls  {
        inet  127.0.0.1  allow {  localhost;  }  keys  {  rndckey;  };
};
```

//以上表示当使用 ndc 程序时控制的方式。其中"inet"表示利用 TCP/IP Socket 来存取因特网资源，它由指定的"ip_addr(IP address)"和"ip_port"产生，而此处表示可允许本机（localhost）利用键值（rndckey）进行存取。

```
zone  "."  IN  {
        type  hint;
        file  "named.ca";
};
```

//zone（区域）是 DNS 服务器管理时的逻辑单位，例如 *.gd-linux.org 或 *.gd-linux.com 都是一个 zone，在每个区域中至少必须存在一台 DNS 服务器。这里指定从 named.ca 文件中获得因特网的顶层“根”服务器的相关信息。named.ca 是根域配置文件，它设定根域的域名数据库，包含根域中 13 台 DNS 服务器的信息。几乎所有系统的这个文件都是一样的，用户不需要进行修改，如果系统中没有该文件，用户可以到 ftp://rs.internic.net/domain/下载 named.cache 文件或到 www.dns.org 获得最新的文件，复制到相应目录下并改名即可。另外请注意它所在的实际目录为/var/named/chroot/var/named。

```
zone  "localdomain"  IN  {
        type master;
        file  "localdomain.zone";
        allow-update { none; };
};
```

//定义 localdomain 这个区域（简称域），而其类型是主区域，并指定 localdomain 的区域记录文件为"localdomain.zone"。

```
zone  "localhost"  IN  {
        type  master;
        file  "localhost.zone";
        allow-update { none; };
};
```

//定义 localhost 这个区域，其类型是主区域，并指定包含 localhost 的 DNS 文件数据存放在/var/named/localhost.zone 中。

```
zone  "0.0.127.in-addr.arpa"  IN  {
        type  master;
        file  "named.local";
        allow-update { none; };
};
```

//这个部分和上述的设定是相互配合的，是域的反向设定（也就是反向 DNS 查询区域的设定）。需要特别注意的是 in-addr.arpa 这个固定的格式，必须要这样写。而在设定反向 DNS 查询区域的时候，一定要将网络号反过来写。例如：本地网络地址为 192.168.1/24，它的反向查询区域名是：“1.168.192.in-addr.arpa”，如果是 16 位的子网掩码，就是网络号为 192.168.0.0/16，它的反向 DNS 查询域名就是“168.192. in-addr.arpa”。

```
zone  "0.0.0.0.0.0.0.0.0.0.0.0.0.0.0.0.0.0.0.0.0.0.0.0.0.0.0.0.0.0.0.0.ip6.arpa"  IN  {
        type  master;
            file  "named.ip6.local";
```

```
                allow-update { none; };
};
// 这部分是定义了基于 IPV6 的区域，相关文件是 named.ip6.local。
zone   "255.in-addr.arpa"   IN   {
            type   master;
            file   "named.broadcast";
            allow-update { none; };
};
//定义了广播地址的反向 DNS 查询区域，记录文件是 named.broadcast。
zone   "0.in-addr.arpa"   IN   {
            type   master;
            file   "named.zero";
            allow-update { none; };
};
//定义了全 0 地址的反向 DNS 查询区域，记录文件是 named.zero。
include   "/etc/rndc.key";
//此配置文件包含了/etc/rndc.key 文件，这是一个设置共享密钥的文件。
//为注释符号。
```

以上内容是 named.conf 文件的主要内容，其实里面很多内容可以删除，一般没有影响，目前这个配置文件没有实际的作用，因为并没有指定 BIND 服务器解析某个具体区域的信息，也没有指定 BIND 服务器的角色。

2. 配置缓存或转发服务器

如果要配置一台缓存（cache-only）域名服务器，只需要把 named.conf 文件修改为以下内容即可。

```
options {
directory   "/var/named";                    //读写配置文件的相对路径。
dump-file   "/var/named/data/cache_dump.db";
statistics-file   "/var/named/data/named_stats.txt";
forward   only;                              //服务器是一台 cache-only 服务器。
forwarders   { 172.16.100.42;                //首选转发器，负责接受 DNS 查询并回应本服务器。
               61.144.56.100;        //备选转发器，在首选服务器无效时启用。
};
include   "/etc/rndc.key";
zone   "." {
type   hint;
file   "named.ca";
};
```

如果希望服务器不仅可以转发自身不能解析的 DNS 查询，而且可以同时维护自己定义的区域信息并接受相应查询的话，只需要把“forward only;”这一行删除，并在 named.conf 文件后面加入自己需要管理的区域信息即可，详细配置见下文的内容。

3. 配置正向域名解析服务

正向域名解析服务是 DNS 服务里面最常用的服务，它可以解析主机名对应的 IP 地址。

假如需要维护 gd-linux.com 这个域，则首先应该在 named.conf 文件中设置此主区域，通常这个域名是企业已经在因特网机构注册了的，在企业外部可以通过服务商访问此域名，而在企业内部建立 DNS 服务器主要是为了在企业内部的 Intranet 中实现和因特网一致的访问机制，并能在内部网络通过子域有效地管理内部的各种主机。

首先需要在 named.conf 文件中加入以下内容。

```
zone   "gd-linux.com" {        //主区域名称。
type   master;                 //定义正向主服务器类型。
file   "gd-linux.com.zone";    //相应区域配置文件路径，必须有同名文件对应。
allow-update {                 //允许辅助服务器进行区域信息复制。
192.168.1.177;                 //辅助服务器地址。
172.16.4.5;                    //辅助服务器地址。
    };                         //假如不需要设置辅助服务器，则此段应该写为 allow-update {none;};。
};
```

然后要建立 gd-linux.com 的正向域名解析数据库文件，在这里根据 named.conf 文件需要在/var/named/chroot/var/named 下建立文件 gd-linux.com.zone，文件内容如下。

```
$TTL   86400  //允许客户端缓存来自查询的数据的默认时间，以秒为单位，如数据变动不大，可以设置大一些以免不必要的查询流量。
@   IN   SOA   dns.gd-linux.com.   root.gd-linux.com.( // 此行表示创建 SOA 的 DNS 服务器是主要名称服务器，被管理的域名可以用@代替，IN 是固定格式，代表因特网类型，然后是负责该区域的名称解析的授权主机名，以使 DNS 服务器知道谁控制此区域，授权主机必须在区域文件中有主机 A 资源记录，最后是管理员邮件地址:root.gd-linux.com.，这里没有用"@"符号而是以". "显示，目的是与文件开始的"@"符号区别。
                2          //序号用于辅助服务器更新复制，当有修改时应该递增改变。
                28800      //辅助服务器更新间隔。
                7200       //辅助服务器更新失败后等待重试时间。
                604800     //辅助服务器更新失败放弃时间间隔。
                86400      //允许客户端缓存来自查询的数据的默认时间，无$ttl 项时生效。
                )
@   IN   NS   dns.gd-linux.com.      //定义该域名由哪个 DNS 服务器负责解析，服务器称为区域权威服务器，IN 关键字表示网络的类型，是一个固定的关键字。
dns     IN   A   192.168.1.1    //   为主机 dns 配置解析信息记录。
ftp     IN   A   192.168.1.2    //   添加一条解析 ftp 的主机记录。
www     IN   A   192.168.1.3    //   添加一条解析 www 的主机记录。
@           IN   MX   10   mail1.gd-linux.com. //添加域的邮件交换记录，需要有相应的主机记录对应，如有邮件发到 gd-linux.com 域，邮件服务器通过 DNS 查询 gd-linux.com 域的 MX 资源记录，如有记录则发送到相应的主机，可以有多个主机，但主机有优先级，数字越小级别越高，当发送到高级别主机失败时才会尝试低级别服务器。
@           IN   MX   20 mail2.rhel.com.        //同上。
mail1 IN    A    192.168.1.55                   //MX 记录对应的主机记录。
mail2 IN    A    192.168.1.56                   //同上。
news IN     CNAME   www                         //别名记录，表示 news 和 www 实际是同一主机。
```

注意：在域名数据库文件中，凡是出现域名都要以“.”结尾，而只有主机名的情况不要在后面加“.”，系统会自动为主机名加上“gd-linux.com.”进行解析。

4. 配置反向域名解析服务

反向域名解析服务可以让我们查询一个 IP 地址所对应的主机名，如果要配置同以上 gd-linux.com 域对应的反向域名解析服务，则需要首先在 named.conf 文件中加入如下内容。

```
zone   "1.168.192.in-addr.arpa" {          //设置反向解析区域名称。
       type   master;                      //类型为反向主区域。
       file   "192.168.1.arpa";            //配置文件位置。
       allow-update {                      //允许辅助服务器复制。
       192.168.1.177;                      //辅助服务器地址。
       172.16.4.5;                         //辅助服务器地址。
       };                                  //如不允许辅助服务器复制则此段应为"allow-update {none;};"。
};
```

然后需要编辑上面所约定的名为 192.168.1.arpa 的区域配置文件，文件的位置当然还是放在/var/named/chroot/var/named 中，文件内容如下。

```
$TTL 86400
@        IN       SOA      dns.gd-linux.com.      root.gd-linux.com. (
                                                  3
                                                  28800
                                                  7200
                                                  604800
                                                  86400
)
@        IN       NS       dns.gd-linux.com.
//以上语句和正向解析数据库文件的格式、意义相同。
1        IN       PTR      dns.gd-linux.com.
2        IN       PTR      ftp.gd-linux.com.
3        IN       PTR      www.gd-linux.com.
//PTR 记录是反向解析数据库文件的特殊格式，用来定义 IP 地址到主机域名的映射。例如，记录
//"3   IN   PTR   www.gd-linux.com."定义 IP 地址 192.168.1.2 到域名 www.gd-linux.com 的映射。
```

12.2.3 DNS 客户端配置

前面已经说明在 Linux 系统中，DNS 客户端的配置文件是/etc/resolv.conf，该文件记录了 DNS 服务器的地址和域名，一般类似以下格式。

```
nameserver    192.168.1.1
domainname    gd-linux.com
```

其中，关键字 nameserver 记录该域中 DNS 服务器的 IP 地址，domainname 记录所在域的名称。

而在 Windows 下 DNS 客户端的配置更加简单。只要在“网络连接”的“TCP/IP 协议”

属性中，设置 DNS 服务器地址为所需 DNS 服务器的 IP 地址即可，如图 12-2 所示。

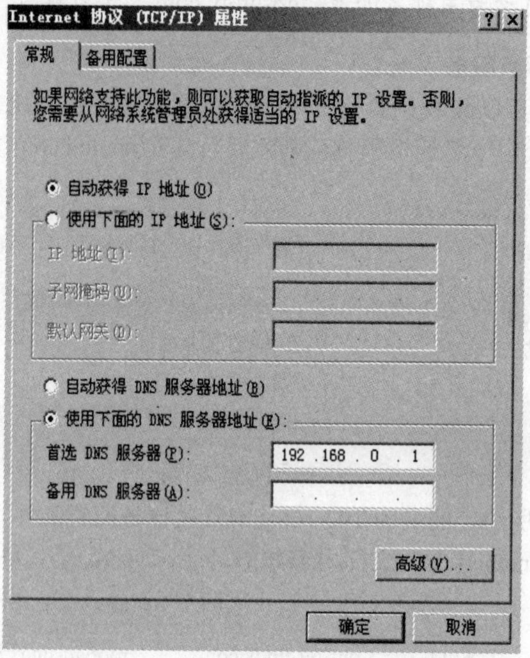

图 12-2 Windows 的 DNS 客户端设置

如需要使用客户端验证前面配置的 DNS 服务器是否正常工作，可以使用相关的命令完成，常用的命令有 ping、host、dig 和 nslookup。

首先作为客户端，需要修改自己的配置，以便使用前面配置的 DNS 服务器作为首选服务器，当然还要保证客户机和服务器之间能够正常通信。如在我们的网络环境里，假设客户机和服务器都在同一局域网并都属于 192.168.1.0/24 网段。

可以使用 ping 命令进行验证，如使用以下命令。

```
#ping www.gd-linux.com
PING    www.gd-linux.com (192.168.1.3) 56(84) bytes of data.
```

假如能观察到域名已被解析为对应的 IP 地址，则说明 DNS 服务器已经能够正确地进行域名解析了。

如果想查看某个域在 DNS 服务器内的完整配置信息，可以使用以下命令。

```
#host   -a   gd-linux.com
Trying "gd-linux.com"
;; ->>HEADER<<- opcode: QUERY，status: NOERROR，id: 3302
;; flags: qr aa rd ra; QUERY: 1，ANSWER: 5，AUTHORITY: 0，ADDITIONAL: 3
;; QUESTION SECTION:
;gd-linux.com.                    IN      ANY
;; ANSWER SECTION:
gd-linux.com.          86400      IN      A        192.168.1.3
gd-linux.com.          86400      IN      MX       20 mail2.gd-linux.com.
```

```
gd-linux.com.              86400    IN       MX        10 mail1.gd-linux.com.
gd-linux.com.                  86400      IN        SOA       dns.gd-linux.com.
root.gd-linux.com. 1997022700 28800 14400 3600000 86400
gd-linux.com.              86400    IN       NS        dns.gd-linux.com.
;; ADDITIONAL SECTION:
mail1.gd-linux.com.        86400    IN       A        192.168.1.55
mail2.gd-linux.com.        86400    IN       A        192.168.1.56
dns.gd-linux.com.          86400    IN       A        192.168.1.1
Received 194 bytes from 172.16.100.225#53 in 108 ms
```

以上显示了在指定 DNS 服务器内所有和 gd-linux.com 相关的配置信息。

也可以使用 dig 命令进行类似查询，如下所示。

```
#dig gd-linux.com
; <<>> DiG 9.2.4 <<>> gd-linux.com
;; global options:   printcmd
;; Got answer:
;; ->>HEADER<<- opcode: QUERY，status: NOERROR，id: 32713
;; flags: qr aa rd ra; QUERY: 1，ANSWER: 1，AUTHORITY: 1，ADDITIONAL: 1
;; QUESTION SECTION:
;gd-linux.com.                          IN       A
;; ANSWER SECTION:
gd-linux.com.              86400    IN       A        192.168.1.3
;; AUTHORITY SECTION:
gd-linux.com.              86400    IN       NS       dns.gd-linux.com.
;; ADDITIONAL SECTION:
dns.gd-linux.com.          86400    IN       A        192.168.1.1
;; Query time: 72 msec
;; SERVER: 172.16.100.225#53(172.16.100.225)
;; WHEN: Tue May 29 15:45:12 2007
;; MSG SIZE   rcvd: 77
```

还可以使用 nslookup 命令，其功能是查询一台机器的 IP 地址和对应的域名。它通常需要一台域名服务器来提供域名服务。如果用户已经设置好了域名服务器，就可以用这个命令查看不同主机的 IP 地址对应的域名。

该命令的一般格式为：nslookup [IP 地址/域名]，也可以直接使用 nslookup 命令。

```
#nslookup
Default Server: dns.gd-linux.com
Address: 192.168.1.3
>
```

在符号“>”后面输入要查询的 IP 地址或域名并回车即可。如果要退出该命令，输入 exit 并回车即可。

注意，使用以上所有命令的前提如前所述，必须是客户端指定了正确的 DNS 服务器。

P1 1
P9 2
P24 3
P51 4
P67 5
P83 6
P104 7
P117 8
P128 9
P143 10
P161 11
第12章
P189 13
P214 14
P227 15
P245 16
P259 17
P284 18
P305 19
P328 20
P361 21

12.2.4 DNS 服务器的其他配置

1．辅助域名服务器配置

如果需要配置 DNS 服务器，使其能够作为其他主域名服务器的辅助域名服务器，则需要做如下设置，这里假设 DNS 服务器还准备作 gd-linux.org 域的辅助域名服务器。

首先在 named.conf 中加入如下内容。

```
zone  "gd-linux.org" {                    //和主区域要同名
      type  slave;                        //类型为辅助类型
      file  "slaves/gd-linux.org.zone";   //相关配置文件，不需要自己建立，在服务启动时会自动从主域名服务器复制得来，默认应该放在 slaves 目录里，否则会出现一些权限上的问题
      masters  {192.168.1.177;};          //主域名服务器的地址，到规定时间会自动联系主域名服务器进行更新，但前提是主服务器允许更新
};
zone  "1.168.192.in-addr.arpa" {
      type  slave;
      file  "slaves/192.168.1.arpa";
      masters  {192.168.1.177;};
};        //反向的辅助主域名服务器地址
```

2．实现负载平衡

假如在 DNS 服务器的正向区域 gd-linux.com 的配置文件内加入如下内容。

```
bbs          IN   A    192.168.1.11
bbs          IN   A    192.168.1.12
bbs          IN   A    192.168.1.13
```

这里可以看到同一个主机名被指向 3 个 IP 地址，在客户端使用 ping 命令连续测试 bbs.gd-linux.com 这个主机名时，会发现服务器会随机返回以上 3 个 IP 地址中的一个，每个地址出现的几率大概为 1/3。因此可以利用这个性质使用 DNS 服务器实现负载平衡。假如有 3 台内容相同的 BBS 服务器，当用户访问域名时，DNS 服务器返回不同的 IP 地址给不同的客户，这样可以将客户访问量分流到 3 台服务器上从而减轻某台服务器的负担。

3．实现直接解析域名

假如希望直接输入 http://gd-linux.com 就可访问网站，则可以在区域配置文件中加入以下内容。

```
gd-linux.com.    IN   A    192.168.1.3     或
.                IN   A    192.168.1.3
```

以后客户访问 http://gd-linux.com 时，实际上就会访问 192.168.1.3 这个 IP 地址。

4．泛域名解析

泛域名就是所有主机名解析到统一地址，可方便用户访问。要实现这点，需要在区域配置文件中加入以下内容。

```
*.gd-linux.com.    IN  A    192.168.1.3
```

这样我们无论使用什么主机名，只要域名后缀是 gd-linux.com，那么我们都可以访问到 192.168.1.3 这个 IP 地址。这个特性常被用来实现基于数据库的二级域名管理，即让解析到统一地址的页面再根据主机名在数据库中搜索对应记录重定向到相应的页面，这样可以实现个人空间的跳转，比如现在流行的博客网站，用户访问时使用容易记忆的二级域名形式，任何二级域名的访问都会定向到统一的页面，而此页面可以写入一段代码用来截取主机名，如果主机名正好和用户数据库里的记录吻合，服务器会认为你需要访问某个用户的 BLOG 空间，则系统会跳转到相应用户的对应虚拟目录的 BLOG 页面，如果没有对应的记录，则页面会跳转到 BLOG 注册页面。

12.2.5 DNS 配置常见问题

配置 DNS 服务器是一件比较繁琐的事情，如果不注意的话可能会出现一些错误，常见的配置错误有以下几种。

（1）没有增加 SOA (start of authority) 的 serial 值。如果在主服务器更新记录以后没有增加 serial 值，那么辅助服务器就不会去进行更新，因为辅助域名服务器是根据主服务器的 serial 值是否比自己记录的 serial 值大而决定是否更新的。

（2）正确理解在 BIND 的配置文件中点 (.) 符号的意义。请注意在 DNS 区域 gd-linux.com 的配置文件中以下主机名字的表示意义。

```
dns = dns.gd-linux.com.
www.gd-linux.com. = www
www.gd-linux.com    = www.gd-linux.com.gd-linux.com.
```

（3）错误的/etc/ resolv.conf 配置。客户端应该在这个文件中决定使用正确的 DNS 服务器和域名后缀。

当然容易引起 DNS 服务配置错误的原因很多，这里只列出了初学者容易忽略的问题。

12.3 DNS 服务配置实例

下面给出一个完整的 DNS 服务器的配置实例。

（1）安装基于 chroot 的 DNS 服务器，并根据以下要求配置服务器。

设置根区域以便 DNS 服务器在本地区域无法进行查询解析时，能转到根 DNS 服务器查询。

1）为完成上述任务，应在 named.conf 文件中添加以下内容。

```
zone   "."   {
        type   hint;
        file   "named.ca";
};
```

2）建立 sample.com 主区域，设置允许区域复制的辅域名服务器的地址为 172.16.4.5。为完成此要求应在 named.conf 文件中添加以下内容。

```
zone  "sample.com" {
        type  master;
        file  "sample.com.zone";
        allow-update { 172.16.4.5; };
};
```

3）建立以下 A 资源记录。

```
dns.sample.com.      IN   A    172.16.4.7
www.sample.com.      IN   A    172.16.4.9
mail.sample.com.     IN   A    172.16.4.8
```

4）建立以下别名 CNAME 资源记录。

```
bbs        IN   CNAME    www
```

5）建立以下邮件交换器 MX 资源记录。

```
sample.com.     IN   MX  10   mail.sample.com.
```

6）为完成上述任务，应在对应的区域配置文件 sample.com.zone 中添加以下内容。

```
$ttl 38400
sample.com. IN SOA   dns .sample.com. admin.sample.com. (
               2005090508
               10800
               3600
               604800
               38400 )
sample.com.          IN   NS      dns.sample.com.
dns.sample.com.      IN    A       172.16.4.7
www.sample.com.      IN   A       172.16.4.9
mail.sample.com.     IN   A       172.16.4.8
bbs.sample.com.      IN   CNAME   www.sample.com.
sample.com.          IN   MX 10   mail.sample.com
```

（2）建立反向解析区域 4.16.172.in-addr.arpa，并为以上 A 资源记录建立对应的指针 PTR 源记录。为完成此任务应按下述步骤进行。

1）在 named.conf 文件中加入以下内容。

```
zone  "4.16.172.in-addr.arpa" {
      type  master;
      file  "4.16.172.arpa";
      };
```

2）在对应的区域配置文件 4.16.172.arpa 中加入以下内容。

```
$ttl 38400
```

```
4.16.172.in-addr.arpa.  IN    SOA        dns.sample.com   admin.sample.com. (
                                                  1132239782
                                                  10800
                                                  3600
                                                  604800
                                                  38400        )
4.16.172.in-addr.arpa.    IN   NS      dns.
7      IN    PTR    dns.sample.com.
9      IN    PTR    www.sample.com.
8      IN    PTR    mail.sample.com.
```

（3）在 IP 地址为 172.16.4.5 的机器上安装基于 chroot 的 DNS 服务器，配置辅助名称服务器，建立 sample.com 反向区域，设置主要名称服务器的地址为 172.16.4.7，建立反向解析从区域 4.16.172.in-addr.arpa，设置主要名称服务器的地址为 172.16.4.7。

1）对应的 named.conf 文件如下所示。

```
options {
            directory    "/var/named";
            dump-file    "/var/named/data/cache_dump.db";
            statistics-file    "/var/named/data/named_stats.txt";
            };
include    "/etc/rndc.key";
zone    "." {
            type    hint;
            file    "named.ca";
};
zone    "sample.com" {
            type slave;
            file    "slaves/sample.com.zone";
            masters    {172.16.4.7;};
            };
zone    "4.16.172.in-addr.arpa" {
            type    slave;
            file    "slaves/172.16.4.arpa";
            masters    {172.16.4.7;};
            };
```

2）安装基于 chroot 的 DNS 服务器，并将其配置成缓存 cache-only 服务器，然后将客户机的查询转发到 61.144.56.100 这台 DNS 服务器上。

```
options {
            directory    "/var/named";
            dump-file    "/var/named/data/cache_dump.db";
            statistics-file    "/var/named/data/named_stats.txt";
```

```
                forward only;
                forwarders {
                        61.144.56.100;
                        };
        };
        include    "/etc/rndc.key";
```

第 13 章　Web 服务器的配置与管理

本章主要内容

- Web 服务器简介
- Apache 的获取、安装、启动和停止
- Apache 的全局环境配置
- Apache 对 JSP 语言的支持
- 日志文件的管理
- Web 服务器的安全

13.1　Web 服务器简介

Web 服务器是主要的 Internet 服务器，它的核心技术是 HTTP 和 HTML，Web 服务器采用 B/S 结构，即浏览器/服务器结构。也就是说，客户端的浏览器（IE/Firefox）向 Web 服务器发出 HTTP 请求，Web 服务器响应客户端浏览器发出的请求，并向客户端发送客户所需的 HTML 文件。HTML 文件中包含了带有声像的多媒体信息。客户端浏览器将客户端收到的 HTML 文件翻译成人们可看可听的文字、图像、声音等信息。在客户端浏览器所看到的信息就是人们常说的“网页”，而所有的网页都存放在 Web 服务器当中。目前最流行的建立 Web 服务器的工具就要属 Apache 与 IIS 了，但 Apache 更稳定，特性更丰富，而且扩展性很强。

13.2　Apache 的安装配置

用户可以随时到 Apache 的官方网站（http://www.apache.org/）下载最新版本的 Apache。

13.2.1　Apache 的安装

Redhat Linux 的安装光盘中已经自带 Apache 服务器的安装包。为了避免重复安装，应该先检查系统中是否已经安装过。

```
#cd   /                          //进入根目录
#rpm –qa |grep httpd             //查询系统是否安装 httpd 服务器
#httpd-2.0.52-19                 //已安装 Apache 服务器主程序
```

如果发现还没有安装 Apache 服务器程序，则需要手工安装了。在进行手工安装的时候，可以选择安装 httpd-2.0.52-19.i386.rpm 或 httpd-2.0.52-19.tar.gz 软件包。

（1）httpd-2.0.52-19.i386.rpm 的安装：

```
#rpm -ivh httpd-2.0.52-19.i386.rpm
```

（2）httpd-2.0.52-19.tar.gz 的安装：为了方便以后的管理，在安装 Apache 时采用编译源码的方法，编译 Apache 是一件相当麻烦的事情，因为有太多的选项需要设定；但可以通过运行./configure –help 显示 configure 命令的选项，就可以看到需要设置的选项。采用编译源码安装有两种方法。

第一种是静态编译的方法。如果采用这种安装方法，当以后需要更换新的版本或者需要添加新的模块时，必须重新编译 Apache。

```
#./configure --prefix=/usr/local/apache
#make
#make install
```

第二种是模块的动态安装，采用这种安装方法，以后需要更换新的版本或者需要添加新的模块时，就不需要重新编译 Apache；当需要添加新的模块时，只需要重新编译这个模块即可。

```
#cd /usr/local
#mkdir apache
#cp /tmp/httpd-2.0.52.tar.gz /usr/local/apache
//假设 httpd-2.0.52.tar.gz 下载在/tmp 目录下
#cd apache
#tar zxvf httpd-2.0.52.tar.gz
#cd httpd-2.0.52
#./configure --prefix=/usr/local/apache \
--enable-module=most --enable-shared=max --enable-so
#make
#make install
```

说明：

1）--enable-module 表示将模块编译入内核。

2）--enable-shared=xxx 表示把模块编译成为 DSO，例如：--enable-shared=proxy，把 proxy 支持编译成 DSO 的命令，编译后会生成对应的.so 文件，把模块编译成独立的模块文件-DSO（Dynamic Shared Object），以独立文件的形式提供，并且在 httpd.conf 文件里面用 LoadModule 命令装入，这样就不需要重新编译源代码了。

请注意 rpm 与 tar.gz 文件格式的安装路径并不相同，rpm 版本会把可执行文件 httpd 放置在/usr/sbin 目录中，而 tar.gz 版本默认会将整套 Apache 服务器安装在/usr/local/目录下。

13.2.2 Apache 的启动与停止

（1）启动 Apache 服务器。在启动前先查看一下，Apache 服务器在安装时是否已经启动。

利用 ps 指令，查看是否有如下信息出现。

```
#ps aux | grep httpd
root    1450    0.0    0.5        4812   636   pts/0        s    0:00          0:00        grep   httpd
```

如果没有启动，可以用如下两个命令之一来启动 Apache 服务。

```
#/etc/rc.d/init.d/httpd start
```

或

```
#/usr/local/apache/bin/apachectl start
```

（2）自动启动 Apache 服务器。在 RedHat Linux 中，要让 Apache 服务器自动启动，有如下两种方法。

1）chkconfig：在命令行中执行 chkconfig 命令，可以修改 Apache 服务器的执行等级，让 Apache 服务器在计算机开机时自动启动。

```
#chkconfig --level 3 httpd on
```

2）ntsysv：这是 RedHat 公司开发的程序，让用户通过菜单模式选择开机时自动执行的程序，使用这个程序，在命令行中输入 ntsysv 指令，然后在菜单中选取“httpd”选项即可让 Apache 服务器在计算机开机时自动启动。

（3）停止 Apache 服务器。要停止 Apache 服务器，执行如下命令。

```
#/etc/rc.d/init.d/httpd stop
```

如果安装的是 tar.gz 版本，需执行如下命令。

```
#/usr/local/apache/bin/apachectl stop
```

（4）重新启动 Apache 服务器。要重新启动 Apache 服务器，执行如下命令。

```
#/etc/rc.d/init.d/httpd restart
```

如果安装的是 tar.gz 版本，需执行如下命令。

```
#/usr/local/apache/bin/apachectl restart
```

13.3 Apache 的全局环境配置

采用系统默认安装的 httpd 软件包或手工安装 httpd-2.0.*.*.rpm 软件包，都会产生以下几个重要的目录或文件。

（1）/etc/httpd/conf/httpd.conf。最主要的配置文件，其实整个 Apache 的配置就是通来这个文件来进行的。

（2）/etc/httpd/conf.d/*.conf。如果不想通过修改主配置文件 httpd.conf 来进行 Apache 的配

置，那么可以将额外参数的设置文件独立出来；当把额外设定值写入/etc/httpd/conf.d/*.conf（注意，*表示文件名，扩展名一定是.conf才行），而启动Apache时，这个文件就会被读入主配置文件当中了！这样做的好处就是当系统升级的时候，几乎不需要修改主配置文件，只要将额外的参数文件复制到正确的目录即可，这样维护更方便。

（3）/usr/lib/httpd/modules/。Apache支持很多模块，所有模块预设文件都存放在这个目录当中。

（4）/var/www/html/。这是Web服务器"首页"默认存放的路径，当配置好Apache服务器之后，在浏览器中输入http://localhost，显示的是该目录中"首页"的内容。

（5）/var/www/error/。该目录中存放的是访问出错时的错误信息页面，如果服务端设定错误，或者客户端请求的数据错误时，在浏览器上出现的错误信息内容来自这个目录中的文件。

（6）/var/www/icons/。这个目录存放的是Apache预设的一些小图标，可以随意使用。

（7）/var/www/cgi-bin/。该目录默认保存的是可执行的CGI（脚本程序）程序；当你输入http://localhost/cgi-bin/时，显示的是该目录中CGI脚本的内容。

（8）/var/log/httpd/。默认的Apache登录文件存放的目录，对于流量比较大的网站来说，一个星期的登录文件数据可以大到500MB～1GB，可以通过修改logrotate压缩登录文件夹来降低占用的空间。

（9）/usr/sbin/apachectl。这是Apache的主要执行文件，其实是一个脚本文件，可以自动检测系统的一些设置值，这样启动Apache时更简单。

（10）/usr/sbin/httpd。这是Apache的二进制执行文件。

（11）/usr/bin/htpasswd。登入某些网页需要输入账号与密码，这是Apache服务器提供的一种网页访问保护方式，登录时需要的密码就通过这个指令来设置的。相关的设定方式在后面的章节中会说明。

Apache的主要配置文件是httpd.conf，在/etc/httpd/conf目录下。此文件相当长，大体分为下面三个部分。

- 控制整个Apache服务器的全局参数配置部分。
- Apache主服务器参数配置部分。
- 虚拟主机参数设置部分。

13.3.1 全局环境配置

（1）ServerType standalone

ServerType定义服务器的启动方式，缺省值为独立方式standalone，httpd服务器将由其本身启动，并驻留在主机中监视连接请求。

（2）ServerRoot "/etc/httpd"

ServerRoot用于指定守护进程httpd的运行目录，httpd在启动之后自动将进程的当前目录改变为这个目录，因此如果设置文件中指定的文件或目录是相对路径，那么真实路径就位于这个ServerRoot定义的路径之下。

由于httpd会经常进行并发的文件操作，就需要使用加锁的方式来保证文件操作不冲突，由于NFS文件系统在文件加锁方面能力有限，因此这个目录应该是本地磁盘文件系统，而不应该使用NFS文件系统。

（3）ServerTokens　OS

ServerTokens 这个选项用于控制是否响应来自客户端的请求，是否在客户端显示服务器的信息，默认的值为 OS。当服务器端出现错误的时候，为了让客户端不显示服务器操作系统的名称，通常将其值改为 Prod。

（4）LockFile　/var/lock/httpd.lock

LockFile 参数指定了 httpd 守护进程的加锁文件，一般不需要设置这个参数，Apache 服务器将自动在 ServerRoot 下面的路径中进行操作。但如果 ServerRoot 为 NFS 文件系统，便需要使用这个参数指定本地文件系统中的路径。

（5）PidFile　/var/run/httpd.pid

PidFile 指定的文件将记录 httpd 守护进程的进程号，由于 httpd 能自动复制其自身，因此系统中有多个 httpd 进程，但只有一个进程为最初启动的进程，它是其他进程的父进程，对这个进程发送信号将影响所有的 httpd 进程。PidFile 定义的文件中就记录 httpd 父进程的进程号。

（6）ScoreBoardFile　/var/run/httpd.scoreboard

httpd 使用 ScoreBoardFile 来维护进程的内部数据，因此通常不需要改变这个参数，除非管理员想在一台计算机上运行几个 Apache 服务器。这时每个 Apache 服务器都需要独立的设置文件 htt pd.conf，并使用不同的 ScoreBoardFile。

- resourceConfig　conf/srm.conf
- accessConfig　conf/access.conf

参数 ResourceConfig 和 AccessConfig 的功能是和使用 srm.conf 和 access.conf 设置文件的老版本 Apache 兼容。如果没有兼容的需要，可以将对应的设置文件指定为/dev/null，这将表示不存在其他设置文件，而仅使用 httpd.conf 一个文件来保存所有的设置选项。

（7）Timeout　300

Timeout 定义客户程序和服务器连接的超时间隔，超过这个时间间隔（秒）后服务器将断开与客户机的连接。

（8）KeepAlive　On

在 HTTP 1.0 中，一次连接只能做传输一次 HTTP 请求，而 KeepAlive 参数用于支持 HTTP 1.1 版本的一次连接、多次传输功能，这样就可以在一次连接中传递多个 HTTP 请求。虽然只有较新的浏览器才支持这个功能，但还是使用这个选项。

（9）MaxKeepAliveRequests　100

MaxKeepAliveRequests 为一次连接可以进行的 HTTP 请求的最大请求次数。将其值设为 0 将支持在一次连接内进行无限次的传输请求。事实上没有客户程序在一次连接中请求太多的页面，通常未达到这个上限就完成连接了。

（10）KeepAliveTimeout　15

KeepAliveTimeout 测试一次连接中的多次请求传输之间的时间，如果服务器已经完成了一次请求，但一直没有接收到客户程序的下一次请求，在间隔超过了这个参数设置的值之后，服务器就断开连接。

- MinSpareServers　5
- MaxSpareServers　10

在使用子进程处理 HTTP 请求的 Web 服务器上，由于要首先生成子进程才能处理客户的请求，因此反应时间就有一点延迟。但是，Apache 服务器使用了一种特殊技术来解决这个问题，这就是预先生成多个空余的子进程驻留在系统中，一旦有请求出现，就立即使用这些空余的子进程进行处理，这样就不存在生成子进程造成的延迟了。在运行中随着客户请求的增多，启动的子进程会随之增多，但这些服务器副本在处理完一次 HTTP 请求之后并不立即退出，而是停留在计算机中等待下次请求。但是空余的子进程副本不能光增加不减少，太多的空余子进程没有处理任务，也占用服务器的处理能力，因此也要限制空余副本的数量，使其保持一个合适的数量，使得既能及时回应客户请求，又能减少不必要的进程数量。

因此就可以使用参数 MinSpareServers 来设置最少的空余子进程数量，以及使用参数 MaxSpareServers 来限制最多的空闲子进程数量，多余的服务器进程副本就会退出。根据服务器的实际情况来进行设置，如果服务器性能较高，并且也被频繁访问，就应该增大这两个参数的设置。对于高负载的专业网站，这两个值应该大致相同，并且等同于系统支持的最多服务器副本数量，也减少不必要的副本退出。

- StartServers 5

StartServers 参数就是用来设置 httpd 启动时启动的子进程副本数量，这个参数与上面定义的 MinSpareServers 和 MaxSpareServers 参数相关，都是用于启动空闲子进程以提高服务器的反应速度的。这个参数应该设置为前两个值之间的一个数值，小于 MinSpareServers 和大于 MaxSpareServers 都没有意义。

- MaxClients 150

在另一方面，服务器的能力毕竟是有限的，不可能同时处理无限多的连接请求，因此参数 Maxclients 就用于规定服务器支持的最多并发访问的客户数，如果这个值设置得过大，系统在繁忙时不得不在过多的进程之间进行切换来为太多的客户进行服务，这样对每个客户的反应就会减慢，并降低了整体的效率。如果这个值设置得较小，那么系统繁忙时就会拒绝一些客户的连接请求。当服务器性能较高时，就可以适当增加这个值的设置。对于专业网站，应该使用提高服务器效率的策略，因此这个参数不能超过硬件本身的限制，如果频繁出现拒绝访问现象，就说明需要升级服务器硬件了。对于非专业网站，不太在意对客户浏览器的反应速度，或者认为反应速度较慢也比拒绝连接好，也可以略微超过硬件条件来设置这个参数。

这个参数限制了 MinSpareServers 和 MaxSpareServers 的设置，它们不应该大于这个参数的设置。

- MaxRequestsPerChild 30

使用子进程的方式提供服务的 Web 服务，常用的方式是一个子进程为一次连接服务，这样造成的问题就是每次连接都需要生成、退出子进程的系统操作，使得这些额外的处理过程占据了计算机的大量处理能力。因此最好的方式是一个子进程可以为多次连接请求服务，这样就不需要这些生成、退出进程的系统消耗，Apache 就采用了这样的方式，一次连接结束后，子进程并不退出，而是停留在系统中等待下一次服务请求，这样就极大地提高了性能。

但由于在处理过程中子进程要不断申请和释放内存，次数多了就会造成一些内存垃圾，影响系统的稳定性，并且影响系统资源的有效利用。因此在一个副本处理过一定次数的请求之后，就可以让这个子进程副本退出，再从原始的 httpd 进程中重新复制一个干净的副本，这样就能提高系统的稳定性。这样，每个子进程处理服务请求次数由 MaxRequestPerChild 定义。缺省的设置值为 30。

● Listen　12.34.56.78:80

用来指定 httpd 监控的通信端口，Listen 参数可以指定服务器除了监视标准的 80 端口之外，还监视其他端口的 HTTP 请求。Listen 是一个必须设置的指令。如果在配置文件中找不到这个指令，服务器将无法启动。Listen 命令的值可以是域名也可以是 IP 地址，最好采用 IP 地址作为值。

13.3.2　Apache 的主服务器配置

● Port　80

定义 www 服务器所使用的用户访问端口号。

● User　nobody

● Group　nobody

User 和 Group 配置用于保证 Apache 的安全。Apache 在打开端口之后，Apache 服务器的所有子进程均由 Apache 用户和 Apache 组中的用户启动运行，而非 root 用户，这样就降低了服务器被攻击的危险。这个选项也只能用于 Standalone 模式，Apache 服务器在母进程应该具备 root 权限，如果使用非 root 用户来启动 Aapche，这个配置就不会发挥作用。

缺省设置为 nobody 和 nogroup，这个用户和组在系统中不拥有文件，保证了服务器本身和由它启动的 CGI 进程没有权限更改文件系统。在某些情况下，例如为了运行 CGI 与 UNIX 交互，也需要让服务器来访问服务器上的文件，如果仍然使用 nobody 和 nogroup，那么系统中将会出现属于 nobody 的文件，这对于系统安全是不利的，因为其他程序也会以 nobody 和 nogroup 的权限执行某些操作，就有可能访问这些 nobody 拥有的文件，造成安全问题。一般情况下要为 Web 服务设定一个特定的用户和组，同时在这里更改用户和组设置。

● ServerAdmin　root@localhost

这一项用于配置 WWW 服务器的管理员的 email 地址，这将在 HTTP 服务出现错误时返回给浏览器，以便让 Web 使用者和管理员联系，报告错误。

● ServerName　localhost:80

定义客户端从服务器读取数据时返回给客户端的主机名，其缺省值是 Localhost。请注意这项并不是随意起一个名称就会生效，赋予的名称必须是域名服务器（DNS）注册的主机名称，若主机并没有已注册的名称，则可以填上 IP 地址。如果加上#号，则关闭该功能。80 是默认的端口号，是指定 Apache server 监听的端口号。

● DocumentRoot　“/var/www/html”

DocumentRoot 定义这个服务器对外发布的超文本文档存放的路径，客户程序请求的 URL 就被映射为这个目录下的网页文件。通常情况下，主页就存放在这个目录中。这个目录下的子目录，以及使用符号链接指向的文件和目录都能被浏览器访问，只是要在 URL 上使用同样的相对目录名。

注意，符号链接虽然逻辑上位于根文档目录之下，但实际上可以位于计算机上的任意目录中，因此可以使客户程序能访问那些根文档目录之外的目录，但在增加了灵活性的同时也减少了安全性。Apache 在目录的访问控制中提供了 FollowSymLinks 选项来打开或关闭支持符号链接的特性。

● UserDir　public_html

P1 1
P9 2
P24 3
P51 4
P67 5
P83 6
P104 7
P117 8
P128 9
P143 10
P161 11
P172 12
第13章
P214 14
P227 15
P245 16
P259 17
P284 18
P305 19
P328 20
P361 21

UserDir 设置为 public_html，每个用户的账号，都可以在自己的 home 目录下建立个人网站，如果 Apache 收到一个访问/linux/index.htm 文档的请求，它将在用户 linux 目录下 public_htm 目录中去查找 index.html 文件。这样维护 public_html 目录的工作就完全取决于用户本人。

- DefaultType text/plain

如果服务器上绝大多数的文件是文本文件或者是 HTML 文档，那么“text/plain”是一个非常好的设置，但是如果绝大多数的文件为二进制文件，比如应用程序或者图片等，那么可以使用“application/octct-stream”替代，以防止浏览器尝试将二进制文件当作文本来显示。

- DirectoryIndex index.html index.htm

DirectoryIndex 用于指定网站首页的类型，当所定义的首页类型不包括在这个选项中时，在浏览器中浏览该主页时将看不到实际的内容，须将该首页的类型添加到这个选项中。

- AccessFileName .htaccess

用 AccessFileName 指定了保护目录设置文件的文件名称，文件名为“.htaccess”。通过可设置 htaccess 文件来为用户指定访问目录的权限，当要设置认证网页的时候需要设置这个选项。

- ErrorLog /usr/httpd/log/error_log

ErrorLog 命令定义了错误日志文件存储的位置。错误日志文件存储发生的请求错误或其他相应的错误信息，这个选项在调试 CGI 程序时特别有用。

- Logformat "%h %l %u %t \"%r\" %>s %b \"%{Referer}i\" \"%{User-Agent}i\"" combined

LogLevel 和 LogFormat 定义了 Syslog 级别和应该采用的日志信息的格式。如果默认的格式没有提供足够的信息，可以自己定义日志格式。

- ServerSignature On

一些情况下，例如当客户请求的网页并不存在时，服务器将产生错误文档，错误文档的最后一行将包含服务器的名字、Apache 的版本等信息。为了不对外显示这些信息，就可以将这个参数设置为 Off，或者设置为 Email，最后一行将替换为对 ServerAdmin 的 Email 提示。

- ScriptAlias /cgi-bin/ “/home/httpd/cgi-bin/”

ScriptAlias 命令定义了 CGI 脚本文件所存放的目录。当客户端要访问 CGI 脚本时，例如：http://www.xxx.com/cgi-bin/test.pl，实际访问的是/home/httpd/cgi-bin/中的脚本文件。

- IndexOptions FancyIndexing

当 Apache 收到一个访问目录而不是访问文件的请求后，它首先会查找该目录的索引文件，通常是 index.html。如果该文件不存在，Apache 会返回该目录内容的列表。列表的风格由 IndexOptions 命令控制。

如果想要一种简单的目录，可以将这个选项设置为 Standard。如果要目录的每个文件返回一个图标和描述，则要设置成 Fancyindexin，但当选项的值为 Fancyindexin 时，则图标要由 AddIcon 这个命令来设置。

- IndexIgnore ??* *~ *# HEADER* README* RCS CVS *,v *,t

IndexIgnore 命令允许当客户端访问的是一个目录而不是文件时产生目录列表，而目录中文件名为.??* *~ *# HEADER* README* RCS CVS *,v *,t 的这些文件不显示在列表中。

- AddDefaultCharset　ISO-8859-1

AddDefaultCharset 指定了所有输出的网页默认所采用的字符集。为了能够让正常显示简体中文网页而不是乱码，通常将该选项的值改为 gb2312。

- ErrorDocument　403 /error/HTTP_FORBIDDEN.html.var
- ErrorDocument　404 /error/HTTP_NOT_FOUND.html.var
- ErrorDocument　405 /error/HTTP_METHOD_NOT_ALLOWED.html.var
- ErrorDocument　408 /error/HTTP_REQUEST_TIME_OUT.html.var

当客户端所浏览的网页不存在时，Apache 将返回 ErrorDocument 404 中所定义的错误页面的内容，这个内容是一个标准化的内容。

13.3.3　Apache 的高级管理配置

前文中已经讲解了 Apache 服务器的基本配置，对于一般用户来说已经基本可以满足需求了。但对于一些有特殊需求的用户需要进一步了解 Apache 的高级管理配置，来满足自己的需求。

（1）访问存取控制。在 httpd.conf 文件中，通常用到的有 4 种访问存取控制方法。

- <Directory>......</Directory>。
- <Files>......</Files>。
- <Limit>......</Limit>。
- <Location>......</Location>。

上面 4 种方法针对的对象各有不同，<Directory>是针对目录进行存取控制，<Files>是针对文件进行存取控制，<Limit>是针对路径进行存取控制，<Location>是针对 URL 进行存取控制，虽然它们针对的对象不同，但是配置方法基本相同。

下面以<Directory>为例进行配置。Apache 对目录进行存取控制时，每个目录在 httpd.conf 文件中使用一个段落。

```
<Directory /www>
Options FollowSymLinks
AllowOverride None
Order Allow,Deny
Allow from all
Deny from 10.64.46.2
</Directory>
```

在<Directory>中设置路径为/（根）目录，上面的代码是用来对根目录进行存取控制，<Directory>是成对出现。在一对<Directory>之间可能会出现的选项有 Options、AllowOverride、Allow/Deny、Order 等。下面详细介绍这些选项。

1）Options 选项。Options 选项后可用的参数和每个参数的功能见表 13-1。

Options 允许同时多个参数有效。

```
Options Index FollowSymLinks
```

表 13-1　Options 参数设置说明

Options 参数	功 能 说 明
All	除 MultiViews 以外，其他所有的功能都开启
ExceCGI	允许在此目录中执行 CGI 程序
FollowSymLinks	服务器将使用符号链接，存取不在该目录中的任何文件或目录。此参数在<Location>段中无效
Includes	允许服务器使用 SSI 功能
IncludesNOEXEC	允许使用 SSI 功能，但不允许执行 CGI script 中的#exec 和#include 命令
Index	当客户端访问的目录中不存在 index.html 时，显示该目录中的文件列表
MultiViews	使用内容商议功能，经由服务器和网页浏览器相互沟通协调后，决定网页传送的性质。此功能并未包括在 All 之内，需要另外加上
None	不允许访问此目录
SynLinksIfOwnerMatch	假如符号链接所指向的文件或目录拥有者和当前用户账号相符合，则服务器就会访问符号链接的文件或目录。此参数在<Location>段无效

如果有多行 Options，以最后的 Options 为主。如

```
Options Index
Options FollowSymLinks
```

只会允许 FollowSymLinks。如果感觉功能不够或过多，可以通过在参数上用“＋”或“－”来实现增加或减少允许参数。如

```
Options +ExecCGI
```

在原有的参数上增加了 ExecCGI 选项。

2）AllowOverride 命令。AllowOverride 命令用于确定允许存在.htaccess 文件中的指令类型，AllowOverride 仅在<Directory>段中才是有效的。在<Location>，<DirectoryMatch>，<Files>段中都是无效的。它的参数见表 13-2。

表 13-2　AllowOverride 参数设置说明

AllowOverride 参数	功 能 说 明
AuthConfig	允许使用的认证配置指令（AuthName、AuthType、AuthUserFile、AuthGroup、Require）
FileInfo	允许使用控制文档类型的指令（AddType、AddEncoding、Addlanguage 等）
Limit	允许使用控制主机访问指令（Allow、Deny 和 Order）
Options	允许使用控制目录功能的指令（Options 和 XbitHack）
All	以上所有的指令都有效
None	以上所有的指令都无效

3）Allow/Deny 指令。Allow/Deny 指令的作用表示允许/拒绝访问。

4）Order 指令。Order 指令用于控制 Allow 和 Deny 指令生效的顺序。

```
Order Allow,Deny
Allow from all
Deny from 10.64.46.2
```

按照 Order 的顺序，表示先执行 Allow 再执行 Deny，默认没有允许的，全部拒绝。上例表示拒绝 IP 地址为 10.64.46.2 主机的访问，而其他所有主机都可以访问。

（2）Apache 认证配置指令。Apache 可以通过对用户的认证来限制用户对 Web 服务器的访问，只允许经过授权的用户在输入正确的用户名和密码后才能正常访问，这种功能是由 Apache 的认证配置指令来实现的。Apache 认证配置指令的功能见表 13-3。

表 13-3 认证配置指令功能说明

认证配置指令	功能说明
AuthName	定义出现在认证对话框中的提示信息
AuthType	定义一个目录的用户认证类型，有 Basic 和 Diges 两个值，常用 Basic
AuthUserFile	指定认证口令文件的位置
AuthGroup	指定认证组文件的位置

在限制用户对 Web 服务器的访问中，除了使用认证配置指令外，还需要为指定的用户或组进行授权。对用户和组授权的指令为 Require，Require 指令的 3 种格式见表 13-4。

表 13-4 Require 指令说明

指令语法格式	说明
Require 用户名[用户名]	指定可以访问目录的一个或多个用户，用户名之间用空格隔开
Require 组名[组名]	指定可以访问目录的一个或多个组，组名之间用空格隔开
Require valid-user	授权给认证口令文件中的所有用户

在设置认证网页时，需要创建一个认证口令文件，还需要将授权用户名添加到认证口令文件中，这些功能由 htpasswd 命令来完成。htpasswd 的功能说明如下。

格式 1：htpasswd -c 认证口令文件名 用户名。

说明：创建一个认证口令文件的同时，在口令文件中添加一个用户。

实例：在/var/www 目录下创建一个文件名为 apache.passwd 的口令文件，同时在口令文件中添加一个名为 test 的用户。

```
#htpasswd -c /var/www/apache.passwd test
New password:                          //这里输入一次密码，注意，屏幕不会有任何信息。
Re-type new password:                  //这里再输入一次
Adding password for user test
```

格式 2：htpasswd 认证口令文件名 用户名。

说明：向已存在的口令文件中添加新的用户或修改已存在的用户的口令。

实例：往/var/www/apache.passwd 文件中添加一个名为 testone 的用户。

```
#htpasswd    /var/www/apache.passwd testone
New password:                          //这里输入一次密码，注意，屏幕不会有任何信息。
Re-type new password:                  //这里再输入一次
Adding password for user testone
```

P1 1
P9 2
P24 3
P51 4
P67 5
P83 6
P104 7
P117 8
P128 9
P143 10
P161 11
P172 12
第13章
P214 14
P227 15
P245 16
P259 17
P284 18
P305 19
P328 20
P361 21

13.3.4 Apache 身份认证

假如 huang 用户的主页 index.html 存放的目录为/var/www/html，现规定这个目录中的内容只能由已授权的 huang 用户在输入正确密码的情况下才能访问。实现的方法如下。

（1）将以下内容添加到 httpd.conf 的适当位置。

```
<Directory "/var/www/html">
    AllowOverride AuthConfig
    Order allow,deny
    Allow from all
</Directory>
```

（2）确保 httpd.conf 文件中存在以下行内容。

```
AccessFileName .htaccess
```

（3）在/var/www/html 目录中创建.htaccess 文件。

```
#vi /var/www/html/.htaccess
```

在.htaccess 文件中添加如下内容：

```
AuthName "please input name and password"
Authtype Basic
AuthUserFile /var/www/apache.passwd        //指定认证口令文件的文件名和路径
Require valid-user
```

（4）创建口令文件 apache.passwd，并在文件中添加 huang 这个用户：

```
#htpasswd –c /var/www/apache.passwd huang
New password:                  //输入一次密码，注意，屏幕不会有任何信息。
Re-type new password:          //重新输入一次密码
Adding password for user huang
```

（5）重启 httpd：

```
#service httpd restart
```

（6）测试。在浏览器中输入http://localhost/index.html，浏览器弹出对话框，要求输入用户名和密码。

13.3.5 虚拟主机的配置

虚拟主机（virtual host）是指在一个主机上运行多个站点。虚拟主机分为两类，一类是“基于 IP”的，指的是每个主机的 IP 地址不相同。另一类是“基于主机名”的，指的是多个站点的主机名不同，但 IP 地址是相同的。从客户端来看，每个站点都是运行在一台独立的主机上。虚拟主机配置模块中相关命令如下所示。

- <VirtualHost>和</VirtualHost>。用于封装一组仅作用于特定虚拟主机的指令，<VirtualHost>后所带的值为 IP 地址。
- ServerName。用来指定虚拟主机的域名。
- ServerAlias。为主机名指定一个别名，这样可以通过多个网址访问 Web 服务器。
- DocumentRoot。指定 Web 服务器主页所存放的目录，在指定目录时，不包括最后的“/”。
- ErrorLog。当服务器遇到错误时，记录错误信息到此日志文件中。
- TransferLog。将服务器已经处理过的请求记录写到此日志文件中。

（1）建立基于域名的虚拟主机。假如服务器只有一个 IP 地址，而又需要在服务器上运行两个网站，则在 httpd.conf 的最后添加如下内容。

```
NameVirtualHost *:80                    //为虚拟主机在所有 IP 地址上监听
<VirtualHost *:80>
DocumentRoot /var/www/example1
ServerName www.example1.com
ErrorLog /groups/example1/logs/error_log
TransferLog /groups/example2/logs/access_log
</VirtualHost>
<VirtualHost *:80>
DocumentRoot /var/www/example2
ServerName www.example2.com
ErrorLog /groups/exapmle2/logs/error_log
TransferLog /groups/exapmle2/logs/access_log
</VirtualHost>
```

说明：*号表示服务器的 IP 地址。改变 Listen 选项后端口的值，可以通过不同的端口访问。

（2）建立基于 IP 的虚拟主机。假设有两个 IP 地址（192.168.0.10 和 192.168.0.11）分别对应域名为www.example1.com和www.example2.com，在 httpd.conf 的最后添加如下内容。

```
<VirtualHost 192.168.0.10>
DocumentRoot /var/www/example1
ServerName www.example1.com
ErrorLog /groups/example1/logs/error_log
TransferLog /groups/example2/logs/access_log
</VirtualHost>
<VirtualHost 192.168.0.11>
DocumentRoot /var/www/example2
ServerName www.example2.com
ErrorLog /groups/exapmle2/logs/error_log
TransferLog /groups/exapmle2/logs/access_log
</VirtualHost>
```

P1 1
P9 2
P24 3
P51 4
P67 5
P83 6
P104 7
P117 8
P128 9
P143 10
P161 11
P172 12
第13章
P214 14
P227 15
P245 16
P259 17
P284 18
P305 19
P328 20
P361 21

13.4 Apache 对 JSP 语言的支持

ASP（Active Server Pages）问世后，以其强大的功能，简单易学的特点而受到广大 Web 开发人员的喜欢。但是它却有微软产品的通病，即只能在 Windows 平台下使用，虽然它可以通过增加控件而在 Linux 下使用，但是其功能最强大的 DCOM 控件却不能使用。而 JSP（Java Server Pages）是由 Sun 公司倡导、许多公司参与建立的一种动态网页技术标准，实现了动态页面与静态页面的分离，脱离了硬件平台的束缚。

13.4.1 JSP 的特点

JSP 技术可以让 Web 开发人员和设计人员非常容易地创建和维护动态网页，特别是目前的商业系统。作为 Java 技术的一部分，JSP 能够快速开发基于 Web、独立于平台的应用程序。JSP 把用户界面从系统内容中分离开来，使得设计人员能够在不改变底层动态内容的前提下改变整个网页布局。

那么什么是 JSP 呢？简单地说，一个 JSP 网页就是在 HTML 网页中包含了能够生成动态内容的可执行应用程序代码。此应用程序可能包含 JavaBean，JDBC 对象，Enterprise Java Bean（EJB）和 Remote Method Invocation（RMI）对象，所有的部分都可以非常容易地从 JSP 网页上访问到。例如，一个 JSP 网页可以包含 HTML 代码所显示的静态文本和图像，也可以调用一个 JDBC 对象来访问数据库；当网页显示到用户界面上以后，它将包含静态 HTML 内容和从数据库中找到相应的动态信息。

在 JSP 网页中，要把用户界面和应用程序分开可以考虑在网页设计人员和开发人员之间执行一个非常方便的授权任务。它也允许开发人员去建立灵活的代码，从而非常容易地进行更新和重复利用。由于 JSP 网页能够根据需要自动进行编译，Web 设计人员无须重新编译应用程序逻辑就可以改变表述代码。这也使得 JSP 与 Java servlet（它是 JavaSever Pages 功能的扩展）相比成为一种可以更灵活生成动态 Web 内容的方法。

13.4.2 安装与配置 JSP 的工作环境

下面介绍以 Tomcat 作为 JSP 引擎，配合 Apache 作为 Web 服务器来搭建 JSP 运行环境。

1．相关软件

（1）J2SDK。Java2 的软件开发工具，是 Java 应用程序的基础。JSP 是基于 Java 技术的，所以配置 JSP 环境之前必须安装 J2SDK。

（2）Apache 服务器。Apache 组织开发的一种常用 Web 服务器，提供 Web 服务。

（3）Tomcat。Tomcat 是 Apache 组织开发的一种 JSP 引擎，本身具有 Web 服务器的功能，可以作为独立的 Web 服务器来使用。但是，在作为 Web 服务器方面，Tomcat 处理静态 HTML 页面时不如 Apache 迅速，也没有 Apache 强大，所以一般将 Tomcat 与 Apache 配合使用，让 Apache 对网站的静态页面请求提供服务，而 Tomcat 作为专用的 JSP 引擎，提供 JSP 解析，以得到更好的性能。并且 Tomcat 本身就是 Apache 的一个子项目，所以 Tomcat 对 Apache 提供了强有力的支持。

（4）mod_jk2.so（也叫 JK2）。用 Apache 作前端服务器，Tomcat 作后端服务器。此时需

要一个连接器，这个连接器的作用就是把所有 Servlet/JSP 的请求转给 Tomcat 来处理，安装 jakarta-tomcat-connectors-jk2-src-current.tar.gz 这个软件包会产生一个 mod_jk2.so 文件，这个文件就是用来连接 Apahce 与 Tomcat 的工具，使得 Apache 与 Tomcat 能协调工作。

2．JSP 工作环境配置实例

在配置 JSP 时所需的软件有：j2sdk-1_4_2_05-linux-i586.bin，jakarta-tomcat-5.0.30.tar.gz，httpd-devel-2.0.52-19.ent.i386.rpm，jakarta-tomcat-connectors-jk2-src-current.tar.gz。可根据实际需要选择软件包的版本。

（1）安装 j2sdk-1_4_2_05-linux-i586.bin。

1）安装。

```
#chmod a+x j2sdk-1_4_2_05-linux-i586-rpm.bin
#./j2sdk-1_4_2_05-linux-i586-rpm.bin
#rpm -ivh j2sdk-1_4_2_05-fcs-linux-i586.rpm
```

2）设置环境变量（在~/.cshrc 或~/.bash_profile 或/etc/profile 中添加如下内容）。

```
JAVA_HOME=/usr/java/j2sdk1.4.2_05
export JAVA_HOME
CLASSPATH=/usr/java/j2sdk1.4.2_05/lib:/usr/java/j2sdk1.4.2_05/jre/lib
export    CLASSPATH
PATH=$PATH:$JAVA_HOME/bin:$JAVA_HOME/jre/bin
export PATH
JRE=/usr/java/j2sdk1.4.2_05/jre
export JRE
```

注：当为某个用户而不是所有用户设置环境变量，可修改~/.cshrc 或~/.bash_profile 文件，要为所有用户以及以后添加的用户都加上环境变量的话，应修改/etc/profile 文件。

3）使环境变量立即生效。

```
#source /etc/profile            //执行/etc/profile 文件
#source ~/.cshrc                //执行~/.cshrc 文件
#source ~/.bash_profile         //执行~/.bash_profile 文件
```

4）测试。

```
#java -version                  //出现下面三行信息表示安装成功
java version "1.4.1_02"
Java(TM) 2 Runtime Environment, Standard Edition (build 1.4.1_02-b06)
Java HotSpot(TM) Client VM (build 1.4.1_02-b06, mixed mode)
```

（2）安装 jakarta-tomcat-5.0.30.tar.gz。

1）安装。

```
#tar zxvf jakarta-tomcat-5.0.30.tar.gz
#mv jakarta-tomcat-5.0.30 /usr/local/tomcat
```

2）启动。

```
#cd /usr/local/tomcat/bin
#./catalina.sh start
```

3）测试。在浏览器中输入：http://localhost:8080，结果如图 13-1 所示，表示安装成功。

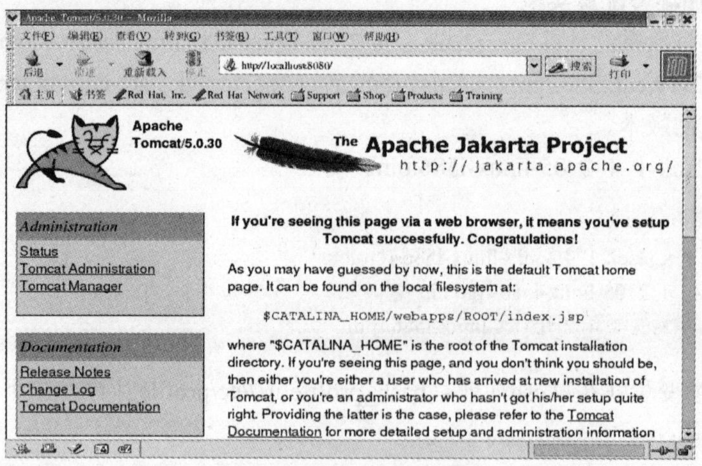

图 13-1 tomcat 测试主页

（3）安装 httpd-devel-2.0.52-19.ent.i386.rpm。

如果在安装 Apache 时采用的是 rpm 包安装，则需要安装 httpd 源码包。如果在安装 Apache 时采用 gz 包的安装方法，则不需要安装 httpd 源码包。

```
#rpm -ivh httpd-devel-2.0.52-19.ent.i386.rpm
```

（4）安装 jakarta-tomcat-connectors-jk2-src-current.tar.gz。

```
#tar zxvf jakarta-tomcat-connectors-jk2-src-current.tar.gz
#cd jakarta-tomcat-connectors-jk2-2.0.4-src/jk/native2/
#./configure --with-apxs2=/usr/sbin/apxs --with-java-home=$JAVA_HOME
//如果是自己编译安装的 apache 请更改 apxs2 的实际路径
#make
#cd ../build/jk2/apache2
//确定里面要有 mod_jk2.so 这个文件如果没有请复查以上步骤
#apxs -n jk2 -i mod_jk2.so
//完成后确定/usr/lib/httpd/modules 下有 mod_jk2.so 文件
```

（5）apache 与 tomcat 的整合。

1）在 httpd.conf 文件中添加 mod_jk2.so 模块。

```
LoadModule jk2_module modules/mod_jk2.so
```

2）在 httpd.conf 所在目录中创建 workers2.properties。

```
#vi workers2.properties
```

3）在 workers2.properties 中添加如下内容。

```
#Example socket channel, override port and host
[channel.socket:localhost:8009]
port=8009
host=127.0.0.1
# define the worker
[ajp13:localhost:8009]
channel=channel.socket:localhost:8009
# Uri mapping
[uri:/jsp-examples/*]
worker=ajp13:localhost:8009
[uri: /*]
worker=ajp13:localhost:8009
[uri:/examples/*]
worker=ajp13:localhost:8009
```

4）修改 server.xml。

```
#cd /usr/local/tomcat5.0.28/conf
#vi server.xml
```

5）在 server 文件中找到</Host>，在</Host>之前添加如下代码。

```
<Context path="" docBase="/var/www/html" debug="0" reloadable="true" crossContext="true"/>
```

其中 docBase 选项的值代表的是 tomcat 主页存放的路径，这个路径可以自定义。
（6）重启 Tomcat 和 Apache。

```
#cd /usr/local/tomcat5.0.28/bin
#./catalina.sh start
#cd /usr/sbin/
#apachectl restart
```

（7）测试。在浏览器中输入 http://localhost:8080/index.jsp，结果如图 13-2 所示。

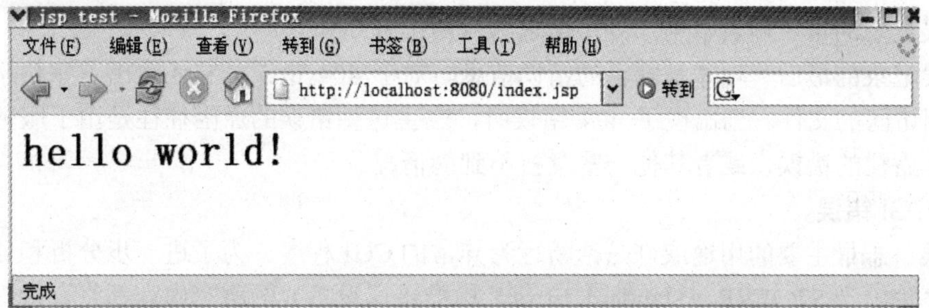

图 13-2　tomcat 测试主页

13.5 日志文件的管理

Apache 提供很多检测和日志工具来追踪服务器的正确运行，这就是它的日志功能。可以通过对日志文件的分析知道什么人在什么时候浏览了网站的哪些内容。默认的 Apache 配置提供两个日志文件，日志文件的位置由 ErrorLog 和 TransferLog 这两个命令的值来决定。

error_log 这个文件包含了与错误情况相关的信息，以及服务器生命周期中的重要事件。access_log 这个文件包含了服务器已经处理过的请求的信息，如请求的 URL、客户端的 IP 地址、请求是否成功完成等。

13.5.1 错误日志

错误日志记录了服务器运行期间遇到的各种错误，以及一些普通的诊断信息，如服务器何时启动、何时关闭。在 Linux 中，错误日志的文件名字一般为 error_log。大多数情况下，错误日志文件的内容分为两类：文档错误和 CGI 错误。但是，错误日志中偶尔也会出现配置错误，另外还有服务器的启动和关闭信息。

1．文档错误

文档错误和服务器应答中的 400 系列代码相对应，最常见的就是 404 错误——Document Not Found（文档没有找到）。除了 404 错误以外，用户身份验证错误也是一种常见的错误。

404 错误在用户请求的资源（即 URL）不存在时出现，它可能是由于用户输入的 URL 错误，或者由于服务器上原来存在的文档因故被删除或移动。

当用户不能打开服务器上的文档时，错误日志中出现的记录如下所示。

```
[Fri Aug 18 22:36:26 2006] [error]
[client 192.168.0.10] File does not exist:
/var/www/html//bugletdocs/Img/tupian.gif
```

错误记录的开头是日期/时间标记。

错误记录的第二项是当前记录的级别，它表明了问题的严重程度。这个级别信息可以参考 LogLevel 指令的文档。error 级别处于 warn 级别和 crit 级别之间。404 属于 error 错误级别，这个级别表示确实遇到了问题，但服务器还可以运行。

错误记录的第三项表示用户发出请求时所用的 IP 地址。

错误记录的最后一项才是真正的错误信息。对于 404 错误，它还给出了完整路径指示服务器试图访问的文件。当出现了 404 错误时，产生这种错误的原因往往是由于服务器配置错误、文件路径的错误，或者其他一些意料不到的情况。

2．CGI 错误

错误日志最主要的用途或许是诊断行为异常的 CGI 程序。为了进一步分析和处理方便，CGI 程序输出到 STDERR（Standard Error，标准错误设备）的所有内容都将直接进入错误日志。这意味着，任何编写良好的 CGI 程序，如果出现了问题，错误日志就会记录相关问题的详细信息。

然而，把 CGI 程序错误输出到错误日志也有它的缺点，错误日志中将出现许多没有标准

格式的内容，这使得用错误日志自动分析程序从中分析出有用的信息变得相当困难。

下面是一个例子，它是调试 Perl CGI 代码时，错误日志中出现的一个错误记录。

```
[Wed Jun 14 16:16:37 2006] [error] [client 192.168.0.10] Premature
end of script headers: /usr/local/apache/cgi-bin/HyperCalPro/announcement.cgi
Global symbol "$rv" requires explicit package name at
/usr/local/apache/cgi-bin/HyperCalPro/announcement.cgi line 81
Global symbol "%details" requires explicit package name at
/usr/local/apache/cgi-bin/HyperCalPro/announcement.cgi line 84
Global symbol "$Config" requires explicit package name at
/usr/local/apache/cgi-bin/HyperCalPro/announcement.cgi line 133
Execution of /usr/local/apache/cgi-bin/HyperCalPro/announcement.cgi
aborted due to compilation errors
```

可以看到，CGI 错误和前面的 404 错误格式相同，包含日期/时间、错误级别以及客户地址、错误信息。但这个 CGI 错误的错误信息有好几行，这往往会干扰一些错误日志分析软件的工作。

有了这个错误信息，即使是对 Perl 不太熟悉的人也能够找出许多有关错误的信息，例如至少可以方便地得知是哪几行代码出现了问题。Perl 在报告程序错误方面的机制是相当完善的。当然，不同的编程语言输出到错误日志的信息会有所不同。

由于 CGI 程序运行环境的特殊性，如果没有错误日志的帮助，大多数 CGI 程序的错误都将很难解决。

13.5.2　访问日志

访问日志 access_log 记录了所有对 Web 服务器的访问活动。典型的日志记录格式为。

```
LogFormat "%h %l %u %t \"%r\" %>s %b" common
CustomLog logs/access_log common
```

这是一个普通的记录格式，LogFormat 指令表示 Apache 需要记录请求的哪些方面。当 Apache 收到一个请求时，它会用相应的请求属性来替代以%为前缀的每一个域。

以下是一些常用域的介绍。

%h: 发送请求的客户的 IP 地址。如果 HostnameLookups 设置为 On，则服务器会尝试解析这个 IP 地址的主机名，但是这样会增加服务器的负担，不推荐这样做。

%u: 使用 HTTP 方式认证用户时，记录下的用户的编号。

%t: 服务器接受到连接请求的时间。

%r: 客户端发出的原始连接请求中的文本信息，包含所使用的 HTTP 方法。

%>s: 服务器应答浏览器后的返回状态代码，200 表示请求成功。

%b: 服务器应答浏览器发出的单个请求的回传对象的内容大小（单位为字节），不统计数据包头部字节。

下面是以普通的日志格式记录的访问日志中一个典型的记录。

```
192.168.0.10 - - [19/Aug/2006:14:47:37 -0400] "GET / HTTP/1.0" 200 654
```

P1 1 P9 2 P24 3 P51 4 P67 5 P83 6 P104 7 P117 8 P128 9 P143 10 P161 11 P172 12 第13章 P214 14 P227 15 P245 16 P259 17 P284 18 P305 19 P328 20 P361 21

上面的例子中有两项空白，整行内容实际分成了 7 项。

第一项信息是远程主机的地址。在上面的例子中，访问网站的主机是 192.168.0.10。

第二项是空白，用一个“-”占位符替代。这个位置用于记录浏览者的标识。

第三项也是空白。这个位置用于记录浏览者进行身份验证时提供的名字。当网站的某些内容要求用户进行身份验证，那么该项信息是不会空白的。

第四项是请求的时间。这个信息用方括号包围，而且采用所谓的“公共日志格式”或“标准英文格式”。因此，上例日志记录表示请求的时间是 2006 年 8 月 19 日星期三 14:47:37。时间信息最后的“-0400”表示服务器所处时区位于 UTC 之前的 4 小时。

第五项信息或许是整个日志记录中最有用的信息，表示服务器收到的是一个什么样的请求。该项信息的典型格式是“METHOD RESOURCE PROTOCOL”，即“方法 资源 协议”。

在上例中，METHOD 是 GET，其他经常可能出现的 METHOD 还有 POST 和 HEAD。

RESOURCE 是指浏览者向服务器请求的文档或 URL。在这个例子中，浏览者请求的是“/”，即网站的主页或根。大多数情况下，“/”指向 DocumentRoot 目录的 index.html 文档，但根据服务器配置的不同它也可能指向其他文件。

PROTOCOL 通常是 HTTP，后面再加上版本号。版本号或者是 1.0，或者是 1.1，但出现 1.0 的时候比较多。HTTP 协议是 Web 得以工作的基础，HTTP/1.0 是 HTTP 协议的早期版本，而 1.1 是最近的版本。当前大多数 Web 客户程序使用 1.0 版本的 HTTP 协议。

第六项信息是状态代码。用于表示请求是否成功，或者遇到了什么样的错误。大多数时候，这项值是 200，它表示服务器已经成功地响应浏览器的请求。状态代码所表示的一般含义有以下几种，以 2 开头的状态代码表示成功，以 3 开头的状态代码表示由于各种原因用户请求被重定向到了其他位置，以 4 开头的状态代码表示客户端存在某种错误，以 5 开头的状态代码表示服务器遇到了某个错误。

第七项表示发送给客户端的总字节数。用于表示传输是否被打断（即该数值是否和文件的大小相同）。把日志记录中的这些值加起来就可以得知服务器在一天、一周或者一月内发送了多少数据。

13.6 Apache 配置应用实例

本节主要讲述在 Red Hat AS4 U2 平台上，配置一个基于域名的虚拟主机，并在虚拟主机上实现对虚拟目录的身份认证。要求如下：

第一个虚拟主机的域名为 test1.gd-linux.org，对应的 IP 地址为本机 IP，对应的虚拟目录为/home/test1，主页名称为 index.html。

第二个虚拟主机的域名为 test2.gd-linux.org，对应的 IP 地址为本机 IP，对应的虚拟目录为/home/test2，主页名称为 index.html，对该虚拟主机进行身份的认证，合法用户名为 test，密码为 test。

实现步骤如下：

（1）检查是否安装好以下软件包。

bind-utils-9.2.4-2　bind-9.2.4-2　httpd-devel-2.0.52-19.ent　httpd-2.0.52-19.ent

如果没有安装相应的软件包，请在系统光盘的第三张找到相应的 rpm 包安装即可。

（2）各种服务的配置。

1）配置 DNS 服务器。

在/etc/named.conf 中添加如下内容：

```
zone "gd-linux.org" IN {
        type master;
        file "gdlc.zone";
        allow-update { none; };
};
```

在/var/named/目录下创建一个 gdin-thxy.zone 文件。

```
#cp localhost.zone gdlc.zone
#vi gdlc.zone
```

将文件的内容改成如下形式：

```
$TTL    86400
$ORIGIN gd-linux.org.
@                   1D IN SOA dns.gd-linux.org.     root.gd-linux.org. (
                              42              ; serial (d. adams)
                              3H              ; refresh

                              15M             ; retry
                              1W              ; expiry
                              1D )            ; minimum

                    1D IN NS       dns.gd-linux.org.
dns                 1D IN A        192.168.0.1
test1               IN A           192.168.0.1
test2               IN A           192.168.0.1
```

将/etc/resolv.conf 文件内容改为如下形式：

```
nameserver 192.168.0.1
search gd-linux.org
```

启动 DNS 服务，并测试。

```
#service named start
#host -l gd-linux.org
```

若结果如下，表示配置成功。

```
gd-linux.org name server dns.gd-linux.org.
dns.gd-linux.org has address 192.168.0.1
test1.gd-linux.org has address 192.168.0.1
test2.gd-linux.org has address 192.168.0.1
```

P1 1
P9 2
P24 3
P51 4
P67 5
P83 6
P104 7
P117 8
P128 9
P143 10
P161 11
P172 12
第13章
P214 14
P227 15
P245 16
P259 17
P284 18
P305 19
P328 20
P361 21

2）Web 服务器的配置。

在/etc/httpd/conf/httpd.conf 文件最后添加如下内容：

```
<Directory   "/home/test2">
        Options   Indexes   MultiViews
        AllowOverride   None
        Order   allow,deny
        Allow   from   all
</Directory>
NameVirtualHost   *:80
<VirtualHost   *:80>
    DocumentRoot   /home/test1
    ServerName   test1.gd-linux.org
</VirtualHost>
<VirtualHost   *:80>
    DocumentRoot   /home/test2
    ServerName   test2.gd-linux.org
</VirtualHost>
```

在/home 目录下创建 test1 和 test2 目录，同时在 test1 和 test2 目录中创建 index.html 文件，在 index.html 文件中分别添加相应的文字内容，操作如下：

```
#mkdir /home/test1 /home/test2
#touch /home/test1/index.html /home/test2/index.html
#echo “this is test1 index”>/home/test1/index.html
#echo “this is test2 index”>/home/test2/index.html
```

对 test2 目录进行身份认证的配置，在 test2 目录下新建一个.htaccess 文件，并在文件中添加如下内容：

```
#cd /home/test2
#vi .htaccess
Authname "plsease input name and password"
Authtype basic
Authuserfile /home/test2/.htpasswd
require user test
```

添加身份认证用户和密码，操作如下：

```
#useradd test
#htpasswd -c .htpasswd test
New password:
Re-type new password:
Adding password for user test
```

启动 Web 服务：

```
#service httpd start
```

3）测试虚拟目录及身份认证。

在浏览器中输入 http://test1.gd-linux.org，界面如图 13-3 所示。

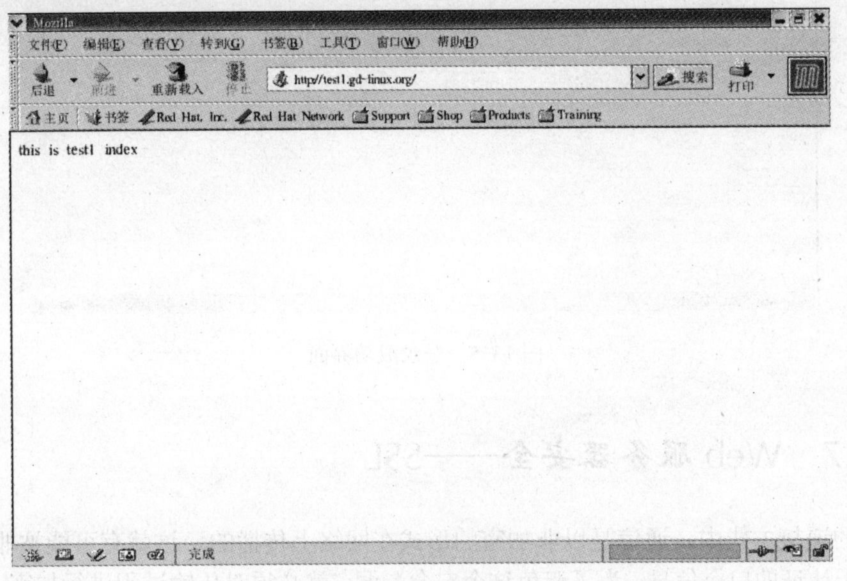

图 13-3 测试页面

在浏览器中输入 http://test1.gd-linux.org，输入用户名和密码后验证成功，界面如图 13-4、13-5 所示。

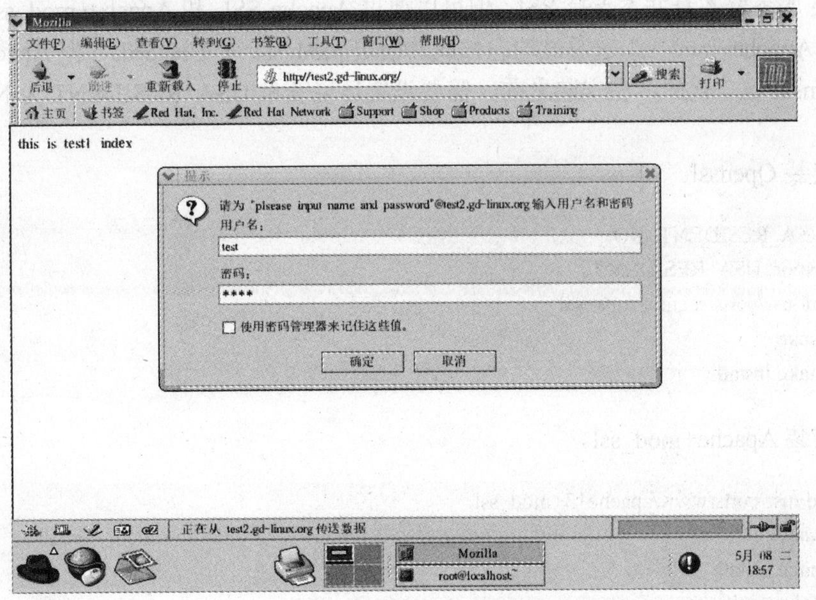

图 13-4 虚拟用户登录界面

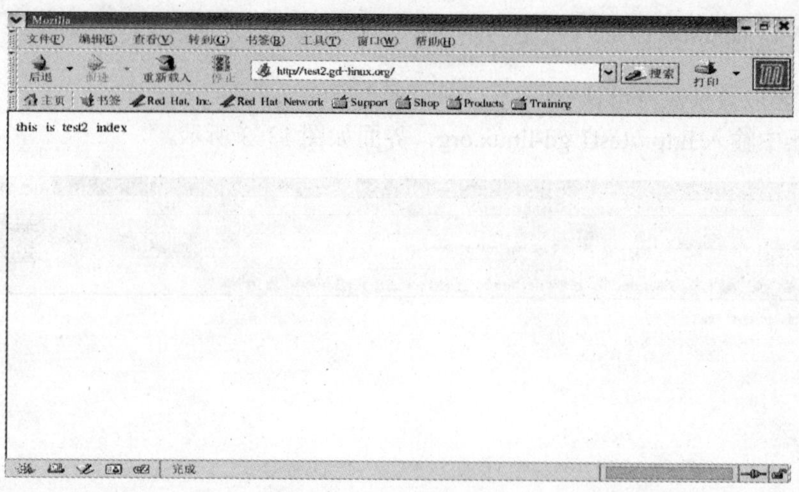

图 13-5　登录成功界面

13.7　Web 服务器安全——SSL

通常的连接方式中，通信是以非加密的形式在网络上传播的，这就有可能被非法窃听，尤其是用于认证的口令信息。为了避免这个安全漏洞，就必须对传输过程进行加密。对 HTTP 传输进行加密的协议为 HTTPS，它是通过 SSL（安全 Socket 层）进行 HTTP 传输的协议，不但通过公用密钥的算法进行加密，而且还可以通过获得认证证书 CA，保证客户连接的服务器不被假冒。

Apache 服务器本身并不支持 SSL，但可以通过 Apache-SSL 和 Apache+mod_ssl 让 Apache 支持 SSL。Apache+mod_ssl 是通过动态加载的模块 mod_ssl 来支持 SSL。但 Apache+mod_ssl 依赖于 Openssl 这个软件，在安装之前，需要设置环境变量 USA_RESIDENT 为 NO，以避免专利纠纷。

（1）安装 Openssl。

```
#USA_RESIDENT=NO
#export USA_RESIDENT
#cd /usr/ports/security/openssl
#make
#make install
```

（2）安装 Apache+mod_ssl。

```
#cd /usr/ports/www/apache13+mod_ssl
#make
#make install
#make certifaction=custom
```

注意：最后一个 make 用于生成认证证书。

（3）启动 Apache 服务。

```
#cd /usr/sbin
#apachectl startssl
```

注意：此时如果用 start 启动 Apache，只是启动了普通的 httpd 进程，并没有启动 SSL，而 startssl 才是启动 Apache 的 SSL 功能。如果在此之前已经启动了 Apache，则需要使用 stop 参数先停止 Apache，再来启动具有 SSL 功能的 Apache 服务。

（4）测试。在支持 SSL 的浏览器中输入https://localhost来查看服务器有否有响应。

第 14 章 MySQL服务器的配置与管理

本章主要内容

- MySQL 服务概述
- MySQL 服务安装与配置
- 管理 MySQL
- MySQL 安全

14.1 MySQL 服务概述

MySQL 是当前开源数据库中最受欢迎的 SQL 数据库管理系统，是一个快速的、多线程、多用户和健壮的 SQL 数据库服务器。MySQL 服务器支持关键任务、重负载生产系统的使用，也可以将它嵌入到一个大配置的软件中去。

MySQL 支持大量数据类型，如常规的整数、浮点数、字符串和数字均以多种长度表示，并支持变长的 BLOB（Binary Large Object）类型。对于整数字段，还可设置自动增量选项，日期时间类型也能轻松实现。

MySQL 与大多数其他数据库系统不同的是提供两个相对不常用的字段类型：ENUM 和 SET。

ENUM 是一个枚举类型，非常类似于 Pascal 语言的枚举类型，它允许程序员看到类似于'red、'green'、'blue'的字段值，而 MySQL 只将这些值存储为一个字节。

MySQL 数据库是客户机/服务器结构的 C 语言库，它意味着一个客户能查询驻留在另一台机器的一个数据库。然而 MySQL 真正的强项在于该库中的语言“包装器(wrapper)”：Perl、Python 和 PHP 只是一部分。Apache 的 Web 服务器也有许多模块如目录存取文件等允许各种各样的 Apache 配置信息(例如目录存取文件)使用 MySQL，应用程序接口简单、一致并且相对完整。另外、多平台 ODBC 驱动程序可自由获得。

MySQL 网站(http://www.mysql.com)提供了关于 MySQL 和 MySQL AB 的最新的消息。

14.2 MySQL 服务的安装与配置

下面以 MySQL 源码包在 RedHat AS4 上安装配置为例进行讲解，在其他操作系统上的源

码包安装都与此类似。

14.2.1　获取 MySQL

目前 MySQL 的最新稳定发行版本是 5.0.33，可以在其官方下载地址 http://dev.mysql.com/downloads/mysql/5.0.html 下载到。

注意：要找到页面最下方的源码包（Source downloads）。

在这个页面中还有许多为特定操作系统版本编译好的 MySQL 安装包，可以针对特定操作系统无需编译直接运行。

14.2.2　安装准备工作

首先要检查操作系统是否安装了所需要的软件包，因为这里安装的是源码包，因此要确认操作系统是否安装了 C 语言编译环境(gcc, libgcc 等)。

在命令行下以 root 身份查看是否正确安装了 gcc。

```
[root@as4/]# rpm -aq|grep gcc
gcc-objc-3.4.3-9.EL4
compat-libgcc-296-2.96-132.7.2
compat-gcc-32-c++-3.2.3-47.3
libgcc-3.4.3-9.EL4
gcc-3.4.3-9.EL4
```

此外，还要防止操作系统原有的 MySQL 包对新安装的 MySQL 造成影响，因此不要让系统自带的 MySQL 影响到新安装的 MySQL，首先要卸载系统自带的 MySQL(注意：一般来说 RedHat 的发行版中带的 MySQL 都不是最新版本)。可以通过以下步骤卸载系统自带的 MySQL。

```
[root@as4 /]# rpm –e `rpm -aq|grep mysql` --nodeps
mysql-4.1.12-3.RHEL4.1
mysqlclient10-3.23.58-4.RHEL4.1…
```

14.2.3　开始安装

（1）把获得的 MySQL 源码包 mysql-5.0.33.tar.gz 复制到/opt 目录下并解压。

```
[root@as4 /]# cd /opt/
[root@as4 opt]# tar zxvf ./mysql-5.0.33.tar.gz
```

（2）为 MySQL 创建独立用户，一般来说独立运行的数据库都要创建一个独立的系统用户，有些数据库是需要独立系统用户的。

```
[root@as4 /]# useradd mysql -d /opt/mysql-5.0. 33
[root@as4 /]# chown -R mysql.mysql /opt/mysql-5.0. 33
```

（3）创建配置目录（数据和连接）。数据目录用于存放 MySQL 的所有数据，而连接目录是存放 MySQL 运行时的 socket 文件。

```
[root@as4 /]# su  -  mysql                    #先切换到 mysql 用户
[mysql@as4 ~]$ mkdir ./data
[mysql@as4 ~]$ mkdir ./tmp
```

（4）开始预编译。

```
[mysql@as4 ~]$ ./configure --prefix=/opt/mysql-5.0.33 --localstatedir=/opt/mysql-5.0.33/data --with-UNIX-socket-path=/opt/mysql-5.0.33/tmp/mysql.sock    --with-mysqld-user=mysql    --enable-large-files --with-big-tables --with-charset=utf8 --with-extra-charsets=latin1,latin2,latin5,latin7,gb2312,gbk
```

- --prefix 参数是指定 mysql 的安装目录。
- --localstatedir 是指定 mysql 数据的存放目录。
- --with-UNIX-socket-path 是指定 socket 文件的存放路径。
- --with-mysqld-user 是指定使用用户。

可以用 configure －help 查看可以使用的所有参数。

（5）开始编译，此过程相对来说会比较长，当然也跟机器的硬件配置有关。

```
[mysql@as4 ~]$ make
```

（6）开始安装。

```
[mysql@as4 ~]$ make install
```

此步骤完成后 MySQL 软件就安装到系统中了。

（7）安装完的重要设置是进行初始化数据操作。

```
[mysql@as4~]$ ./scripts/mysql_install_db --datadir=/opt/mysql-5.0.33/data
```

以上命令将创建系统初始数据库 mysql 和 test。

14.3 MySQL 的管理

MySQL 数据库系统由以下几部分组成。

（1）MySQL 服务器。MySQL 服务器执行数据库和表的所有操作。mysqld 是 MySQL 的守护进程，它用于启动服务器、监控服务器和重新启动服务器。

（2）MySQL 客户机和实用程序。可用来与服务器进行通信和执行管理的任务。其中最重要的几个实用程序是：

- mysql：一个交互式程序，允许将 SQL 语句发布到服务器上并浏览其结果。
- mysqladmin：一个管理程序，允许执行诸如关闭服务器以及创建或删除数据库的工作。如果服务器运行不正常，还可以用 mysqladmin 来检查服务器的状态。
- isamchk 和 myisamchk：这些实用程序帮助用户完成表的分析和优化，以及在表损坏时进行崩溃恢复。
- mysqldump：一个工具，用于备份数据库或将数据库复制到另一个服务器中。

1 P1 2 P9 3 P24 4 P51 5 P67 6 P83 7 P104 8 P117 9 P128 10 P143 11 P161 12 P172 13 P189 第14章 15 P227 16 P245 17 P259 18 P284 19 P305 20 P328 21 P361

MySQL 数据目录。数据目录是服务器存储其数据库和状态文件的所在。了解数据目录的结构及内容是很重要的，用户可以知道服务器是怎样使用文件系统来表现数据库和表的，以及像日志这样的文件的存放位置和其内容。还应该了解在文件系统中管理磁盘空间分配的选项，当发现放置数据目录的文件系统过满时可以进行调整。

14.3.1 启动 MySQL

```
[mysql@as4 /]$ ./bin/mysqld_safe --no-defaults &
```

（1）--no-defaults 参数表示不使用默认值，默认设置的数据库文件存放在/var 目录下。

（2）&表示后台运行。

14.3.2 停止 MySQL

```
[mysql@as4 ~]$ mysqladmin shutdown -u root -p
```

- -u 是指定用户。
- -p 是指定密码。

在本机命令行下进入 MySQL。

```
mysql@as4 ~]$ mysql
Welcome to the MySQL monitor.   Commands end with ; or \g.
Your MySQL connection id is 2 to server version: 5.0.33
Type 'help;' or '\h' for help. Type '\c' to clear the buffer.
mysql>
```

14.3.3 管理 MySQL 用户

MySQL 安装好后默认的管理员账号也是 root（与操作系统的账号名一样），但密码是空的，且只能从本机访问。授权管理命令语法格式如下。

```
grant select on 数据库.* to 用户名@登录主机 identified by "密码"
```

例 1：增加一个用户 test1，密码为 abc，让他可以在任何主机上登录，并对所有数据库有查询、插入、修改、删除的权限。首先用以 root 用户连入 MySQL，然后键入以下命令：

```
grant select,insert,update,delete on *.* to test1@"%" Identified by "abc";
```

例 2：增加一个用户 test2，密码为 abc，使其只可以在 localhost 上登录，并可以对数据库 mydb 进行查询、插入、修改、删除的操作（localhost 指本地主机，即 MySQL 数据库所在的主机），这样用户即使知道 test2 的密码，也无法从 Internet 上直接访问数据库，只能通过 MySQL 主机上的 Web 页来访问了。

```
grant select,insert,update,delete on mydb.* to test2@localhost identified by "abc";
```

若想将 test2 用户的密码消除，可使用以下命令：

```
grant select,insert,update,delete on mydb.* to test2@localhost identified by "";
```

例 3：修改 MySQL 用户的方法，这里讲两种方法。

（1）以 root 登录后直接用 SQL 语句修改系统库 mysql 中的 user 表。

```
[mysql@as4 mysql]$ mysql -u root -p                //在命令行下用 root 身份进入 MySQL
mysql> use mysql;                                  //选择系统数据库
mysql> update user set password=password('654321') where user='root'
        //(将 root 用户的密码改成 654321，注意要加函数 password(),因为 mysql 中密码是采用 MD5
算法进行加密的，如果不用该函数密码将以明文存储，这样在登录的时候系统把 654321 用 MD5 算法一计算
后就跟表 user 中存出的 654321 密码不一致了，这样你就登录不了。

mysql> flush privileges; (提交你的修改请求)
```

（2）直接在 bash shell 命令行下用 mysqladmin 这个命令修改。

```
[mysql@as4 mysql]$ mysqladmin -u root -p654321 password 123456
    //将来 root 用户的密码从 654321 修改为 123456)
```

添加一个远程管理 MySQL 的用户。

```
[mysql@as4 ~]$ mysql
mysql> grant all privileges on *.* to mysql@'192.168.0.0/255.255.0.0' identified by 'mysql';
mysql> \q
```

以上命令可以添加一个可以从 192.168.0.0/16IP 段访问 MySQL 服务器上所有数据库的用户，其账号是 mysql，口令是 mysql。

14.3.4 常用 MySQL 命令

（1）显示数据库列表。

```
show databases;
```

安装 MySQL 数据库后，MySQL 默认创建 mysql 和 test 数据库。mysql 库很重要，里面有 MySQL 的系统信息，修改密码和新增用户实际上就是用这个库进行操作的。

（2）显示库中的数据表。

```
use mysql;                                 //打开库，学过 FOXBASE 的一定不会陌生吧
show tables;
```

（3）显示数据表的结构。

```
describe 表名;
```

（4）显示表中的记录。

```
select * from 表名;
```

（5）创建库。

```
create database 库名；
```

（6）创建表。

```
use 库名；
create table 表名 (字段设定列表)；
```

（7）删除库和删除表。

```
drop database 库名；
drop table 表名；
```

（8）将表中记录清空。

```
delete from 表名；
```

14.3.5 创建 MySQL 表

创建 book 数据库，并在 boot 数据库上创建 storybook 表，同时在 storybook 表上添加两条案例记录。具体操作步骤如下所示。

```
drop database if exists book;                          //如果存在 book 库则删除
create database book;                                  //建立库 book
use book;                                              //打开库 book
create table storybook                                 //建立表 storybook
(
id int(3) auto_increment not null primary key,
name char(10) not null,
author varchar(50) default '张三',
public_date date
);                                                     //建表结束
//以下为插入字段
insert into storybook    values('','MySQL 数据库优化','李四','2006-12-15');
insert into storybook    values('','精通 PostgreSQL 数据库','王五','2006-09-11');
```

在建表时，应注意：

（1）将 id 设为长度为 3 的数字字段:int(3)，并让每个记录自动加一:auto_increment，并不能为空:not null，而且让它成为主字段：primary key。

（2）将 name 设为长度为 10 的字符字段。

（3）将 author 设为长度 50 的字符字段，而且缺省值为张三。varchar 和 char 有什么区别呢？简单说，varchar 是不固定长度的字符串，char 是固定长度的字符串。

（4）将 public_date 设为日期字段。

如果在 mysql 命令行中键入上面的命令也可以，但不方便调试。可以将以上命令原样写入一个文本文件中，假设为 book.sql，然后复制到/tmp 下，并在命令行状态进入目录 mysql/bin，然后键入以下命令：

```
mysql -u root -p 密码 < /tmp/book.sql
```

如果成功，空出一行无任何显示；如有错误，会有提示。

14.3.6 将文本导入数据库

（1）文本数据应符合的格式：字段数据之间用 tab 键隔开，null 值用 n 来代替，如下所示。

```
5 Linux 基础教程 王五 2006-12-21
6 Linux 中级教材 张三 2006-12-11
```

（2）数据批量导出命令。

```
use book;
select * from storybook info outfitle '/tmp/myfile_name';
```

（3）数据批量导入命令。

```
use book;
load data infile '/tmp/myfile_name '  into table book;
```

注意：该导出/导入方法仅针对操作表中的数据，并且导出表和导入表的字段个数和类型必须完全一样。

14.3.7 导出/导入数据

除了用 mysqldump 来导出 MySQL 数据，还可以用 SQL 语法进行备份：BACKUP TABLE 或者 SELECT INTO OUTFILE，或者备份二进制日志（binlog），也可以直接复制数据文件和相关的配置文件。MyISAM 表是保存成文件的形式，因此相对比较容易备份，上面提到的几种方法都可以使用。Innodb 所有的表都保存在同一个数据文件 ibdata1 中（也可能是多个文件，或者是独立的表空间文件），相对来说比较不好备份，开源的方案可以是复制数据文件、备份 binlog，或者用 mysqldump。

（1）导出数据。

mysqldump 是采用 SQL 级别的备份机制，它将数据表导成 SQL 脚本文件，在不同的 MySQL 版本之间升级时相对比较合适，这也是最常用的备份方法。

现在来讲一下 mysqldump 的一些主要参数。

- --compatible=name。

它告诉 mysqldump，导出的数据将和哪种数据库或哪个旧版本的 MySQL 服务器相兼容。值可以为 ansi、mysql323、mysql40、postgresql、oracle、mssql、db2、maxdb、no_key_options、no_tables_options、no_field_options 等，要使用几个值，用逗号将它们隔开。当然了，它并不保证能完全兼容，而是尽量兼容。

- --complete-insert，-c。

导出的数据采用包含字段名的完整 INSERT 方式，也就是把所有的值都写在一行。这样

P1 1 P9 2 P24 3 P51 4 P67 5 P83 6 P104 7 P117 8 P128 9 P143 10 P161 11 P172 12 P189 13 第14章 P227 15 P245 16 P259 17 P284 18 P305 19 P328 20 P361 21

做能提高插入效率，但是可能会受到 max_allowed_packet 参数的影响而导致插入失败。因此，需要谨慎使用该参数，至少笔者不推荐。

- --default-character-set=charset。

指定导出数据时采用何种字符集，如果数据表不是采用默认的 latin1 字符集的话，那么导出时必须指定该选项，否则再次导入数据后将产生乱码问题。

- --disable-keys。

告诉 mysqldump 在 INSERT 语句的开头和结尾添加 /*!40000 ALTER TABLE table DISABLE KEYS */; 和 /*!40000 ALTER TABLE table ENABLE KEYS */; 语句，这能大大提高插入语句的速度，因为它是在插入完所有数据后才重建索引的。该选项只适合 MyISAM 表。

- --extended-insert = true|false。

默认情况下，mysqldump 开启 --complete-insert 模式，因此不想用它的的话，就使用本选项，设定它的值为 false 即可。

- --hex-blob。

使用十六进制格式导出二进制字符串字段。如果有二进制数据就必须使用本选项。影响到的字段类型有 BINARY、VARBINARY、BLOB。

- --lock-all-tables，-x。

在开始导出之前，提交请求锁定所有数据库中的所有表，以保证数据的一致性。这是一个全局读锁，并且自动关闭 --single-transaction 和 --lock-tables 选项。

- --lock-tables。

它和 --lock-all-tables 类似，不过是锁定当前导出的数据表，而不是一下子锁定全部库中的表。本选项只适用于 MyISAM 表，如果是 Innodb 表可以用 --single-transaction 选项。

- --no-create-info，-t。

只导出数据，而不添加 CREATE TABLE 语句。

- --no-data，-d。

不导出任何数据，只导出数据库表结构。

- --opt。

这只是一个快捷选项，等同于同时添加 --add-drop-tables --add-locking --create-option --disable-keys --extended-insert --lock-tables --quick --set-charset 选项。本选项能让 mysqldump 很快导出数据，并且导出的数据能很快导回。该选项默认开启，但可以用 --skip-opt 禁用。注意，如果运行 mysqldump 没有指定 --quick 或 --opt 选项，则会将整个结果集放在内存中。如果导出大数据库的话可能会出现问题。

- --quick，-q。

该选项在导出大表时很有用，它强制 mysqldump 从服务器查询记录并直接输出而不是取得所有记录后将它们缓存到内存中。

- --routines，-R。

导出存储过程以及自定义函数。

- --single-transaction。

该选项在导出数据之前提交一个 BEGIN SQL 语句，BEGIN 不会阻塞任何应用程序且能保证导出时数据库的一致性状态。它只适用于事务表，例如 InnoDB 和 BDB。

本选项和 --lock-tables 选项是互斥的，因为 LOCK TABLES 会使任何挂起的事务隐含提交。要想导出大表的话，应结合使用 --quick 选项。

- --triggers。

同时导出触发器。该选项默认启用，用 --skip-triggers 禁用它。

其他参数详情请参考手册，通常使用以下 SQL 来备份 MyISAM 表。

```
/usr/local/mysql/bin/mysqldump -uyejr -pyejr \
--default-character-set=utf8 --opt --extended-insert=false \
--triggers -R --hex-blob -x db_name > db_name.sql
```

使用以下 SQL 来备份 Innodb 表。

```
/usr/local/mysql/bin/mysqldump -uyejr -pyejr \
--default-character-set=utf8 --opt --extended-insert=false \
--triggers -R --hex-blob --single-transaction db_name > db_name.sql
```

另外，如果要实现在线备份，还可以使用 --master-data 参数，例如：

```
/usr/local/mysql/bin/mysqldump -umyuser -pmypasswd \
--default-character-set=utf8 --opt --master-data=1 \
--single-transaction --flush-logs db_name > db_name.sql
```

它只是在一开始的瞬间请求锁表，然后就刷新 binlog 了，而后在导出的文件中加入 CHANGE MASTER 语句来指定当前备份的binlog位置，如果要把这个文件恢复到slave里去，就可以采用这种方法。

（2）导入。

用 mysqldump 备份出来的文件是一个可以直接导入的 SQL 脚本，有两种方法可以将数据导入。

第一种是直接用 mysql 客户端。例如：

```
/usr/local/mysql/bin/mysql -umyuser -pmypasswd db_name < db_name.sql
```

第二种是用 source 语法。其实这不是标准的 SQL 语法，而是 mysql 客户端提供的功能，例如：

```
source /tmp/db_name.sql;
```

这里需要指定文件的绝对路径，并且必须是 mysqld 运行用户（例如 nobody）有权限读取的文件。

14.3.8 备份和恢复数据

（1）备份。backup table 语法其实和 mysqlhotcopy 的工作原理差不多，都是锁表，然后复制数据文件。它能实现在线备份，但是效果不理想，因此不推荐使用。它只复制表结构文件和数据文件，不同时复制索引文件，因此恢复时比较慢。

例如：

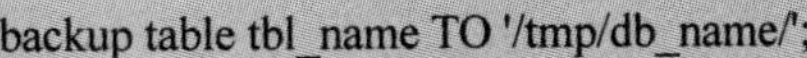


```
backup table tbl_name TO '/tmp/db_name/';
```

注意，必须要有 FILE 权限才能执行本 SQL，并且目录 /tmp/db_name/ 必须能被 mysqld 用户可写，导出的文件不能覆盖已经存在的文件，以避免安全问题。

select into outfile 则是把数据导出来成为普通的文本文件，可以自定义字段间隔的方式，方便处理这些数据。例如：

```
select * into outfile '/tmp/db_name/tbl_name.txt' from tbl_name;
```

注意，必须有 FILE 权限才能执行本 SQL，并且文件 /tmp/db_name/tbl_name.txt 必须能被 mysqld 用户可写，导出的文件不能覆盖已经存在的文件，以避免安全问题。

（2）恢复。用 backup table 方法备份出来的文件，可以运行 restore table 语句来恢复数据表。例如：

```
restore table from '/tmp/db_name/';
```

权限要求类似上面所述。

用 select into outfile 方法备份出来的文件，可以运行 load data infile 语句来恢复数据表。例如：

```
Load data infile '/tmp/db_name/tbl_name.txt' into table tbl_name;
```

权限要求类似上面所述。导入数据之前，数据表要已经存在。如果担心数据发生重复，可以增加 replace 关键字来替换已有记录或者用 ignore 关键字来忽略它们。

（3）简易导入导出方法

导出数据库：（命令在 mysql/bin 目录下）。

```
mysqldump --opt book>book.bak //没有设置密码的时候。
mysqldump -u root –p123456 --opt book > book.bak //密码被设置为 123456 的时候。
mysqldump --opt book   storybook   magazine   > /tmp/book.storybook.magazine.sql。
```

注意：将数据库 book 中的 storybook 表和 magazine 表备份到/tmp/book.storybook.magazine.sql 文件，book.storybook.magazine.sql 是一个文本文件，文件名任取，打开看看会有新发现。

备份的其他方法是从导出文件导入数据。

● 方法一：

```
mysql>source book.storybook.magazine.sql;
```

● 方法二：

```
shell> mysqladmin -h localhost -u root -p123 create target_db_name
shell> mysql -h localhost -u root -p123 target_db_name < 文件名
```

注意：将数据库 book 备份到 book.bak 文件，book.bak 是一个文本文件，文件名任取，打开看看会有新发现。

（4）备份/恢复数据表

1）备份：

```
[mysql@as4 ~]$ mysqldump -u root -p --opt test storybook > /tmp/my1.bak
```

此命令是以 root 身份把 test 数据库中的 storybook 表结构和记录备份到/tmp/my1.bak。

2）恢复：

```
[mysql@as4 ~]$ mysql -u root -p    test < /tmp/my1.bak
```

把刚才备份的 storybook 表结构和记录文件 my1.bak 恢复到 test 数据库中，表名还是 storybook。

注意：恢复时应先将库中的表删除，然后把表文件复制成表，存入数据库。

14.3.9 开机自动启动 MySQL

（1）要让 MySQL 在开机后自动运行，可在/etc/rc.local 中添加一行：

```
su - mysql -c "/opt/mysql-5.0.33/bin/mysqld_safe --no-defaults &"
```

先切换成 mysql 用户身份，然后启动 MySQL 服务。

（2）把 MySQL 作为系统的一个服务，先编辑一个 mysql 服务文件 mysql5，把 mysql5 文件复制到/etc/rc.d/init.d/，并增加可执行权限：

```
[root@as4 /]# chmod 755 /etc/init.d/mysql5
```

把 mysql5 添加到服务列表：

```
[root@as4 /]# chkconfig --add mysql5
```

然后选择让 mysql5 在开机时自动启动：

```
[root@as4 /]# chkconfig --level 3 mysql5 on
```

（3）编写 MySQL 开机自动运行脚本。

```
[root@as4 ~]# vi /etc/init.d/mysql5
#!/bin/bash
#
# Startup script for the MySQL 5.0.33 Server
#
# chkconfig: - 92 27
# description: MySQL server.

# processname: mysql5
```

```
export MySQL_BASE=/opt/mysql-5.0.33
PROFILEDIR=/var/run/mysql

start(){
    if [ -f $PROFILEDIR/MySQL_PID ]; then
      echo "MySQL Server has been Running!!"
   else
      if [ -f $MySQL_BASE/bin/mysqld_safe ]; then
         su  -  mysql  -c  "$MySQL_BASE/bin/mysqld_safe  --defaults-file=$MySQL_BASE/my.cnf
>/dev/null 2>&1 &"
         sleep 3
         head -n 1 $MySQL_BASE/data/as4.pid >$PROFILEDIR/MySQL_PID
         echo "Startting MySQL"
      else
         echo "MySQL File Not Founds"
      fi
   fi
}
stop() {
   if [ -f $PROFILEDIR/MySQL_PID ]; then
        # Stop the MySQL Server 5.0.33
        su - mysql -c "rm -f $PROFILEDIR/MySQL_PID;$MySQL_BASE/bin/mysqladmin shutdown -u
root -S $MySQL_BASE/tmp/mysql.sock;"
        echo "Stopping MySQL"
   else
        echo "Not Running MySQL"
  fi
}

restart() {
  if [ -f $PROFILEDIR/MySQL_PID ]; then
        # Restart the MySQL Server
        stop
        start
   else
        echo "Not Running MySQL"
  fi
}
case "$1" in
     'start')
          # Start the MySQL Server 5.0.33
          start
          ;;
        'stop')
        # Stop the MySQL Server 5.0.33
        stop
```

```
        ;;
        'restart')
        # Restart the MySQL Server 5.0.33
        restart
        ;;
        *)
        echo "Usage; `basename $0` {start|stop|restart}" 1>&2
        exit 1
        ;;
esac
exit 0
```

（4）查看 MySQL 是否已经运行。

用 netstat 命令查看，MySQL 默认监听端口是 3306。

```
[root@as4 ~]# netstat -nplt | grep mysql
tcp    0       0 0.0.0.0:3306         0.0.0.0:*           LISTEN          3773/mysqld
```

查看系统进程：

```
[root@as4 ~]# ps aux|grep mysql
```

第 15 章 LAMP 概述

本章主要内容

- LAMP 的概念
- LAMP 的安装
- PHP 的安装与配置
- Perl、Python 的概述
- 加速 LAMP

15.1 LAMP 的概念

LAMP 是 Linux+Apache+MySQL+PHP/Perl/Python 的缩写。1998 年，Michael Kunze 为德国计算机杂志 c't 撰写关于自由软件如何成为商业软件替代品的文章时，创建了 LAMP 这个名词。这个术语在德国十分流行，代表了 Linux 平台上的 Apache 网站服务器、MySQL 数据库以及 Perl、Python 或者 PHP 编程语言的结合。LAMP 所代表的不仅仅是开放源码，它更是开发和实施高性能 Web 应用的重要平台。如果说 Apache 能代表 LAMP 的占有率的话，那么，采用 LAMP 的站点几乎就已经是占据了主要的市场。无论是考虑性能、质量，还是价格，LAMP 都应该是企业/政府部门关注的平台。LAMP 更应该是 IT 行业，特别是系统集成商必须选择和比较的平台。

15.2 LAMP 的安装

有关 Linux 系统、Apache 服务器、MySQL 数据库的安装，前文已有介绍。本章主要讲述 PHP 的安装和配置。

15.2.1 PHP 语言概述

PHP，是英文“超级文本预处理语言”（PHP:Hypertext Preprocessor）的缩写。PHP 是一种 HTML 内嵌式的语言，与微软的 ASP 语言颇有几分相似，都是在服务器端执行的嵌入 HTML 文档的脚本语言，语言的风格类似于 C 语言。PHP 语言独特的语法混合了 C、Java、Perl 以及 PHP 语言自创的新语法，它可以比 CGI 或者 Perl 更快速地执行动态网页。用 PHP 语言做出的动态页面与其他的编程语言相比，PHP 语言是将程序嵌入到 HTML 文档中去执行，执行效率比完全生成 HTML 标记的 CGI 要高许多；与同样是嵌入 HTML 文档的脚本语言 JavaScript

相比，PHP 语言在服务器端执行，充分利用了服务器的性能；PHP 语言执行引擎还会将用户经常访问的 PHP 程序驻留在内存中，其他用户在同时访问这个程序时就不需要重新编译程序，只要直接执行内存中的代码就可以了，这也是 PHP 程序高效率的体现之一。PHP 语言具有非常强大的功能，所有的 CGI 或者 JavaScript 的功能 PHP 语言都能实现，而且支持几乎所有流行的数据库以及操作系统。

PHP 语言最初在 1994 由 Rasmus Lerdorf 开发。在 1995 年以 Personal Home Page Tools（PHP Tools）的名称开始对外发表第一个版本。在这个早期版本中，提供了访客留言本、访客计数器等简单的功能。1995 年，第二版的 PHP 语言问市，定名为 PHP/FI(Form Interpreter)。在其中加入了 MySQL 的支持，自此奠定了 PHP 语言在动态网页开发上的影响力。在 1996 年底，有一万五千个 Web 网站使用 PHP/FI；1997 年，使用 PHP/FI 的 Web 网站超过五万个。同年开始了第三版的开发计划，开发小组加入了 Zeev Suraski 及 Andi Gutmans，而第三版就定名为 PHP 3。PHP 3 跟 Apache 服务器紧密结合，不断加入新的功能，并且它几乎支持所有主流与非主流数据库；再加上高速的执行效率，1999 年，采用 PHP 语言的网站超过了十五万个!2000 年 5 月，PHP 4 正式发布。它使用了 Zend（Zeev +Andi）引擎，提供更高的性能，还包含了其他一些关键功能，比如：支持更多的 Web 服务器；HTTP Sessions 支持；输出缓存（output buffering）；更安全的处理用户输入的方法以及一些新的语言结构。PHP 4.0 语言是更有效的、更可靠的动态 Web 页开发工具，在大多数情况下运行比 PHP 3 快，其脚本描述更强大并且更复杂，最显著的特征是速率比的增加。2006 年 7 月，PHP 5 问世。无论对于 PHP 语言本身还是 PHP 的用户来讲，PHP 5 都是一个里程碑式的版本。Zend II 引擎的采用，完备对象模型、改进的语法设计，终使得 PHP 语言成为一个设计完备、真正具有面向对象能力的脚本语言。我们预计，PHP5 语言的出现，将会给整个 PHP 社区带来新的一轮各种库、应用开发改进的高峰。

PHP 语言的特性包括：

- 开放的源代码：所有的 PHP 源代码事实上都可以得到，PHP 程序是免费的。
- 基于服务器端：由于 PHP 程序是运行在服务器端的脚本，因此可以在 UNIX、Linux、Windows 下使用。
- 嵌入 HTML：因为 PHP 程序可以嵌入 HTML 语言，所以学习起来并不困难。
- 简单的语言：PHP 程序坚持以脚本语言为主，与 Java 及 C++不同。
- 效率高：PHP 程序消耗相当少的系统资源。
- 图像处理：用 PHP 语言可以创建动态图像。

15.2.2 PHP 软件包的安装

（1）PHP 软件包的安装。到 http://cn.php.net/downloads.php 下载与操作系统对应版本的 PHP 程序。以下主要讲述 php-5.2.3.tar.gz 的安装。

```
#tar zxvf php-5.2.3.tar.gz
#cd php-5.2.3
#./configure --prefix=/usr/local/php \
--with-mysql=/usr/local/mysql \
--with-apxs2=/usr/sbin/apxs \
```

```
--enable-track-vars \
--enable-force-cgi-redirect \
--enable-pic --enable-inline-optimiation \
--enable-memory-limit \
--enable-bcmath \
--enable-shmop --enable-versioning \
--enable-calendar \
--enable-dbx--enable-dio \
--enable-mcal \
--with-config-file-path=/etc
#make
#make install
```

选项说明：

- --prefix=/usr/local/php

指定把 php-5.2.3 安装到/usr/local/php 目录中。

- --with-mysql=/usr/local/mysql

指定 mysql 数据服务器安装的位置。

- --with-apxs2=/usr/sbin/apxs

指定加入 apache 中的 DSO 模块的位置。

- --enable-track-vars

启动 cookie 的 get/post 等追踪功能。

- --enable-force-cgi-redirect

允许内部服务器重定向的安全性检查。

- --enable-memory-limit

编译内存限制支持功能。

- --with-config-file-path=/etc/httpd/conf

指定 PHP 软件的配置文件存放的目录是/etc/httpd/conf。

（2）PHP 软件的配置。

1）复制 php.ini-dist 到/etc 目录，并改名为 php.ini。

```
#cp php.ini-dist /etc/httpd/conf/php.ini
```

2）修改 php.ini 文件，添加下行内容，让 PHP 软件支持中文。

```
default_charset="gb2312"
```

3）修改 httpd.conf，在 httpd.conf 中添加以下行。

```
AddType application/x-httpd-php .php
```

在 httpd.conf 中的下行后添加 index.php。

```
DirectoryIndex index.html index.html.var index.php
```

（3）测试。在 Apache 默认的主页目录下新建一个 index.php 文件，文件内容如下。

```
<?php
phpinfo();
?>
```

在浏览器中输入 http://localhost/index.php，若看到如图 15-1 所示内容，则表示 PHP 软件安装成功。

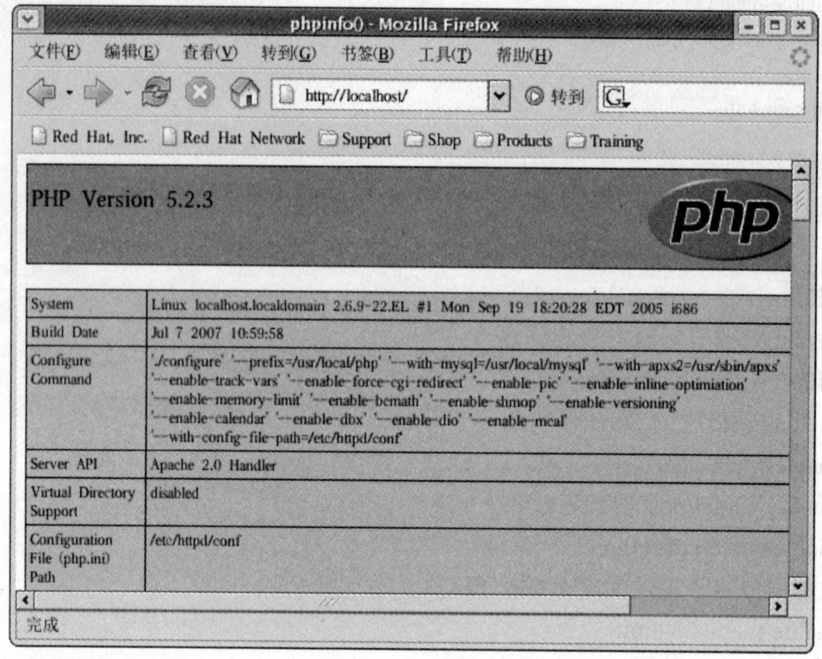

图 15-1　PHP 测试界面

15.2.3　PHP 软件的安全配置

PHP 软件是 Web 服务器的一个模块功能，要保证 Web 服务器的安全，PHP 代码编写是一方面，PHP 软件的配置更是非常关键。php.ini 是 PHP 软件的主配置文件，对 PHP 软件的配置就是修改 php.ini 中的内容。PHP 软件的安全设置主要是为了防止 phpshell 和 SQL 注入的攻击。

（1）打开 PHP 软件的安全模式。PHP 软件的安全模式是个非常重要的内嵌的安全机制，能够控制一些 PHP 程序中的函数，比如 system()，同时把很多文件操作函数进行了权限控制，不允许对某些关键文件操作，比如/etc/passwd，但是默认的 php.ini 是没有打开安全模式的，需要打开安全模式。

```
safe_mode=on
```

（2）用户组安全。当 safe_mode 打开，safe_mode_gid 被关闭时，PHP 脚本程序能够对文件进行访问，而且相同组的用户也能够对文件进行访问。建议设置为：

```
safe_mode_gid=off
```

如果不进行设置，将无法对服务器网站目录下的文件进行操作。

（3）安全模式下执行程序主目录。如果安全模式打开了，但在执行某些程序的时候，需要指定要执行程序的路径。

```
safe_mode_exec_dir=/usr/bin
```

（4）安全模式下包含文件。如果要在安全模式下包含了某些公共文件，则需要修改如下选项。

```
safe_mode_include_dir=/var/www/include/
```

一般情况下，PHP 脚本中包含的文件都是在程序中已经指明路径的，所以这个选项可以根据具体需要进行设置。

（5）控制 PHP 脚本能访问的目录。使用 open_basedir 选项能够控制 PHP 脚本只能访问指定的目录，这样能够避免 PHP 脚本访问/etc/passwd 等文件，在一定程度上限制了 phpshell 的危害，因此，通常将 open_basedir 选项设置为网站目录。

```
open_basedir=/var/www
```

（6）关闭危险函数。如果打开了安全模式，那么可以不禁用函数，但是为了更安全还是需要考虑禁用某些函数。比如不希望执行包括 system()等在内的能够执行命令的 PHP 函数，或者能够查看 PHP 信息的 phpinfo()等函数，那么可以禁止它们。

```
disable_functions=system，passthru，exec，shell_exec，popen，phpinfo
如果要禁止任何文件和目录的操作，那么可以关闭很多文件操作命令
disable_functions=chdir，chroot，dir，getcwd，opendir，readdir，scandir，fopen，unlink，delete，
copy，mkdir，rmdir，rename，file，file_get_contents，fputs，fwrite，chgrp，chmod，chown
```

以上只列了部分不常用的文件处理函数，把执行命令函数和这里的文件处理函数结合，这样能抵制大部分的 phpshell。

（7）防止 PHP 版本信息在 http 头中泄漏。为了防止黑客获取服务器中 PHP 软件的版本信息，可以禁止在 http 头中显示该信息。

```
expose_php=Off
```

（8）关闭注册全局变量。在 PHP 中提交的变量，包括使用 POST 或者 GET 提交的变量，都将自动注册为全局变量，能够直接访问，这对服务器非常不安全，因此需要将注册全局变量选项关闭。

```
register_globals=Off
```

当然，如果这样设置了，那么获取对应变量的时候就需要采用合理方式，比如获取 GET 提交的变量 var，那么就要用$_GET['var']来进行获取。

（9）防止 SQL 注入。SQL 注入是非常危险的问题，网站被 SQL 注入后，就会造成网站

后台被入侵或整个服务器被破坏，与 SQL 注入有关的是 magic_quotes_gpc 这个选项，选项值默认是 off 的，当值为 on 时系统会自动将用户提交的 sql 查询语句进行转换，比如把'（引号）转为 `（后引号）等，因此有必要设置 magic_quotes_gpc 这个选项，这对防止 SQL 注入有重大作用。

```
magic_quotes_gpc=On
```

（10）错误信息控制。一般 PHP 在没有连接到数据库或者其他情况下会有错误提示，并且在错误信息中会包含 PHP 脚本当前的路径信息或者查询的 SQL 语句等信息，这类信息是不安全的，所以一般禁止错误提示。

```
display_errors=Off
```

（11）错误日志。在关闭 display_errors 这个选项后，则需要把服务器中的错误信息记录下来，便于查找服务器的运行情况。

```
log_errors=On
```

同时还需要设置错误日志存放的目录，建议把日志文件和 Apache 的日志存在一起。

```
error_log=/etc/httpd/logs/php_error.log
```

注意：日志文件必须允许 Apache 用户和组有写权限。

15.2.4 Perl 语言概述

1. Perl 语言概述

Perl 是 Practical Extraction and Report Language（实用摘录和报告语言）的简称，是由拉里• 沃尔在解决他作为 UNIX 管理员所碰到的系统编程问题时而开发的。

Perl 之所以有吸引力是因为它填补了 UNIX Shell 编程和 C 语言应用程序之间的空白。Perl 提供了前者的简洁性，又有后者的功能性。Perl 是高度可移植的，能在所有主要的和很多次要的平台上运行，能访问 TCP/IP 套接字，还能与 C 语言结合，它也提供很多专门化的扩展，用于诸如数据库和 X.500 目录访问等服务。Perl 过程或程序是普通的文本文件，由 Perl 运行时程序转换成字节码形式，该码允许错误检测和数据流跟踪。然后，在执行之前，Perl 解释程序把字节码表达形式转换成机器码，多数 Perl 语句都以分号结尾，很多语句看上去像 Basic 或 C 代码。Perl 最常用作编制 Web 服务器的后端应用程序的语言。

Perl 采用简单明了的语法、数据类型和结构，所以相当容易学习，写得很好的 Perl 程序通常是容易读懂的。但这种明显的简洁性，让用户看不到 Perl 丰富的功能集，其中包括内置的符号调试程序和对面向对象编程的支持。先进的数据流追踪机制，让 Perl 能确定数据是否来自不安全的地方，因而能阻止潜在的危险操作。

Perl 是解释运行的。一般 Perl 程序的第一行需注明自己是一个 Perl 程序而不是 Shell 程序，所以一般将下面一行语句作为文件的第一行。

```
#!/usr/bin/perl
```

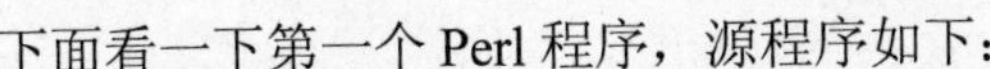

下面看一下第一个 Perl 程序，源程序如下：

```
#!/usr/bin/perl
print "hello world!\n";
```

程序的第一行说明了这是一个 Perl 程序，它也是 Perl 的注释，注释是从#开始至该行结束的所有文字；第二行是程序的可执行部分，这里只有一条 print 语句。

2. Perl 的安装

一般 Linux 系统都会配有一个用于 Perl 的安装包，用户在安装系统时就会安装一个预安装的 Perl 版本。也可以去 http://www.perl.org 下载最新版本，以安装 perl-5.8.8.tar.gz 为例。

```
#tar zxvf perl-5.8.8.tar.gz
#cd perl-5.8.8
#sh Configure –de –Dperfix=/usr/local/perl
#make
#make test
#make install
```

为了让原来的 perl/CGI 程序可以使用新版本 Perl，需要修改原 Perl。

```
#cd /usr/bin
#mv perl perl.5.8.0
#ln -s /usr/local/perl/perl /usr/bin/perl
```

注意：/usr/local/perl/perl /usr/bin/perl 是一个符号链接，让代码里的#!/usr/bin/perl 可以直接使用不用修改。

3. 测式 Perl 的安装

```
#perl –v
```

如果这个命令正常，那么安装成功。

15.2.5 Python 语言概述

1. Python 的历史

Python 是一种开源的面向对象的脚本语言，它起源于 1989 年末，当时，CWI（阿姆斯特丹国家数学和计算机科学研究所）的研究员 Guido van Rossum 需要一种高级脚本编程语言，为其研究小组的 Amoeba 分布式操作系统执行管理任务。为创建新语言，他从高级语言 ABC（ALL BASIC CODE）中汲取了大量语法，并从系统编程语言 Modula-3 中借鉴了错误处理机制。Van Rossum 把这种新的语言命名为 Python。

Python 于 1991 年初公开发行。由于功能强大和采用开源方式发行，Python 发展得很快，用户越来越多，形成了强大的社区力量。2001 年，Python 的核心开发团队移师 Digital Creations 公司，该公司是 Zope（一个用 Python 编写的 web 应用服务器）的创始者。现在最新的版本是 python3.0.1，大家可到 http://www.python.org 上了解最新的 Python

动态和资料。

2．Python 功能简介

Python 是一种解释性的，交互式的，面向对象的编程语言，类似于 Perl、Tcl、Scheme 或 Java。

Python 使用一种优雅的语法，可读性强。

Python 是一种很灵活的语言，能帮你轻松完成编程工作。并可作为一种原型开发语言，加快大型程序的开发速度。

Python 有多种数据类型：numbers(integers，floating point，complex，and unlimited-length long integers)，strings(ASCII 和 Unicode)，lists，dictionaries。

Python 支持类和多层继承等的面向对象编程技术。

Python 代码能打包成模块和包，方便管理和发布。

Python 支持异常处理，能有效捕获和处理程序中发生的错误。

Python 有强大的动态数据类型支持，不同数据类型相加会引发一个异常。

Python 支持如生成器和列表嵌套等高级编程功能。

Python 能自动内存碎片管理，有效利用内存资源。

Python 具有强大的类库支持，使编写文件处理、正则表达式，网络连接等程序变得相当容易。

Python 的交互命令行模块能方便地进行小代码调试和学习。

Python 易于扩展，可以通过 C 或 C++编写的模块进行功能扩展。

Python 解析器可作为一个编程接口嵌入一个应用程序中。

Python 可运行在多种计算机平台和操作系统中，如 Linux，UNIX，Windows，MacOS，OS/2 等等。

Python 是开源的，可自由使用和发布，并且可用于商业用途以获取利润。如想详细了解 Python 的许可协议，可到 http://www.python.org/psf/license/查询。

3．应用范围

（1）系统编程，提供大量系统接口 API，能方便进行系统维护和管理。

（2）图形处理，有 PIL、Tkinter 等图形库支持，能方便进行图形处理。

（3）数学处理，NumPy 扩展提供大量与许多标准数学库的接口。

（4）文本处理，Python 提供的 re 模块能支持正则表达式，还提供 SGML，XML 分析模块，许多程序员利用 python 进行 XML 程序的开发。

（5）数据库编程，程序员可通过遵循 Python DB-API（数据库应用程序编程接口）规范的模块与 Microsoft SQL Server，Oracle，Sybase，DB2，MySQL 等数据库通信。Python 自带一个 Gadfly 模块，提供了完整的 SQL 环境。

（6）网络编程，提供丰富的模块支持 sockets 编程，能方便快速地开发分布式应用程序。作为 Web 应用的开发语言，支持最新的 XML 技术。

（7）多媒体应用，Python 的 PyOpenGL 模块封装了“OpenGL 应用程序编程接口”，能进行二维和三维图像处理。PyGame 模块可用于编写游戏软件。

4．编写 Python 脚本

在 Linux 类的系统中，Python 解析器应该已经安装在/usr/local/bin/python 中，直接输入

python 就可进入交互式命令行界面，如下所示。

```
#python
Python 2.2.3 (#1, Apr 27 2004, 15:17:58)
[GCC 3.2.3 20030502 (Red Hat Linux 3.2.3-13)] on linux2
Type "help","copyright","credits"or"license" for more information.
>>>
```

“>>>”符号是 Python 命令行界面的提示符，可按〈CTRL+D〉键退出。命令行是 Python 最简单直观，也是最方便的一种执行环境，如果要打印"hello world"可以输入以下命令。

```
>>>print "hello world"
hello world
```

Python 代码可以模块文件方式运行。模块文件是包含 Python 语句的文本，以.py 结尾。要运行模块文件，只要输入 python xxx.py 就可以了。

也可以 Linux 脚本方式运行。和 Shell 脚本差不多，以 vi 或其他文本编辑器输入以下内容。

```
#!/usr/local/bin/python
print "test............"
```

存盘后，把文件属性改为可执行，使用“python xxx.py”命令即可执行 python 脚本。

15.3 加速 LAMP

Web 网站可用性的关键指标是速度，更确切地说，是页面能以多快的速度出现在访问者的浏览器窗口里。影响速度的因素有很多种，包括 Web 服务器的速度、访问者的 Internet 连接情况，以及浏览器必须下载的文件大小。对 LAMP 的加速主要涉及对 Linux 系统的优化、对 Apache 的加速、对 MySQL 和 PHP 的加速。本节主要讲述一下对 Apache 和 PHP 的加速方法。

15.3.1 Apache 加速

对 Apache 的加速应采用最新版本的 Apache，并把 PHP 编译其中，或者采用 DSO 模式，不要采用 CGI 方式。Apache 处理 PHP 脚本的速度要比处理静态页面慢 2-10 倍，因此尽量采用多的静态页面。另外还可以通过安装相关软件来为 Apache 加速，mod_gzip 是用来在服务器端把客户请求的内容压缩后发送给客户端的一个 Apache 模块。安装好 mod_gzip 后就能压缩普通静态页面。但 mod_gzip 只支持 Apache1.*版本，相对于 Apache2.*的版本来说，包含了 mod_deflate 模块，这个模块对服务器内容进行动态的 gzip 压缩，下面主要讲述 mod_deflate 模块的使用。

安装 Apache 时默认会自动安装 deflate 模块，这个模块其实代替了原先 apache1 版本中的 mod_gzip，功能还是一样的。

（1）确认是否安装了该模块：

```
#cat httpd.conf | grep 'deflate'
LoadModule deflate_module modules/mod_deflate.so
```

（2）在 httpd.conf 配置文件中添加如下文本：

```
<Location />
#Insert filter
SetOutputFilter DEFLATE
# Netscape 4.x has some problems...
BrowserMatch ^Mozilla/4 gzip-only-text/html
# Netscape 4.06-4.08 have some more problems
BrowserMatch ^Mozilla/4\.0[678] no-gzip
# MSIE masquerades as Netscape, but it is fine
# BrowserMatch \bMSIE !no-gzip !gzip-only-text/html
# NOTE: Due to a bug in mod_setenvif up to Apache 2.0.48
# the above regex won't work. You can use the following
# workaround to get the desired effect:
BrowserMatch \bMSI[E] !no-gzip !gzip-only-text/html
# Don't compress images
SetEnvIfNoCase Request_URI .(?:gif|jpe?g|png)$ no-gzip dont-vary
# Make sure proxies don't deliver the wrong content
Header append Vary User-Agent env=!dont-vary
</Location>
```

- BrowserMatch：由于压缩传输并不被所有的浏览器支持，这里的设置为“Mozilla/4 以后版本仅压缩文本；低于 4.0.678 版本的 Mozilla 不压缩；IE 不使用 gzip 压缩文本”。
- SetEnv 设置：不压缩以 gif，jp?g 或者 png 结尾的图片文件。
- Header append：添加浏览器 header 标识“该页面已被压缩”。

如果在编译安装 Apache 的过程中没有将所需要的两个模块 mod_deflate 编译进去的话，可以重新编译 deflate 模块所需要的文件 mod_deflate.c 和 mod_headers.c。这两个文件位于{apache-src}/modules/filters/目录下（其中{apache-src}为 apache 源文件所在的目录）。使用如下命令来单独编译这两个源文件。

```
{apache-bin}/apxs -i -a -c {apache-src}/modules/filters/mod_deflate.c
{apache-bin}/apxs -i -a -c {apache-src}/modules/filters/mod_headers.c
```

其中{apache-bin}为 apxs 文件所在的目录，接下来在 httpd.conf 直接配置该模块即可。

很多时候在单独编译 deflate 模块的时候可能会碰到编译错误，提示如下：

```
Cannotload/opt/apache/modules/mod_deflate.sointoserver:/opt/apache/modules/mod_deflate.so:
undefined symbol:deflate
```

解决的方法如下：

（3）编辑/usr/local/apache2/bin/apr-config 文件修改其中的 LDFLAGS 值为“-lz”：

```
LDFLAGS=-lz
```

（4）重新编译 mod_deflate 模块：

```
#apxs -ica mod_deflate.c
```

为了省却不必要的麻烦，在编译安装时应尽量加上--enable-deflate --enable-headers 参数。

（5）测试 mod_deflate 是否起效，可以通过查看 WEB 服务器的日志来进行，查看日志，看到如下信息：

```
127.0.0.1 - - [01/Apr/2007:14:31:37 +0800] "GET /index.html HTTP/1.1" 200 111
```

最后两个数字分别是 HTTP 的结果码（200 表示 OK），111 表示的是响应内容的大小，把这个大小跟你在浏览器上查看源码的大小比较一下就可以知道是否生效。

15.3.2 PHP 加速

PHP 的优点之一是速度很快，对于一般的网站应用，可以说是已经足够了。不过如果站点的访问量很高、带宽窄或者其他的因素令服务器产生性能瓶颈的时候，则需要用其他的办法来进一步提高 PHP 的速度。

（1）代码优化。这里并不讲述如何编写高效的 PHP 代码，而是讲解如何优化 PHP 源代码。对源代码的优化是一件繁琐的事情，而这件事情可以交给 Zend Optimizer 来完成。Zend Optimizer 可以从 Zend Technologies 的网站(http://www.zend.com/)免费得到。它的原理很简单，通过检测 Zend 引擎产生的中间代码，并且优化它来得到更高的执行速度。

下载后，用下面的方法安装 ZendOptimizer：

```
#tar xzvf ZendOptimizer-2.5.10-linux-glibc21-i386.tar.gz
#cd ZendOptimizer-2.6.0-linux-glibc21-i386
#./install.sh
```

在 php.ini 文件中加入如下内容：

```
zend_optimizer.optimization_level=15          //定义启动多少个优化进程
zend_extension="/path/to/ZendOptimizer.so"
zend_loader.enable=Off
```

重启 Apache 即可生效。

（2）缓冲。要实现缓冲，可以通过 Zend Performance Suite 或 Turck MMCache 等“缓冲模块”来实现，在 PHP 文件被首次请求的时候，通过将 PHP 源代码的中间代码存储在 Web 服务器的内存中，对于以后同样的请求，都直接提供内存中的“编译”版本。由于它可以令磁盘的访问达到最小化，因此这个方法确实可以极大地提高 PHP 的性能。更为方便的是，当 PHP 源代码修改时，缓冲的模块可以察觉到这些变化，并且重新载入，因此不必担心客户端得到的是旧版本的程序。

Zend Performance Suite 是老牌的 PHP 加速/优化软件，是 Zend Technologies 的一个商业化的产品。它可以为 PHP 的应用提供程序加速、内容缓存、文件压缩、下载服务等功能。不过它不是免费的，要使用它需要付出一笔昂贵的费用。

Turck MMCache 是目前最受欢迎的一种缓冲模块，它开放源代码，完全免费。它将 PHP 代码预编译并缓存起来，同时也对 PHP 运行环境进行一定优化。按照其官方文档的说法，MMCache 可以明显地减轻服务器的负载，并提高脚本执行速度 1～10 倍。MMCache 与 Zend Optimizer 兼容，但注意必须先安装 MMCache（php.ini 中设置）。除了加快 PHP 程序的速度，MMCache 还可以将 PHP 代码加密。

15.4 LAMP 应用实例

现在论坛非常流行，其目的是为大家提供一个交流的平台。下面讲述以 Red Hat 为平台，建立一个 PHP 论坛的方法。所需软件介绍如下所示。

15.4.1 软件的简介

（1）MySQL。用于存储注册用户的用户名、密码等信息的后台数据库软件。

软件版本号：5.0.41。

本例所需软件：mysql-5.0.41-linux-i686-glibc23.tar.gz。

下载地址：http://dev.mysql.com/downloads/mysql。

（2）Apache。运行论坛页面时所需；在本例中采用系统默认安装，不重新编译。但在安装 PHP 时需要用到 apxs 模块，这个模块由 httpd 的源码包提供，而系统默认并没有安装 httpd 的源码包，因此在安装 PHP 之前先安装 httpd 的源码包。源码包在系统的第三张安装光盘中可以找到。

本例所需软件：httpd-devel-2.0.52-19.ent.i386.rpm。

（3）PHP。论坛所采用的是用 PHP 语言所编写的 phpwind 软件包，PHP 程序在执行 PHP 页面时要用到。

软件版本号：5.2.3。

本例所需软件：php-5.2.3.tar.gz。

下载地址：http://cn.php.net/downloads.php。

（4）Zend Optimizer。Zend Optimizer 主要有两个功能，一是加速 PHP 脚本的执行，二是将用 Zend 加密的文件解密；Zend Optimizer 的加速功能，一般可以让 PHP 的执行速度提高 30%左右；另外关于 Zend Optimizer 的加密功能，对于论坛来说，论坛文件目录中里面的一些文件是经过加密的，如果你想使用支付宝、天下秀等功能，就必须安装 Zend Optimizer。

软件版本号：2.5.10。

本例所需软件：ZendOptimizer-2.5.10-linux-glibc21-i386.tar.gz。

下载地址：http://downloads.zend.com/optimizer/2.5.10/。

（5）PHPMyAdmin。PHPMyAdmin 是一个用 PHP 编写的软件；通过 phpMyAdmin 可以以 Web 方式完全对数据库进行操作，例如建立、复制、删除、导出、导入数据等操作。

软件版本号：2.10.1。

本例所需软件：phpMyAdmin-2.10.1-all-languages.tar。

下载地址：http://www.phpmyadmin.net/home_page/downloads.php。

（6）PHPwind。PHPWind 采用 PHP+MySQL 数据库的运行方式，可生成 html 页面的强大的论坛系统。

软件版本号：v5.3。

本例所需软件：PHPWind_GBK_5.3.zip。

下载地址：http://www.phpwind.com/download.php。

15.4.2 安装 MySQL

（1）安装 MySQL 源码包。

```
#tar zxvf mysql-5.0.41-linux-i686-glibc23.tar.gz
#mv mysql-5.0.41-linux-i686-glibc23 /usr/local/mysql
#cd /usr/local/mysql
#cp support-files/my-medium.cnf /etc/my.cnf
#groupadd mysql                                    //创建一个 mysql 组
#useradd -g mysql mysql                            //创建一个 mysql 用户
#scripts/mysql_install_db --user=mysql             //初始化数据库
#chown -R root:mysql    /usr/local/mysql           //设置目录 usr/local/mysql 的所属用户是 root，组是 mysql
#chown -R mysql:mysql /usr/local/mysql/data        //设置/usr/local/mysql/data 的所属用户是 mysql，组是 mysql
#bin/mysqld_safe --user=mysql &                    //启动 mysql
#bin/mysqladmin -u root password '****'            //设置 root 密码****
```

（2）登录数据库测试。

```
#bin/mysql -u root -p
Enter password:                   //输入密码
#show databases ;                 //显示数据库结构
```

（3）设置 MySQL 自动启动。

```
#cp support-files/mysql.server /etc/init.d/mysqld      //copy 启动的 mysqld 文件
#chmod 700 /etc/init.d/mysqld
#chkconfig --add mysqld                                //添加 mysqld 服务
#chkconfig --level 345 mysqld on                       //让 mysql 在 345 级别下运行
```

（4）开启常规日志和更新日志，在 my.cnf 中的[mysqld]项下添加以下内容。

```
log=/var/log/mysqld/log.log
log-update=/var/log/mysqld/update.log
```

（5）创建 MySQL 的日志文件并设置权限。

```
#mkdir /var/log/mysqld
#touch /var/log/mysqld/err.log /var/log/mysqld/log.log /var/log/mysqld/update.log
#chown -R mysql.mysql /var/log/mysqld
```

说明：错误日志包含了服务器写入标准错误输出设备的所有消息，同时还包括了 mysql 服务的启动和关闭事件常规日志，用来记录有关 MySQL 服务器运行的常规信息，包括用户的连接、查询及其他各种时间更新日志，用来记录修改数据库的查询信息，包括所有涉及数据库修改的 SQL 语句的查询记录。建议调试结束后关闭日志。

15.4.3 安装 httpd

（1）安装 httpd-devel 软件包：

```
# rpm -ivh    httpd-devel-2.0.52-19.ent.i386.rpm
```

（2）对 Apache 的主配置文件 httpd.conf 做如下修改：

```
AddType application/x-httpd-php .php                        //在文件最后添加这一行
DirectoryIndex index.html index.html.var index.php          //在这一行后添加上 index.php
AddDefaultCharset utf-8  改为：AddDefaultCharset gb2312
```

15.4.4 安装 PHP

（1）安装 PHP 源码包：

```
#tar zxvf php-5.2.3.tar.gz
#cd php-5.2.3
#./configure --prefix=/usr/local/php \
--with-MySQL=/usr/local/mysql \
--with-apxs2=/usr/sbin/apxs --enable-track-vars \
--enable-force-cgi-redirect --enable-pic \
--enable-inline-optimiation --enable-memory-limit \
--enable-bcmath --enable-shmop --enable-versioning \
--enable-calendar --enable-dbx --enable-dio \
--enable-mcal --with-config-file-path=/etc/httpd/conf
#make
#make install
```

（2）复制 php.ini-dist 到/etc/httpd/conf 目录下，并改名为 php.ini：

```
#cp php.ini-dist /etc/httpd/conf/php.ini
```

（3）编辑/etc/httpd/conf/php.ini 文件，修改以下内容：

```
default_charset="gb2312"          //添加这一行
register_globals=On               //register_globals 参数的值改为 On
session.auto_start=1              //session.auto_start 选项的值改为 1
```

15.4.5 安装 Zend Optimizer

（1）安装 Zend Optimizer：

```
#tar xzvf ZendOptimizer-2.5.10-linux-glibc21-i386.tar.gz
#cd ZendOptimizer-2.5.10-linux-glibc21-i386
#/install.sh
```

在安装过程中，依次选择如下操作：[OK] [EXIT] [YES] [/usr/local/zend] [/etc/httpd/conf] [YES] [/usr/sbin/apachectl] [OK] [OK] [OK][OK][YES] [OK]。其中的/etc/httpd/conf 为安装 PHP 时 php.ini 文件的路径。

15.4.6 安装 PHPMyAdmin

（1）安装 PHPMyAdmin：

```
#tar xzvf phpMyAdmin-2.10.1-all-languages.tar
#mv phpMyAdmin-2.10.1-all-languages.tar /var/www/index/phpMyAdmin
```

（2）生成 config.inc.php 文件：

```
#cd /var/www/index/phpMyAdmin
#cp config.sample.inc.php config.inc.php
```

（3）对 config.inc.php 文件做如下修改：

```
#vi config.inc.php
$cfg['blowfish_secret'] = '';          改成          $cfg['blowfish_secret'] = 'abc';
//'abc'这个随便写，不一定是 root 的密码；如果不添加，系统会出现"配置文件现在需要绝密的短语密码"这种提示
```

（4）打开浏览器，输入 http://IP/phpMyAdmin，界面如图 15-2 所示。

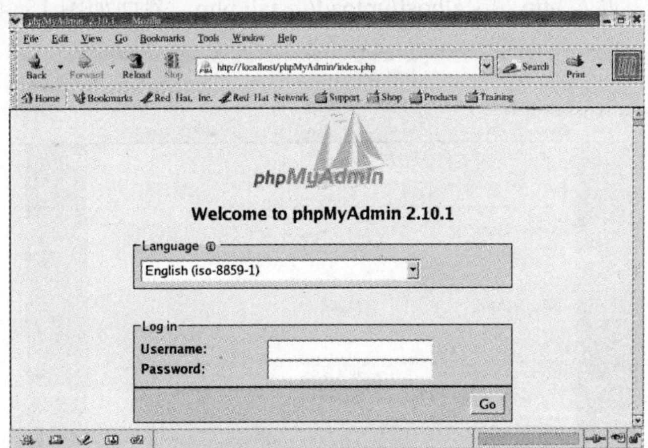

图 15-2 phpmyadmin 登录界面

（5）选择 Language 为简体中文，输入 MySQL 的用户名和密码，登录 MySQL，界面如图 15-3 所示。

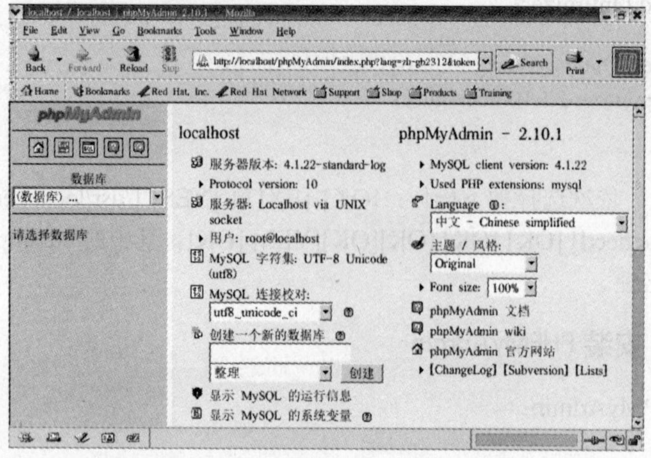

图 15-3 phpmyadmin 管理界面

▷▷▷ 15.4.7 安装 PHPwind

（1）安装 PHPwind：

```
#unzip PHPWind_GBK_5.3.zip
#cd PHPWind_GBK_5.3
#mv * /var/www/html
```

（2）根据/var/www/html/目录中 install.txt 文件的说明进行安装：

```
#cd /var/www/html
#vi install.txt
```

（3）在浏览器中输入 http://localhost/upload/install.php，界面如图 15-4 所示。

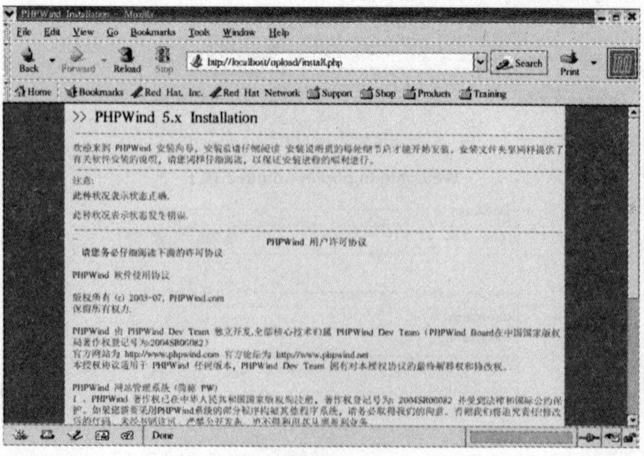

图 15-4 phpwind 安装界面

（4）点击“同意”按钮，进入下一个界面，界面如图 15-5 所示。

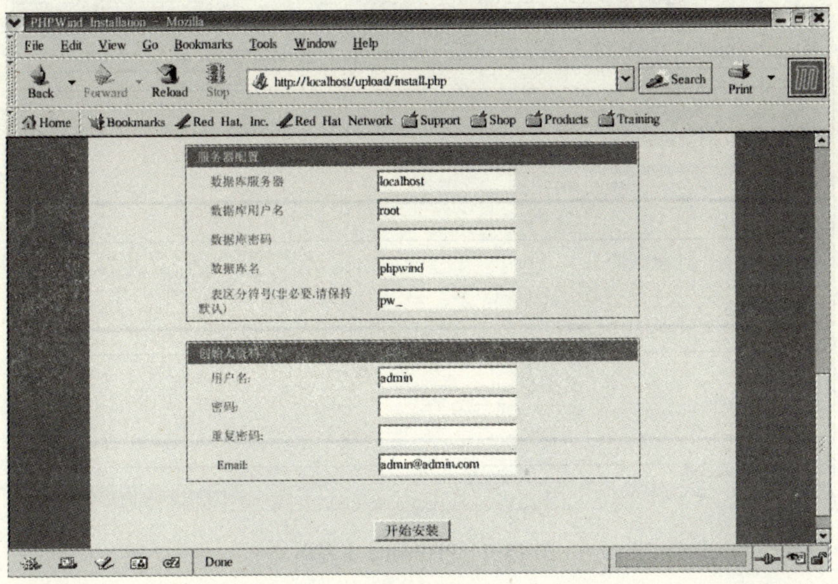

图 15-5 创建用户

注意：数据库用户名和密码为安装 MySQL 时所建立的用户和密码。

（5）删除 install.php，在浏览器中输入 http://localhost/upload/admin.php，进入论坛后台管理界面，如图 15-6 所示。

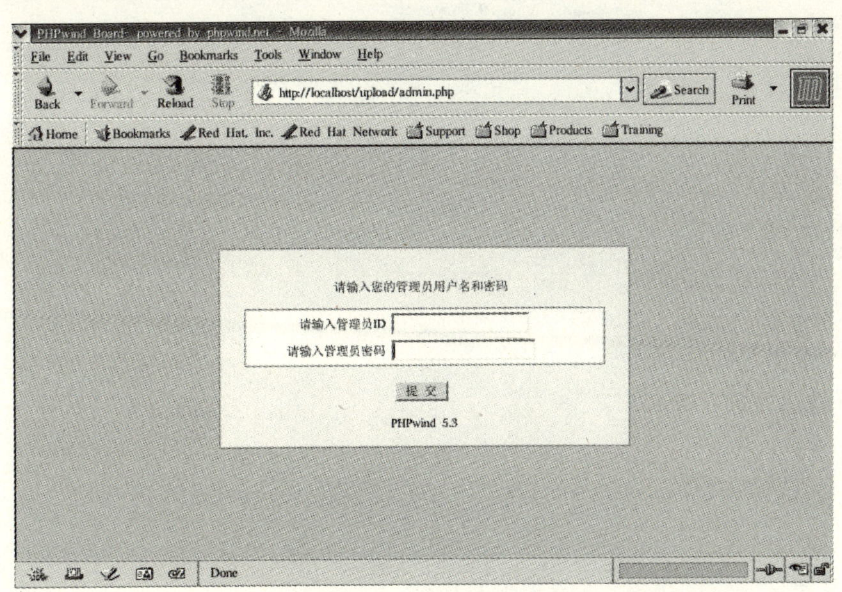

图 15-6 进入后台管理界面

（6）设置完成后，在浏览器中输入 http://localhost/upload/进入论坛首页，界面如图 15-7 所示。

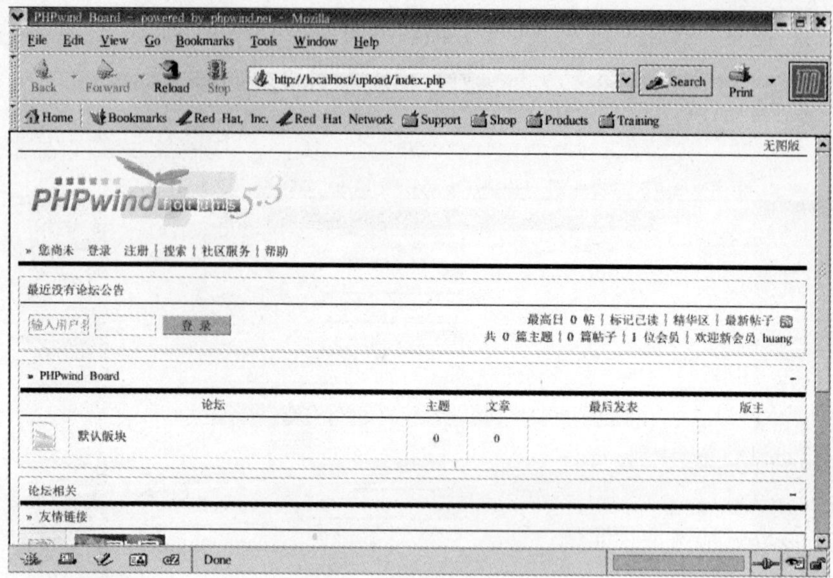

图 15-7　PHPwind 主界面

P1 1
P9 2
P24 3
P51 4
P67 5
P83 6
P104 7
P117 8
P128 9
P143 10
P161 11
P172 12
P189 13
P214 14
第15 章
P245 16
P259 17
P284 18
P305 19
P328 20
P361 21

第16章 FTP服务器

本章主要内容

- FTP 服务工作原理
- vsftpd 服务配置与管理
- vsftpd 服务虚拟用户
- vsftpd 服务应用实例
- vsftpd 服务客户端

16.1 FTP服务器概述

FTP 服务是历史比较悠久的网络服务，但它一直是一个非常重要并且常用的服务，因为它简单、容易配置、对用户透明，因此虽然现在文件共享和网络下载技术层出不穷，FTP 服务仍然占有一席之地。

16.1.1 FTP服务的工作原理

FTP（File Transfer Protocol，文件传输协议）是 TCP/IP 协议族的协议之一，FTP 服务器能在网络上提供文件传输服务，可以向用户提供上传和下载文件服务。FTP 采用“客户机/服务器”方式，用户端需要安装 FTP 客户程序。

（1）FTP 服务种类。根据服务对象的不同，FTP 服务可以分为基于匿名访问的 FTP 服务器、基于本地用户访问的 FTP 服务器、基于虚拟用户访问的 FTP 服务器。

匿名 FTP 服务器任何人都能访问，本地用户 FTP 服务器只有合法的系统用户才能访问，虚拟用户 FTP 服务器只有虚拟账号用户才能访问。

（2）FTP 的传输模式。根据传输模式的不同，FTP 的传输模式可以分为 ASCII 传输模式和二进制传输模式。

ASCII 传输模式假定用户正在复制的文件包含简单的 ASCII 码文本，如果传输双方的计算机不是同一类型操作系统（例如 Windows 和 Linux 之间），当文件传输时 FTP 通常会自动调整文件的内容以便把文件解释成另外那台计算机存储文本文件的格式。但如果用户传输的不是文本文件，而是程序、数据库、字处理文件、压缩文件等，这种解释可能会出错。

而二进制传输模式保存文件的位序，以便原始文件和复制的副本逐位对应。所以如果用户传输的不光是文本文件，而且有程序、数据库、字处理文件、压缩文件等内容，应该采用这种模式。

（3）FTP的工作模式。根据工作模式的不同，FTP的工作模式分为Standard模式和Passive模式。

Standard模式也叫Port或Active模式，属于主动模式。在这种模式下，FTP客户端首先与FTP服务器的TCP 21端口建立连接，通过该通道发送命令。客户端需要接收数据时，在该通道发送Port命令。Port命令包含客户端用什么端口接收数据。传送数据时，服务器端通过TCP 20端口连接到客户端指定的端口发送数据。FTP服务器必须与客户端建立一个新的连接，以便传送数据。

Passive模式也叫PASV，属于被动模式。FTP客户端建立控制通道时，与Standard模式类似。建立连接后不是发送Port命令，而是Pasv命令。FTP服务器收到Pasv命令后，随机打开一个高端端口（端口号大于1024）并通知客户端在该端口上传送数据；客户端连接FTP服务器该端口，FTP服务器将通过该端口进行数据的传送。这时，FTP服务器不再需要建立一个新的和客户端之间的连接。

除上述两种模式之外，还有一种单端口模式。该模式的数据连接请求由FTP服务器发起。使用该传输模式时，客户端的控制连接端口和数据连接端口一致。由于这种模式无法在短时间连续输入数据、传输命令，因而不常用。

16.1.2 流行的FTP服务器

目前在Linux下常用的FTP服务器软件主要有Wu-FTP、ProFTP、vsftpd、Pure-ftpd等，在RedHat Linux 的早期版本中，Wu-FTP是默认的FTP服务器软件，但Wu-FTP的安全漏洞比较多，所以从Red hat Linux 9.0开始RedHat把VSFTPD作为默认的FTP服务器软件。在本章中讲解的就是vsftpd服务器软件。如果用户需要使用Wu-FTP或ProFTP，可以自己安装，其配置方法和vsftpd相近。

vsftpd是Very Security Ftp Daemon的缩写，意思是“非常安全的FTP”。除了开发者强调的安全性外，它还具有高速、稳定的性能特点。vsftpd可以在单机（非集群）上支持4000个以上的并发用户同时连接。据ftp.redhat.com的数据，vsftpd可以支持15000个并发用户。除了安全、高速、稳定的特点之外，vsftpd还支持基于IP的虚拟FTP服务器，支持虚拟用户，支持PAM或xinetd / tcp_wrappers的认证方式，支持独立服务器和xinetd代理两种运行方式，支持每个虚拟用户具有独立的配置，支持带宽限制等特性。

16.2 vsftpd服务配置

16.2.1 启动vsftpd服务

默认情况下安装RHEL系统的同时系统也同时安装了vsftpd组件，假如没有安装，可以在 GNOME 桌面选择“应用程序->系统设置->添加/删除应用程序”从安装源进行安装或者下载相应的软件包自行编译安装。这里假设已经在服务器安装过程中选择安装了vsftpd服务组件。

启动vsftpd服务的命令很简单，假如vsftpd服务被配置成独立运行，则可以使用下面的命令来启动vsftpd服务。

```
#service   vsftpd   start
```

如果 vsftpd 服务没有配置成独立服务，而是配置为由 xinetd 进程代理，那么应该使用下面的命令来启动 vsftpd 服务：

```
#chkconfig   vsftpd   on
#service   xinetd   restart
```

一般情况下，FTP 服务器会接受大量频繁的外部请求，所以后面一种方式非常少用。

vsftpd 服务的服务目录默认是/var/ftp，把文件复制到这个目录，客户端就可以连接到服务器浏览并下载这些文件了，客户端可以使用 ftp 命令或者通过 FTP 客户端软件甚至通过浏览器访问 FTP 服务器。在命令行下连接 FTP 服务器的命令是：

```
#ftp   172.16.100.44   #假设 FTP 服务器的 IP 地址为 172.16.100.44
```

16.2.2 vsftpd 服务配置文件

vsftpd 服务的主配置文件是/etc/vsftpd/vsftpd.conf，下面介绍这个文件的配置。

配置文件/etc/vsftpd/vsftpd.conf 中，每一行就是一个配置项，只要根据需要设置好相应项的值就可以了，有时候需要多个配置项配合起来实现一定的功能。常用的配置项有：

- anonymous_enable=YES

此配置项设置是否允许匿名登录，默认值为 YES。

- local_enable=YES

此配置项设置是否允许本机系统用户登录，默认值为 YES。

- write_enable=YES

此配置项设置是否允许用户上传文档，默认值为 YES，一般情况下不建议打开该功能。

- local_umask=022

此配置项设置本机系统用户上传文档时文档的默认 umask 值，默认值为 077，这里的设置比较宽松（022）。

- anon_upload_enable=YES

此配置项设置是否允许匿名用户上传文档，但即使允许也首先需要建立一个匿名用户有写权限的目录。

- anon_mkdir_write_enable=YES

此配置项设置是否允许匿名用户创建新目录，一般不建议放开该权限，默认值为 NO。

- anon_other_write_enable=NO

此配置项设置是否允许匿名用户删除或重命名文件和文件夹，默认值为 NO。

- dirmessage_enable=YES

此配置项设置当远程用户进入一个指定目录时，检查该目录下是否有.message 文档，如果有则显示该文档的内容。通常该文档放置欢迎词或该目录的说明。

- xferlog_enable=YES

此配置项设置是否将上传、下载信息完整记录在 xferlog_file 文档中。

- connect_from_port_20=YES

此配置项设置是否强制 ftp 的数据传送使用端口 20。

- ftp_data_port 20

此配置项设置 ftp 数据传送所使用的端口，默认值为 20。

- listen_port 21

此配置项设置 FTP 服务所使用的侦听端口，默认值为 21。

- pasv_max_port 0

此配置项设置建立 ftp 连接时使用的端口范围的上界，0 表示任意。默认值为 0。

- pasv_min_port 0

此配置项设置建立 ftp 连接时使用的端口范围的下界，0 表示任意。默认值为 0。

- chown_uploads=YES

此配置项设置是否所有匿名上传的数据的拥有者将被更换为 chown_username 配置项中设定的用户，这对于 FTP 的安全及管理很有用，可取值 YES 或 NO。

- chown_username=username

此配置项设置当匿名用户上传文档时，该文档拥有者将被置换的用户的名称。

- xferlog_file=/var/log/vsftpd.log

此配置项设置安全日志文件的存放位置。

- xferlog_std_format=YES

此配置项设置安全日志文件是否定义为标准格式。

- idle_session_timeout=600

此配置项设置空闲超时时间，单位为秒，如果超出该时间还没有数据传送或命令输入，则连接将中断。

- data_connection_timeout=120

此配置项设置数据连接的超时时间，单位是秒。

- nopriv_user=ftpsecure

此配置项设置运行 vsftpd 的独立且非特权的系统用户名称。

- async_abor_enable=YES

此配置项设置 FTP 服务器是否认可异步 ABOR 请求，一般不推荐打开。

- ascii_upload_enable=YES

此配置项设置是否可用 ASCII 模式上传。

- ascii_download_enable=YES

此配置项设置是否可用 ASCII 模式下载。

- ftpd_banner=Welcome to blah FTP service

此配置项设置欢迎词。

- deny_email_enable=YES

此配置项设置是否要根据指定文档/etc/vsftpd.banner_emails 限制连接。这个文件包含电子邮件地址列表，若用户匿名登录，服务器要求输入邮件地址；如果输入的邮件地址列在该文档中，则不允许连接。本功能主要用于防范 DoS 攻击。

- banned_email_file=/etc/vsftpd.banned_emails

此配置项设置文件 vsftpd.banned_emails 的存放位置。

● chroot_list_enable=YES

此配置项设置是否启用/etc/vsftpd.chroot_list 文件功能，若此项设置为 YES，则本机系统用户登录后均可进入根目录之外的目录，但是列在/etc/vsftpd.chroot_list 中的用户除外。

● chroot_list_file=/etc/vsftpd.chroot_list

此配置项设置文件 vsftpd.chroot_list 的存放位置。

● ls_recurse_enable=YES

此配置项设置是否允许登录用户使用 ls -R 命令。

● pam_service_name=vsftpd

此配置项设置 PAM 认证使用的用户名。

● userlist_enable=YES

此配置项设置是否启用/etc/vsftpd.user_list 文件功能。这个文件里包含的是系统用户的列表。

● userlist_deny=YES

此配置项设置只有在 userlist_enable 配置项为 YES 时才有效。若此项设置为 YES，则当使用/etc/vsftpd.user_list 中的用户名登录服务器时，服务器将在询问密码前显示登录失败信息，而不需要启用检验密码的程序。换句话说，/etc/vsftpd.user_list 文件中的用户将不能登录服务器，甚至服务器根本就不会校验其密码，只凭其登录名就直接拒绝。但如果其设置为 NO，则效果正好相反，只有/etc/vsftpd.user_list 中列出的用户才能登录。

● listen=YES

此配置项设置 VSFTPD 服务是否为 standalone 独立模式，如果希望 vsftpd 工作在 xinetd 代理模式下，那么此项必须设置为 NO。

● max_clients=100

此配置项设置最大支持连接数的数量。

● max_per_ip=5

此配置项设置每个 IP 最多能支持的连接数量。

● local_max_rate=50000

此配置项设置本地用户传输率最大为 50Kbit/s。

● anon_max_rate=30000

此配置项设置匿名用户传输率最大为 30Kbit/s。

● listen_address=172.16.4.222

此配置项设置 VSFTPD 服务器服务地址为 172.16.4.222。

● Listen_port=5555

此配置项设置 VSFTPD 服务器监听端口为 5555。

● local_root=/var/ftp

此配置项设置本地用户登录后主目录。

● anon_root =/var/ftp

此配置项设置匿名用户登录后主目录。

● tcp_wrappers=YES

此配置项设置是否将 vsftpd 与 tcp wrapper 结合，即是否可以在/etc/hosts.allow 与/etc/hosts.deny 中限制连接。

常见的配置项就是上面列出的这些。可以通过这些配置项的组合来实现所需功能。另外和 vsftpd 服务功能相关的文件还有 vsftpd.ftpusers、vsftpd.user_list 和 chroot_list_file，这 3 个文件主要是用来限制用户的，下面简单介绍一下。

16.2.3 vsftpd 服务用户控制文件

（1）vsftpd.ftpusers 文件。vsftpd.ftpusers 文件主要用来控制不允许登录 FTP 服务器的用户，其格式如下：

```
# Users that are not allowed to login via ftp
root
bin
daemon
.
.
.
uucp
operator
games
nobody
```

vsftpd.ftpusers 文件中列出的用户将不能访问 FTP 服务器，且此文件的权限最高，此文件拒绝的用户，将永远无法登录 FTP 服务器。

（2）vsftpd.user_list 文件。vsftpd.user_list 文件主要用来控制用户访问的权限。当主配置文件 vsftpd.conf 中的选项 userlist_deny 设置为“NO”时，则仅允许 vsftpd.user_list 文件中列出的用户访问 FTP 服务器。而当主配置文件 vsftpd.conf 中的选项 userlist_deny 设置为“YES”时，则不允许该文件中列出的文件访问 FTP 服务器，甚至系统不会出现输入密码的提示。

另外，在 vsftpd.user_list 文件生效的同时，vsftpd 服务器同样会检查文件 vsftpd.ftpusers 中拒绝的用户，如果根据服务配置使得 vsftpd.user_list 文件中的某个用户可以访问 FTP 服务器，而 vsftpd.ftpusers 文件中列有此用户即不允许其访问 FTP 服务器，则最后结果是此用户仍然不能访问 FTP 服务器。此文件格式如下：

```
# vsftpd userlist
# If userlist_deny=NO, only allow users in this file
# If userlist_deny=YES (default), never allow users in this file, and
# do not even prompt for a password.
# Note that the default vsftpd pam config also checks /etc/vsftpd.ftpusers
# for users that are denied.
root
mail
.
.
.
```

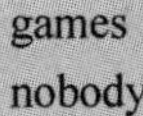

```
games
nobody
```

注意：修改任何一个配置文件后，需要重新启动 vsftpd 服务器，才能使修改生效。

（3）配置文件 chroot_list_file。如果在 FTP 服务主配置文件 vsftpd.conf 中存在配置项 chroot_list_enable 并且其值为 YES，那么本机所有系统用户在登录 FTP 服务器后均可访问根目录之外的目录，但列在文件/etc/vsftpd.chroot_list 中的用户除外，即在这个文件中列出的用户将只能访问自己的根目录，即其在服务器上的家目录。默认情况下，vsftpd.chroot_list 文件在/etc 目录下不存在，如有需要可以手工创建，该文件格式同/etc/vsftpd.user_list 文件的格式一样均为每个用户名占一行。

另外应注意，如果在 FTP 服务主配置文件 vsftpd.conf 中 chroot_local_user 项的值为 YES 且未被注释，则需要将 chroot_list_enable 项和 chroot_list_file 项注释，否则会引起冲突。

16.3 vsftpd 服务器设置实例

vsftpd 服务器的默认设置就能使服务正常运行，但只能实现基本的匿名服务，如果要实现多功能、配置灵活的 FTP 服务，则需要编辑配置文件。以下是几个配置实例，因为 vsftpd 的配置文件很大，所以不可能把完整的配置文件内容列出，这里给出的是关键配置项的设置，其中某些配置项只需要把其前面的注释符号去掉即可，其他配置项的值则可以采用默认值，读者可以在配置文件中查找相应的配置项并做相应配置。笔者希望能抛砖引玉，引导读者配置适合自己需要的 FTP 服务器。

实例 1：配置 vsftpd 服务器，允许匿名登录，切换目录时显示转换后目录下.message 文件中的欢迎内容，启用上传和下载日志并使用标准的日志格式。

```
anonymous_enable=yes
dirmessage_enable=yes
xferlog_enable=yes
xferlog_std_format=yes
```

实例 2：配置 vsftpd 服务器，开启匿名 FTP 服务器上传权限，并使系统用户能够连接 FTP 服务器但不能进行任何改动。

```
Anonymous_enable=yes
Anon_upload_enable=yes
Anon_mkdir_write_enable=yes
Write_enable=yes
Anon_other_write_enable=yes
Local_enble=yes
Write_enable=no
```

实例 3：配置 vsftpd 服务器，设置本地用户 gdlcuser01 和 gdlcuser02 登录后只能进入其主目录而不能访问其他目录，假设名单文件为/etc/vsftpd/vsftpd.chroot_list；限制本地用户

gdlcuser03 和 gdlcuser04 访问 FTP，假设名单文件为/etc/vsftpd/vsftpd.deny；假设以上相关名单文件中含有相关用户的列表。

```
chroot_list_enable=yes
chroot_list_file=/etc/vsftpd/vsftpd.chroot_list
userlist_enable=yes
userlist_deny=no
userlist_file=/etc/vsftpd/vsftpd.deny
```

实例 4：配置 vsftpd 服务器，允许匿名用户上传下载文件但不能建立新目录，对所有用户进行 chroot 操作。

```
anonymous_enable=YES
local_enable=YES
write_enable=YES
anon_upload_enable=YES
anon_mkdir_write_enable=NO
chroot_local_user=YES
```

实例 5：配置 vsftpd 服务器，设置本地用户传输率 50Kbit/s，匿名用户传输率 30Kbit/s，每个 IP 地址的最大连接数 4，FTP 的最大连接数 200，从 5555 端口进行数据连接，只在 172.16.4.222 地址上向外提供服务。

```
local_max_rate=50000
anon_max_rate=30000
max_per_ip=4
max_clients=200
listen_port=5555
listen_address=172.16.4.222
```

16.4 vsftpd 客户端访问

FTP 客户端的选择相当灵活，既可以使用专门的 FTP 客户端软件进行连接（如在 Windows 中可以使用 cuteftp 或 leapftp，在 Linux 中可以使用 gftp 等），也可以通过各种浏览器直接访问，但作为系统工程师应该掌握在 Windows 或 Linux 下的命令行使用 FTP 客户端命令连接 FTP 服务器并操作的技能。下面举一个客户端的操作实例：针对上一节的实例 4，使用一台 Linux 客户机，在其终端中使用 FTP 相关命令连接服务器进行操作并且验证实例 4 的正确性。

实例 4 的任务是配置一台 vsftpd 服务器，允许匿名用户上传、下载文件，但不能建立新目录，对所有用户进行 chroot 操作。为了实现功能，在其主配置文件/etc/vsftpd/vsftpd.conf 中应有以下几行并生效：

```
anonymous_enable=YES
local_enable=YES
write_enable=YES
```

```
anon_upload_enable=YES
anon_mkdir_write_enable=NO
chroot_local_user=YES
```

在客户机的操作如下：

```
[root@linux ~]# ftp 172.16.100.212                    //连接服务器
Connected to 172.16.100.212.
220 (vsftpd 2.0.1)
530 Please login with USER and PASS.
530 Please login with USER and PASS.
KERBEROS_V4 rejected as an authentication type
Name (172.16.100.212:root): anonymous                 //使用匿名用户登录，也可以使用用户名 ftp
331 Please specify the password.
Password:                                             //直接回车，使用空密码即可
230 Login successful.
Remote system type is UNIX.
Using binary mode to transfer files.
ftp> !ls                                              //列出客户机上当前目录的内容
anaconda-ks.cfg    Desktop    install.log    install.log.syslog
ftp> ls                                               //列出服务器当前目录的内容
227 Entering Passive Mode (172,16,100,212,141,51)
150 Here comes the directory listing.
drwxr-xr-x      2 0         0            4096 May 24    2006 pub
drwxrwxrwx      2 0         0            4096 Jun 29 02:10 test
226 Directory send OK.
ftp> cd test                                          //在服务器上转换目录
250 Directory successfully changed.
ftp> pwd                                              //查看当前目录
257 "/test"
ftp> put install.log                                  //将本地文件上传到服务器
local: install.log remote: install.log
227 Entering Passive Mode (172,16,100,212,36,116)
150 Ok to send data.
226 File receive OK.
53077 bytes sent in 0.048 seconds (1.1e+03 Kbytes/s)
ftp> ls                                               //查看传送结果
227 Entering Passive Mode (172,16,100,212,74,110)
150 Here comes the directory listing.
-rw-r--r--      1 14        50          53077 Jun 29 02:11 install.log
226 Directory send OK.
ftp> get install.log install.log.ftp                  //从服务器传送文件到本地并改名
local: install.log.ftp remote: install.log
227 Entering Passive Mode (172,16,100,212,78,11)
150 Opening BINARY mode data connection for install.log (53077 bytes).
226 File send OK.
53077 bytes received in 0.004 seconds (1.3e+04 Kbytes/s)
```

```
ftp> !ls                                          //查看传送结果
anaconda-ks.cfg   Desktop   install.log   install.log.ftp   install.log.syslog
ftp> ?                                            //查看帮助
Commands may be abbreviated.   Commands are:
!            cr           mdir         proxy        send
$            delete       mget         sendport     site
account      debug        mkdir        put          size
append       dir          mls          pwd          status
ascii        disconnect   mode         quit         struct
bell         form         modtime      quote        system
binary       get          mput         recv         sunique
bye          glob         newer        reget        tenex
case         hash         nmap         rstatus      trace
ccc          help         nlist        rhelp        type
cd           idle         ntrans       rename       user
cdup         image        open         reset        umask
chmod        lcd          passive      restart      verbose
clear        ls           private      rmdir        ?
close        macdef       prompt       runique
cprotect     mdelete      protect      safe
ftp> mkdir mydir                                  //创建目录失败
550 Permission denied.
ftp> bye                                          //退出 FTP 登录，也可以使用 quit 命令
221 Goodbye.
[root@linux ~]# ftp 172.16.100.212                //重新登录 FTP 服务器
Connected to 172.16.100.212.
220 (vsftpd 2.0.1)
530 Please login with USER and PASS.
530 Please login with USER and PASS.
KERBEROS_V4 rejected as an authentication type
Name (172.16.100.212:root): ftptest               //使用系统用户 ftptest 登录
331 Please specify the password.
Password:                                         //输入正确的密码
230 Login successful.
Remote system type is UNIX.
Using binary mode to transfer files.
ftp> ls                                           //查看服务器当前目录
227 Entering Passive Mode (172,16,100,212,75,172)
150 Here comes the directory listing.
226 Directory send OK.
ftp> ls –a                              //以全部查看模式查看，可以确定这是 ftptest 用户
                                        //在服务器上的家目录
227 Entering Passive Mode (172,16,100,212,47,184)
150 Here comes the directory listing.
drwx------     4 500     500      4096 Jun 29 02:23 .
drwx------     4 500     500      4096 Jun 29 02:23 ..
```

```
-rw-r--r--      1 500     500     24 Jun 29 02:23 .bash_logout
-rw-r--r--      1 500     500     191 Jun 29 02:23 .bash_profile
-rw-r--r--      1 500     500     124 Jun 29 02:23 .bashrc
-rw-r--r--      1 500     500     5619 Jun 29 02:23 .canna
-rw-r--r--      1 500     500     383 Jun 29 02:23 .emacs
-rw-r--r--      1 500     500     120 Jun 29 02:23 .gtkrc
drwxr-xr-x      3 500     500     4096 Jun 29 02:23 .kde
drwxr-xr-x      2 500     500     4096 Jun 29 02:23 .xemacs
-rw-r--r--      1 500     500     658 Jun 29 02:23 .zshrc
226 Directory send OK.
ftp> cd ..                                //回到其父目录
250 Directory successfully changed.
ftp> cd /                                 //直接回到根目录
250 Directory successfully changed.
ftp> ls -a                                //再以全部查看模式查看，可以确定用户 ftptest 不
                                          //能脱离其家目录，即它被 chroot 了，不能访问除家
                                          //目录以外的目录了
227 Entering Passive Mode (172,16,100,212,215,11)
150 Here comes the directory listing.
drwx------      4 500     500     4096 Jun 29 02:23 .
drwx------      4 500     500     4096 Jun 29 02:23 ..
-rw-r--r--      1 500     500     24 Jun 29 02:23 .bash_logout
-rw-r--r--      1 500     500     191 Jun 29 02:23 .bash_profile
-rw-r--r--      1 500     500     124 Jun 29 02:23 .bashrc
-rw-r--r--      1 500     500     5619 Jun 29 02:23 .canna
-rw-r--r--      1 500     500     383 Jun 29 02:23 .emacs
-rw-r--r--      1 500     500     120 Jun 29 02:23 .gtkrc
drwxr-xr-x      3 500     500     4096 Jun 29 02:23 .kde
drwxr-xr-x      2 500     500     4096 Jun 29 02:23 .xemacs
-rw-r--r--      1 500     500     658 Jun 29 02:23 .zshrc
226 Directory send OK.
ftp>quit                                  //退出 FTP 登录
221 Goodbye.
[root@linux ~]#
```

从以上实验步骤来看，实例 4 的设置是正确的，符合我们的需要，因为篇幅的原因，我们不再深入讨论，请读者自行使用并深入研究。

16.5 vsftpd 虚拟用户

vsftpd 支持将用户名和口令保存在数据库文件或数据库服务器中，这种形式的用户称为虚拟用户，相对于 FTP 的本地（系统）用户来说，虚拟用户只是 FTP 服务器的专有用户，虚拟用户只能访问 FTP 服务器所提供的资源，这大大增强系统本身的安全性。相对于匿名用户而言，虚拟用户需要用户名和密码才能获取 FTP 服务器中的文件，增加了对用户和下载的可管理性。对于需要提供下载服务，但又不希望所有人都可以匿名下载或既需要对下载用户进

行管理，又关注主机安全和管理方便的 FTP 站点来说，虚拟用户是一种极好的解决方案。下面介绍如何将 VSFTPD 的虚拟用户名和密码保存在 MySQL 数据库服务器中。

16.5.1 虚拟用户的创建和实现

（1）创建 guest 用户。vsftpd 采用 PAM 方式验证虚拟用户。由于虚拟用户的用户名/口令被单独保存，因此在验证时，vsftpd 需要用一个系统用户的身份来读取数据库文件或数据库服务器以完成验证，这就是 vsftpd 的 guest 用户。这正如同匿名用户也需要有一个系统用户 ftp 一样。当然，也可以把 guest 用户看成虚拟用户在系统中的代表。下面在系统中添加 gdlcftp 用户，作为 vsftpd 的 guest。

```
[root@linux ~]# useradd gdlcftp
```

当虚拟用户登录后，所在的位置为 gdlcftp 的家目录/home/gdlcftp。如果要让虚拟用户登录到/var/ftp 等其他目录，修改 gdlcftp 的家目录即可。

（2）设置 vsftpd 配置文件。在/etc/vsftpd/vsftpd.conf 文件中，加入以下选项并重启服务：

```
guest_enable=YES
guest_username=gdlcftp
```

（3）将虚拟用户保存在 MySQL 数据库服务器中。建立数据库 ftpvu 和表 users 及字段 name、passwd 用于保存虚拟用户的用户名和口令，同时增加两个虚拟用户 zhang 和 lv。

```
[root@linux ~]# service mysql start
[root@linux ~]# mysql -p
mysql>create database ftpvu;
mysql>use ftpvu;
mysql>create table users(name char(16) binary,passwd char(16) binary);
mysql>insert into users (name,passwd) values ('zhang',password('123456'));
mysql>insert into users (name,passwd) values ('lv',password('123456'));
mysql>quit
```

然后，授权 gdlcftp 可以读 ftpvu 数据库的 users 表。执行以下命令：

```
[root@linux ~]# mysql -u root mysql -p
mysql>grant select on ftpvu.users to gdlcftp@localhost identified by 'mysqladmin';
mysql>quit
```

如果要验证刚才的操作是否成功，可以执行下面的命令：

```
[root@linux vsftpd]#mysql -u gdlcftp -p    mysqladmin ftpvu
mysql>select * from users;
```

如果成功，将会列出 zhang 和 lv 和加密后的密码。

（4）设置 MySQL 的 PAM 验证。我们使用一个利用 mysql 进行 pam 验证的开源项目（http://sourceforge.net/projects/pam-mysql/）。首先从网站下载程序包 pam_myql-0.5.tar.gz 并复制到/root 目录中。在编译安装之前，要确保 mysql-devel 的 RPM 包已经安装在机器上，如果

没有，请从安装光盘中安装该包。然后，执行以下命令：

```
[root@linux root]#tar xvzf pam_mysql-0.5.tar.gz
[root@linux root]#cd pam_mysql
[root@linux pam_mysql]#make
[root@linux pam_mysql]#make install
```

如果 make install 出现错误，那需要手动将在该目录下生成的 pam_mysql.o 复制到/lib/security 目录下。

接下来要设置 vsftpd 的 PAM 验证文件。打开/etc/pam.d/ftp 文件，加入以下内容：

```
auth required pam_mysql.o user=gdlcftp passwd=mysqladmin host=localhost db=ftpvu table=users usercolumn=name passwdcolumn=passwd crypt=2
account required pam_mysql.o user=gdlcftp passwd=mysqladmin host=localhost db=ftpvu table=users usercolumn=name passwdcolumn=passwd crypt=2
```

上面的 crypt 参数表示口令字段中口令的加密方式，crypt=0 表示口令以明文方式（不加密）保存在数据库中；crypt=1 表示口令使用 UNIX 系统的 DES 加密方式加密后保存在数据库中；crypt=2 表示口令经过 MySQL 的 password()函数加密后保存。

16.5.2 虚拟用户设置

经过上节的步骤，虚拟用户就可以正常使用了。下面介绍进一步的虚拟用户设置。

（1）在 vsftpd 服务配置文件中有一个 virtual_use_local_privs 参数，当该参数激活（YES）时，虚拟用户使用与本地用户相同的权限。当此参数关闭（NO）时，虚拟用户使用与匿名用户相同的权限，这也是早期版本的做法。两者相比，后者更加严格，特别是在有写访问的情形下。默认情况下此参数是关闭的（NO）。

当 virtual_use_local_privs=YES 时，只需设置 write_enable=YES，虚拟用户就可以就拥有写权限。而 virtual_use_local_privs=NO 时，对虚拟用户权限的设置就更严格。

（2）控制虚拟用户浏览目录，如果让用户不能浏览目录，但仍可以对文件操作，那么需要执行两个步骤。首先是在配置文件中将 anon_world_readable_only 的值设置为 YES；其次是设置虚拟用户目录的权限，改为只能由 gdlcftp 操作。

```
[root@linux root]# chown gdlcftp.gdlcftp /home/gdlcftp
[root@linux root]# chmod 700 /home/gdlcftp
```

（3）如果 vsftpd 的主配置文件中有如下设置：

```
write_enable=YES
anon_upload_enable=YES
anon_other_write_enable=YES
```

即允许虚拟用户上传文件、修改文件和删除文件，则以上选项的设置同样会对匿名用户生效。如果不想让匿名用户趁机拥有同样的权限，最好禁止匿名用户登录。

（4）由于虚拟用户在系统中是 gdlcftp 身份，所以可以访问系统的其他目录。为了更加安

P1 1
P9 2
P24 3
P51 4
P67 5
P83 6
P104 7
P117 8
P128 9
P143 10
P161 11
P172 12
P189 13
P214 14
P227 15
第16章
P259 17
P284 18
P305 19
P328 20
P361 21

全，可以将虚拟用户限制在家目录下。方法是在配置文件中增加以下设置：

```
chroot_local_user=NO
chroot_list_enable=YES
chroot_list_file=/etc/vsftpd.chroot_list
```

然后，在/etc/vsftpd.chroot_list 文件中加入虚拟用户名 zhang 和 lv。或者直接在配置文件中修改 chroot_local_user=YES，将所有本地用户都 chroot。经过修改，虚拟用户登录后其根目录就限制在/home/gdlcftp 下，无法访问其他目录。

（5）可以发现，在以上的设置中无论是哪个虚拟用户，登录后所在的目录都是/home/gdlcftp，即都是 guest_username 用户的家目录。那么如何为每个虚拟用户建立自己的家目录呢？要实现这个功能首先要在主配置文件中加入以下选项：

```
user_config_dir=/etc/vsftpd/vsftpd_user_conf
```

然后，生成/etc/vsftpd/vsftpd_user_conf 目录，并在该目录下建立与特定虚拟用户同名的文件。

```
[root@linux root]# mkdir /etc/vsftpd/vsftpd_user_conf
[root@linux root]# cd /etc/vsftpd/vsftpd_user_conf
[root@linux vsftpd_user_conf]# touch lv
```

以上的操作为虚拟用户 lv 建立了个人配置文件/etc/vsftpd/vsftpd_user_conf/lv。接下来，在 lv 的个人配置文件中将 lv 的家目录修改为/home/lv，配置选项为：

```
local_root=/home/lv
```

然后，新建 lv 目录，并将权限设为 gdlcftp 所有。

```
[root@linux vsftpd_user_conf]# mkdir /home/lv
[root@linux vsftpd_user_conf]# chown gdlcftp.gdlcftp ./lv
[root@linux vsftpd_user_conf]# chmod 600 /home/lv
```

经过以上设置，lv 登录 vsftpd 后就会定位到自己的"/home/lv"目录。由于"/home/lv"目录的权限是属于 gdlcftp 的，所以其他的虚拟用户同样也可以访问 lv 的家目录。解决这个问题也很简单，我们只需要让 vsftpd 负责将虚拟用户限制在其家目录，就可以避免虚拟用户的互相访问。经过以上设置后，虚拟用户就可以拥有属于自己的目录了。

第17章　电子邮件系统

本章主要内容

- 电子邮件系统概述
- Sendmail 电子邮件的概述
- Sendmail 邮件服务器的配置
- Postfix 邮件服务器安装与配置

17.1　电子邮件系统概述

电子邮件（E-mail）是一种利用网络交换信息的非交互式服务，是因特网中使用最多、最受用户欢迎的一种应用。邮件服务器是电子邮件系统的核心，一份电子邮件一般涉及两个邮件服务器：发送方服务器与接收方服务器。发送方服务器的功能是依照收件人地址将邮件发送出去，接收方服务器的功能是接收他人的来信并且把它保存起来，随时供收件人阅读。任何一个电子邮件系统都具备这两个功能。

17.1.1　电子邮件系统的组成

Linux 中的电子邮件系统包括 3 个组件，分别为 MUA（Mail User Agent，邮件用户代理）、MTA（Mail Transport Agent，邮件传输代理）和 MDA（Mail Delivery Agent，邮件投递代理）。

（1）MTA 是一种服务器端软件，也是邮件服务器。MTA 运行在底层，负责把邮件由一个服务器传到另一个服务器或邮件投递代理。每个系统只有一个 MTA 保持在运行状态。常用的 MTA 程序有 sendmail.Postfix 和 Qmail 等。

（2）MUA 是一种客户端软件，它向用户提供读信、回信、写信及处理邮件的服务。与 MTA 不同的是，一个系统中可以同时运行多个不同的 MUA 程序。常用的 MUA 程序有 Foxmail，Outlook Express，Pine，kmail 等。

（3）MDA 负责把邮件放到用户的邮箱里，是直接和用户邮箱打交道的部分之一。在邮件分发中，有时需要系统能完成一些自动操作，如自动帮助用户回复邮件。

简单地说，用户通过 MUA 写信、读信，通过 MTA 传送信件，由 MDA 程序将信件分发到户。

17.1.2 电子邮件传送协议 SMTP

SMTP（Simple Mail Transfer Protocol）是一种在因特网中“传递”电子邮件的通信协议。SMTP 采用客户/服务器模式，负责发送邮件的 SMTP 进程称为 SMTP 客户，负责接收邮件的进程被称为 SMTP 服务器。

SMTP 通信主要分为 3 个阶段，其中使用了 14 条命令和 21 种应答信息。

SMTP 通信的第 1 个阶段是连接建立阶段，发信人将要发送的邮件送到邮件缓冲区。SMTP 客户按照特定时间间隔扫描缓冲区，如果发现了新邮件，就通过 SMTP 端口（端口号为 25）与 SMTP 服务器建立 TCP 连接。在建立连接以后，SMTP 服务器发出信息 220 service ready，然后 SMTP 客户向 SMTP 服务器发送“HELO”命令，命令中要指明发送方主机的名称。如果 SMTP 服务器现在可以接收邮件，就应答“250 OK”，否则应答“421 Service no available”。

第 2 个阶段为邮件传送阶段。首先使用命令 MAIL 检查 SMTP 服务器是否已经准备好接收邮件，同时 MAIL 命令中要指明发信人的地址。如果 SMTP 服务器已经准备好，返回“250 OK”，否则返回没有准备好的原因，其中包括 451（处理错误）、452（存储空间不够）或 500（不能识别命令）。

接着执行 RCPT 命令，指明收信人的地址，每一个收信人都对应一条 RCPT 命令。SMTP 服务器检查 RCPT 命令中的收信人地址，如果地址正确，就应答“250 OK”。否则应答“550 No such user here”。

然后执行 DATA 命令传送邮件内容。如果 SMTP 服务器现在可以接收邮件，返回“354 Start mail input；end with <CRLF>·<CRLF>”；如果不能接收，返回 421（服务器不可用）或是 500（命令无法识别）。随后 SMTP 客户发送邮件内容。文件以“<CRLF>·<CRLF>”结束。邮件收到后，SMTP 服务器返回“250 OK”，或返回错误代码。

第 3 阶段为连接释放。SMTP 客户发送 QUIT 命令，SMTP 服务器返回“250 OK”释放 TCP 连接，邮件传送过程结束。

电子邮件协议 SMTP 还存在一些明显的缺陷，SMTP 只能传送可以打印的 ASCII 码邮件，SMTP 拒绝超过一定长度的邮件。所以后来又制定了通用 Internet 邮件扩充 MIME（Multipurpose Internet Mail Extensions）。MIME 进一步扩展了 SMTP，MIME 在邮件首部说明邮件的数据类型（如文本、图像、声音和视频文件等）。使现在的邮件系统可以处理各种类型的邮件。

17.1.3 邮局协议和因特网消息存取通信协议

POP（Post Office Protocol）是一个专为用户保存邮件的邮件服务器协议，它是 MTS 上负责“接收”电子邮件的通信协议。在提供 POP 服务的服务器中，当邮件到达时会先存在服务器上。POP 客户端连接至服务器时，会将用户邮件从服务器端下载到客户端的计算机中，POP 服务器不再保存这些邮件。用户在取出邮件并中断与 POP 服务器的连接以后，可以在不连接服务器的情形下离线阅读，所以 POP 是一个脱机协议，现在普遍使用的是它的第 3 个版本 POP3。

IMAP（Internet Message Access Protocol）与 POP 一样是用来读电子邮件的一个通信协议，与 POP 不同的是，IMAP 是一个联机协议，客户需要先登录服务器，依其授予的权限来读取或修改信件的内容。当用户打开某个邮件时，该邮件才传到自己的邮箱里，但并不将服务器中的邮件直接下载到客户端的计算机中。

总的来说，SMTP、POP和IMAP都是用来控制消息或邮件传输和接收的协议。它们的区别是SMTP只负责传输电子邮件，POP和IMAP只负责接收电子邮件。

17.2 Sendmail电子邮件服务

17.2.1 Sendmail邮件服务的概述

Sendmail的前身是delivermail，它是在1979年由Eric Allman开发的。由于网络传输向TCP数据包通信的过渡和SMTP的应用，使得Sendmail成为当时网络上使用最为广泛的电子邮件服务器。

虽然Sendmail在互联网电子邮件服务器中是最古老的，但是它还在继续发挥着巨大的影响。随着近年来更多的电子邮件服务器的诞生，Sendmail的应用正在慢慢下降。

Sendmail的主要配置文件是/etc/mail/sendmail.cf，它包含大部分的Sendmail配置信息。Sendmail.cf文件主要有三个功能：

- 定义Sendmail环境。
- 按照接收邮件程序的语法重写地址。
- 将地址映射成传送邮件所需的指令。

Sendmail.cf文件很大，有2000多行，看上去很复杂，但在进行实际配置时，是通过对Sendmail的一个模板文件Sendmail.mc来进行的；这个文件内容较少，在修改时相对简单，修改完成后再利用m4命令生成一个新的Sendmail.cf文件。

另外通过对Sendmail相关的一些配置文件做修改，使用整个邮件系统的功能就会更强大与完善。如通过修改/etc/mail/access这个文件实现邮件传送代理功能。能够修改/etc/aliases来实现邮件别名的功能。

17.2.2 Sendmail邮件服务器配置实例

以Red Hat Linux为平台，讲述如何配置一个具有SMTP认证的Sendmail为邮件服务器。

（1）在安装RedHat系统时选择安装邮件服务器，系统默认会安装以下软件包。

- dovecot-0.99.11-2.EL4.1.i386.rpm。
- sendmail-8.13.1-2.i386.rpm。
- m4-1.4.1-16.i386.rpm。
- cyrus-sasl-2.1.19-5.EL4.i386.rpm。
- cyrus-sasl-md5-2.1.19-5.EL4.i386.rpm。
- cyrus-sasl-plain-2.1.19-5.EL4.i386.rpm。
- cyrus-sasl-gssapi-2.1.19-5.EL4.i386.rpm。

如果有缺少的软件包，在系统的安装光盘中可以找到。

（2）在/etc/mail/sendmail.mc文件的最后添加如下内容：

```
define(QUEUE_DIR, `/var/spool/mqueue/q*')
//启动多个邮件队列，为了获得更好的传输性能
```

（3）修改/etc/mail/sendmail.mc 文件，去掉以下行首的 dnl 注释符，使其生效：。

```
TRUST_AUTH_MECH(`EXTERNAL DIGEST-MD5 CRAM-MD5 LOGIN PLAIN')dnl
//允许投递通过 EXTERNAL, LOGIN, PLAIN, CRAM-MD5 或 DIGEST-MD5 等方式验证的邮件
define(`confAUTH_MECHANISMS', `EXTERNAL GSSAPI DIGEST-MD5 CRAM-MD5 LOGIN PLAIN')dnl
//确定系统的认证方式
```

在 sendmail.cf 文件中以下这行前加上 dnl 注释符：

```
dnl DAEMON_OPTIONS(`Port=smtp,Addr=127.0.0.1, Name=MTA')dnl
//让 sendmail 侦听为整个网络，而不仅仅只对本机提供服务
```

修改 sendmail.cf 文件中的以下这行：

```
dnl DAEMON_OPTIONS(`Port=submission, Name=MSA, M=Ea')dnl
修改为：
DAEMON_OPTIONS(`Port=25, Name=MSA')dnl
//在 smtp 的默认端口（25）上进行认证，这样就强制所有使用该邮件服务器进行邮件转发的用户
//通过认证后才能发邮件
```

（4）重新生成 sendmail.cf 文件。

```
#m4 /etc/mail/sendmail.mc > /etc/mail/sendmail.cf
```

（5）创建任意多个队列目录。

```
#cd /var/spool/mqueue
#mkdir q1 q2 q3 q4 q5 q6
```

（6）修改/etc/mail/local-host-names，将该邮件服务器的域名加进去（假设域名为 huangtest.com）。

（7）重启 sendmail。

```
#service sndmail restart
```

（8）测试。

```
#telnet localhost 25
Trying 127.0.0.1...
Connected to localhost.
Escape character is '^]'
220 localhost.localdomain ESMTP Sendmail 8.13.1/8.13.1; Sun, 22 Apr 2007 21:11:32 +0800
ehlo localhost                                   //登录
250-ENHANCEDSTATUSCODES
250-PIPELINING
```

```
250-8BITMIME
250-SIZE
250-DSN
250-AUTH GSSAPI LOGIN PLAIN                    //出现 LOGIN 表示实现认证
250-DELIVERBY
250-HELP
quit
221 2.0.0 localhost.localdomain closing connection
Connection closed by foreign host.
```

（9）修改/etc/xinetd.d/ipop3 文件，开启 POP3 和 IMAP 认证。

```
#protocols = imap imaps
```

将上行改成下行内容。

```
protocols = imap imaps pop3 pop3s
```

（10）为新用户开启 E-mail 账号并设置密码。

```
#useradd test
#passwd test
```

（11）用客户软件 Outlook 测试 Sendmail 邮件系统，成功结果如图 17-1 所示。

配置好 Sendmail 后，要能够在客户机上进行邮件收发，在邮件服务器上还需配置好 DNS，同时在个人邮件账号的属性对话框中，服务器选项卡上选择“我的服务器要求服身份验证”。如图 17-2 所示。

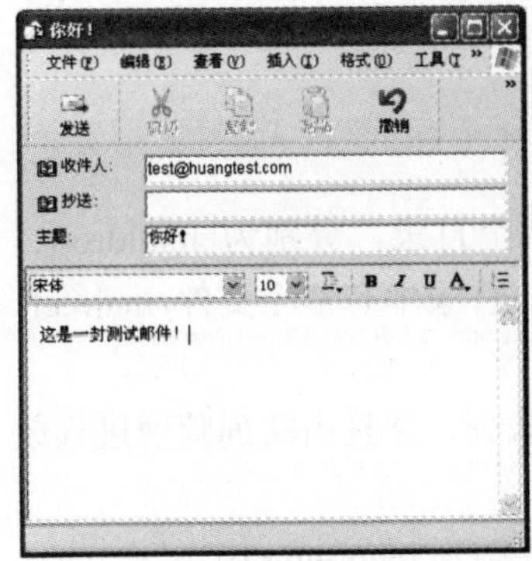

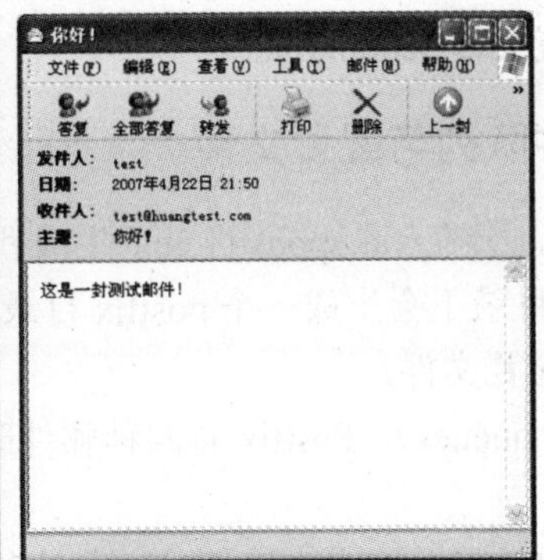

图 17-1　测试收发邮件

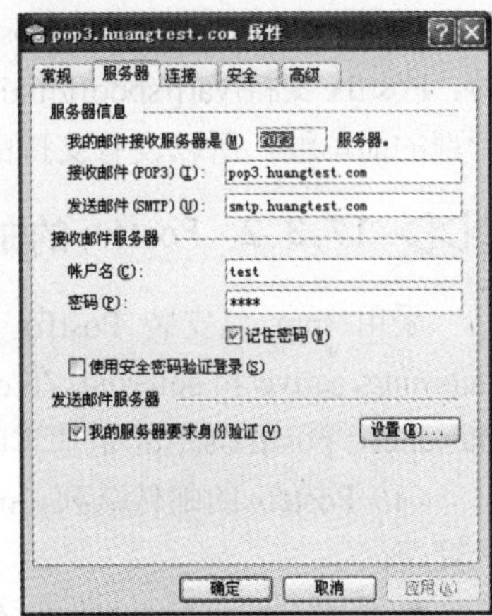

图 17-2　服务器信息设置

17.3　Postfix 邮件服务的安装与配置

Postfix 是由 Wietse Zweitze Venema 负责开发的自由软件。在 Postfix 出现之前，大部分邮件服务器都是用 Sendmail 架设的，Sendmail 虽然好用，但安全性不高，性能也不是很理想，特别是 Sendmail 的配置文件 sendmail.cf 语法太难读。于是 Venema 在 1998 年首次推出这个邮件服务器，其目的是为用户提供除 Sendmail 之外的邮件服务器选择。Postfix 力图做到快速、易于管理、提供尽可能的安全性，同时尽量做到和 Sendmail 邮件服务器保持兼容以满足用户的使用习惯。起初，Postfix 是以 VMailer 这个名字发布的，后来由于商标上的原因而改名为 Postfix。

17.3.1 Postfix 的特点

Postfix 设计的主要目标是为用户提供除 Sendmail 之外的邮件服务器的选择，首先它是免费的，除此之外它还具有以下的特点。

（1）Postfix 的性能。Postfix 设计中采用了 Web 服务器的设计技巧以减少进程创建开销，并且采用了其他的文件访问优化技术以提高效率，但同时保证了软件的可靠性。Postfix 要比同类的服务器产品速度快三倍以上，一个安装 Postfix 的台式机一天可以收发百万封信件。

（2）Postfix 的安全性。第一：postfix 具有多层防御结构，可以有效地抵御恶意入侵者。如大多数的 postfix 程序可以运行在较低的权限之下，不可以通过网络访问安全性相关的本地投递程序。第二：Postfix 动态分配内存，从而防止系统缓冲区溢出。第三：Postfix 在处理大邮件时，把大邮件分割成几块进行处理，投递时再重组。第四：Postfix 的各种进程不在其他用户进程的控制之下运行，而是运行在驻留主进程 master 的控制之下，与其他用户进程无父子关系，所有很好的绝缘性。第五：Postfix 的队列文件有其特殊的格式，只能被 postfix 本身识别。

（3）Postfix 的灵活性。Postfix 结构上由十多个小的子模块组成，每个子模块完成特定的任务。当出现特定的需求时，可以用新版本的模块来替代老的模块，而不需要更新整个程序。而且它也很容易关闭某个功能。

（4）Postfix 的兼容性。Postfix 设计时考虑了保持 Sendmail 的兼容性问题，使移植更加容易。Postfix 支持/var[/spool]/mail，/etc/aliases，NIS，及~/.forward 等文件。然而 Postfix 为保证管理的简单性，所以没有支持配置文件 sendmail.cf。

17.3.2 Postfix 的邮件队列与配置文件

采用 rpm 包安装 Postfix 后，会在/var/spool/目录下生成四个目录，分别为 maildrop，incoming，active 和 deferred。在/etc 目录下会生成一个 postfix 目录，目录中有多个文件，main.cf，master.cf，postfix-script 是基本的配置文件。

（1）Postfix 的邮件队列（mail queues）。Postfix 有四种邮件队列，并且由队列管理进程统一管理。

- maildrop。本地邮件的存放目录，同时本地邮件也会被复制到 incoming 中。
- incoming。存放正在到达或队列管理进程尚未发现的邮件。
- active。存放队列管理进程已经打开并正准备投递的邮件，该队列有长度限制。
- deferred。存放不能被投递的邮件。

（2）Postfix 的配置文件。

- main.cf。是 postfix 主要的配置文件。
- master.cf。是 master 进程的配置文件，该文件中的每一行都表示 postfix 组件进程的运行方式。

- postfix-script。这个目录中包装了一些 postfix 命令，方便在 linux 环境中安全地执行。

17.3.3 Postfix 常用参数的介绍

postfix 大约有 100 个可用的配置参数，这些参数都在 main.cf 文件中；根据需求，通过增加或减少这些参数来实现邮件系统的功能。以下是一些常用参数的介绍。

- soft_bounce = no

soft_bounce 参数表示软退信，默认系统并没有开启软退信，造成软退信的原因有两种：一种是由于收件方邮件服务器的原因没有形成反应；另一种是用户电子邮箱空间没有足够容量接收邮件。软退信可以采取一些办法在一定程度上得到改善。

- queue_directory = /var/spool/postfix

queue_directory 参数指定 postfix 邮件队列的目录。

- daemon_directory = /usr/libexec/postfix

daemon_directory 参数指定守护进程的目录。

- mail_owner = postfix

mail_owner 参数指定能运行邮件服务器进程命令的用户。

- myhostname = host.domain.tld

myhostname 参数指定服务器的主机名。

- mydomain = xxx.com.cn

mydomain 参数指定该服务器的域名。

- myorigin = $myhostname

myorigin 参数用于指定该服务器使用哪个域名来向外发邮件。在局域网中，建议采用默认值。而在因特网中，建议保持 myorigin 与 mydomain 参数相同。也就是说采用该服务器所在的域名称。

- inet_interfaces = localhost

inet_interfaces 参数指定 postfix 系统监听的网络接口。默认情况，postfix 监听所有的网络接口，值设置为 all。如果 postfix 运行在一个虚拟的 IP 地址上，则必须指定其监听的地址。

- mydestination = $myhostname, localhost.$mydomain

mydestination 参数用于指定该服务器使用哪个域名来接收邮件。建议采用默认值。

- local_recipient_maps = UNIX:passwd.byname $alias_maps

local_recipient_maps 参数用于指定本地合法的邮件用户。

- unknown_local_recipient_reject_code = 450

unknown_client_reject_code 参数指定返回给客户端的错误代码，默认值为 450。

- mynetworks_style = subnet

mynetworks_stype 参数用于设定邮件系统内部子网的限制情况。默认值设定为 subnet。在单机情况下设置为 host。设定的子网内部，可以实现邮件转发不需要 smtp 认证。

- mynetworks = 168.100.189.0/28, 127.0.0.0/8

mynetworks 参数用于设定不需要 smtp 认证的网段。

- relay_domains = $mydestination

relay_domains 参数用于指定 postfix 允许接收或转发的邮件的域或子域。默认值由 mydestination 参数来指定。

- relayhost = $mydomain

relayhost 参数用来确定所发送的邮件直接投递到收信人的邮件服务器，mydomain 参数的值作为中继来投递邮件，默认这个选项是关闭的。在使用本地策略时可能要求使用中继作为日志记录、病毒扫描或者其他目的，则需要开启这个选项。

- relay_recipient_maps = hash:/etc/postfix/relay_recipients

relay_recipient_maps 参数用来指定哪些邮件地址是可以转发的。

- alias_maps = hash:/etc/postfix/aliases

alias_maps 参数用来指定别名文件的名称和位置。

- alias_database = dbm:/etc/mail/aliases

alias_database 参数用来指定别名数据库文件的名称和位置。

- home_mailbox = Mailbox

home_mailbox 参数用于指定用户邮件目录。

- mail_spool_directory = /var/spool/mail

mail_spool_directory 参数指定 postfix 将收到的邮件以 maildir 格式保存在/var/spool/mail/加用户名的目录下。

- mailbox_command = /some/where/procmail

mailbox_command 参数用来指定使用外部命令来进行邮件投递。

- mailbox_transport = cyrus
- fallback_transport = cyrus

mailbox_transport 参数指定 postfix 默认的邮件投递方式；用来指定本地用户在传送时是否采用代理进行投递。这个选项默认是关闭的。该选项默认的值为 cyrus，当开启这个选项，那么所有本地用户邮件的传输都交给 cyrus 这个代理来投递。这个选项不考虑本地用户是否存在于 UNIX passwd 数据库中。如果 mailbox_transport 这个选项是关闭的，系统就把本地用户的邮件交给 local 来投递。如果不是本地用户，那么 local 则把邮件交给 fallback_transport 这个选项的值作为代理来投递。fallback_transport 这个选项默认是关闭的，此时交给 fallback_transport 的邮件被当作“未知收件人目标地址”来处理。

- luser_relay = $user@other.host

postfix 如果接收到一个收信人不存在的邮件，通常会将该邮件退回。开启 luser_relay 这个选项，则把收信人不存在的邮件发给 luser_relay 指定的邮件地址。

- header_checks = regexp:/etc/postfix/header_checks

header_checks 参数用来限制接收邮件的信头的格式，如果符合指定的格式，则拒绝接收该邮件。可以指定一个或多个查询列表，如果新邮件的信头符合列表中的某一项则拒绝接收该邮件。

- smtpd_banner = $myhostname ESMTP $mail_name

smtpd_banner 参数用来指定客户端连接到 SMTP 服务器时显示的欢迎信息中包含的内容。

- local_destination_concurrency_limit = 2

local_destination_concurrency_limit 这个选项限制投递给同一个本地收信人的最大的并行

投递数。

- default_destination_concurrency_limit = 20

default_destination_concurrency_limit 用来限制 postfix 到同一个目标主机的最大并发连接数目。

- debug_peer_list = 127.0.0.1

debug_peer_list 参数指定了需要进行日志记录的主机或地址。

- debug_peer_level = 2

debug_peer_level 这个参数指定了进行日志记录时所采用的级别。postfix 有两个日志级别。第一级是普通邮件日志，该日志报告所有的普通邮件的活动，例如接收和发送邮件、服务器错误，关机和启动等。第二级日志更为详细。

- smtpd_recipient_restrictions

smtpd_recipient_restrictions 参数指定通过收件人地址进行邮件过滤。可以指定一个或多个参数值，中间用逗号隔开。

- smtpd_client_restrictions

smtpd_client_restrictions 用来限制客户端的 SMTP 连接。通过 smtpd_client_restrictions 参数限制可以向 postfix 发起 SMTP 连接的客户端的主机名或 IP 地址。可以指定一个或多个参数值，中间用逗号隔开。限制规则是按照查询的顺序进行的，第一条符合条件的规则被执行。

- smtpd_sender_restrictions

可以使用 smtpd_sender_restrictions 参数防止冒名发邮件。可以指定一个或多个参数值，中间用逗号隔开。限制规则是按照查询的顺序进行的，第一条符合条件的规则被执行。

17.4　Postfix 的配置实例

下面以安装一个具有 SMTP 认证，能够通过 Web 页面进行邮件账号管理的 mail 服务器为例来讲解 postfix 的安装和配置方法。

整个邮件系统的结构如图 17-3 所示。

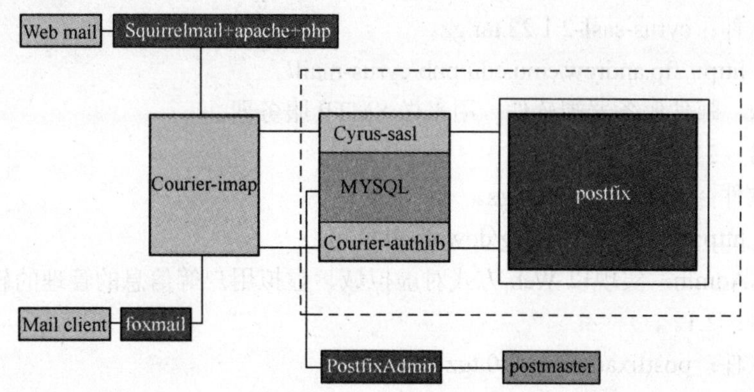

图 17-3　邮件系统结构图

在图 17-3 所示邮件系统中，以 Postfix 作为邮件服务器，提供 SMTP 服务；用 MySQL

作为后台数据库，实现对用户信息的存储；用 Cyrus-sasl 来实现 SMTP 认证；用 Courier-imap 为提供 POP3 和 IMAP 服务。在前台用 PostfixAdmin 软件来实现管理员以 Web 方式对用户和域的管理；用 Squirrelmail、Apache、PHP 为用户提供以 Web 方式登录邮箱。

要完成这一个 Mail 服务器的功能，所需要的软件有：Redhat Enterprice AS 4，MySQL，Postfix，Apache，PHP，PostfixAdmin，Cyrus-sasl，Courier-imap，Courier-authlib，OpenWebmail。

17.4.1 软件的简介

（1）MySQL。用于存储虚拟域、虚拟用户等信息的后台数据库软件。

软件版本号：5.0.41。

所需软件如下：

```
MySQL-client-community-5.0.41-0.rhel4.i386.rpm
MySQL-devel-community-5.0.41-0.rhel4.i386.rpm
MySQL-shared-community-5.0.41-0.rhel4.i386.rpm
mysql-5.0.41-linux-i686-glibc23.tar.gz
```

下载地址：http://dev.mysql.com/downloads/mysql/5.0.html。

（2）Apache。运行网页邮件 Webmail 和 PostfixAdmin 时使用；在本例中采用系统默认安装，不重新编译。但在安装 PHP 时需要用到 apxs 模块，这个模块由 httpd 的源码包提供，而系统默认并没有安装 httpd 的源码包，因此在安装 PHP 之前要安装 httpd 的源码包。源码包在系统的第三张安装光盘中可以找到。

本例所需软件：httpd-devel-2.0.52-19.ent.i386.rpm。

（3）PHP。在运行网页邮件服务器 Webmail 和 PostfixAdmin 时使用。

软件版本号：5.2.3。

本例所需软件：php-5.2.3.tar.gz。

下载地址：http://cn.php.net/downloads.php。

（4）Cyrus-SASL。实现 SMTP 认证时使用。

软件版本号：2.1.22。

本例所需软件：cyrus-sasl-2.1.22.tar.gz。

下载地址：http://ftp.andrew.cmu.edu/pub/cyrus-mail/。

（5）Postfix。邮件服务器端软件；用来做 SMTP 服务器。

软件版本号：2.4。

本例所需软件：postfix-2.4.0.tar.gz。

下载地址：http://www.postfix.org/download.html。

（6）PostfixAdmin。实现以 Web 方式对虚拟域、虚拟用户等信息的管理的软件。

软件版本号：2.1。

本例所需软件：postfixadmin-2.1.0.tgz。

下载址址：http://www.postfixadmin.com。

（7）Courier-IMAP。提供 POP3 服务，同时还支持 POP3S/IMAP/IMPAS 服务。

软件版本号：4.1.2。

本例所需软件：courier-imap-4.1.2.tar.bz2。

下载地址：http://www.courier-mta.org/imap/。

（8）Courier-authlib。是支持 Courier-imap 服务的关键模块,由于 Courier-imap 从 4 版本开始，把 courier-authlib 独立出来了，在安装 Courier-imap 前需要先安装 Courier-authlib。

软件版本号：0.58。

本例所需软件：courier-authlib-0.58.tar.bz2。

下载地址：http://www.courier-mta.org/imap/。

（9）Squirrelmail。基于 IMAP 的 Webmail 客户端软件。在安装 Squirrelmail 时需要安装三个插件分别来支持显示邮箱的使用情况和密码的修改；根据需要还可以安装简体中文包。

软件的版本号：squirrelmail-1.4.4.tar.tar。

本例所需软件。

squirrelmail-1.4.4.tar.bz2

zh_CN-1.4.4-20050122.tar.bz2

quota_usage-1.3-1.2.7.tar.gz

change_mysqlpass-3.2-1.2.8.tar.gz

compatibility-1.3.tar.gz

下载地址：http://www.squirrelmail.org

17.4.2 安装前准备

Red Hat AS4 同样也提供了 Postfix 的安装，首先用如下命令检查系统中是否已经安装了 Sendmail 和 Postfix。

```
#rpm -aq|grep sendmail
#rpm -aq|grep postfix
```

如果系统中已经安装了 Sendmail 和 Postfix，在配置 Postfix 之前先要用以下方法停用或删除 Sendmail。

（1）停用 Sendmail。

```
#/etc/init.d/sendmail stop
#chkconfig --level 0123456 sendmail off
#mv /usr/bin/newaliases /usr/bin/newaliases.old
#mv /usr/bin/mailq /usr/bin/mailq.ole
#mv /usr/sbin/sendmail /usr/sbin/sendmail.old
```

（2）删除 Sendmail。

```
#rpm -e sendmail
```

在删除 Sendmail 时，会因为软件的依赖性而不能进行，可以采用从下往上删除存在依赖性的软件包的方法来解决。因为 Red Hat 系统自带的 Postfix 不支持 SSL 及 MySQL，所以需要采用编译源代码的方法安装 Postfix。可以在 Postfix 的主页http://www.postfix.org/上下载最新版的 Postfix 源码包。

P1 1
P9 2
P24 3
P51 4
P67 5
P83 6
P104 7
P117 8
P128 9
P143 10
P161 11
P172 12
P189 13
P214 14
P227 15
P245 16
第17章
P284 18
P305 19
P328 20
P361 21

17.4.3 安装 MySQL

（1）删除系统已安装的 MySQL 包。

```
#rpm-e mysql --nodeps
```

（2）安装 MySQL 的 RPM 包。

```
#rpm -ivh MySQL-client-community-5.0.41-0.rhel4.i386.rpm
#rpm -ivh MySQL-devel-community-5.0.41-0.rhel4.i386.rpm
#rpm -ivh MySQL-shared-community-5.0.41-0.rhel4.i386.rpm
```

（3）安装 MySQL 的 gz 包。

```
#tar zxvf mysql-5.0.41-linux-i686-glibc23.tar.gz
#mv mysql-5.0.41-linux-i686-glibc23 /usr/local/mysql
#cd /usr/local/mysql
#cp support-files/my-medium.cnf /etc/my.cnf
#groupadd mysql                                  //创建一个 mysql 组
#useradd -g mysql mysql                          //创建一个 mysql 用户
#scripts/mysql_install_db --user=mysql           //初始化数据库
#chown -R root:mysql   /usr/local/mysql          //设置目录 usr/local/mysql 的所属用户是 root，组
是 mysql
#chown -R mysql:mysql /usr/local/mysql/data      //设置/usr/local/mysql/data 的所属用户是 mysql，
组是 mysql
#bin/mysqld_safe --user=mysql &                  //启动 mysql
#bin/mysqladmin -u root password '****'          //设置 root 密码****
```

（4）登录数据库测试。

```
#/bin/mysql -u root -p
Enter password:                                  //输入密码
mysql>show databases ;                           //显示数据库结构
```

（5）设置 MySQL 自动启动。

```
#cp support-files/mysql.server /etc/init.d/mysqld    //copy 启动的 mysqld 文件
#chmod 700 /etc/init.d/mysqld
#chkconfig --add mysqld                              //添加 mysqld 服务
#chkconfig --level 345 mysqld on                     //让 mysql 在 345 级别下运行
```

（6）开启常规日志和更新日志，在 my.cnf 中的[mysqld]项下添加以下内容。

```
log=/var/log/mysqld/log.log
log-update=/var/log/mysqld/update.log
```

（7）创建 MySQL 的日志文件并设置权限。

```
#mkdir /var/log/mysqld
```

```
#touch /var/log/mysqld/err.log /var/log/mysqld/log.log /var/log/mysqld/update.log
#chown -R mysql.mysql /var/log/mysqld
```

错误日志包含了服务器写入标准错误输出设备的所有消息，同时还包括了 MySQL 服务的启动和关闭事件常规日志，用来记录有关 MySQL 服务器运行的常规信息，包括用户的连接、查询及其他各种时间更新日志，用来记录修改数据库的查询信息，包括所有涉及数据库修改的 SQL 语句的查询记录，建议调试结束后关闭日志。

17.4.4 安装 httpd 和 PHP 软件包

（1）安装 httpd 源码包。

```
#rpm -ivh httpd-devel-2.0.52-19.ent.i386.rpm
```

（2）安装 PHP 源码包。

```
#tar zxvf php-5.2.3.tar.gz
#cd php-5.2.3
#./configure --prefix=/usr/local/php \
--with-mysql=/usr/local/mysql \
--with-apxs2=/usr/sbin/apxs --enable-track-vars \
--enable-force-cgi-redirect --enable-pic \
--enable-inline-optimiation --enable-memory-limit \
--enable-bcmath --enable-shmop --enable-versioning \
--enable-calendar --enable-dbx --enable-dio \
--enable-mcal --with-config-file-path=/etc/httpd/conf
#make
#make install
```

（3）复制 php.ini-dist 到/etc/httpd/conf 目录下，并改名为 php.ini。

```
#cp php.ini-dist /etc/httpd/conf/php.ini
```

（4）编辑/etc/httpd/conf/php.ini 文件，修改以下内容。

```
default_charset="gb2312"          //添加这一行
register_global=On                //register_global 参数的值改为 On
session.auto_start=1              //session.auto_start 选项的值改为 1
```

17.4.5 安装 courier-authlib

（1）添加相关的用户和用户组。

```
#groupadd postfix -g 1000
#groupadd postdrop
#useradd postfix -u 1000 -g postfix -G postdrop
#groupadd vmail -g 1002
#useradd vmail -u 1002 -g 1002
```

P1 1
P9 2
P24 3
P51 4
P67 5
P83 6
P104 7
P117 8
P128 9
P143 10
P161 11
P172 12
P189 13
P214 14
P227 15
P245 16
第17章
P284 18
P305 19
P328 20
P361 21

```
#mkdir /home/mail
#chown vmail:vmail /home/mail
#chmod -R 775 /home/mail
```

（2）安装 courier-authlib 源码包。

```
#tar jvxf courier-authlib-0.58.tar.bz2
#cd courier-authlib-0.58
#./configure --prefix=/usr/local/courier-authlib --without-stdheaderdir \
--without-authuserdb --without-authpam --without-authldap \
--without-authpwd --without-authshadow --without-authvchkpw \
--without-authpgsql --with-authdaemonvar=/var/spool/authdaemon \
--without-authcustom --with-authmysql \
--with-mysql-includes=/usr/local/mysql/include \
--with-mysql-libs=/usr/local/mysql/lib --with-redhat \
--with-authmysqlrc=/usr/local/courier-authlib/etc/authmysqlrc \
--with-mailuser=vmail --with-mailgroup=vmail \
--with-authdaemonrc=/usr/local/courier-authlib/etc/authdaemonrc
#make
#make install
#make install-migrate
#make install-configure
```

（3）将/usr/local/courier-authlib/etc/authdaemonrc 文件中相关选项做如下修改。

```
authmodulelist="authmysql"
authmodulelistorig="authmysql"
daemons=10
DEBUG_LOGIN=2                                  //打开日志记录类型，方便调试
```

（4）修改/usr/local/courier-authlib/etc/authmysqlrc 文件，删除文件中原有的内容，添加以下的内容。

```
MYSQL_SERVER        localhost
MYSQL_USERNAMEpostfix
MYSQL_PASSWORD postfix
MYSQL_SOCKET        /tmp/mysql.sock
MYSQL_PORT  3306
MYSQL_OPT   0
MYSQL_DATABASE postfix
MYSQL_USER_TABLE        mailbox
MYSQL_CRYPT_PWFIELD         password
MYSQL_UID_FIELD 1002
MYSQL_GID_FIELD 1002
MYSQL_LOGIN_FIELD       username
MYSQL_HOME_FIELD        '/home/mail'
MYSQL_NAME_FIELD        name
```

```
MYSQL_MAILDIR_FIELD maildir
```

添加时请注意，参数和值之间用 TAB 键，不能用空格，且每行都不能有空格。

（5）设置 courier-authlib 自动启动。

```
#cp courier-authlib.sysvinit /etc/init.d/courier-authlib
#chmod 755 /etc/init.d/courier-authlib
#chkconfig --add courier-authlib
#chkconfig --level 345 courier-authlib on
```

（6）启动 courier-authlib。

```
#service courier-authlib start
或
#/usr/local/courier-authlib/sbin/authdaemond start
```

17.4.6 安装 cyrus-sasl

（1）检查系统中已安装的 cyrus-sasl。

```
#rpm -aq|grep cyrus-sasl
```

（2）删除系统中已安装的 cyrus-sasl 以及相关的所有包。

```
#rpm -e --nodeps cyrus-sasl-md5 cyrus-sasl-plain cyrus-sasl-gssapi cyrus-sasl-devel #cyrus-sasl
```

（3）删除 sasl 的默认目录。

```
#rm -rf /usr/lib/sasl
#rm -rf /usr/lib/sasl2
```

（4）安装 cyrus-sasl 源码包。

```
#tar zxvf cyrus-sasl-2.1.22.tar.gz
#cd cyrus-sasl-2.1.22
#./configure --prefix=/usr/local/cyrus-sasl \
--with-mysql=/usr/local/mysql \
--disable-sample --disable-saslauthd \
--disable-pwcheck --disable-cram \
--disable-digest --disable-krb4 \
--disable-gssapi --disable-anon \
--enable-plain --enable-login \
--enable-sql --disable-ntlm \
--disable-otp --disable-srp \
--disable-srp-setpass \
--with-authdaemond=/usr/local/courier-authlib/var/spool/authdaemon/socket \
--with-mysql-includes=/usr/local/mysql/include/ \
--with-mysql-libs=/usr/local/mysql/lib/
```

```
#make
#make install
```

（5）创建链接。

```
#cd /usr/lib
#ln -s /usr/local/cyrus-sasl/lib/* .
#ln -s /usr/local/cyrus-sasl/lib/sasl2 /usr/lib/sasl2
```

（6）运行如下命令将相应内容添加到 ld.so.conf 文件中，并更新 ld.so.conf 文件。

```
#echo "/usr/local/cyrus-sasl/lib">>/etc/ld.so.conf
#echo "/usr/local/cyrus-sasl/lib/sasl2">>/etc/ld.so.conf
#ldconfig
```

（7）在/usr/local/cyrus-sasl/lib/sasl2 目录下创建 smtpd.conf 文件，并添加以下内容。

```
#vi /usr/local/cyrus-sasl/lib/sasl2/smtpd.conf
pwcheck_method: authdaemond
log_level: 3
mech_list: PLAIN LOGIN
authdaemond_path:/var/spool/authdaemon/socket
```

注意，smtpd.conf 文件中不能出现空格，否则会出现 SMTP 验证失败的问题。
（8）修改邮件请求队列目录的权限。

```
#chown -R vmail:vmail /var/spool/
#chmod -R 755 /var/spool/authdaemon
```

17.4.7 安装 postfix 2.2.3

（1）停止 sendmail，并将其相应文件改名或者直接删除 Sendmail。

```
#/etc/init.d/sendmail stop
#chkconfig --level 0123456 sendmail off
#mv /usr/lib/sendmail /usr/lib/sendmail.old
#mv /usr/bin/mailq /usr/bin/mailq.old
#mv /usr/bin/newaliases /usr/bin/newaliases.old
```

（2）安装 postfix。

```
#tar zxvf postfix-2.4.0.tar.gz
#cd postfix-2.4.0
#make -f Makefile.init makefiles 'CCARGS=-DHAS_MYSQL -I/usr/local/mysql/include -I/usr/local/cyrus-sasl/include/sasl/' -DUSE_SASL_AUTH -DUSE_CYRUS_SASL 'AUXLIBS=-L/usr/local/mysql/lib -lmysqlclient -L/usr/local/cyrus-sasl/lib/sasl2 -lsasl2 -lz -lm'
#make install
```

在安装过程中，会有路径的选择，应全部采用默认值。

（3）为别名文件创建链接。

```
#mv /etc/aliases /etc/aliases.old
#ln -s /etc/postfix/aliases /etc/aliases
#/usr/bin/newaliases
```

（4）简化 postfix 的主配置文件 main.cf。

```
#cd /etc/postfix
#postconf -n > main2.cf
#mv main.cf main.cf.old
#mv main2.cf main.cf
```

（5）在 main.cf 文件最后添加如下内容。

```
myhostname=mail.huangtest.com
mydomain=huangtest.com
myorigin=$mydomain
mydestination=$myhostname,localhost.$mydomain,localhost
alias_maps=hash:/etc/aliases
mynetworks=127.0.0.1
home_mailbox=Maildir/
virtual_mailbox_base=/home/mail
virtual_alias_maps=mysql:/etc/postfix/mysql_virtual_alias_maps.cf
virtual_mailbox_domains=mysql:/etc/postfix/mysql_virtual_domains_maps.cf
virtual_mailbox_maps=mysql:/etc/postfix/mysql_virtual_mailbox_maps.cf
virtual_minimum_uid=1002
virtual_uid_maps=static:1002
virtual_gid_maps=static:1002
virtual_transport=virtual
smtpd_recipient_restrictions=permit_mynetworks,permit_sasl_authenticated,reject_non_fqdn_hostname,
reject_non_fqdn_sender,reject_non_fqdn_recipient,reject_unauth_destination,reject_invalid_hostname,reject_unauth
_pipelining
smtpd_client_restrictions=permit_mynetworks,permit_sasl_authenticated
broken_sasl_auth_clients=yes
smtpd_sasl_auth_enable=yes
smtpd_sasl_local_domain=$mydomain
smtpd_sasl_security_options=noanonymous
smtpd_sasl_application_name=smtpd
smtpd_banner=$myhostname ESMTP
```

（6）在/etc/postfix 目录下创建 mysql_virtual_alias_maps.cf，mysql_virtual_mailbox_maps.cf，mysql_virtual_domains_maps.cf 三个文件。

```
#cd /etc/postfix
#vi mysql_virtual_alias_maps.cf
#vi mysql_virtual_mailbox_maps.cf
```

P1 1
P9 2
P24 3
P51 4
P67 5
P83 6
P104 7
P117 8
P128 9
P143 10
P161 11
P172 12
P189 13
P214 14
P227 15
P245 16
第17章
P284 18
P305 19
P328 20
P361 21

```
#vi mysql_virtual_domains_maps.cf
```

（7）在 mysql_virtual_alias_maps.cf 中添加如下内容。

```
user=postfix
password=postfix
hosts=localhost
dbname=postfix
table=alias
select_field=goto
where_field=address
```

（8）在 mysql_virtual_mailbox_maps.cf 中添加如下内容。

```
user=postfix
password=postfix
hosts=localhost
dbname=postfix
table=mailbox
select_field=maildir
where_field=username
```

（9）在 mysql_virtual_domains_maps.cf 中添加如下内容。

```
user=postfix
password=postfix
hosts=localhost
dbname=postfix
table=domain
select_field=description
where_field=domain
```

（10）启动 postfix 服务器。

```
#/usr/sbin/postfix start
```

（11）测试。

```
#telnet telnet localhost 25                          //连接本机的 25 号端口
Trying 127.0.0.1...
Connected to localhost.localdomain (127.0.0.1).      //表示连接成功
Escape character is '^]'.
220 mail.huangtest.com ESMTP
ehlo localhost                                       //ESMTP 命令，测试发信是否需要认证
250-mail.huangtest.com
250-PIPELINING
250-SIZE 10240000
250-VRFY
```

```
250-ETRN
250-AUTH LOGIN PLAIN
250-AUTH=LOGIN PLAIN                    //表示发信需要认证，也就表示开启了 SMTP 认证
250-ENHANCEDSTATUSCODES
250-8BITMIME
250 DSN
quit                                    //输入 quit，结束会话
221 2.0.0 Bye
Connection closed by foreign host.
```

17.4.8 安装 courier-imap

（1）安装 courier-imap 源码包。

```
#tar jxvf courier-imap-4.1.2.tar.bz2
#cd courier-imap-4.1.2
#./configure --prefix=/usr/local/courie-imap --with-redhat --enable-unicode \
--disable-root-check --with-trashquota --without-ipv6 \
CPPFLAGS='-I/usr/local/courier-authlib/include' \
COURIERAUTHCONFIG='/usr/local/courier-authlib/bin/courierauthconfig'
#make
#make install-strip
#make install-configure
```

（2）修改 pop3d 文件。

```
#vi /usr/local/courie-imap/etc/pop3d
POP3DSTART=NO 改为：POP3DSTART=YES
```

（3）修改 imapd 文件。

```
#vi /usr/local/courie-imap/etc/imapd
IMAPDSTART=NO 改为：IMAPDSTART=YES
```

（4）启动 pop3 和 imap。

```
#/usr/local/courie-imap/libexec/pop3d.rc start
#/usr/local/courie-imap/libexec/imapd.rc start
```

（5）测试，连接服务器的 110 端口。

```
#telnet localhost 110                              //连接本机的 110 号端口
Trying 127.0.0.1...
Connected to localhost.localdomain (127.0.0.1).    //表示连接成功
Escape character is '^]'.
+OK Hello there.
quit                                               //输入 quit，结束会话
+OK Better luck next time.
```

```
Connection closed by foreign host.
```

（6）测试，连接服务器的 143 端口。

```
#telnet localhost 143                                  //连接本机的 143 号端口
Trying 127.0.0.1...
Connected to localhost.localdomain (127.0.0.1).        //表示连接成功
Escape character is '^]'.
* OK [CAPABILITY IMAP4rev1 UIDPLUS CHILDREN NAMESPACE THREAD=ORDEREDSUBJECT THREAD=REFERENCES SORT QUOTA IDLE ACL ACL2=UNION STARTTLS] Courier-IMAP ready. Copyright 1998-2005 Double Precision, Inc.  See COPYING for distribution information.
aa logout                                              //输入 aa logout，结束会话
* BYE Courier-IMAP server shutting down
aa OK LOGOUT completed
Connection closed by foreign host.
```

17.4.9 安装 postfixadmin

（1）安装 posftixadmin 源码包。

```
#tar -zxvf postfixadmin-2.1.0.gz
#mv postfixadmin-2.1.0 /var/www/html/postfixadmin
#chown -R vmail:vmail /var/www/html/postfixadmin
```

（2）将 postfixadmin 中的表结构导入 MySQL 中。

```
#cd /var/www/html/postfixadmin
#mysql -u root -p < DATABASE_MYSQL.TXT
Enter password:                                        //输入进入 MySQL 的密码
```

（3）复制配置模板文件。

```
#cp config.inc.php.sample config.inc.php
```

（4）修改/var/www/html/postfixadmin/config.inc.php 文件。

```
$CONF['default_language'] = 'en';  改为：$CONF['default_language'] = 'cn';
```

（5）对 Apache 的配制文件 httpd.conf 做如下修改。

```
#vi /etc/httpd/conf/httpd.conf
User apache  改为：User vmail
Group apache  改为：Group vmail
AddType application/x-httpd-php .php                   //在文件最后添加这一行
DirectoryIndex index.html index.html.var index.php  //在这一行后添加上 index.php
AddDefaultCharset utf-8  改为：AddDefaultCharset gb2312
ServerAdmin you@example.com 改为：ServerAdmin admin@huangtest.com
ServerName www.example.com:80 改为：ServerName mail.huangtest.com:80
```

（6）修改/etc/httpd/conf.d/authz_ldap.conf，注释以下这行。

```
#LoadModule authz_ldap_module modules/mod_authz_ldap.so
```

（7）配置 postfixadmin。

打开浏览器，在浏览器中输入http://localhost/postfixadmin，页面如图 17-4 所示。

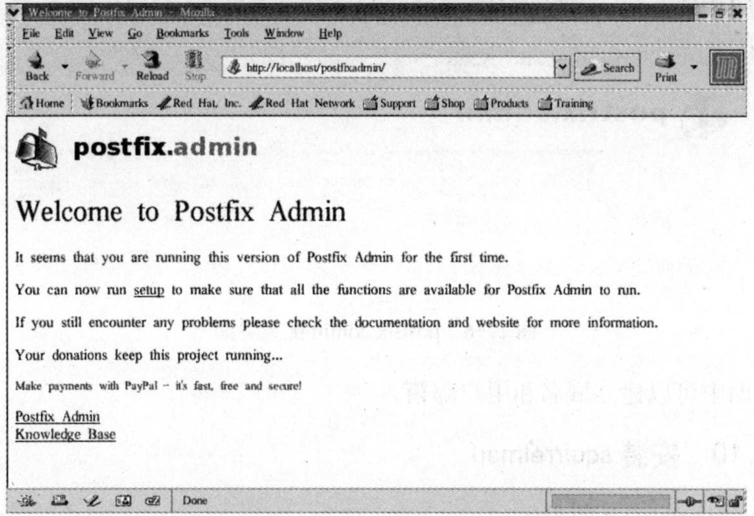

图 17-4　postfix.admin 欢迎界面

点击页面中的 setup，检查 postfixadmin 是否装好。再回到终端，删除 setup.php。

```
#cd /var/www/html/postfixadmin
#mv setup.php setup.php.back
```

重新打开浏览器，输入 http://localhost/postfixadmin/admin，页面如图 17-5 所示。

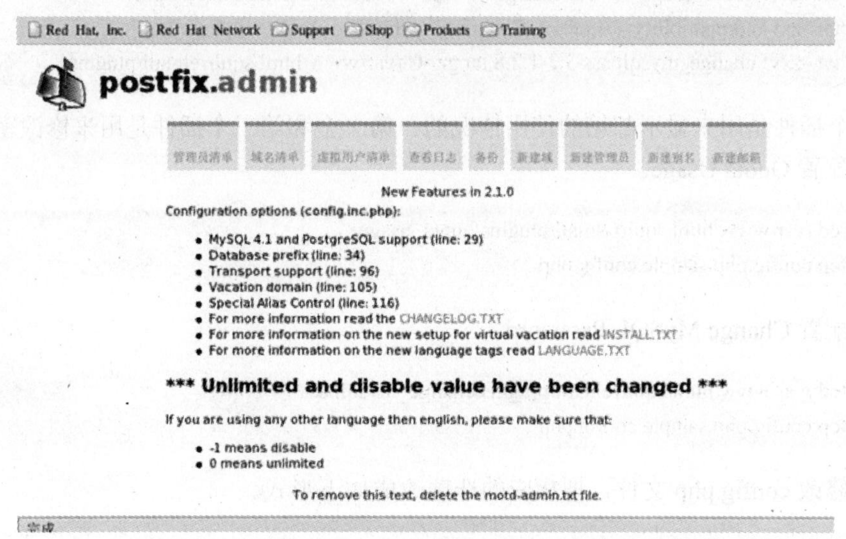

图 17-5　postfix.admin 配置界面

然后根据提示删除如下三个文件。

```
#mv motd.txt backup-motd.txt
#mv motd-admin.txt backup-motd-admin.txt
#mv motd-users.txt backup-motd-users.txt
```

重新打开浏览器，输入http://localhost/postfixadmin/admin，页面如图 17-6 所示。

图 17-6　postfix.admin 配置界面

在这个页面中可以建立域名和用户邮箱。

17.4.10　安装 squirrelmail

（1）安装 squirreelmail 源码包。

```
#tar -jxvf squirrelmail-1.4.4.tar.bz2 -C /var/www/html
#mv /www/squirrelmail-1.4.4/ /var/www/html/squirrelmail
#tar -jxvf zh_CN-1.4.4-20050122.tar.bz2 -C    /var/www/html/squirrelmail/
```

（2）把三个插件解压到 squirrelmail 的 plugin 目录下。

```
#tar -zxvf quota_usage-1.3-1.2.7.tar.gz -C /var/www/html/squirrelmail/plugins/
#tar -zxvf compatibility-1.3.tar.gz -C /var/www//html/squirrelmail/plugins/
#tar -zxvf change_mysqlpass-3.2-1.2.8.tar.gz -C /var/www/html/squirrelmail/plugins/
```

第一个插件是用来显示邮箱的使用情况的；第二个和第三个插件是用来修改密码的。
（3）配置 Quota Usage。

```
#cd /var/www/html/squirrelmail/plugins/quota_usage
#cp config.php.sample config.php
```

（4）配置 Change MySQL Password。

```
#cd /var/www/html/squirrelmail/plugins/change_mysqlpass
#cp config.php.sample config.php
```

（5）修改 config.php 文件，把相应的选项改成如下形式。

```
$mysql_database = 'postfix';
$mysql_table = 'mailbox';
```

```
$mysql_userid_field = 'username';
$mysql_password_field ='password';
$mysql_manager_id = 'postfix';
$mysql_manager_pw = 'postfix';
$mysql_UNIXcrypt = 0;
$mysql_MD5crypt = 1;
$use_ssl_for_password_change = 0;
```

（6）配置 squirrelmail。

```
#cd /var/www/html/squirrelmail
#./configure
选择 10. Languages，
把 1. Default Language：的 en_US 改成 zh_CN。
返回上一级目录
选择 8. Plugins，再依次添加如下这三个插件
quotea_usage
compatibility
change_mysqlpass
```

（7）修改目录权限。

```
#chown -R vmail:vmail /var/www/html/squirrelmail/data/
#chmod -R 730 /var/www/html/squirrelmail/data/
```

（8）打开浏览器，输入 http://localhost/squirrelmail，页面如图 17-7 所示。

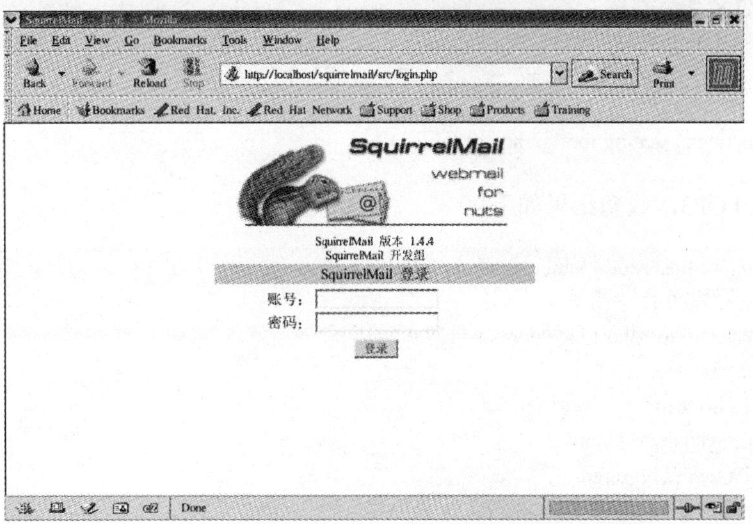

图 17-7　squirrelmail 主界面

17.4.11　整体测试

利用 postfixadmin 新建一个域和一个用户邮箱，假设域名为 huangtest.com,邮箱账号为

test@huangtest.com，密码为 test。

（1）测试 SMTP，成功结果如下。

```
[root@localhost root]# perl -MMIME::Base64 -e 'print encode_base64("test");'
dGVzdA==
[root@localhost root]# telnet localhost 25
Trying 127.0.0.1...
Connected to localhost.localdomain (127.0.0.1).
Escape character is '^]'.
220 mail.huangtest.com ESMTP Postfix
ehlo huangtest.com
250-mail.huangtest.com
250-PIPELINING
250-SIZE 10240000
250-VRFY
250-ETRN
250-AUTH LOGIN PLAIN
250-AUTH=LOGIN PLAIN
250-ENHANCEDSTATUSCODES
250-8BITMIME
250 DSN
auth login
334 VXNlcm5hbWU6
dGVzdA==
334 UGFzc3dvcmQ6
dGVzdA==
235 2.0.0 Authentication successful
quit
221 2.0.0 Bye
Connection closed by foreign host.
```

（2）测试 POP3，成功结果如下。

```
[root@localhost root]# telnet localhost 110
Trying 127.0.0.1...
Connected to localhost.localdomain (127.0.0.1).
Escape character is '^]'.
+OK Hello there.
user test@huangtest.com
+OK Password required.
pass test
+OK logged in.
quit
+OK Bye-bye.
Connection closed by foreign host.
```

（3）测试 squirrelmail，登录界面如图 17-8 所示。

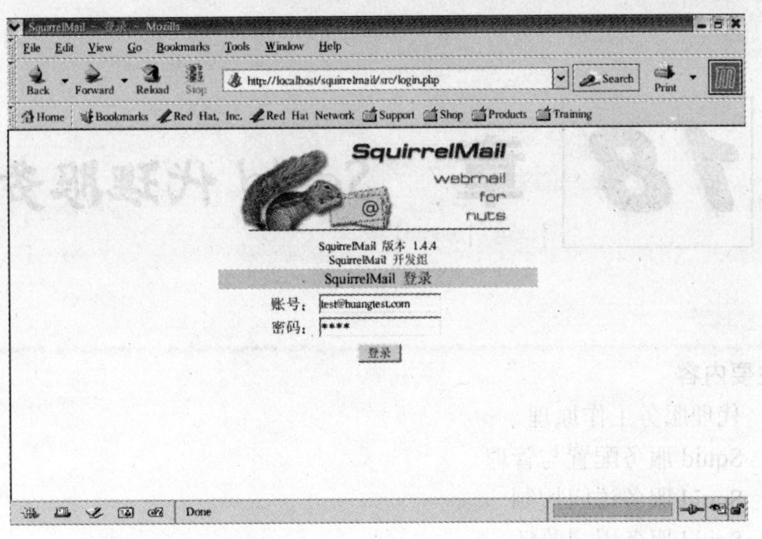

图 17-8　squirrelmail 登录界面

登录成功后的界面如图 17-9 所示。

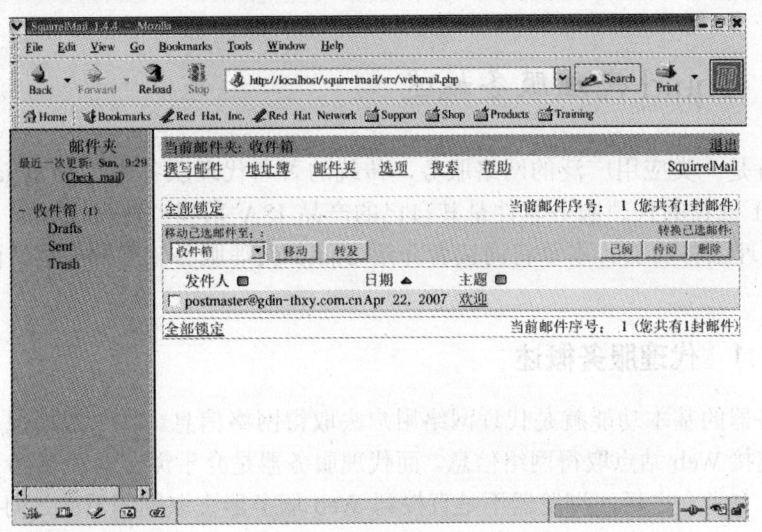

图 17-9　squirrelmail 邮箱

在整个安装配置过程中，请注意查看错误日志的提示信息，在修改配置文件的时候注意格式的要求。根据需要，读者可以使用 MailScanner，clamAV，SpamAssassin 等软件来实现对病毒邮件和垃圾邮件的过滤。

第 18 章 Squid 代理服务

本章主要内容

- 代理服务工作原理
- Squid 服务配置与管理
- Squid 服务访问控制
- Squid 服务用户验证
- Squid 服务应用实例
- Squid 服务客户端配置

18.1 Squid 代理服务概述

代理服务是一类应用广泛的网络服务，传统的著名代理服务软件有 sygate 和 wingate 等。Microsoft 推荐的代理服务软件是其自己的产品 ISA 系列。而在 Linux 下，可以使用 Squid 实现代理服务功能。本章将向读者介绍 Squid 代理服务软件的安装、配置、管理及应用。

18.1.1 代理服务概述

代理服务器的基本功能就是代理网络用户去取得网络信息。在一般情况下，用户使用浏览器直接连接 Web 站点取得网络信息。而代理服务器是介于浏览器和 Web 服务器之间的一台服务器，有了它之后，浏览器不是直接到 Web 服务器去取回网页而是向代理服务器发出请求，请求信号会先送到代理服务器，由代理服务器来取回用户需要的信息并传送给用户的浏览器。而且，大部分代理服务器都具有缓冲功能，就好像一个大的缓冲池，它有很大的存储空间，不断将新数据储存到它本机的存储器上，如果用户的浏览器请求的数据就在它本机的存储器上而且是最新的，那么它就不重新从 Web 服务器取数据，而直接将存储器上的数据传送给用户的浏览器。一般用户的可用带宽都较小，但是通过带宽较大的代理服务器与目标主机相连能大大提高浏览速度和效率。更重要的是它所提供的安全功能，通过代理服务器访问目标主机，可以将用户本身的 IP 地址隐藏起来，目标主机能看到的只是代理服务器的 IP 地址而已。很多网络黑客就是通过这种办法隐藏自己的真实 IP，从而逃过监视。大型网站还可以利用反向代理大大增加客户端的访问速度，如搜狐等很多大型门户网站都是采用 Squid 作为其新闻服务的缓冲服务器。另外代理服务同其他软件配合使用还可以实现流量控制和计费功能等。

18.1.2 Squid 代理服务概述

如上所述，Squid 的基本功能是缓存互联网数据，它接收用户的下载申请，并自动处理所下载的数据。当一个用户要访问一个页面时，向 Squid 发出请求，然后 Squid 连接所申请网站并请求该页面，接着把该页面传给用户，同时保留一个备份，当别的用户申请同样的页面时，Squid 把保存的备份立即传给用户，这样使得用户感觉到访问速度很快。

Squid 不仅能代理访问网页需要的 HTTP 协议，还可以代理 FTP、GOPHER、SSL 和 WAIS 协议。现在它暂时还不能代理如 RSTP、MMS、POP、NNTP 等协议，但随着技术人员对 Squid 不断修改，Squid 会支持更多的协议。

注意 Squid 并不是在支持的协议下能够缓存任何数据，像信用卡账号、密码，可以远方执行的脚本、经常变换的主页等都是不合适的也是不安全的数据，一般 Squid 会自动进行处理。读者也可以根据需要设置 Squid，使之过滤掉不想要的东西。

Squid 可以工作在很多常用的操作系统平台中，如 Linux，AIX，FreeBSD，HP-UX，NetBSD，SCO UNIX，Solaris 及 OS/2 等。

Squid 对硬件的要求一是内存要大，不应小于 128MB；二是硬盘转速要快，最好使用服务器专用 SCSI 硬盘；但其对处理器的要求不高，频率在 400MHz 以上即可。

图 18-1 显示了一个最简单的代理服务拓扑图。

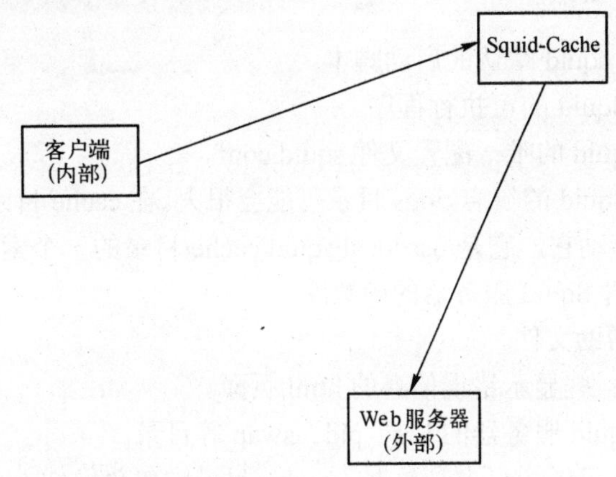

图 18-1 正向代理服务拓扑图

18.2 实现 Squid 服务

18.2.1 安装 Squid

本书所采用的操作系统是 RHEL4，如果你是完整安装，那么里面已经安装了 Squid，如果你的系统中没有安装 Squid，那么建议你到其官方网站 www.squid-cache.org 上去下载最新版本进行编译安装，本书以 2.6 版本进行讲解。

Squid 的编译非常简单，基本上自动配置，其实最容易出现的问题是系统上可能没有安装合适的编译器，这可以通过安装相应的编译器解决。如果在 RHEL4 中选择安装所有开发相关的包，那么编译器当然安装到了系统中，低版本的 Linux 有时候会出现编译器的版本过低的问题，这也可以通过安装相应的编译器解决。

编译 Squid 之前，应该建立专门运行 Squid 服务的用户和组，因为直接使用 root 用户不安全。在服务器上建立名为 squid 的用户和组时，请将用户家目录设为/usr/local/squid。然后通过命令“su”切换为 squid 用户并将下载的 Squid 源文件解压并进行编译、安装。

```
$tar xvzf squid-2.6.STABLE13-20070712.tar.gz
$cd squid-2.6.STABLE13-20070712
$./configure
$make
$make install
```

第一个命令产生一个新的目录 squid-2.6.STABLE13-20070712。命令./configure 会自动查询你的系统配置情况以及你系统中使用的头文件。不加参数的./configure 会默认把 Squid 安装在目录/usr/local/squid 中。也可以使用命令./configure --prefix=/some/other/directory 把 Squid 安装在其他指定目录中，接着使用 make 命令编译 Squid，再使用 make install 命令安装 Squid。

结束以上步骤后，目录/usr/local/squid 中会出现如下目录。

```
bin   etc   libexec   man   sbin   share   var
```

- bin 目录包含了 squid 默认的启动脚本。
- sbin 目录含有 Squid 的可执行程序。
- etc 目录包含 Squid 的唯一配置文件 squid.conf。
- logs 目录包含 Squid 的日志，logs 目录可能会很大。在 cache 目录下也有一个/log/文件，但不要删除或移动它，它是/usr/local/squid/cache/目录的一个索引。
- libexec 目录包含 Squid 服务器的函数库。
- man 目录包含帮助文件。
- share 目录包含一些显示错误信息的 html 页面。
- var 目录包括 Squid 服务器的 log、pid、swap 等目录。
- /var/cache/squid 可以缓存大量数据。cache 目录中包含像/00/、/01/、/02/以及/03/这样的目录，这些目录中还有子目录，这是 Squid 的数据缓存目录，创建如此多级子目录的原因一是文件可以分散存放，这样在搜索某个文件的时候比在一个目录中存放成千上万个文件的情况下寻找一个文件更容易，速度更快。另外存储数据在多个目录下也意味着从大的缓冲区中取数据仍然很快，因为系统要读一个包含 10000 个文件的目录会需要很长的时间。

如果用户的 var 目录下没有 cache 目录，则可以执行以下命令进行初始化，这一步骤是必须的。

```
[squid@rhel4u4 ~]$ /usr/local/squid/sbin/squid    -z
2007/07/12 12:43:45| Creating Swap Directories
[squid@rhel4u4 ~]$ ls var
cache    logs
[squid@rhel4u4 ~]$ ls var/cache
```

```
00 01 02 03 04 05 06 07 08 09 0A 0B 0C 0D 0E 0F
```

如果在初始化的时候出现了有关 visible_hostname 的错误，请编辑/usr/local/squid/etc/squid.conf 文件，找到有关 visible_hostname 的部分，加上语句 visible_hostname linux 即可。visible-nameofhost 一般设置为用户的主机名。

18.2.2　squid.conf 文件基本配置

在安装 Squid 后，在目录/usr/local/squid/etc 中会自动产生一个样本 squid.conf 文件，文件中对每一个选项都有详细的说明，用户可以通过修改该文件以满足不同的需要。

比较重要的选项有以下几个。

- http_port:设定 Squid 的监听端口，缺省为 3128，可以设置成一个容易记忆的数字以免用户忘记。
- cache_mem：设定 Squid 占用的物理内存，cache_mem 的大小不应超过服务器物理内存的三分之一，否则将会影响机器的总体性能。
- maximum_object_size：设定 Squid 可以接收的最大对象的大小，缺省值为 4MB。
- cache_dir：设定缓存的位置、大小。一般看起来形式如下"cache_dir /usr/local/squid/var/cache 100 16 256"。/usr/local/squid/var/cache 代表缓存的位置；100 代表缓存最大为 100MB；16 和 256 代表一级和二级目录数。
- cache_effective_user：设定使用缓存的有效用户。缺省为用户 nobody，建议使用 squid 用户。

下面是一个简单的 squid.conf 文件。

```
debug_options ALL，1
acl all src 0.0.0.0/0.0.0.0
cache_mem 32M
cache_dir /usr/local/squid/var/cache 100 16 256
http_access allow all
icp_access allow all
cache_effective_user squid squid
```

以上的配置允许所有人使用 Squid，创建了 100MB 缓存，使用 32MB 内存，默认在"/usr/local/squid/var/cache"缓存数据，缓存一级目录为 16 个。二级目录为 256 个，所有缓存数据以 squid 组和 squid 用户身份保存，端口默认为 3128。虽然这个配置很不安全，但是它已经能提供服务了。

18.2.3　运行 Squid

在配置完 squid.conf 以后，以 root 身份登录，运行如下命令以产生 Squid 所有的缓存目录，前面我们已经做了这一步，所以现在可以不做。

```
$/usr/local/squid/bin/squid -z
```

如果需要在前台执行 Squid，则执行以下命令。

P1 1 P9 2 P24 3 P51 4 P67 5 P83 6 P104 7 P117 8 P128 9 P143 10 P161 11 P172 12 P189 13 P214 14 P227 15 P245 16 P259 17 第18章 P305 19 P328 20 P361 21

```
$/usr/local/squid/bin/squid -NCd1
```

如果需要在后台运行 Squid，则执行以下命令。

```
$/usr/local/squid/bin/squid
```

如果 Squid 是用 RPM 方式安装的，那么可以使用以下命令启动 Squid 服务。

```
$service squid start
```

如果需要查看 Squid 是否正在运行，则使用以下命令。

```
$squid -k check
```

如果要确认 squid 能正确地解析配置文件，则使用以下命令。

```
$squid -k parse
```

你也可以使用前面提到的/usr/local/squid/bin 目录下的脚本来启动 Squid，脚本在 squid 进程死掉后可以重启 Squid，启动服务后查看 Squid 的日志文件/usr/local/squid/logs/cache.log。

```
more /usr/local/squid/logs/cache.log
```

如果 Squid 启动的相关信息中没有任何关于 FATAL 错误的信息，则说明 Squid 正常启动并运行了。

18.2.4 客户端配置

现在可以使用浏览器通过 Squid 代理服务器浏览网络了，为了检查通过缓冲是否工作正常，可以查看服务器的/usr/local/squid/logs/access.log 文件的内容，你可以发现所有你进行的访问信息都显示在该文件中。这里我们通过一台 Windows 客户端演示如何对客户端进行配置。图 18-2 显示了打开浏览器后选择“工具”标签的“Internet 选项”。

图 18-2 选择“工具”标签的“Internet 选项”

图 18-3 显示了设置“连接”中的“局域网设置”。

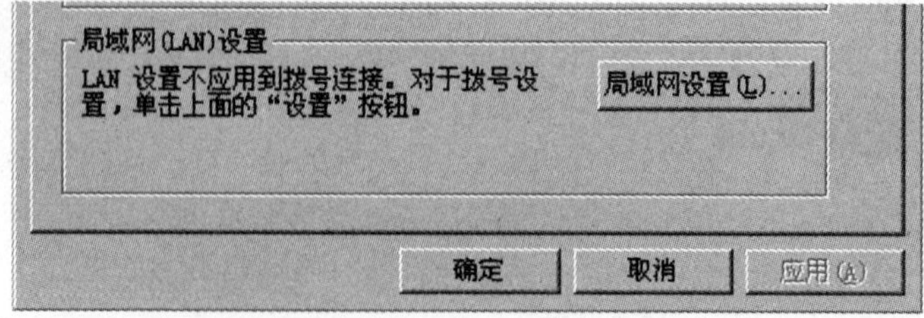

图 18-3 设置“连接”中的“局域网设置”

图 18-4 显示了如何设置代理服务器。

代理服务器
为 LAN 使用代理服务器(X)(这些设置不会应用于拨号或 VPN 连接)。
地址(E): 10.0.2.2
端口(T): 3128
高级(C)...
对于本地地址不使用代理服务器(B)

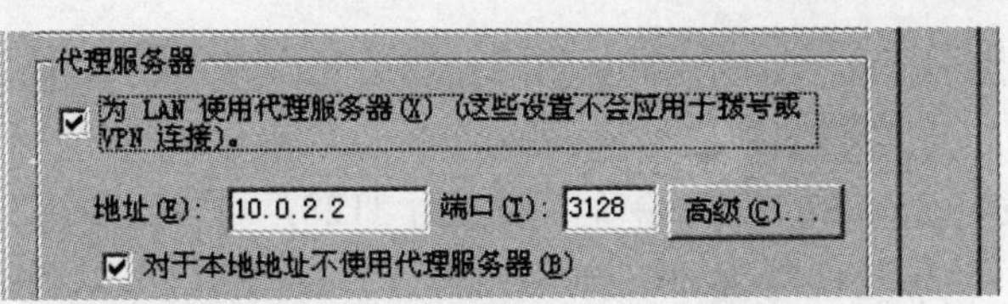

图 18-4　设置代理服务器。

图 18-5 显示了代理服务器的高级设置。

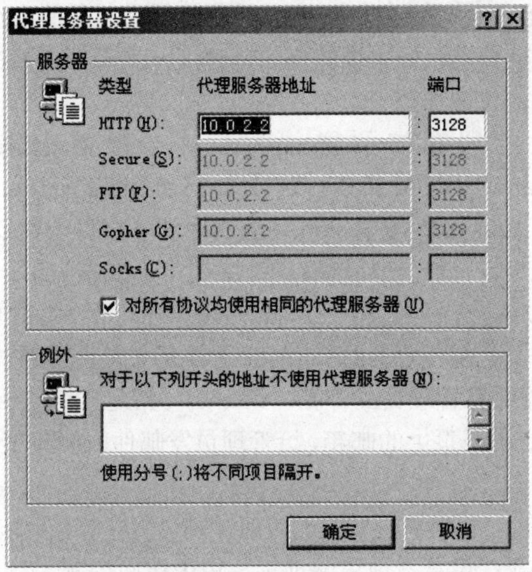

代理服务器设置
服务器
类型
代理服务器地址
端口
HTTP(H): 10.0.2.2 : 3128
Secure(S): 10.0.2.2 : 3128
FTP(F): 10.0.2.2 : 3128
Gopher(G): 10.0.2.2 : 3128
Socks(C):
对所有协议均使用相同的代理服务器(U)
例外
对于以下列开头的地址不使用代理服务器(N):
使用分号(;)将不同项目隔开。
确定
取消

图 18-5　代理服务器高级设置

做完以上的工作，就可以通过代理服务浏览 Web 网站了。

18.3　Squid 服务配置与应用

前面简单地配置了 Squid 服务并实现了简单的正向代理服务，但 Squid 的功能远远超过我们在上面呈现给读者的。下面详细叙述 Squid 服务的各种配置与应用。

18.3.1　Squid 服务配置选项

Squid 有一个唯一的配置文件 squid.conf，在/usr/local/squid/etc 目录下，如果在安装 RHEL4 时就选择安装 Squid 组件，那么这个文件通常是在/etc 目录下，用户要配置 Squid 服务，只需要对该配置文件进行操作即可。

squid.conf 配置文件分为十几个部分，分别是有关的网络选项、作用于邻居选择算法的有关选项、定义 cache 大小选项、定义日志文件的路径及 cache 的目录、外部支持程序选项、调整 cache 选项、超时、访问控制、管理参数、cache 注册服务选项、httpd 加速选项、杂项及延时池选项。

虽然 Squid 的配置文件很庞大，有上千行，但是用户可以根据自己的实际情况修改相应的选项，并不需要配置所有的选项。前面已经介绍了几个常用的基本选项，在此将其和新选项一并列出，读者可以把这些选项进行综合运用。

- http_port：设定 Squid 的监听端口，缺省为 3128，可以设置成一个容易记忆的数字以免用户忘记。如果是使用 Web 访问加速模式则为 80。可以指定多个端口，但是所有指定的端口都必须在一条命令行上。
- cache_mem：设定 Squid 占用的物理内存，cache_mem 的大小不应超过服务器物理内存的三分之一，否则将会影响机器的总体性能。
- maximum_object_size：设定 Squid 可以接收的最大对象的大小，缺省值为 4MB。大于该值的对象将不被存储。如果要提高访问速度，就降低该值；如果想最大限度地节约带宽，降低成本，就增加该值。
- cache_dir：设定缓存的位置、大小。一般看起来形式如下“cache_dir /usr/local/squid/var/cache 100 16 256”。/usr/local/squid/var/cache 代表缓存的位置；100 代表缓存最大为 100MB；16 和 256 代表一级和二级目录数。
- cache_effective_user：设定使用缓存的有效用户。缺省为用户 nobody，如果 Linux 系统中没有 nobody 用户，可创建一个 squid 用户来运行 Squid 服务。
- visible_hostname：设置可见主机名，这个通常是必须设置的，否则启动服务时会报错。
- cache_mgr：设置缓存管理员的邮箱，命令后可指定一个 email 地址。若 squid 服务出现问题，用户可点击网页上的邮箱，给管理员发邮件。cache_mgr 地址默认出现在 squid 的错误消息里。
- local_domain：定义本地域，可用于访问控制。
- local_ip ip/netmask：设置本地内网地址，用于访问控制。
- cache_swap：设置硬盘虚拟交换空间，用于存储代理服务缓存数据的容量，如设置为 2048 则表示 2GB。
- cache_store_log：默认值是/usr/local/squid/logs/store.log，如不需要此日志，可注释本行。
- reference_age：设置代理缓存数据在代理服务器中保留多长时间，用户根据需要可以设置为 1 年（1 year）也可以设置为 3 天（3 days）。
- dns_nameservers：定义 Squid 进行域名解析时使用的域名服务器。
- acl：定义访问控制列表。定义语法如下所示。

```
acl aclname acltype string ...
acl aclname acltype "file" ...
```

- http_access：根据某个访问控制列表允许或禁止某一类用户访问。

从以上可以看到，Squid 的配置文件相对规范，每行以配置指令开始，后面跟着数字值或关键字。在读取配置文件时，Squid 忽略空行和注释掉的行（以#开始）。但有以下几点需要注意。

若在某一设定行前面有“#”注释符号，那代表这就是默认值。除非取消注释或改变内容，否则 Squid 在启动时会以此作为来默认值。

某些指令取唯一值，在这些情形下，重复赋予该指令不同的值，后面的值将覆盖前面的值。例如，下面是一个连接超时值。第一行无效，因为第二行覆盖了它。

```
connect_timeout 5 minutes
connect_timeout 3 hour
```

某些指令取列表值。在此情形下，每一个新增的值都有效。“扩展方式”指令以这种方法工作。

```
extension_methods UNGET
extension_methods UNPUT
extension_methods UNPOST
```

对这些基于列表的指令，通常能在同一行中赋予多个值。

```
extension_methods UNGET UNPUT UNPOST
```

许多指令有通用类型，例如，连接超时值是一个时间规范，在数字后面跟着时间单元。

```
connect_timeout 4 hours
client_lifetime 5 days
negative_ttl 30 minutes
```

类似的，大量的指令指向文件大小或者内存额度。例如，你可以这样编写大小规范：十进制数字后面跟 bytes，KB，MB 或 GB。

```
minimum_object_size 15 bytes
request_header_max_size 20 KB
maximum_object_size 210 MB
```

另一种值得提起的类型是触发器，它的值是 on 或者 off。许多指令使用该类型。

```
server_persistent_connections on
strip_query_terms off
prefer_direct on
```

通常，配置文件指令能以任何顺序出现。然而，如果某个指令指向的值被其他指令所定义，那么顺序就很重要。访问控制列表是个好的例子，关于控制列表我们在后面叙述，下面是个例子。

acl 被用在 http_access 规则之前必须被定义。

```
acl yourip src 1.2.3.4
http_access deny yourip
```

squid.conf 文件里的许多东西是大小写敏感的，例如指令名。不能将 http_port 写成 HTTP_port。

默认的 squid.conf 文件包含了对每个指令的大量注释，以及指令的默认值。读者可多看看配置文件本身的描述，那才是真正权威的资料和帮助手册。

以上的各个注意事项对 Linux 中的其他配置文件也有效。

18.3.2 访问控制

在 18.3.1 节中介绍了 squid.conf 配置文件的一些配置项，这些项目只是能对 Squid 服务进行细微的调整，仍然不能体现 Squid 代理服务的特点。在本节将对 Squid 的访问控制功能进行讲解，学完本小节后，便可构建自己的高可用而且安全的 Squid 代理服务器。

ACL 元素是 Squid 的访问控制的基础，它告诉你如何指定 IP 地址、端口号、主机名和 URL 匹配等变量。每个 ACL 元素有个名字，在编写访问控制规则时需要引用它们。基本的 ACL 元素语法如下。

```
acl   name   type   value1   value2 ...
```

下面是个例子。

```
acl   mynet   src   10.0.0.0/16
```

在多数情况下，你能对一个 ACL 元素在同一行列举多个值，可以分行描述每个值。

Squid 大约有 25 个不同的 ACL 类型，其中一些有通用基本类型，例如 src 和 dst，ACL 使用 IP 地址作为它们的基本类型。表 18-1 描述了每种 ACL 类型。

表 18-1　ACL 使用对象

使用对象	描　述
src	src 类型指客户源 IP 地址。也就是说，当 src acl 出现在访问控制列表里时，squid 将它与发布请求的客户 IP 地址进行比较。正常情况下允许来自内网中主机的请求，并阻塞其他的。例如，假如某单位使用 192.168.0.0/24 子网，可以如下指定 ACL。 acl　MyNetwork　src　192.168.0.0/24 假如有许多子网，能在同一个 acl 行里面列举它们。 acl　MyNetwork　src　192.168.0.0　10.0.1.0/24　10.0.5.0/24　172.16.0.0/12
dst	dst 类型指向原始服务器（目标）IP 地址，在某些情况下能使用该类型来阻止用户访问特定 web 站点，然而，在使用 dst acl 时须谨慎，因为大部分 squid 接受到的请求有原始服务器主机名。这会导致 DNS 查询，当在 DNS 查询忙碌时，squid 会延缓处理该请求。这对某些请求来说会造成延时。为了避免延时，应该尽可能使用 dstdomain acl 类型来代替 dst。 如下是简单的 dst acl 示例。 acl　AdServers　dst　1.2.3.0/24
myip	myip 类型指 Squid 的 IP 地址，大部分 squid 安装不使用该类型，通常所有的客户连接到同一个 IP 地址，所以该 ACL 元素仅当系统有多个 IP 地址时才有用。
dstdomain	在某些情况下你会发现基于名字的访问控制非常有用，可以使用它们去阻塞对某些站点的访问，去控制 squid 如何转发请求，以及让某些响应不可缓存。dstdomain 之所以非常有用，是因为它检查请求 url 里的主机名。但请先注意如下两行的不同： acl　A　dst　www.squid-cache.org acl　B　dstdomain　www.squid-cache.org A 实际上是 IP 地址 ACL。当 Squid 解析配置文件时，它查询 www.squid-cache.org 的 IP 地址，并将它们存在内存里。它不保存名字。假如在 squid 运行时 IP 地址改变了，squid 会继续使用旧的地址。然而 dstdomain　ACL 以域名形式存储，并非 IP 地址。当 squid 检查 ACL B 时，它对 URL 的主机名部分使用字符串比较功能。在该情形下，它并不真正关心 www.squid-cache.org 的 IP 地址是否改变了。使用 dstdomain　ACL 的主要问题是某些 URL 使用 IP 地址代替主机名。假如你的目标是使用 dstdomain　ACL 来阻塞对某些站点的访问，某些聪明的用户能手工查询站点的 IP 地址，然后将它们放在 URL 里，这样就不能起到访问控制的作用，应该同时使用 dstdomain　ACL 和阻塞所有使用 IP 地址代替主机名的请求

（续）

使用对象	描述
srcdomain	srcdomain ACL 要求对每个客户 IP 地址进行所谓的反向 DNS 查询，即 squid 请求对该地址的 DNS PTR 记录。使用查询会导致延时，请求会被延缓处理直到响应返回，但 FQDN 响应会被缓存下来，所以 srcdomain 查询通常仅在客户首次请求时延时，但 srcdomain 查询有时不能工作，因为许多组织并没有保持他们的反向查询数据库与日更新。假如某地址没有 PTR 记录，ACL 将会检查失败，而在该情形下，请求可能会延时非常长时间（例如 2 分钟）直到 DNS 查询超时。所以 srcdomain ACL 适用于 DNS in-addr.arpa 区域配置正确并且在工作中的情况。假如这样，可以使用如下的 ACL： acl LocalHosts srcdomain .users.example.com
port	port ACL 允许你定义单独的端口或端口范围。默认的 squid.conf 包含了下面的安全端口 ACL。 acl Safe_ports port 80 21 443 563 70 210 1025-65535 280 488 591 777 http_access deny !Safe_ports 以上配置允许用户连接到任何非特权端口（1025－65535），但仅指定的特权端口可以被连接
myport	myport ACL 指向原始服务器的端口号，myport 指向 squid 自己的端口号，用以接受客户请求。假如你在 http_port 指令里指定不止一个端口号，那么 squid 就可以在不同的端口上侦听。假如同时将 squid 作为站点 HTTP 加速器和用户代理服务器，那么 myport ACL 特别有用。可以在 80 上接受加速请求，在 3128 上接受代理请求。可能想让所有人访问加速器，但仅仅本网段的用户能以代理形式访问 squid。ACL 如下： acl AccelPort myport 80 acl ProxyPort myport 3128 acl MyNet src 172.16.0.0/22 http_access allow AccelPort # anyone http_access allow ProxyPort MyNet # only my users http_access deny ProxyPort # deny others
method	method ACL 指 HTTP 请求方法，GET 是典型的最常用方法，接下来是 POST、PUT 和其他。下例说明如何使用 method ACL： acl Uploads method PUT POST
proto	该类型指 URI 访问（或传输）协议。如下是有效值：http, https (same as HTTP/TLS), ftp, gopher, urn, whois 和 cache_object。也就是说，这些是被 squid 支持的 URL 机制名字。例如，若想拒绝所有的 FTP 请求，可使用下列指令： acl FTP proto FTP http_access deny FTP
time	time ACL 允许你控制基于时间的访问，时间为每天的具体时间，和每周的每天。日期以单字母来表示（S/M/T/W/H/F/A/D），时间以 24 小时制来表示。开始时间必须小于结束时间。 acl Working_hours MTWHF 08:00-17:00 假如在下午 8 点到早上 4 点这段跨越子夜的时间进行 ACL 设置，不能编写"20:00-04:00"。需要把它们分成两个 ACL 来写，或者使用否定机制来定义。 acl Offpeak1 20:00-23:59 acl Offpeak2 00:00-04:00 http_access allow Offpeak1 ... http_access allow Offpeak2 ... 另外，还可以如下编写。 acl Peak 04:00-20:00 http_access allow !Peak ... 不应该在同一个 time ACL 里放置多个日期和时间范围列表。否则 ACL 的解析会出现问题。 acl Blah time M 08:00-10:00 W 09:00-11:00 解析仅仅使用最后一个时间范围。正确的写法是，将它们写在一起或分成两行。 acl Blah time MW 09:00-11:00 或 acl Blah time M 08:00-10:00 acl Blah time W 09:00-11:00
ident	ident ACL 匹配被 ident 协议返回的用户名，推荐仅仅在本地局域网中，并且大部分客户工作站运行 ident 服务时，才使用 ident ACL，假如 squid 和客户工作站连在一个局域网里，ident ACL 工作良好，跨广域网使用 ident 难以成功，另外 ident 协议也并非很安全
proxy_auth	此项用以支持 HTTP 代理验证功能。使用代理验证，客户的包括头部的 http 请求包含了验证信用选项。通常，这简单的是用户名和密码。squid 解密信用选项，并调用外部验证程序以发现该信用选项是否有效
src_as	该类型检查客户源 IP 地址所属的具体 AS 号
dst_as	dst_as ACL 经常与 cache_peer_access 指令一起使用。在该方法中，squid 使用与 IP 路由一致的方式转发 cache 丢失
snmp_community	snmp_community ACL 对 SNMP 查询才有意义，后者被 snmp_access 指令控制

（续）

使用对象	描　述
maxconn	maxconn ACL 指来自客户 IP 地址的大量同时连接，这是个用以阻止用户滥用代理或者消耗过多资源的有用方法。maxconn ACL 在请求超过指定的数量时，会匹配这个请求。因为这个理由，你应该仅仅在 deny 规则里使用 maxconn。 acl OverConnLimit maxconn 4 http_access deny OverConnLimit 在该情况中，squid 允许来自每个 IP 地址的同时连接数最大为 4 个。当某个客户发起第五个连接时，OverConnLimit ACL 被匹配，http_access 规则拒绝该请求
arp	arp ACL 用于检测 cache 客户端的 MAC 地址（以太网卡的物理地址），地址解析协议（ARP）是主机查找对应于 IP 地址的 MAC 地址的方法。在 Microsoft Windows 下可以改变系统的 IP 地址到任意值，然后欺骗 squid 的基于地址的控制，有经验的系统管理员会配置 squid 检查客户的以太网地址。arp ACL 有另一个重要限制，即客户主机和 squid 在同一子网的时候它才能工作
srcdom_regex	srcdom_regex ACL 允许你使用正则表达式匹配客户域名。这与 srcdomain ACL 相似，它使用改进的的子串匹配。相同的限制是：某些客户地址不能反向解析到域名。作为示例，下面的 ACL 匹配以 dhcp 开头的主机名。 acl DHCPUser srcdom_regex -i ^dhcp 因为领头的^符号，该 ACL 匹配主机名 dhcp12.example.com，但不匹配 host12.dhcp.example.com
dstdom_regex	dstdom_regex ACL 也与 dstdomain 相似。下面的例子匹配以 www 开头的主机名。 acl WebSite dstdom_regex -i ^www\. 如下是另一个有用的正则表达式，用以匹配在 URL 主机名里出现的 IP 地址。 acl IPaddr dstdom_regex [0-9]$ 这样可以工作，因为 squid 要求 URL 主机名完全可验证。既然全局顶级域名中没有以数字结尾的，该 ACL 仅仅匹配 IP 地址，它以数字结尾
url_regex	url_regex ACL 用于匹配请求 URL 的任何部分，包括传输协议和原始服务器主机名。例如，如下 ACL 匹配从 FTP 服务器的 MP3 文件请求。 acl FTPMP3 url_regex -i ^ftp://.*\.mp3$
urlpath_regex	urlpath_regex 与 url_regex 非常相似，不过传输协议和主机名不包含在匹配条件里。这让某些类型的检测非常容易。例如，假设你必须拒绝 URL 里的"sex"，但仍允许在主机名里含有“sex”的请求，那么如下编写： acl Sex urlpath_regex sex
browser	大部分 HTTP 请求包含了 User-Agent 头部。browser ACL 对 user-agent 头执行正则表达式匹配。例如，拒绝不是来自 Mozilla 浏览器的请求，可以如下编写： acl Mozilla browser Mozilla http_access deny !Mozilla
req_mime_type	req_mime_type ACL 指客户 HTTP 请求里的 Content-Type 头部。该类型头部通常仅仅出现在请求消息主体里。POST 和 PUT 请求可能包含该头部，但 GET 从不。你能使用该类型 ACL 来检测某些文件上传，和某些类型的 HTTP 隧道请求。req_mime_type ACL 值是正则表达式。你可以这样编写 ACL 去捕获音频文件类型： acl AuidoFileUploads req_mime_type -i ^audio/
rep_mime_type	该类型 ACL 指原始服务器的 HTTP 响应里的 Content-Type 头部。它仅在使用 http_reply_access 规则时才有用。所有的其他访问控制形式是基于客户端请求的。该 ACL 基于服务器响应。假如你想使用 squid 阻塞 Java 代码，可以如下编写： acl JavaDownload rep_mime_type application/x-java http_reply_access deny JavaDownload
ident_regex	ident_regex 允许你使用正则表达式，代替严格的字符串匹配，这些匹配是对 ident 协议返回的用户名进行。例如，如下 ACL 匹配包含数字的用户名： acl NumberInName ident_regex [0-9]
proxy_auth_regex	该 ACL 允许对代理认证用户名使用正则表达式。 例如，如下 ACL 匹配 admin，administrator 和 administrators： acl Admins proxy_auth_regex -i ^admin

实际上表中的使用对象有些并不常用，读者只需掌握其中几种常用的规则就可以很好进行访问控制。在实施访问控制之前，还需要了解访问控制规则，即允许或拒绝某些动作，表 18-2 就列举了 Squid 支持的访问控制规则。

表 18-2　ACL 访问控制规则

访问控制规则	描　述
http_access	这是最重要的访问控制列表。它决定哪些客户 HTTP 请求被允许，哪些被拒绝。假如 http_access 配置错误，squid cache 容易遭受攻击或被不当利用
http_reply_access	http_reply_access 与 http_access 类似。不同之处是前者在 squid 接受到来自原始服务器或上级代理的响应时，才会被检测。大部分访问控制基于客户请求的方式，对这些使用 http_access 就够了。然而，某些人喜欢基于响应内容类型来允许或拒绝请求
icp_access	配置 squid 来服务 ICP 响应，那么该使用 icp_access 列表。大部分情况下，仅仅允许来自邻居 cache 的 ICP 请求
no_cache	使用 no_cache 访问列表来指示 squid，它不必存储某些响应（在磁盘或内存里）。该列表常常与 dst，dstdomain，url_regex ACL 结合使用。对 no_cache 使用“否”条件，这样的双重否定会导致某些混乱。被 no_cache 列表拒绝的请求不被缓存。换句话说，no_cache deny...是让目标不被缓存
miss_access	miss_access 列表主要用于 squid 的邻居 cache。它决定 squid 怎样处理 cache 丢失的请求。如果 squid 使用集群技术，那么该功能是必要的
redirector_access	该访问列表决定哪个请求被发送到重定向进程。默认情况下使用重定向器，那么所有的请求都通过重定向器。也可以使用 redirector_access 列表来阻止某些请求被重写。这点特别有用，因为这样的访问列表，使重定向器相对于访问控制系统，接受的请求信息要少些
ident_lookup_access	ident_lookup_access 列表与 redirector_access 类似。它允许你对某些请求执行懒惰 ident 查询。squid 默认不发布 ident 查询。假如请求被 ident_lookup_access 规则（或 ident ACL）允许，那么 squid 才会进行 ident 查询
always_direct	该访问列表影响 squid 怎样处理与邻居 cache 转发 cache 丢失。通常 squid 试图转发 cache 丢失到父 cache，和/或 squid 使用 ICP 来查找临近 cache 响应。然而，当请求匹配 always_direct 规则时，squid 直接转发请求到原始服务器。使用该规则，对“allow”规则的匹配导致 squid 直接转发请求
never_direct	never_direct 与 always_direct 相反。匹配该列表的 cache 丢失请求必须发送到邻居 cache。这点对在防火墙之后的代理特别有用。使用该列表，对“allow”规则的匹配导致 squid 转发请求到邻居 cache
snmp_access	该访问列表应用到发送给 squid 的 SNMP 端口的查询。能配合该列表使用的 ACL 是 snmp_community 和 src。如你确实想使用它，那也能使用 srcdomain，srcdom_regex，和 src_as
broken_posts	该访问列表影响 squid 处理某些 POST 请求的方法。某些老的用户代理在请求主体的结尾处发送一个特别的回车换行符。也就是说，消息主体比 content-length 头部指示的长度要多 2 个字节。更糟糕的是，某些老的 HTTP 服务器实际上依赖于这种不正确的行为。当请求匹配该访问列表时，squid 模拟这种客户端并且发送特殊的回车换行符。Squid 有大量的使用 ACL 元素的其他配置指令。它们中的某些过去是全局配置，后被修改来使用 ACL 以提供更灵活的控制
cache_peer_access	该访问列表控制发送到邻居 cache 的 HTTP 请求和 ICP/HTCP 查询
reply_body_max_size	该访问列表限制对 HTTP 响应主体的最大可接受 size
delay_access	该访问规则列表控制是否延时池被应用到某个请求的 cache 丢失响应
tcp_outgoing_address	该访问列表绑定服务端 TCP 连接到指定的本地 IP 地址
tcp_outgoing_tos	该访问列表能设置到原始服务器和邻居 cache 的 TCP 连接的不同 TOS/Diffserv 值
header_access	使用该指令，你能配置 squid 从它转发的请求里删除某些 HTTP 头部。例如，你也许想过滤掉发送到某些原始服务器的请求里的 Cookie 头部
header_replace	该指令允许你替换，而不是删除，HTTP 头部的内容。例如，你能设置 user-agent 头部为假值，满足某些原始服务器的要求，但仍保护你的隐私

一般情况下，squid 在检查 ACL 元素值时使用 or 逻辑，当 squid 找到第一个值匹配时，它停止搜索。这意味着把最可能匹配的值放在列表开头处，能减少延时。访问控制规则的语法如下。

```
access_list   allow|deny   [!]ACLname ...
```

下面是一些例子。

```
http_access  allow  MyClients
http_access  deny  !Safe_Ports
http_access  allow  GameSites AfterHours
```

当读取配置文件时，squid 仅仅扫描一遍访问控制行。这样，在访问列表里引用 ACL 元素之前，必须在 acl 行里定义它们。甚至，访问列表规则的顺序也非常重要。以怎样的顺序编写访问列表，那么 squid 就按怎样的顺序来检查它们。将最常用的 ACL 放在列表的开始位置，可以减少 squid 的 CPU 负载。squid 的访问控制语法非常强大。大多数情况下，可以使用两种或多种方法来完成同样的事。通常，将更具体的和受限制的访问列表放在首位。另外如果编写了一个带两个或更多 ACL 元素的规则，建议在其后紧跟一条相反的、更广泛的规则，也可以减少不少麻烦。

下面举例说明访问控制的用法，因为访问控制可能很复杂，下面的例子描述了一些访问控制的普通用法，在实际应用中应调整它们。

1）仅仅允许本地客户：几乎每个 squid 安装后，都限制基于客户 IP 地址的访问。这是保护你的系统不被滥用的最好的方法之一。做到这点最容易的方法是，编写包含 IP 地址空间的 ACL，然后允许该 ACL 的 HTTP 请求，并拒绝其他的 IP 地址。

```
acl All src 0/0
acl MyNetwork src 172.16.5.0/24 172.16.6.0/24
http_access allow MyNetwork
http_access deny All
```

也许该访问控制配置过于简单，所以你要增加更多行。记住 http_access 的顺序至关重要。不要在 deny all 后面增加任何语句。假如必要，应该在 allow MyNetwork 之前或之后增加新规则。

2）阻止恶意客户：因为某种理由，你也许有必要拒绝特定客户 IP 地址的访问。例如某个用户发起一个异常耗费网络带宽或其他资源的 Web 连接，在根本解决这个问题前，可以配置 squid 来阻止这个请求。

```
acl All src 0/0
acl MyNetwork src 172.16.5.0/24 172.16.6.0/24
acl ProblemHost src 172.16.5.9
http_access deny ProblemHost
http_access allow MyNetwork
http_access deny All
```

3）内容过滤：阻塞对特定内容的访问是棘手的问题。通常使用 squid 进行内容过滤最难的部分，是被阻塞的站点列表。你也许想自己维护一个这样的列表，或从其他地方获取一个。使用这样的列表的 ACL 语法依赖于它的内容。

```
acl PornSites url_regex "/usr/local/squid/etc/pornlist"
http_access deny PornSites
```

另一方面，假如列表包含原始服务器主机名，那么可简单地更改 url_regex 为 dstdomain。

4）下载限制：如果要限制用户下载某类文件，可以从文件扩展名去限制，例如下面的例子为禁止用户下载扩展名为.mp3、.exe、.zip和.rar的文件。

```
acl badfile urlpath_regex -i \.mp3$ \.exe$ \.zip$ \.rar$
http_access deny badfile
```

5）在工作时间的受限使用：如果企业管理者需要在工作时间限制 Web 使用，或为了节省带宽，或是禁止员工在工作时做其他事情。假设你已收集了一份 Web 站点域名列表，它包含已知的不适合访问的站点名，那么可以如下配置 squid。

```
acl NotWorkRelated dstdomain "/usr/local/squid/etc/not-work-related-sites"
acl WorkingHours time D 08:00-17:30
http_access deny !WorkingHours NotWorkRelated
```

6）阻止 squid 与非 HTTP 服务器会话：你必须尽可能不让 squid 与某些类型的 TCP/IP 服务器通信。例如，永不能够使用 squid 缓存来转发 SMTP 传输。首先你的访问列表，应该仅仅允许到 HTTP/TLS 和 NNTP/TLS 端口的 CONNECT 请求。其次你应该阻止 squid 连接到某些服务，例如 SMTP。你也可以开放安全端口和拒绝危险端口。

```
acl Dangerous_ports 7 9 19 22 23 25 53 109 110 119
acl http_ports port 80 443 563
acl CONNECT method CONNECT
http_access deny Dangerous_ports
http_access deny CONNECT !http_ports
```

7）使用 IP 地址拒绝请求：dstdomain 类型是阻塞对指定原始主机访问的好选择。然而，通过替换 URL 主机名成 IP 地址，能够绕过这样的规则。假如你想彻底阻止这样的请求，你可能得阻塞所有包含 IP 地址的请求。你可以使用重定向器，或者使用 dstdom_regex ACL 来完成。

```
acl IPForHostname dstdom_regex ^[0-9]+\.[0-9]+\.[0-9]+\.[0-9]+$
http_access deny IPForHostname
```

18.3.3 正向代理应用示例

有了上面的积累，我们完全可以写出符合自己要求的配置文件，这里给出一个配置文件范例并且加上了注释，读者只要稍微修改就可以直接用于自己的环境。

```
#HTTP 协议代理使用默认代理端口 3128。
http_port 3128
#将 256M 内存区域作为代理缓冲。
cache_mem 256 MB
#将 2G 硬盘空间作为代理服务硬盘缓冲区，一级目录有 16 个，二级目录为 256 个。
cache_dir ufs /home/squid/cache 2048 16 256
#设置日志文件的路径和名称，该日志文件描述每次客户请求 HTTP 内容时，高速缓存命中或未命
中的项目，同时描述提出请求的主机身份及它们所需要的内容。
```

cache_access_log /var/log/squid/access.log

#设置日志文件的路径和名称，该日志文件描述当 squid 守护进程启动时，可看到有多少内存、交换空间、高速缓存目录的位置及所接受的连接类型及接受连接的端口。

cache_log /var/log/squid/cache.log

#设置日志文件的路径和名称，该日志文件描述页面从高速缓存中被调入调出的情况。

cache_store_log /var/log/squid/store.log

#管理员可以通过查看该文件了解当前执行的 squid 进程。

pid_filename /var/run/squid.pid

#设置缓冲区的更新周期为一周。

reference_age 1 week

#设置允许被缓存的一次性最大请求为 4MB。

maximum_object_size 4096 KB

#定义使用的 DNS 服务器地址。

dns_nameservers 192.168.10.1

#当代理服务出现问题，此邮箱将显示在客户端以便联系管理员。

cache_mgr root@mycompany.com

#定义 ACL 项（定义 all 为来源为所有 IP 地址）。

acl all src 0.0.0.0/0.0.0.0

#定义 ACL 项（定义 manage 为访问 squid 的缓存管理接口）。

acl manager proto cache_object

#定义 ACL 项（定义 locaohost 本地为来源 IP 地址 127.0.0.1）。

acl localhost src 127.0.0.1/255.255.255.255

#定义 ACL 项（定义 SSL 端口 SSL_ports 为 443 和 563）。

acl SSL_ports port 443 563

#定义 ACL 项（定义安全端口 Safe_ports 为 80、21、443、563、70、210、1025-65535）。

acl Safe_ports port 80 21 443 563 70 210 1025-65535

#定义 ACL 项（定义安全端口 280/http-mgmt）。

acl Safe_ports port 280

#定义 ACL 项（定义安全端口 488/gss-http）。

acl Safe_ports port 488

#定义 ACL 项（定义安全端口 591/filemaker）。

acl Safe_ports port 591

#定义 ACL 项（定义安全端口 777/multiling http）。

acl Safe_ports port 777

#定义 ACL 项（定义连接行为 CONNECT）。

acl CONNECT method CONNECT

#定义访问规则（对所有的 HTTP 请求均不作限制）。

http_access allow all

#定义访问规则（禁止不是来自 Safe_ports 定义的端口的 HTTP 请求）。

http_access deny !Safe_ports

#定义访问规则（禁止对目标端口不是 SSL 端口的访问）。

http_access deny CONNECT !SSL_ports

#定义 ACL 项（定义 qq 访问列表为目的 IP 地址 209.67.27.247）。

acl qq dst 209.67.27.247

#定义 ACL 项（定义 BAD 为上面的外部地址变量）。

acl BAD dst qq

```
#定义 ACL 项（禁止访问 209.67.27.247）。
http_access deny BAD
#定义 ACL 项（定义 qq 为网址含 http://www.qq.com 字符串）。
acl qq url url_regex http://www.qq.com
#定义 ACL 项（定义 BAD 为上面的 URL 地址变量）。
acl BAD dst qq url
#定义 ACL 项（管理员可以通过 IP 和 URL 两种方式实现对外部网站的屏蔽）。
http_access deny BAD
```

上面的例子已经比较详尽了，在很多情况下，对 Squid 不会有太高的要求。例如下面描述的需求：使用 Squid 建立一个基本的代理服务，设置 Squid 监听的端口号为 8888，设置内存缓冲的大小 128MB，设置硬盘缓冲的大小最大为 4096MB，硬盘缓冲存放的目录下的第一级子目录的数目是 16，第二级子目录的数目是 254，设置管理员的 E-mail 地址为 root@gdlc.org，设置访问控制列表为允许所有客户机访问，禁止客户机下载*.mp3、*.exe、*.zip 和*.rar 类型的文件。对这样的需求，可以很快写出配置文件如下。

```
http_port 8888
cache_mem 128 MB
cache_dir ufs /var/spool/squid 4096 16 254
cache_effective_user squid
cache_effective_group squid
dns_nameservers 61.144.56.100
cache_access_log /var/log/squid/access.log
cache_log /var/log/squid/cache.log
cache_store_log /var/log/squid/store.log
visible_hostname gdlc.org
cache_mgr root@gdlc.orgm
acl all src 0.0.0.0/0.0.0.0
http_access allow all
acl badfile urlpath_regex -i \.mp3$ \.exe$ \.zip$ \.rar$
http_access deny badfile
```

记住需要使用 /usr/sbin/squid -z 命令进行初始化。在本例中，还可以看到缓存目录及文件存放的位置是/var/spool/squid。

18.3.4 Web 加速–反向代理应用示例

Squid 服务除了能很好地实现正向代理即为内部网络访问外部网络提供服务，还可以实现反向代理，即工作在网站 Web 服务器的前端，当客户端访问网站时不是直接访问 Web 服务器，而是通过 Squid 代理服务器进行访问，而且代理服务器会把已经访问的数据进行缓存，当下次有客户端访问相同的内容时就不需要从 Web 服务器提取，而直接可以从 Squid 服务器的缓存中获得。这种方式不仅可以使得 Web 服务器更加安全，更重要的是它可以大大减轻 Web 服务器的负担并显著提高客户端访问速度。图 18-6 显示了相应的拓扑结构。

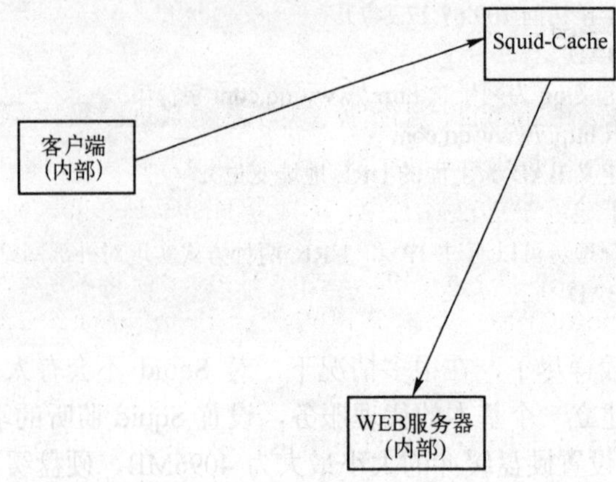

图 18-6　反向代理拓扑图

在这种情况下，配置文件应该如下所示（只显示部分关键内容）。

```
#基本配置，前面已经详细描述，此处不提供注释。
visible_hostname gdlc.org
cache_dir ufs /usr/local/squid/var/cache 1024 16 256
cache_mem 256 MB
cache_effective_user squid
cache_effective_group squid
# 反向代理配置。
http_port 80  # squid 监听的端口，客户访问网站的端口。
httpd_accel_host 172.16.100.100 # WEB 服务器的 IP 地址。
httpd_accel_single_host on # 设置转发为缓冲的请求到一台单独的机器。
httpd_accel_port 80   # WEB 服务器的端口。
httpd_accel_uses_host_header off # 完成单台 WEB 服务器的反向代理功能。
httpd_accel_with_proxy off   # 停用代理本地上网。
# 访问控制设置，请对照前面内容理解。
acl acceleratedHostA dst 172.16.100.100
acl acceleratedProtocol protocol HTTP
acl acceleratedPort port 80
acl all src 0.0.0.0/0.0.0.0
http_access allow acceleratedProtocol acceleratedPort acceleratedHostA
http_access allow all
emulate_httpd_log on
cache_store_log none
acl manager proto cache_object
http_access allow manager all
cachemgr_passwd pass all
cache_mgr root@gdlc.org
```

还可以在上面的配置文件中加上和 swap 性能微调、对象超时时间等有关的语句以改进服务，不过使用默认的设置也可以工作。另外记住使用 squid –z 命令创建缓存目录。

18.3.5 其他应用

Squid 可以和防火墙软件 Iptables 配合使用实现透明代理，具体实现方法是在 Squid 代理服务正常的情况下，在 iptables 服务脚本中加入以下语句即可。假设内网网段是 192.168.10.0/24，外部 IP 地址是 202.101.234.56，内网网卡是 eth0，外网网卡是 eth1。

```
iptables -t nat -A POSTROUTING -s 192.168.10.0/24 -o eth1 -j SNAT --to 202.101.234.56
iptables -t nat -A PREROUTING -s 192.168.10.0/24 -i eth0 -p tcp --dport 80 -j REDIRECT --to-port   3128
```

第一行的作用是进行“源地址转换”，也就是说要进行内网地址到外网地址的转换。执行了这两句，即使没有 squid 代理服务，内网机器也可以上网。

第二行是对从内网网卡进入的目的端口号是 80 的 TCP 协议的请求包做“端口重定向”，将其重定向到 3128 端口。这样就实现了透明代理，所谓透明就是指客户不需要额外进行配置，使用一般的访问习惯就可以访问网络，而中间的转换由 squid 和 iptables 来完成。

Squid 本身不提供用户身份验证功能，但它可以通过外部程序提供用户验证功能，用户通过 Squid 访问前需要输入有效的用户名和密码。可以用 proxy_auth ACL 和 authenticate_program 来实现这个功能，在允许访问前强制进行用户名和密码的核查。下面列出一些 Squid 能用到的验证程序。

- NCSA：使用 NCSA 风格的用户名和密码档。
- LDAP：使用 Linux Lightweight 目录访问协议（Linux Lightweight Directory Access Protocol）。
- SMB：使用 SMB 协议的服务，如 SAMBA 或 Windows NT。
- MSNT：使用 Windows NT 的域验证。
- PAM：使用 Linux 的可装载验证模块。
- getpwam：使用 Linux 密码档。

使用验证功能必须用 authenticate_program 选项指定使用什么验证程序，并且请确认选定的验证程序已安装并能很好地工作。这些验证程序通常放在/usr/lib/squid/目录下。

以 NCSA 认证为例，修改 squid.conf 文件选定验证程序和验证文件。

```
authenticate_program /usr/lib/squid/ncsa_auth    /etc/squid/passwd
acl alloweduser proxy_auth pangty
http_access allow alloweduser
```

其中/etc/squid/passwd 是用户和密码列表，这个文件可以用 apache 软件包自带的 htpasswd 程序来产生，它的内容可能如下所示。

```
gdlc:adfGHQhVeLPOF9vy    \\ gdlc 是用户名，“:” 号后面的是该用户的密码。
```

若使用 PAM 验证方式，则配置文件的相关部分如下。

```
authenticate_program /usr/local/bin/pam_auth
acl pass proxy_auth REQUIRED
acl mynetwork src 192.168.0.1/255.255.255.0
```

```
http_access deny !mynetwork
http_access allow pass
http_access deny all
```

这个规则表示，使用 PAM 验证程序，所有用户在获得访问许可前必须进行验证。还有些选项比如 authenticate_ttl 和 authenticate_ip_ttl，可以用来改变验证程序的动作，比如说使某个用户名及密码重新生效。注意：修改了 squid.conf 配置后，需要重新启动 Squid 或重新装入配置文件才能起作用。

```
[root@rhel4u4 ~]# /etc/rc.d/init.d/squid restart        或
[root@rhel4u4 ~]# /etc/rc.d/init.d/squid reload
```

Squid 还可以跟相关软件配合实现计时计费功能，还可以实现流量控制功能，此处不再赘述，请读者自行查阅相关资料。

18.3.6 配置文件示例

在本章结束之前，整理了一些 Squid 常用的配置，请读者根据需要修改选用。

1）允许所有人使用 Squid，创建 100MB 缓存，使用 32MB 内存，在缺省位置 /usr/local/squid/cache 缓存数据，所有缓存数据以组 squid 和用户 squid 身份保存，端口为 3128。

```
#Turn logging to it's lowest level
debug_options ALL，1
#defines a group (or Access Control List) that includes all IP addresses
acl all src 0.0.0.0/0.0.0.0
#define RAM used
cache_mem 32M
#defines the cache size
cache_dir /usr/local/squid/cache 100 16 256
#allow all sites to use connect to us via HTTP
http_access allow all
#allow all sites to use us as a sibling
icp_access allow all
#test the following sites to check that we are connected
dns_testnames internic.net usc.edu
#run as the squid user
cache_effective_user squid squid
```

2）允许列表中的计算机访问 Internet：以下规则只允许 IP 地址为 192.168.0.10、192.168.0.20 及 192.168.0.30 的计算机访问 Internet，其他 IP 地址的计算机则都被拒绝访问。

```
acl allowed_clients src 192.168.0.10 192.168.0.20 192.168.0.30
http_access allow allowed_clients
http_access deny !allowed_clients
```

3）限制访问时段：以下规则允许子网 192.168.0.1 中的所有客户机在周一到周五的上午

10:00 到下午 4:00 访问 Internet。

```
acl allowed_clients src 192.168.0.1/255.255.255.0
acl regular_days time MTWHF 10:00-16:00
http_access allow allowed_clients regular_days
http_access deny !allowed_clients
```

4）为不同的客户机分配不同的访问时段：在以下规则中，主机 host1 可以在 morning 和 evening 时段访问 Internet，主机 host2 和 host3 分别只能在 lunch 和 evening 时段访问 Internet。

```
acl hosts1 src192.168.0.10
acl hosts2 src 192.168.0.20
acl hosts3 src 192.168.0.30
acl morning time 10:00-13:00
acl lunch time 13:30-14:30
acl evening time 15:00-18:00
http_access allow host1 morning
http_access allow host1 evening
http_access allow host2 lunch
http_access allow host3 evening
http_access deny all
```

5）站点屏蔽：Squid 可以屏蔽某些特定站点或含有某些特定字词的站点。

```
acl allowed_clients src 192.168.0.1/255.255.255.0
acl banned_sites url_regex abc.com *()(*.com
http_access deny banned_sites
http_access allow allowed_clients
```

也可以用来屏蔽含有某些特定字词的站点。

```
acl allowed_clients src 192.168.0.1/255.255.255.0
acl banned_sites url_regex dummy fake
http_access deny banned_sites
http_access allow allowed_machibes
```

在实际应用中，不要把被屏蔽的所有站点或字词都列在上面，可以先保存在一个文件中（比如 /etc/banned.list），ACL 将从这个文件中读出所需信息用以屏蔽站点。

```
acl allowed_clients src 192.168.0.1/255.255.255.0
acl banned_sites url_regex "/etc/banned.list"
http_access deny banned_sites
http_access allow allowed_clients
```

6）限制连接数：Squid 可以通过使用 maxconn 元素来限制客户端连接的数目。要使用这个选项，必须先允许 client_db。规则使用小于（less-than）对比。此 ACL 规则将在连接数大于设定值时被匹配。

```
acl mynetwork 192.168.0.1/255.255.255.0
http_access deny mynetwork numconn
acl numconn maxconn 5
maxconn ACL
```

7）缓存数据：对于静态页面，缓存的数据能够立刻回送到发出请求的客户端。没有必要去缓存 cgi-bin 或 Servlet，这些可以用 ACL 元素 no_cache 来禁止。

```
acl cache_prevent1 url_regex cgi-bin /?
acl cache_prevent2 url_regex Servlet
no_cache deny cache_prevent1
no_cache deny cache_prevent2
```

8）自定义错误反馈信息：可以用拒绝规则的 deny_info 选项自定义错误反馈信息。Squid 默认的错误信息放在/etc/squid/errors 目录中。这个目录可以用 error_directory 选项指定。也可以定制现存的错误反馈信息。

```
acl allowed_clients src 192.168.0.1/255.255.255.0
acl banned_sites url_regex abc.com *()(*.com
http_access deny banned_sites
deny_info ERR_BANNED_SITE banned_sites
http_access allow allowed_clients
```

在上面的例子中，当用户试图访问被禁止的站点时，将会显示一条定制的信息。

ERR_BANNED_SITE 选项中的文件名必须在上述错误信息的目录中。错误信息必须是 HTML 格式的。

第 19 章 Linux 系统安全

本章主要内容

- 系统安全概述
- 系统安全策略与配置
- PAM 工作原理
- 安全工具讲解

19.1 系统安全概述

安全是当今 IT 相关头条新闻的一个重要话题。经常出现的系统漏洞和安全补丁以及病毒和蠕虫是每个使用计算机的人都耳熟能详的名词。因为几乎每台计算机系统都连接到另外的计算机或者连接到 Internet，因此确保这些计算机的安全，对于减少入侵、数据窃取或丢失、误用甚至对第三方的责任而言是至关重要的。

确保安全即使对于没有连接到网络的独立的计算机也是很重要的。必须自可信赖的来源安装应用程序，比如经过验证并检查过病毒的光盘。对应用程序数据也必须同样小心。例如，对于可以执行强大的宏语言或者引入非法数据的软件程序包，其软件缺陷可能会被利用来执行任意的代码。因此，应用程序数据在复制到计算机之前必须经过完整性检查。可以通过将数据放置在一个安全的地方来控制对系统的访问。

19.1.1 从安全角度看开源软件

Linux 是一个现代的、开放源代码的操作系统，可以自由地发行和复制。每个用户都有权限修改它的源代码，易于为自己的环境定制 Linux、向操作系统添加新部件、发现缺陷和提供补丁，以及检查源代码中的安全漏洞。

尽管数据安全和系统安全是分开来考虑的，但是系统安全会对数据安全产生重要的影响。这就是为什么 Linux 具有很多解决机密性、完整性、可用性以及系统安全本身的问题的集成部件的原因。其中有 IP 防御、认证机制、系统日志和审计、加密协议和 API、内核级 VPN 支持等。另外，系统安全可以由（开放源代码）软件应用程序来支持，这些应用程序提供安全服务、加固和/或控制 Linux 系统、防止并检测入侵、检查系统和数据的完整性，并提供防止不同攻击的屏障。

Linux 与不开放源代码的操作系统之间的区别在于开放源代码开发过程本身。由于软件的每个用户和开发者都可以访问其源代码，因而有很多人都在控制和审视源代码中可能的安全漏洞。软件缺陷很快会被发现。一方面，这会导致这些缺陷更早被利用；另一方面，很快就会有可用的安全补丁。

▷▷▷ 19.1.2 系统安全性和评价

当系统连接到网络并向其他计算机提供服务时，系统就会有可能成为被攻击的对象。在这种情况下，系统漏洞可能会让入侵者控制计算机。

这就是为什么安全是从开始计划直到拆除系统的整个系统生命周期中最基本的问题。但是，安全的确切含义是什么？通常，数据安全和系统安全可以分开来考虑。数据安全通常被认为是确保以下方面的所有努力。

- 机密性（Confidentiality）。
- 完整性（Integrity）。
- 可用性（Availability）。

综合起来，这些被称作是存储在计算机上的数据的“CIA”。对/etc/passwd 等配置数据的保护可以归类为数据安全。系统安全指的是计算机平台本身。美国 National Information Systems Security Glossary 对系统安全的定义如下：

系统安全是对信息系统的保护，防止未授权的访问及对信息（不论是存储中的、正在处理的还是正在传输的）的修改，并防止对授权用户服务的拒绝或对未授权用户服务的允许，包括那些检测、记录和反击此类威胁的措施。

重要的是要认识到系统安全强调的是一个反复的过程，这个过程包括应用安全补丁、经常审计、控制，同时最起码要有一个安全的系统配置。就此而言，不可能保证绝对的安全，也不可能提供百分之百安全的服务。目标更应该是在安全性、系统可用性和维护这个安全层级所需要的努力这三者之间找到一个折衷点。这个折衷取决于安全对于存储在计算机中的数据来说的重要性以及这些数据预期的使用情形。

▷▷▷ 19.1.3 安全基础知识

（1）完整性。具备完整性的数据是指合法的而且没有经过偶然的或恶意的修改的数据。当进行数据存储或交换时应该考虑其完整性。目标接收到的数据必须是源数据的原样复制。这就是说，一方面，物理传输和存储媒介必须是可靠的，以使得数据可以正确地传输而不发生位错误。另一方面，数据必须不能被未经授权的实体不加检测地访问而修改。完整性的范围是从用户——最终的权威——将数据委托给系统后开始的。因此用户错误不在完整性范围之内。

对网络连接而言，要尤其注意确保完整性，不管网络是否安全（例如，通过加密传输）。在传输过程中，可以访问传输媒介的第三方可能会重新路由或者修改数据。涉及网络的物理环境和互联的计算机的完整性的方面并不特定于 Linux，而是对所有计算机安装来说都是如此。在物理层上采取的保护数据的措施包括限制对计算机的访问、保持对传输媒介（比如电缆和连接器）的保护以及避免停电和静电释放。

（2）机密性。当受保护的数据只能被授权的人或系统读取或者修改时，要保持其机密性。这是一个与完整性截然不同的概念：当数据在网络上传输时，它可能是被毫无修改地正确传输，因此确保了其完整性，但是如果被第三方中途截取的话就再也不是机密的了。当未被授权的人可以访问数据传输并从中获取有价值的信息时，只有完整性是不够的。数据的机密性引出了三个更深入的问题。

- 希望哪些用户访问数据（认证）？
- 哪些数据可以被访问（授权）？
- 如何保护数据不受未授权的访问？

Linux 有若干方法可以确保试图访问数据的实体是正确的那一个。通过 Pluggable Authentication Modules（PAM），可以实现一些认证策略，从存储在本地机器上一个集中目录（NIS、Kerberos、LDAP 等等）中简单的用户名/口令组合，到硬件标识或生物特征扫描不等。文件访问的授权可以使用传统的（粗糙的）Linux 文件权限来解决：用户、组或全体级别的读、写和执行权限。较新的细粒度的（fine-grained）方法——访问控制列表（Access Control Lists）——可以为具体的用户授予或拒绝具体的权限。

标准 Linux 安全概念是在软件中实现的，依赖于内核不接受没有被授权的用户对资源的使用。不过，内核缺陷（特权提升/自动调整、未经检查的参数，等等）可能会使用户可以访问先前不能访问的内存区域、磁盘空间、网络或者其他资源。通过安装击键记录器（keyloggers）、取走硬盘驱动器并在其他机器中读取、嗅探网络传输等，对硬件物理上的访问可以让用户绕过软件检查。这样，必须采取更进一步的努力来保护机密的数据，比如文件系统、单个文件、网络传输的加密或应用程序级别的加密。此外，物理上的措施也需要考虑，比如安全区域、数据的安全删除，以及机密信息的会计程序，不过本书并不涉及这些内容。

（3）可用性。即使完整性和机密性都得到了保证，如果数据不能被访问，那么它是没有用处的，即不可用的。可用性措施确保数据永远不会丢失，而且当被请求时，可以以预定义的性能级别被访问。可用性可能会受到不同方式的威胁。

1）破坏性攻击——称为拒绝服务（Denial-of-Service，DoS）攻击——这类攻击的目标是可用性。它们通过消耗所有可用的网络、CPU、存储或操作系统资源（比如文件句柄），使得一台计算机或一个服务不可用或不能用。

2）目标是数据本身的攻击，试图删除或覆盖数据。

3）数据的意外破坏。在大部分情况下，不可能避免对数据的意外破坏，因为拥有适当权限的用户被认为是最终的权威。只能通过在适当的位置使用一个备份/转储基础设施来预先做好准备。

4）缺陷、配置错误、物理环境、硬件故障、停电、不必要的系统重新引导等也都可能影响可用性。

解决前两个问题的特定 Linux 措施包括网络数据包的防御（firewalling）/过滤（filtering）、对文件系统完整性的保护以及根据需要添加额外的资源。

19.1.4 系统用户和管理

在进入 Linux 系统之前，所有用户都需要登录，也就是说，用户需要输入账号和密码，只有它们通过系统验证之后，用户才能进入系统。

与其他 UNIX 操作系统一样，Linux 一般将密码加密之后，存放在 /etc/passwd 文件中。Linux 系统上的所有用户都可以读到/etc/passwd 文件，虽然文件中保存的密码已经

P1 1
P9 2
P24 3
P51 4
P67 5
P83 6
P104 7
P117 8
P128 9
P143 10
P161 11
P172 12
P189 13
P214 14
P227 15
P245 16
P259 17
P284 18
第19章
P328 20
P361 21

经过加密，但仍然不太安全。因为一般的用户可以利用现成的密码破译工具，用穷举法猜测出密码。比较安全的方法是设定影子文件/etc/shadow，只允许有特殊权限的用户阅读该文件。

在 Linux 系统中，如果要采用影子文件，必须将所有的公用程序重新编译，才能支持影子文件。这种方法比较麻烦，比较简便的方法是采用插入式验证模块(PAM)。很多 Linux 系统都带有 PAM，它是一种身份验证机制，可以用来动态地改变身份验证的方法和要求，而不要求重新编译其他公用程序。这是因为 PAM 采用封闭包的方式，将所有与身份验证有关的逻辑全部隐藏在模块内，因此它是影子文件的最佳帮手。

此外，PAM 还有很多安全功能：它可以将传统的 DES 加密方法改写为其他功能更强的加密方法，以确保用户密码不会轻易地遭人破译；它可以设定每个用户使用电脑资源的上限；它甚至可以设定用户的上机时间和地点。

Linux 系统管理人员只需花费几小时去安装和设定 PAM，就能大大提高 Linux 系统的安全性，把很多攻击阻挡在系统之外。

除密码之外，用户账号也有安全等级，这是因为在 Linux 上每个账号可以被赋予不同的权限，因此在建立一个新用户 ID 时，系统管理员应该根据需要赋予该账号不同的权限，并且归并到不同的用户组中。

在 Linux 系统中，可以设定允许上机和不允许上机人员的名单。其中，允许上机人员名单在/etc/hosts.allow 文件中设置，不允许上机人员名单在/etc/hosts.deny 文件中设置。设置完成之后，即可生效。此外，Linux 将自动把允许进入或不允许进入的结果记录到/rar/log/secure 文件中，系统管理员可以据此查出可疑的进入记录。

每个账号 ID 应该有专人负责。在企业中，如果负责某个 ID 的职员离职，管理员应立即从系统中删除该账号。很多入侵事件都是利用了那些很久不用的账号。

在用户账号之中，黑客最喜欢具有 root 权限的账号，这种超级用户有权修改或删除各种系统设置，可以在系统中畅行无阻。因此，在给任何账号赋予 root 权限之前，都必须仔细考虑。

Linux 系统中的/etc/security 文件包含了一组能够以 root 账号登录的终端机名称。例如，在 Linux 系统中，该文件的初始值仅允许本地虚拟控制台(rtys)以 root 权限登录，而不允许远程用户以 root 权限登录。最好不要修改该文件，如果一定要从远程登录为 root 权限，最好是先以普通账号登录，然后利用 su 命令升级为超级用户。

我们在前面提到，root 是 Linux 保护的重点，由于它权力无限，因此最好不要轻易将超级用户授权出去。但是，有些程序的安装和维护工作必须要求有超级用户的权限，在这种情况下，可以利用其他工具让这类用户有部分超级用户的权限。sudo 就是这样的工具。

sudo 程序允许一般用户经过组态设定后，以用户自己的密码再登录一次，取得超级用户的权限，但只能执行有限的几个指令。例如，应用 sudo 后，可以让管理磁带备份的管理人员每天按时登录到系统中，取得超级用户权限去执行文档备份工作，但没有特权去做其他只有超级用户才能作的工作。

sudo 不但限制了用户的权限，而且还将每次使用 sudo 所执行的指令记录下来，无论该指令的执行是成功还是失败。在大型企业中，有时候有许多人同时管理 Linux 系统的不同部分，每个管理人员都有用 sudo 授权给某些用户超级用户权限的能力，从 sudo 的日志中，可以追踪到谁修改了系统的哪些部分。

值得注意的是，sudo 并不能限制所有的用户行为，尤其是当某些简单的指令没有设置限定时，就有可能被黑客滥用。例如，一般用来显示文件内容的/bin/cat 指令，如果有了超级用户的权限，黑客就可以用它修改或删除一些重要的文件。

19.1.5 数据加密

据有关资料报道，80%的计算机犯罪来自系统内部。在传统的数据库系统中，数据库管理员的权力至高无上，他既负责各项系统管理工作，例如资源分配、用户授权、系统审计等，又可以查询数据库中的一切信息。为此，不少系统以种种手段来削弱系统管理员的权力。实现数据库加密以后，各用户（或用户组）的数据由用户用自己的密钥加密，数据库管理员获得的信息无法进行正常脱密，从而保证了用户信息的安全。另外，通过加密，数据库的备份内容成为密文，从而能减少因备份介质失窃或丢失而造成的损失。由此可见，数据库加密对于企业内部安全管理，也是不可缺少的。

也许有人认为，数据库加密以后会严重影响数据库系统的效率，使系统不堪重负。事实并非如此。如果在数据库客户端进行数据加/脱密运算，对数据库服务器的负载及系统运行几乎没有影响。在普通 PC 上，用纯软件实现 DES 加密算法的速度超过 200KB/s，如果对一篇一万汉字的文章进行加密，其加/脱密时间仅需 0.1s，这种时间延迟用户几乎无感觉。目前，加密卡的加/脱密速度一般为 1Mbit/s，对中小型数据库系统来说，这个速度即使在服务器端进行数据的加/脱密运算也是可行的，因为一般的关系数据项都不会太长（多媒体数据另当别论）。例如，在同一时间里有 10 个用户并发查询，每个用户平均查找 1000 个汉字的数据，最先得到结果的用户延迟时间小于 0.02s，最后得到结果的用户也仅需等待约 0.16s。

根据研究，一个良好的数据库加密系统应该满足以下基本要求。

（1）字段加密。在目前条件下，加/解密的粒度是每个记录的字段数据。如果以文件或列为单位进行加密，必然会形成密钥的反复使用，从而降低加密系统的可靠性或者因加解密时间过长而无法使用。只有以记录的字段数据为单位进行加/脱密，才能适应数据库操作，同时进行有效的密钥管理并完成“一次一密”的密码操作。

（2）密钥动态管理。数据库客体之间隐含着复杂的逻辑关系，一个逻辑结构可能对应着多个数据库物理客体，所以数据库加密不仅密钥量大，而且组织和存储工作比较复杂，需要对密钥实现动态管理。

（3）合理处理数据。这包括几方面的内容。首先要恰当地处理数据类型，否则 DBMS 将会因加密后的数据不符合定义的数据类型而拒绝加载；其次，需要处理数据的存储问题，实现数据库加密后，应基本上不增加空间开销。在目前条件下，数据库关系运算中的匹配字段，如表间连接码、索引字段等数据不宜加密。文献字段虽然是检索字段，但也应该允许加密，因为文献字段的检索处理采用了有别于关系数据库索引的正文索引技术。

（4）不影响合法用户的操作。加密系统影响数据操作响应时间应尽量短，在现阶段，平均延迟时间不应超过 1/10 秒。此外，对数据库的合法用户来说，数据的录入、修改和检索操作应该是透明的，不需要考虑数据的加/解密问题。

P1 1
P9 2
P24 3
P51 4
P67 5
P83 6
P104 7
P117 8
P128 9
P143 10
P161 11
P172 12
P189 13
P214 14
P227 15
P245 16
P259 17
P284 18
第19章
P328 20
P361 21

19.2 系统安全策略与配置

好的安全管理开始于合理的规划。本节覆盖了制定安全规划的基本步骤，帮助用户确定需要保护的信息和系统资产，估计它们所面临的威胁，进行开销与收益分析，并制定应用安全措施之前所需的安全策略。为了向规划提供一些额外内容，这里给出了一个多层防御的 Linux 安全模型。

安全是一个从规划开始的过程。Linux 系统安全管理也许可以不要规划，但这样迟早会导致灾难发生。好的安全规划形成一个防御策略，这反过来成为安全策略的基础。一个安全规划和相随的安全策略是其他安全措施的根基。

一个安全规划可以在一份正式文件中声明，由委员会起草，或者是基于安全策略表达成一组简单的方式。如果用户为一家大机构工作，那么肯定存在已经形成的规划。如果第一次为一个新机构或与 Internet 相连接的机构工作，则需要临时开发一个安全规划和策略。

开发一个安全策略和规划的第一步是通过分析站点面临的危险来产生一个安全评价。一个安全评价应包含一个危险评估，能回答像下面这样的问题。

- 哪些系统和信息资源需要保护。
- 系统中有多少数据且有多大价值。
- 系统面临哪些危险。
- 它们发生的可能性有多大。
- 保护系统所需的时间和工具要多少开销。

危险评估提供一个开销和收益的分析。完美的安全性在理论上是可能的，实际上却支付不起。在现实世界中，不安全所受的损失和安全保护的开销之间要进行权衡。一旦一个机构执行了危险评估和开销分析，就可以开始形成安全策略和规划并基于该策略来实现安全。

19.2.1 定义安全策略和模型

任何安全策略的主要目标就是为获取、管理和审查计算机资源提供一个标准。安全策略可以在一个非正式的基础上形成，任何超过两个用户的 Linux 站点都需要以书面形式承认该策略。一个写出来的安全策略对用户、雇员和保护技术资产负责的管理者都是一件好事。一个强大的安全策略是合理且成功地应用安全工具的先决条件。如果一个站点没有明确的规则和目标，则安装、应用和运行安全工具是不可能有效的。例如，一个安全管理员也许运行暴力破解工具来攻击并测试系统口令，但除非确定口令策略是安全的，否则管理员很可能要浪费时间来发现用户的过于脆弱的口令。

安全策略应该清晰明白。一个强大的安全策略建立所有权并明确地提供责任分界线。在安全策略中不要列举出特定的名字及机构内部谁为关键业务负主要责任。在机构之中应该对所有重要人员进行划分：安全或系统管理员，IT 技术人员，规则管理者和律师。

一个强大的安全策略应能提供偶然性处理，如一旦检测到侵入者该如何处理。对攻击者发出反应的最差时机是正在攻击时！用户也许会立刻丢失数据，关键系统也许不能再用，可能损害机构的金钱或声誉（或两者都有）。机构应能保证在系统崩溃或发生灾难后很快能恢复操作，以此来保护机构及其拥有者、职员和顾客。

19.2.2 配置实例

计算机安全准则源于传统的防御准则。系统防御有三个传统方法：

- 分散，使损失最小化。
- 冗余，在一部分损坏的情况下仍能保证正常系统操作。
- 多层防御，使攻击者在破坏系统关键部分之前要征服一系列的堡垒。

分散对于偶然和故意破坏是一个有效的防御措施。当用户有效地应用该防御方法时，完全破坏就需要协同地多方位攻击——没有一个攻击者能破坏整个系统。Internet 的设计就是分散防御的典型例子。20 世纪 60 年代早期，一系列事故中断了军事通信。研究人员 Paul Baran 提议军事命令和控制通信系统分散到一个分布式通信网络中。许多机构采纳了类似的策略：许多关键的计算机资源被物理上分布到不同站点上。甚至中心系统停机后，分布式机器仍能继续提供局部服务。

冗余使用备份系统来代替失效的关键设备。这种策略的典型例子是 RAID 磁盘阵列。磁盘驱动器被镜像化，当主磁盘失效时，第二个磁盘就可以代替。

多层防御是一个常用的方式，既可用在中心系统也可用在分布式系统上。通过提高进入系统的工作代价，多层防御可以打击攻击者的气势。中世纪的城堡有集中式的警铃或守卫、壁垒和壕沟。一个侵入者穿过外墙，则防御者撤回到有良好保护功能的防御设施中，如堡垒或城堡。一旦穿过外墙，侵入者必须攻破只有一条路可达的堡垒：一个楼梯连接高墙内的一个门。Linux 就像中世纪城堡一样。图 19-1 给出了一个模型，指出怎样来看待 Linux 系统的安全。

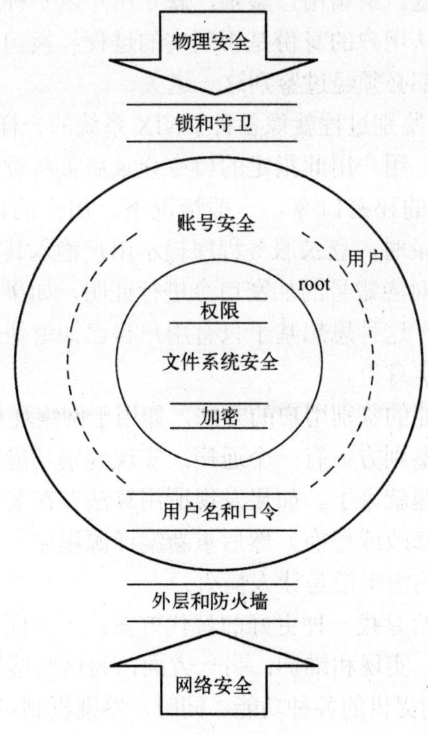

图 19-1 安全模型

在一个给定的计算机系统中，第一道防线是物理安全。若系统对公众开放且没有监督，则没有任何安全。侵入者可以打开计算机的机箱，抽出保存硬件口令的 ROM 芯片，从而危害 root 账号。或者侵入者可以简单地抽出硬盘，拿回家后插入到另一台计算机中。

假设系统通过某种机制保护物理上的访问，如门锁或通行证，则下一层防御就是账号安全。这里，用户名和口令的组合是关键。看看攻击者是否能创建一个账号？能否访问一个合法的用户账号或 root 账号？如果可以，则系统面临很大的风险。

最内层是文件系统安全：甚至在账号被突破的情况下也能保护用户信息的能力。Linux 权限机制在这里很关键。如果一个攻击者进入了一个账号，但关键文件仍被权限保护着，该账号只赋予了有限的访问权。文件安全的另一个重要方面是加密。如果重要文件被加密，即使侵入者进入一个账号，甚至突破了权限系统，他仍不能使用加密的数据。最外层的边界是网络安全：维护通信安全并保证只有被授权的用户才能访问系统。防火墙是公认的边界防御。像 FTP 和 Telnet 这些常规服务的安全可以由 TCP Wrappers 这样的“外层”程序进行调用来得到支持。边界防御可以由 SATAN 这样的扫描程序来测试。

19.3 PAM 概述与工作原理

19.3.1 什么是 Linux-PAM

为安全起见，计算机系统只有经过授权的合法用户才能访问，在这里如何正确鉴别用户的真实身份是一个关键的问题。所谓用户鉴别，就是用户以一种安全的方式向系统提交自己的身份证明，然后由系统确认用户的身份是否属实的过程。换句话说，用户鉴别是系统的门户，每个用户进入到系统中都必须经过鉴别这一道关。

最初，Linux 系统的用户鉴别过程就像各种 UNIX 系统的一样：系统管理员为用户建立一个账号并为其指定一个口令，用户用此指定的口令登录后重新设置自己的口令，这样用户就具有了一个只有他自己知道的秘密口令。一般情况下，用户的口令经过加密处理后存放于 /etc/passwd 文件中。用户登录时，登录服务程序提示用户输入其用户名和口令，然后将口令加密并与/etc/passwd 文件中对应账号的加密口令进行证明，如果口令匹配，说明用户的身份属实并允许此用户访问系统。这种思想基于只有用户自己知道他的口令，所以输入的口令正确的话，系统认定用户的真实身份。

后来，还采用了许多其他的鉴别用户的方法，如用于网络环境的 Kerberos 以及基于智能卡的鉴别系统等。但是这些鉴别方案有一个通病：实现鉴别功能的代码通常作为应用程序的一部分而一起编译，这样问题就来了。如果发现所用算法存在某些缺陷或想采用另一种鉴别方法时，用户不得不重写（修改或替换）然后重新编译源程序。很明显，原先的鉴别方案缺乏灵活性，牵一发而动全身的情形很是让人恼火。

鉴于以上原因，人们开始寻找一种更好的替代方案：一方面，将鉴别功能从应用中独立出来，单独进行模块化设计，实现和维护；另一方面，为这些鉴别模块建立标准 API，以便各应用程序能方便地使用它们提供的各种功能。同时，鉴别机制对其上层用户（包括应用程序和最终用户）是透明的。直到 1995 年，Sun 的研究人员提出了一种满足以上需求的方案——插件式鉴别模块（PAM）机制，并首次在其操作系统 Solaris 上部分实现。插件式鉴别模块（PAM）

机制采用模块化设计和插件功能，使得我们可以轻易地在应用程序中插入新的鉴别模块或替换原先的组件，而不必对应用程序做任何修改，从而使软件的定制、维护和升级更加轻松。

因为鉴别机制与应用程序之间相对独立。应用程序可以通过 PAM API 方便地使用 PAM 提供的各种鉴别功能，而不必了解太多的底层细节。此外，PAM 的易用性也较强，主要表现在它对上层屏蔽了鉴别的具体细节，所以用户不必被迫学习各种各样的鉴别方式，也不必记住多个口令；又由于它实现了多鉴别机制的集成问题，所以单个程序可以轻易集成多种鉴别机制，如 Kerberos 鉴别机制和 Diffie-Hellman 鉴别机制等，但用户仍可以用同一个口令登录而感觉不到采取了各种不同鉴别方法。

在广大开发人员的努力下，各版本的 Linux 系统陆续提供对 PAM 的支持。其中，Linux-PAM 是专门为 Linux 机器实现的，现在所有 Linux 操作系统版本都提供对 PAM 的支持。

需要注意的是，除了具体实现不同外，各种版本 Linux 系统上的 PAM 的框架是相同的，所以我们在这里介绍的 PAM 框架知识具有普遍性。

19.3.2 PAM的分层体系结构

PAM 为了实现其插件功能和易用性，采取了分层设计思想：让各鉴别模块从应用程序中独立出来，然后通过 PAM API 作为两者联系的纽带，这样应用程序就可以根据需要灵活地在其中“插入”所需鉴别功能模块，从而真正实现了“鉴别功能，随需应变”。实际上，这一思路非常符合软件设计中的“高内聚，低耦合”这一重要思想，PAM API 起着承上启下的作用，它是应用程序和鉴别模块之间联系的纽带：当应用程序调用 PAM API 时，应用接口层按照配置文件 pam.conf 的规定，加载相应的鉴别模块。然后把请求（即从应用程序那里得到的参数）传递给底层的鉴别模块，这时鉴别模块就可以根据要求执行具体的鉴别操作了。当鉴别模块执行完相应操作后，将结果返回给应用接口层，然后由接口层根据配置的具体情况将来自鉴别模块的应答返回给应用程序。

上面描述了 PAM 的各个组成部分，以及它们作为整体的运作机理。下面将对 PAM 的关键的低二层分别加以介绍。

第一层是模块层。模块层位于整个结构的底层，它向上为接口层提供用户鉴别等服务，也就是说所有具体的鉴别工作都是由该层的模块来完成的。对于应用程序，有些不但需要验证用户的口令，还可能要求验证用户的账户是否已经过期。此外，有些应用程序也许还会要求记录当前会话的有关信息或改变口令等，所以 PAM 在模块层除了提供鉴别模块外，同时提供了支持账户管理、会话管理以及口令管理功能的模块。当然，这四种模块并不是所有应用程序所必需的，而是根据需要灵活取舍，比如虽然 login 可能要求访问所有四种模块，但是 su 可能仅仅需要使用鉴别组件即可。至于如何取舍则涉及接口层的 PAM API 和配置文件，这部分内容将在下文介绍。

第二层是应用接口层。应用接口层位于 PAM 结构的中间部分，它向上为应用程序屏蔽了用户鉴别等过程的具体细节，向下调用模块层中的具体模块所提供的特定服务。它主要由 PAM API 和配置文件两部分组成，下面将逐一介绍。

PAM API 可以分为两类，一类是用于调用下层特定模块的接口，这类接口与底层的模块相对应：

- 认证类接口：pam_authenticate()用于鉴别用户，pam_setcred()用于修改用户的秘密信息。

- 账号类接口：pam_acct_mgmt()检查受鉴别的用户所持账户是否有权登录系统，以及该账户是否已过期等。
- 会话类接口：包括用于会话管理和记账的 pam_open_session()和 pam_close_session()函数。
- 口令类接口：包括用于修改用户口令的 pam_chauthtok()。

第二类接口通常并不与底层模块一一对应，它们的作用是对底层模块提供支持以及实现应用程序与模块之间的通信等。具体如下：

- 管理性接口：每组 PAM 事务从 pam_start()开始，结束于 pam_end()函数。接口 pam_get_item()和 pam_set_item()用来读写与 PAM 事务有关的状态信息。同时，能够用 pam_str()输出 PAM 接口的出错信息。
- 应用程序与模块间的通信接口：在应用程序初始化期间，某些诸如用户名之类的数据可以通过 pam_start()将其存放在 PAM 接口层中，以备将来底层模块使用。另外，底层模块还可以使用 pam_putenv()向应用程序传递特定的环境变量，然后应用程序利用 pam_getenv()和 pam_getenvlist()读取这些变量。
- 用户与模块间的通信接口：pam_start()函数可以通过会话式的回调函数，让底层模块通过它们读写模块相关的鉴别信息，比如以应用程序所规定的方式提示用户输入口令。
- 模块间通信接口：尽管各模块是独立的，但是它们仍然能够通过 pam_get_item()和 pam_set_item()接口共享某些与鉴别会话有关的公用信息，诸如用户名、服务名、口令等。此外，这些 API 还可以用于在调用 pam_start()之后，让应用程序修改状态信息。
- 读写模块状态信息的接口：接口 pam_get_data()和 pam_set_data()用以按照 PAM 句柄要求访问和更新特定模块的信息。此外，还可以在这些模块后附加一个清除数据函数，以便当调用 pam_end()时清除现场。

由于 PAM 模块随需加载，所以各模块初始化任务在第一次调用时完成。如果某些模块的清除任务必须在鉴别会话结束时完成，则它们应该使用 pam_set_data()规定清除函数，这些执行清除任务的函数将在应用程序调用 pam_end()接口时被调用。我们注意到，配置文件也放在了在应用接口层中，它与 PAMAPI 配合使用，从而达到了在应用中灵活插入所需鉴别模块的目的。它的作用主要是为应用选定具体的鉴别模块、模块间的组合以及规定模块的行为

19.3.3 口令映射

在同一个机器上使用多个鉴别机制，尤其是一个应用程序集成多种鉴别机制可能导致用户需要记忆多个口令，这会让用户觉得很不舒服。虽然可以让所有机制使用相同的口令来获取易用性，但是这将削弱系统的安全性。如果其中任何一个机制的口令泄露了，则所有机制都会受到牵累。此外，不同的鉴别机制在口令长度、容许的字符、更新间隔、有效期等方面可能具有它们特有的要求，这些要求也是为多鉴别机制使用同一个口令必须考虑的问题。

PAM 提供了这样一种解决方案：它不排除为所有鉴别机制共用一个口令，同时允许通过口令映射技术让每个机制使用不同的口令。该方案用用户的“主口令”加密其他的“副口令”，并且将这些经过加密的副口令存放在一个用户能访问的地方。主口令一旦经过验证，鉴别模

块就能用它解密那些加密的副口令，从而获得相应口令，然后将所需口令传递给鉴别模块。这称为“口令映射”。如果口令映射出现错误或映射不存在，那么各鉴别模块应该提示用户输入口令。为支持口令映射，主口令应保存在 PAM 第二层并且在需要时由其提供给堆叠的各个鉴别模块。同时，口令要在 pam_authenticate 函数返回之前清除。为了保障口令映射的安全，主口令必须足够强壮，可以考虑使其更长、组成口令字符的类型多样化并使用混合类型的字符组成口令等有效措施。

口令如何加密及其存储完全取决于具体的实现：它能够将加密的副口令（也称作“映射口令”）存储在可靠或不可靠的地方，诸如智能卡、本地文件或目录服务。当然，如果加密的口令保存在一个不可靠的允许公共访问的地方，会留下受到字典攻击的隐患。

为实现口令映射，所有鉴别模块应支持以下四个映射选项：

- use_first_pass：它表示当该模块执行时不提示用户输入口令，而将该模块之前的提示用户输入的主口令作为它们的公共口令进行验证。如果用户没能通过主口令的鉴别，则该模块不提示用户输入口令。此选项一般说来在系统管理员想强制用同一个口令通过多模块时使用。
- try_first_pass：除了如果主口令不正确，将提示用户输入口令之外，它的用法与 use_first_pass 相同。
- use_mapped_pass：它表示使用口令映射技术得到此模块的有效口令。也就是说，该模块执行时不提示用户输入口令，而是用映射口令即用主口令解 密得到的该模块的副口令作为本模块的口令输入进行验证。如果在此之前用户没能通过主口令的鉴别，则该模块也不会提示输入口令。
- try_mapped_pass：除了如果主口令不正确，它将提示用户输入口令之外，该项与 use_mapped_pass 用法相同。

当口令更换后，PAM 会保存所有新旧口令，并且使有关模块能够访问到它们。其他模块能够使用此信息更新加密的口令而不必强制用户再次输入口令。

在这里 login 程序集成了三种鉴别方式：传统 Linux 口令鉴别、Kerberos 和 RSA 鉴别，但通常情况下用户仅输入一次口令便能通过鉴别了。当程序调用 pam_UNIX.so 模块时，PAM 提示用户输入他们的 Linux 口令，然后由 pam_kerb.so 模块对用户输入的 Linux 口令进行鉴别。继而调用 pam_kerb.so 模块，由于该模块的选项为 use_mapped_pass，它将利用口令映射机制进行认证，也就是说，如果 Linux 口令鉴别通过的话，就将其作为 pam_kerb.so 模块的主口令来解密其对应的映射口令从而进行 Kerberos 鉴别。如果 pam_UNIX.so 模块所需口令没能通过验证，则无法进行口令映射，那么 PAM 将直接调用下一鉴别模块而不提示用户输入其 Kerberos 口令。最后一个模块的选项为 use_first_pass，所以 pam_rsa.so 模块将使用前边输入的主口令来鉴别用户，如果口令错误也不提示用户输入 RSA 口令。所以，只要第一次输入的口令是正确的，并且映射口令存在，则一个口令便足以通过鉴别。

19.4 安全工具

下面介绍一些可以用于 Linux 的安全工具，这些工具使用户的服务器运行起来更安全，可以解决各方面的问题。我们的重点只是让读者了解这些工具，对安装配置以及使用不会给

P1 1
P9 2
P24 3
P51 4
P67 5
P83 6
P104 7
P117 8
P128 9
P143 10
P161 11
P172 12
P189 13
P214 14
P227 15
P245 16
P259 17
P284 18
第19章
P328 20
P361 21

出很详细的介绍。介绍这些工具的目的只是给读者一个方向，并不是让读者拘泥于这些工具。毕竟安全是一个过程，而不是一个产品。

19.4.1 nmap 和 nessus 网络安全扫描工具

nmap 工具是一个端口扫描工具。它能扫描整个网络或一台主机上的开放端口。如果读者对安全担忧或者要寻找攻击者将会发现的漏洞，那么应花些时间来安装并使用 nmap。开发者把大量的扫描技术集成到 nmap 中。nmap 支持以下扫描方式：

- Vanilla TCP connect 扫描。
- TCP SYN（半开放）扫描。
- TCP FIN、Xmas 或 NULL（秘密）扫描。
- TCP ftp 代理（弹回攻击）扫描。
- 使用 I P 片段（绕过包过滤器）进行 SYN/FIN 扫描。
- UDP raw ICMP 端口不可达性扫描。
- ICMP 扫描（ping-sweep）。
- TCP Ping 扫描。

nmap 工具还可以使用 TCP/IP 指纹来识别一个远程系统运行的是哪种操作系统。该工具处于系统管理员工具和攻击工具之间的灰色区域。如果读者负责一个网络，可以使用 nmap 检测本地网络是否有安全漏洞。

nessus 是一个功能强大而又易于使用的远程安全扫描器，它不仅免费而且更新极快。安全扫描器的功能是对指定网络进行安全检查，找出该网络是否存在会导致对手攻击的安全漏洞。该系统被设计为 client/sever 模式，服务器端负责进行安全检查，客户端用来配置管理服务器端。在服务端还采用了 plug-in 的体系，允许用户加入执行特定功能的插件，这插件可以进行更快速和更复杂的安全检查。在 nessus 中还采用了一个共享的信息接口，称为知识库，其中保存了前面进行检查的结果。检查的结果可以 HTML、纯文本、LaTeX（一种文本文件格式）等几种格式保存。

在未来的新版本中，nessus 将会支持更快的安全检查，而且这种检查将会占用更少的带宽，其中可能会用到集群的技术以提高系统的运行效率。

nessus 的优点在于：

其采用了基于多种安全漏洞的扫描，避免了扫描不完整的情况。

nessus 扩展性强、容易使用、功能强大，可以扫描出多种安全漏洞。

nessus 的安全检查完全是由大量的插件完成的。比如：在“useless services”类中，“Echo port open”和“Chargen”插件用来测试主机是否易受到已知的 echo-chargen 攻击。在“backdoors”类中，“pc anywhere”插件用来检查主机是否运行了 BO、PcAnywhere 等后台程序。

在 nessus 主页中不但详细介绍了各种插件的功能，还提供了解决问题的相关方案。有关插件的详细说明，请看 http://cgi.nessus.org/plugins/dump.php3?viewby=family。

除了这些插件外，nessus 还为用户提供了描述攻击类型的脚本语言，来进行附加的安全测试，这种语言称为 nessus 攻击脚本语言（NSSL），用它来完成插件的编写。

在客户端，用户可以指定运行 nessus 服务的机器、使用的端口扫描器及测试的内容及测试的 IP 地址范围。nessus 本身是工作在多线程基础上的，所以用户还可以设置系统同时工作的线程数。这样用户在远端就可以设置 nessus 的工作配置了。安全检测完成后，服务端将检测结果返回到客户端，客户端生成直观的报告。在这个过程当中，由于服务器向客户端传送的内容是系统的安全弱点，为了防止通信内容受到监听，其传输过程还可以选择加密。

19.4.2　弱点测试工具

（1）chkacct。chkacct 是一个检查用户账号安全的工具。它能检查文件的权限并恢复到初始权限。它还能寻找那些能被所有用户可读的文件并查看以点号开头的文件。它可以被用户使用或者被系统或安全管理员专用。

（2）Courtney。Courtney 监测一个网络，查明 SATAN 探索的结果，并试图识别它们的来源。它从 tcpdump 获得输入并计算一台机器在一个特定时段内产生新的服务请求的次数。如果在该时段内，一台机器和大量的服务连接，Courtney 就把该机器识别为一个潜在的 SATAN 主机。

19.4.3　Sxid 和 Skey

sxid 是一个系统监控程序。它可以监视系统中 suid，sgid、文件所有者的变化，并且以可选的形式报告这些改变，你可以在配置文件中设置用 email 的形式通知这些改变，也可以不使用 email 而直接在标准输出上显示这些变化。Suid，sgid 文件以及没有属主的文件很有可能是别人放置的后门程序，这是读者要特别注意的。可以从下面的网址获得 sxid：ftp://marcus.seva.net/pub/sxid/。

如果安装过其他工具，一定也会安装这个工具，它在安装上没有什么特别的地方。缺省安装的时候，配置文件为/usr/local/etc/sxid.conf，这个文件中有很明显的注释很容易看懂。在这个文件中定义了 sxid 的工作方式。日志文件缺省为/var/log/sxid.log，日志文件的循环次数在 sxid.conf 文件中定义。可以在配置固定后把 sxid.conf 设置为不可改变，把 sxid.log 设置为只可添加（使用 chattr 命令）。

可以用 sxid -k 加上-k 选项来进行检查，这时检查很灵活，既不记入日志，也不会发出 email。这样就可以随时做检查。但笔者还是建议把检查放入 crontab 中，使用 crontab -e 编辑加入下面的条目：

```
0 4 * * * /usr/bin/sxid
```

表示每天上午 4 点执行这个程序。

即使用户的密码很长，有很多特殊字符，解密工具很难破解，但密码在网络中是以明文形式传送的，在以太网中随便一个嗅探器就可以截取密码。现在在交换环境中也能实现这种技术。在这种情况下，skey 是一个较好的选择。

skey 是一次性口令的一个工具。它是一个基于客户/服务器的应用程序。首先在服务器端可以用 keyinit 命令为每个用户建立一个 skey 客户，这个命令需要指定一个秘密口令，然后就可以为客户端的用户产生一次性口令列表。当用户通过 telnet，ftp 等与服务器进行连接时就可以按照一次性口令列表中的口令顺序输入自己的密码，下次再连接时密码就换成了列表中的下一个。可以从 ftp://ftp.cc.gatech.edu/ac121/Linux/system/network/sunacm/other/skey 获得 skey。

skey 服务器的配置步骤如下：

（1）使用下面的命令初始化用户 test：

```
keyinit test
```

keyinit 每次为用户生成 99 个一次性口令，这时就会在/etc/skeykeys 文件中建立这个用户，该文件中保存了服务器端计算下一个一次性口令的一些信息。使用上面的 keyinit 命令时就会在/etc/skeykeys 中产生下面的记录：

```
test 0099 to25065 be9406d891ac86fb Mar 11, 2007 03:23:12
```

上面的记录中从左到右依次是用户名、要使用的一次性口令序号、口令的种类、16 进制表示的口令、日期和时间。

（2）将一次性口令列表提供给 test。可以打印出口令列表然后送给 test。这样比较安全，密码不会在网络中传递。

（3）为 test 修改缺省的登录 shell 为/usr/local/bin/keysh。由于 PAM 的作用，test 登录时要输入密码，它输入这个一次性口令后服务器端要对这个口令进行校验，校验通过连接就被许可了。

可能有些用户不喜欢书面的口令列表，用户可以使用 key 命令在自己的客户端得到一次性口令。可以通过开两个窗口，一个对服务器进行连接获得一次性口令的种类和序号，然后在另一个窗口用 key 命令根据口令的种类和序号获得所要的密码。但是这样的方便是以一定的危险为代价的。如果缺省的 99 个口令用完了，可以使用“keyinit-s”命令刷新口令列表。在/usr/src/skey/misc 目录中有许多可对外提供服务的程序和工具，如 su,login,ftp 等。这样可以应付不同的服务的连接请求了。

为了安全，最好设置一下/etc/skeykeys 文件的属性和权限。

19.4.4 日志工具（logrotate，swatch，logcheck）

（1）logrotate。一般的 Linux 发行版中都自带这个工具，能够解决日志文件过大的问题。它可以自动使日志循环，删除保存最久的日志。可以把它放在 crontab 中，每天定期运行。这在很多 Linux 发行版中都是默认设置的。可以从 ftp://ftp.redhat.com/pub/redhat 获得新版本的 logrotate。

它的配置文件是/etc/logrotate.conf，可以在这个文件中设置日志的循环周期、日志的备份数目以及如何备份日志等等。

在/etc/logrotate.d 目录下包括一些工具的日志循环设置文件。例如：syslog,samba,cron 等等，在这些文件中指定如何根据/etc/logrotate.conf 做日志循环。也可以在其中添加其他的文件以循环其他服务的日志。

关于配置文件的详细信息可以参阅 manlogrotate。最后还是提醒读者使用 cron 运行 logrotate。

（2）swatch。swatch 是一个实时的日志监控工具。读者可以设置感兴趣的事件，它可以在事件发生的时候告诉读者。swatch 有两种运行方式：一种可以在检查日志完毕退出，另一种可以连续监视日志中的新信息。swatch 提供了许多通知方式，例如：email、振铃、终端输出、多种颜色等。可以从 ftp://ftp.stanford.edu/general/security-tools/swatch/下载这个工具。

swatch 的安装需要一些 Perl 库的支持，安装前应确信系统已经可以支持 Perl。

swatch 可以在命令行中进行一些简单的设置，例如日志循环时告诉 swatch 在循环结束后重新启动等等。

配置文件 swatchmessage 是 swatch 软件的重点。这个文本文件告诉 swatch 需要监视什么日志，需要寻找什么触发器，以及当触发时所要执行的动作。当 swatch 发现某些信息与 swatchmessage 中定义的触发器正则表达式相符时，它将执行在 swatchrc 中定义的通知程序。Swatch 通过使用/usr/bin/tail -f 实时监视日志文件。

配置 swatch 非常简单，读者可以参考 swatch 自带的配置文件。必须为每个读者关心的服务如 ftp，sendmail 等配置一个 swatchmessage 文件。

Swatch 启动时可以带很多参数，但通常使用如下格式启动它就可以了：

/usr/local/bin/swatch -c /var/log/syslogmessage -t /var/log/syslog-r 06:00&

-c 参数用于指定配置文件，-t 参数指定实时监视的日志文件，-r 指定重起的时间，“&”使 swatch 在后台运行。启动后，swatch 产生子进程，因此 swatch 是以两个进程运行的，在停止 swatch 时必须杀掉两个进程。

也可以通过 logrotate 配置在日志循环后重起 swatch,可以在/etc/logrotate.d 中建立一个读者关心的日志的循环文件，其中最关键的是要加入下面这行：

```
/usr/local/bin/swatch -c
/var/log/syslogmessage -t
/var/log/syslog-r + 0
```

（3）logcheck。审核和记录系统的事件是非常重要的。特别是当计算机连接到 Internet 上之后，系统管理员如果对“异常”的事件保持警觉，就能防止系统被入侵。在 UNIX 系统中如果仅仅把系统事件作为日志记录下来，而不去查看，还是无济于事。logchek 可以自动地检查日志文件，先把正常的日志信息剔除掉，把一些有问题的日志保留下来，然后把这些信息 email 给系统管理员。Logcheck 被设计成自动运行，定期检查日志文件以发现违反安全规则以及异常的活动。logcheck 用 logtail 程序记住上次已经读过的日志文件的位置，然后从这个位置开始处理新的日志信息。可以从 http://logcheck.org/download.html 获得 logcheck。

logcheck 包括下面几个主要的文件：

- logcheck.sh：这是一个可执行的脚本文件，记录 logcheck 检查了哪些日志文件及 logcheck 运行所必须的信息。可以把它加入 crontab 中定时运行。
- logcheck.hacking：它和下面的三个文件一样，是 logcheck 检查的模式文件。四个文件按从上到下的顺序执行。这个文件表明了入侵活动的模式。
- logcheck.violations：这个文件表示有违背常理的活动模式。优先级小于上面的那个模式文件。
- logcheck.violations.ignore：这个文件和上面的 logcheck.violations 是相对的，是读者不关心的问题的模式文件。
- logcheck.ignore：这是检查的最后一个模式文件。如果没有和前三个模式文件匹配，也没有匹配这个模式文件的话，则输出到报告中。

● logtail：这个文件记录日志文件信息。

logcheck 首次运行时读入相关的日志文件的所有内容。Logtail 在日志文件的目录下为每个关心的日志文件建立一个 logfile.offset 的偏移量文件，以便下次检查时从这个偏移量开始检查。logcheck 执行时未被忽略的内容通过邮件的形式发送给 logcheck.sh 中 SYSADMIN 指定的用户。

logcheck 的通知没有那么实时，但是相对于 swatch 它更适合于分布式日志文件系统。因为它不必为每个日志文件建立一个进程。在 TurboLinux 中就集成了 logcheck 工具。

19.4.5 SSH 和 Tripwire

1. SSH 服务

传统的网络服务程序，如 ftp、pop 和 telnet 在本质上都是不安全的，因为它们在网络上用明文传送口令和数据，别有用心的人非常容易截获这些口令和数据。而且，这些服务程序的安全验证方式也是有其弱点的，就是很容易受到“中间人”（man-in-the-middle）方式的攻击。所谓“中间人”的攻击方式，就是“中间人”冒充真正的服务器接收你的传给服务器的数据，然后再冒充你把数据传给真正的服务器。

通过使用 SSH，你可以把所有传输的数据进行加密，这样"中间人"这种攻击方式就不可能实现了，而且也能够防止 DNS 和 IP 欺骗。还有一个额外的好处就是传输的数据是经过压缩的，所以可以加快传输的速度。SSH 有很多功能，它既可以代替 telnet，又可以为 ftp、pop、甚至 ppp 提供一个安全的“通道”。

最初 SSH 是由芬兰的一家公司开发的。但是因为受版权和加密算法的限制，现在很多人都转而使用 OpenSSH。OpenSSH 是 SSH 的替代软件，而且是免费的，可以预计将来会有越来越多的人使用它而不是 SSH。

从客户端来看，SSH 提供两种级别的安全验证。

第一种级别是基于口令的安全验证，这种机制就相当于普通的 telnet 等服务的口令认证机制。

第二种级别是基于密匙对的安全验证。用户为自己创建一对密匙，并把公用密匙放在需要访问的服务器上。如果用户需要连接到 SSH 服务器上，客户端软件就会向服务器发出请求，请求用你的密匙进行安全验证。服务器收到请求之后，先在你在该服务器的家目录下寻找你的公用密匙，然后把它和你发送过来的公用密匙进行比较。如果两个密匙一致，服务器就用公用密匙加密“质询”（challenge）并把它发送给客户端软件。客户端软件收到“质询”之后就可以用私人密匙解密再把它发送给服务器。

可以在 http://violet.ibs.com.au/openssh/下载 OpenSSH。

为本地服务器创建私有和公用密匙，执行下面的命令：

```
[root@gdlc ~]# su username
[username@gdlc ~]$ ssh-keygen
```

产生密钥后把本机的公用密匙（identity.pub）复制到远程主机的/home/username/.ssh 目录下，例如，使用“authorized_keys”这个名字。用加上“-p”参数的“ssh-keygen”命令，在任何时候都可以改变初始的密码。下面列出的是一些常用命令，当然还有很多其他的命令，更详细的信息可以查看 man 帮助页或其他文档。

ssh（Secure Shell）是用来登录远程计算机和在远程计算机上执行命令的程序。它是用来替代 rlogin 和 rsh，以及在不安全的网络环境下在两台计算机之间提供安全和加密的信息交流。

使用下面的命令可以从客户端连接到远程主机 server：

```
[root@gdlc /]# su admin
[admin@gdlc /]$ssh server2 scp
```

可以用这个命令把文件从本地计算机复制到远程计算机，或者反之，甚至可以在两台远程计算机之间用“scp”命令复制文件。

用下面的命令把文件从远程主机复制到本地主机上：

```
[root@gdlc /]# su admin
[admin@gdlc /]$ scp -p :/dir/for/file localdir/to/filelocation
```

用下面的命令把文件从本地主机复制到远程主机上：

```
[root@gdlc/]# su admin
[admin@gdlc /]$ scp -p localdir/to/filelocation :/dir/for/file
```

“-p”选项表示文件的改变和访问时间属性以及权限，在复制过程中被保留。

2. Tripwire

如果有人侵入了你的系统，在系统中放置了木马和后门，你怎么才能知道呢？tripwire 就是这样一个对系统做完整性检查的工具。它是目前最为著名的 Linux 下文件系统完整性检查的软件工具，这一软件采用的技术核心就是对每个要监控的文件产生一个数字签名，保留下来。当文件现在的数字签名与保留的数字签名不一 致时，那么现在这个文件必定被改动过了。

当 Tripwire 运行在数据库生成模式时，会根据管理员设置的一个配置文件对指定要监控的文件进行读取，对每个文件生成相应数字签名，并将这些结果保存在自己的数据库中，在缺省状态下，MD5 和 SNCFRN(Xerox 的安全哈希函数)加密手段被结合用来生成文件的数字签名。除此以外，管理员还可使用 MD4，CRC32，SHA 等哈希函数，但实际上，使用上述两种哈希函数的可靠性已相当高了，而且结合 MD5 和 SNCFRN 两种算法（尤其是后者）对系统资源的耗费已较大，所以在使用时可根据文件的重要性做取舍。当怀疑系统被入侵时，可由 Tripwire 根据先前生成的数据库文件来做一次数字签名的对照，如果文件被替换，则与 Tripwire 数据库内相应数字签名不匹配，这时 Tripwire 会报告相应文件被更动，管理员就明白系统不“干净”了。可以从 http://www.tripwiresecurity.com 获得 tripwire。“/usr/TSS/policy/twpol.txt”文件是纯文本的策略文件，设置 Tripwire 需要检测哪些文件和目录（也叫系统对象）。其中有一个规则设定如何检测需要监控的对象，还有一个特性（property）设置如何检测。特性掩码（property mask）设定进行一致性检验的时候单独文件的特性（property）。属性（Attributes）帮助规定成组的策略如何运作。

可以根据需要修改 twpol.txt 这个策略文件，然后当第一次准备使用策略文件的时候，用下面的方法安装它：

```
[root@gdlc]# twadmin --create-polfile /usr/TSS/policy/twpol.txt
```

P1 1
P9 2
P24 3
P51 4
P67 5
P83 6
P104 7
P117 8
P128 9
P143 10
P161 11
P172 12
P189 13
P214 14
P227 15
P245 16
P259 17
P284 18
第19章
P328 20
P361 21

第一次创建基准数据库，用下面的命令：

```
[root@gdlc]# tripwire { --init }
```

一致性检查把当前文件系统中的对象及其属性和 Tripwire 数据库中的进行比较。一旦发现异常情况，就会在标准输出上显示出来，报表文件也会被保存下来，以后可以用"twprint"命令查看：

```
[root@gdlc]# tripwire { --check }
```

用下面的命令进行交互式的检查：

```
[root@gdlc]# tripwire --check -interactive
```

用下面的命令进行一致性检查并用 email 发送报表：

```
[root@gdlc]# tripwire --check --email-report
```

用下面的命令更新数据库：

```
[root@gdlc]# tripwire --update -r /usr/TSS/report/gdlc.openarch.com-200001-021854.twr
```

"-r"参数读取指定的报表文件（deep.openarch.com-200001-021854.twr）。因为当前的配置文件的 REPORTFILE 变量使用$(DATE)，所以这个参数是必须的。

用下面的命令更新策略文件：

```
[root@deep]# tripwire --update-policy /usr/TSS/policy/newtwpol.txt
```

在默认情况下，策略更新模式使用"--secure-mode high"。如果文件系统在最近的一次数据库更新之后发生了变化，而且这个变化会违反策略文件中定义的规则，那么在高安全级别的模式下运行可能会遇到一些问题。例如这种情况：其他的管理员在策略更新的过程中，改变了一些文件。为了解决这个问题，确信在高安全级别的模式下所有的变化都是正常的之后，可以采用低级别的安全模式更新策略文件：

用下面的命令在低级别的安全模式下更新策略文件：

```
[root@gdlc]# tripwire --update-policy --secure-mode low /usr/TSS/policy/newtwpol.txt
```

如果想查找详细的资料可以用 man 命令查帮助页，读取相关信息。

▷▷▷ 19.4.6 反扫描工具 Portsentry

可以通过防火墙限制自己系统中什么端口开放，什么端口不开放。对于外部的人们来说，这些信息都是保密的。黑客为了得到他人计算机中开放的端口，往往会进行各种方式的扫描，这样的扫描软件在互联网上也随处可见。一般的扫描活动都是进行入侵的前奏，对安全是极大的危胁。

Portsentry 就是一个反扫描工具，它可以实时发现并分析记录对本机的扫描。它主要做以下工作：

- 通过 syslog 做记录。
- 将扫描的主机加入/etc/hosts.deny。
- 马上禁止所有通向扫描主机的网络流量。
- 过滤掉所有来自扫描主机的网络流量。

可以从 http://sourceforge.net/projects/sentrytools/获得 portsentry。

“/usr/psionic/portsentry/portsentry.conf”是 portsentry 的主配置文件。可以在这个文件中设置要监听的端口，以及哪些 IP 地址被拒绝，哪些被忽略等信息。如果要了解详细的信息，可以查看 README.install 文件。

“/usr/psionic/portsentry/portsentry.ignore”文件定义了在执行端口扫描分析时必须忽略的主机，也就是说即使这些主机进行了扫描活动，portsentry 也不会采取任何行动。

Portsentry 有以下 6 种启动方式：

- portsentry -tcp (basic port-bound TCP mode)
- portsentry -udp (basic port-bound UDP mode)
- portsentry -stcp (Stealth TCP scan detection)
- portsentry -atcp (Advanced TCP stealth scan detection)
- portsentry -sudp (“Stealth”UDP scan detection)
- portsentry -audp (Advanced "Stealth" UDP scan detection)

建议读者使用下面两种方式启动 portsentry：

```
portsentry -atcp (Advanced TCP stealth scan detection)
portsentry -sudp ("Stealth" UDP scan detection)
```

一种 tcp 启动方式和一种 udp 启动方式可以同时进行。

可以把下面的两个命令加入/etc/rc.d/rc.local 中，当系统重起时自动启动 Portsentry：

```
[root@gdlc /]# /usr/psionic/portsentry/portsentry –atcp
[root@gdlc /]# /usr/psionic/portsentry/portsentry –sudp
```

对于更详细的信息读者可以查阅 man 手册和 Portsentry 自带的帮助文件。

19.4.7 OpenSSL

一些服务器端的软件如 IMAP&POP,Samba,OpenLDAP,FTP,Apache 等在给用户提供服务的时候要对用户进行认证，只有在认证通过后服务才会被许可。而 client/server 方式的服务客户端和服务端之间通信都是以明文方式进行的，openSSL 正是提供了对传输的数据的一种加密方式。OpenSSL 可以安装在 Linux 服务器上，它需要一些第三方提供的应用程序来为服务提供加密。

下面看一些使用 OpenSSL 加密能为我们提供的好处：

（1）数据的保密性。OpenSSL 实际在真正的数据加密上使用的是对称算法，一个密钥既用来加密也用来解密。我们在公开的网络介质上传输的再不是明文，即使有人能截获这些数据，没有密钥也是很难进行解密的。

（2）数据的完整性。OpenSSL 使用 hash 算法加密数据，然后用对方的公钥对消息文摘做

P1 1
P9 2
P24 3
P51 4
P67 5
P83 6
P104 7
P117 8
P128 9
P143 10
P161 11
P172 12
P189 13
P214 14
P227 15
P245 16
P259 17
P284 18
第19章
P328 20
P361 21

数字签名，消息文摘的加密使用的是非对称算法。然后消息文摘和数据一起传给接收方，接收方用自己的密钥先对数字签名进行解密，这样就保证了数据的完整性。

从下面的站点可以获得 OpenSSL 源码包：http://www.openssl.org/。

编译、安装以后还要执行下面几个命令：

```
[root@gdlc openssl-0.9.5a]# mv /etc/ssl/misc/* /usr/bin/
[root@gdlc openssl-0.9.5a]# install -m 644 libRSAglue.a /usr/lib/
[root@so. openssl-0.9.5a]# install -m 644 rsaref/rsaref.h /usr/include/openssl/
```

/etc/ssl/openssl.cnf 是 openssl 的主配置文件，里面要改动的主要是[CA_default]和[req_distinguished_name]两个部分。

如果要使用“openssl ca”这个命令做 CA 证书时，需要建立一个 sign.sh 脚本，这个脚本实际是存在的，在/usr/bin/sign.sh，读者要做的是在这个文件中加入一些东西。在 mod_ssl 的发行版中也可以找到这个脚本。

（3）OpenSSL 实例。下面我们举个例子讲述 OpenSSL 的应用，为 Web 服务器配置一个证书签名。

1）为 Web 服务器建立一个有密码保护的 RSA 私钥。

```
[root@gdlc ssl]# openssl genrsa -des3 -out server.key 1024
```

2）用上面的 RSA 私钥产生一个证书签名请求（CSR）。

```
[root@gdlc ssl]# openssl req -new -key server.key -out server.csr
```

3）为自己的 CA 创建一个 RSA 私钥。

```
[root@gdlc ssl]# openssl genrsa -des3 -out ca.key 1024
```

4）用 CA 的 RSA 密钥做一个自签名的 X509 格式的证书。

```
[root@gdlc ssl]# openssl req -new -x509 -days 365 -key ca.key -out ca.crt
```

5）将上面产生的私钥和证书移动到合适的目录下。

```
[root@deep ssl]# mv server.key private/
[root@deep ssl]# mv ca.key private/[root@deep ssl]# mv ca.crt certs/
```

6）最后用自己的 CA 对证书签名。

```
[root@gdlc ssl]# /usr/bin/sign.sh server.csr
```

更详细的信息请参考 man 帮助和程序自带的帮助。

19.4.8 Linux FreeS/WAN VPN

对于客户端与服务器之间的通信用 SSL 进行加密是一个很好的选择，但是很多情况下需要建立一种企业级的通信通道。在两个网关之间的因特网上点到点的传递极为私密的数据，出于这种加密和认证的需要，IPSEC 应运而生。

IPSEC 是“Intenet 协议安全”的意思，它使用很强的密码系统提供认证和加密服务。IPSEC 在 IP 层进行加密，所以它对链路层的依赖不大。它可以工作在各种底层网络上。IPSEC 可以为 IP 层以上的协议提供保护。对于用户来说，这种保护看起来是透明的。

IPSEC 可以在两个网关之间的不安全的因特网上提供安全通道。在这种通道中传送的数据都是保密性非常高的数据，数据在发送者的网关处加密，在接收者的网关处解密。这就是 VPN(Virtual Private Network)。Freeswan 就是在 Linux 下实现 IPSEC 的工具。可以到 http://www.freeswan.org/下载 Freeswan。

由于 Freeswan 是以内核补丁形式提供的，所以必须先下载 Linux 内核，再下载对应于内核的 freeswan。读者应根据自己的系统情况修改 freeswan 的 Makefile 文件，然后用下面的命令进行编译，并且把 freeswan 加入到 Linux 内核的源代码中：

```
[root@gdlc freeswan-1.3]# make insert
[root@gdlc freeswan-1.3]# make programs
[root@gdlc freeswan-1.3]# make install
```

然后需要编译内核。下面这些选项都要选“Y”：

- IPSec options (FreeS/WAN)IP Security Protocol (FreeS/WAN IPSEC) (CONFIG_IPSEC) [Y/n/?]
- IPSEC: IP-in-IP encapsulation (CONFIG_IPSEC_IPIP) [Y/n/?]
- IPSEC: PF_KEYv2 kernel/user interface (CONFIG_IPSEC_PFKEYv2) [Y/n/?]
- IPSEC: Enable ICMP PMTU messages (CONFIG_IPSEC_ICMP) [Y/n/?]
- IPSEC: Authentication Header (CONFIG_IPSEC_AH) [Y/n/?]
- HMAC-MD5 authentication algorithm (CONFIG_IPSEC_AUTH_HMAC_MD5) [Y/n/?]
- HMAC-SHA1 authentication algorithm (CONFIG_IPSEC_AUTH_HMAC_SHA1) [Y/n/?]
- IPSEC: Encapsulating Security Payload (CONFIG_IPSEC_ESP) [Y/n/?]
- 3DES encryption algorithm (CONFIG_IPSEC_ENC_3DES) [Y/n/?]
- IPSEC Debugging Option (DEBUG_IPSEC) [Y/n/?]

一些内核选项会被 Freeswan 自动打开，即使这些选项原来是关闭的。建议读者不要关闭下面的选项：

```
Kernel/User Netlink Socket(CONFIG_NETLINK)[Y/n/?]
Netlink device emulation (CONFIG_NETLINK_DEV) [Y/n/?]
```

Freeswan 的配置文件/etc/ipsec.conf 许可读者设定 IPSEC 设置、连接类型以及控制信息等。IPSEC 目前支持两种类型的连接：手工连接和自动连接。手工连接需要的密钥保存在/etc/ipsec.conf 文件中，这种连接没有自动连接安全。对于一个商业应用来说，使用手工（固定）密钥是不安全和不可靠的。在自动密钥连接模式下产生一个 256 位共享密钥，将其复制到连接通道的各个节点上后，那些企图截取数据包的网络攻击者将很难攻破这种安全连接。在自动密钥连接模式下，一个密钥的有效期是 8 个小时，这种配置有效地阻止了那些企图用暴力法猜出密钥的攻击者。自动连接的密钥由一个叫 Pluto 的密钥协商守候进程产生，缺省使用叫 IKE 的密钥协商协议。这个协议根据/etc/ipsec.secrets 文件中的信息确定不同的系统。

读者应编辑 ipsec.conf 文件来满足需要。在这个文件中有两个段落，“config”是关于 IPSEC 的一些普通配置信息的，“conn”指定特定的 IPSEC 连接通道。具体的配置信息可以参看 man 帮助页。

ipsec.secrets 包含 pluto 守候进程认证网关之间通信的密钥。有两种类型的密钥，一种是共享的密钥，一种是 RSA 的私人密钥。下面的命令产生 256 位的共享密钥：

```
[root@gdlc /]# ipsec ranbits 256 > temp
```

现在这个共享密钥在 temp 文件中，要把它复制到 ipsec.secrets 文件中。ipsec.conf 和 ipsec.secrets 都要复制到 VPN 通道另一端的网关上。ipsec.conf 文件中的"config setup"字段可能要根据接口的不同有所改变。

接下来要创建 RSA 的密钥对了。

在两个网关上都建立密钥对：

```
[root@deep /]# ipsec rsasigkey --verbose 1024 > deep-keys
[root@mail /]# ipsec rsasigkey --verbose 1024 > mail-keys
```

然后将前面产生的 temp 文件中的共享密钥放在每个网关的 ipsec.conf 文件中，在文件中的"conn"字段中加入下面几行：

```
authby=rsasig
leftrsasigkey=<Public key of deep>
rightrsasigkey=<Public key of mail>
```

然后在两个网关上处理 deep-keys 和 mail-keys 两个 RSA 公钥，把这个文件中的“#pubkey=”部分复制到各自的 ipsec.conf 配置文件中，如下所示：

```
authby=rsasigleftrsasigkey=0x010395daee1be05f3038ae529ef2668afd79f5ff1b16203c9ceaef801cea9cb7
4bcfb51a6ecc08890d3eb4b5470c0fc35465c8ba2ce9d1145ff07b5427e04cf4a38ef98a7f29edcb4d7689f2da7a69199e4
318b4c8d0ea25d33e4f084186a2a54f4b4cec12cca1a5deac3b19d561c16a76bab772888f1fd71aa08f08502a141b611
frightrsasigkey=0x01037631b81f00d5e6f888c542d44dbb784cd3646f084ed96f942d341c7c4686cbd405b
805dc728f8697475f11e8b1dd797550153a3f0d4ff0f2b274b70a2ebc88f073748d1c1c8821dc6be6a2f0064f3be7f8e454
9f8ab9af64944f829b014788dd202cf7d2e320cab666f5e7a197e64efe0bfee94e92ce4dad82d5230c57b89edf
```

最后把 deep-keys 和 mail-keys 这两个文件中的剩余部分（包括私钥）放进 ipsec.secrets 中。

然后重新启动带有 IPSec 支持的内核的系统。系统重启时会出现几个错误，这主要是 IPSec 在缺省情况下使用了实际并不存在的 eth999 接口。建议读者将 ipsec 程序的路径加入到用户环境变量中。

IPSec 的网络设置：首先，需要允许网关服务器的 TCP-IP 转发。在 Red Hat Linux 系统中，将 FORWARD_IPV4="false"改为 FORWARD_IPV4="yes" 即可。

另一个方法是直接修改/proc 文件系统，执行以下命令即可：

```
cat 1 > /proc/sys/net/ipv4/ip_forward
```

然后重新启动网络：

```
[root@deep /]# /etc/rc.d/init.d/network restart
```

这时 pluto 守候进程要启动，它尝试去连接另一边的网关上的 pluto 守候进程，这样一个连接就可以建立了。所以要在 ipchains 的配置文件中加入一些包过滤规则，许可以下的协议通过网关通往另一边的网关：

```
UDP port 500 for IKE implemented by the Pluto daemon
Protocol 50 for ESP encryption and/or authentication
Protocol 51 for AH packet-level authentication
```

必须保证 IP 欺骗选项没有被打开，可以将下面的命令添加到/etc/rc.d/rc.local 文件中：

```
[root@deep /]# echo 0 > /proc/sys/net/ipv4/conf/ipsec0/rp_filter
[root@deep /]# echo 0 > /proc/sys/net/ipv4/conf/eth0/rp_filter
```

最后要注意的是，任何使用了 IPSec 的内部网络的所有伪装(masquerade)规则都必须在允许 IPSec 的规则之后进行，否则主机将试图伪装(masquerade)数据包，而不是将它们传递给 IPSec。所以还要在两边网关的ipchains配置文件中加入下面的设定来保证能够正常转发IPSEC的数据包：

```
        # Masquerade internal traffic.
        # All internal traffic is masqueraded externally.ipchains -A forward -i $EXTERNAL_INTERFACE -s
$LOCALNET_1 -j MASQWhere EXTERNAL_INTERFACE="eth0"
        # You external interface to the Internet.Where LOCALNET_1=" 192.168.1.0/24"
        # whatever private range you use
```

现在可以重启机器了，所要做的设置都完成了，一个 VPN 已经构建好了。详细的信息请参阅 man 帮助和工具自带的帮助文件。

第 20 章 Linux 网络服务安全

本章主要内容

- 网络服务安全概述
- 网络服务安全与配置

20.1 网络服务安全概述

20.1.1 网络服务安全含义

网络安全是指保护网络系统中的软件、硬件及信息资源，使之免受偶然或恶意的破坏、篡改和泄露，保证网络系统的正常运行、网络服务不中断。

使用 Linux，可以架设 Web 服务器、Mail 服务器、DNS 服务器、DHCP 服务器、FTP 服务器、代理服务器及 NFS 等服务器，可以用 Linux 作为防火墙接入，充当路由器等各种重要角色，也可以开发基于 Linux 的入侵检测系统（IDS）、语音呼叫系统、桌面应用等，在服务器领域，越来越多的应用平台建立在 Linux 系统架构上。随着应用范围不断扩大，Linux 会受到来自世界各地黑客的攻击，其安全性也越发显得重要。

20.1.2 网络服务安全考虑因素

为了进一步提高网络服务的安全性，可以从以下几个方面考虑。

1. 口令管理

黑客常常会直接窃听取得 root 密码，或者用一些常用字典来暴力破解和试探 root 密码。因此使用系统时就要注意口令的管理。使用的口令过于简单，是用户受到攻击的主要原因之一。

口令的长度一般不要少于 8 个字符，口令的组成应以无规则的大小写字母、数字和符号相结合，严格避免用英语单词或词组、生日、电话等设置口令，而且各用户的口令应该养成定期更换的习惯。另外，口令的保护还涉及对/etc/passwd 和/etc/shadow 文件的保护，必须做到只有系统管理员才能访问这两个文件。可以通过编辑/etc/login.defs 文件中的以下参数来修改口令的默认配置：

```
# Password aging controls:
#PASS_MAX_DAYS          //密码有效期天数设置为 9999，实际上就是关闭了口令老化功能
#PASS_MIN_DAYS          //表示自从上次密码修改以来多少天后用户才被允许修改口令
```

```
#PASS_MIN_LEN                //密码最小长度
#PASS_WARN_AGE               //表示在口令到期前多少天开始通知用户口令即将到期
PASS_MAX_DAYS 9999
PASS_MIN_DAYS 0
PASS_WARN_AGE 7
```

另外，也可以编辑/etc/default/useradd 文件，在其中查找 INACTIVE 和 EXPIRE 关键字。

```
# useradd defaults file
GROUP=100
HOME=/home
INACTIVE=14
//设置在口令已过期而用户一直没有修改口令多少天后用户账户将置为不可用而锁定，以上设置是 14 天，
EXPIRE=
//直接指明新用户的口令的失效日期，格式为 YYYY-MM-DD.
SHELL=/bin/bash
```

以上的设置都只对配置修改后创建的新用户有效，如果要更改已经创建的用户配置，可以使用 chage 工具，将设置用户 tom 的 PASS_MAX_DAYS 为 60 天，并且相应地更新 shadow 文件。可以用下面的命令：

```
[root@rhel4 ~]#chage -M 60 tom
```

使用-l 选项查看用户密码老化相关信息，-m 设置 PASS_MIN_DAYS，-W 设置 PASS_WARN_AGE 等等。chage 工具可以让用户设置口令老化的方方面面参数。下面是 chage 的详细参数信息。

```
用法：chage [选项] 用户名
选项：
-d，  ——lastday 最近日期 将最近一次密码设置时间设为“最近日期”
-E，  ——expiredate 过期日期 将账户过期时间设为“过期日期”
-h，  ——help 显示此帮助信息并退出
-I，  ——inactive 失效密码 将因过期而失效的密码设为“失效密码”
-l，  ——list 显示账户年龄信息
-m，  ——mindays 最小天数 将两次改变密码之间相距的最小天数设为“最小天数”
-M，  ——maxdays 最大天数 将两次改变密码之间相距的最大天数设为“最大天数”
-W，  ——warndays 警告天数 将过期警告天数设为“警告天数”
```

另外可以安装一个口令过滤工具如 npasswd，能检查口令是否耐得住攻击。如果读者是系统管理员，系统中又没有安装口令过滤工具，请马上检查所有用户的口令是否能被穷尽搜索到，即对 / etc / passwd 文件实施穷尽搜索攻击。

2. 分区管理

潜在的攻击首先会尝试缓冲区溢出。在过去的几年中，以缓冲区溢出为类型的安全漏洞是最为常见的一种形式了。黑客经常使用 Buffer overflow（缓冲区溢出）手动入侵系统。缓冲

区溢出漏洞占了远程网络攻击的绝大多数，这种攻击可以轻易使得一个匿名的 Internet 用户有机会获得一台主机的部分或全部的控制权。

为了防止此类攻击，在安装系统时就应该注意。如果用 root 分区记录数据，如 log 文件，就可能因为拒绝服务产生大量日志或垃圾邮件，从而导致系统崩溃。所以建议为/var 开辟单独的分区，用来存放日志和邮件，以避免 root 分区溢出。最好为特殊的应用程序单独开一个分区，特别是可以产生大量日志的程序，还建议为/home 单独分一个区，这样就不能填满/分区了，从而就避免了部分针对 Linux 分区溢出的恶意攻击。

3．文件的属性和权限管理

黑客还会利用系统中的 SUID 和 SGID 属性提升用户的 root 权限，因此密切关注文件的属性和权限设置是保证主机文件系统完整性的至关重要的操作。两种特殊的文件访问权限分别是 SUID(八进制为 4000)和 SGID（八进制为 2000）。设置这两种权限的文件，将使其他用户在执行它们时拥有所有者的权限。也就是说，如果一个设置为 SUID 的程序，即使是普通用户使用也是作为 root 来运行的。因此，SUID/SGID 文件是安全的隐患。

要预防 SUID 和 SGID 攻击方式，应严格审查系统内的文件权限。可以找出系统内使用 SUID/SGID 的文件，列出清单保存，做到心中有数，命令如下：

```
[root@gdlc ~]# find / -type f -perm +6000 -ls | more
[root@gdlc ~]# find / -type f -perm +6000 > Suid-Sgid.txt
```

对于一部分程序必须设置为 SUID 的，可以让它们自成一组，集中管理。但是绝对不允许在用户的主目录下有 SUID 程序存在。

确保重要的 SUID 脚本不可写，命令如下：

```
[root@gdlc ~]# find / -perm -2 ! -type l –ls
```

对于绝对需要被设置成 SUID 的程序，应改变它们的访问权限或者卸载程序，命令如下：

```
[root@gdlc ~]# chmod -s [program]
```

查找系统内所有不属于任何用户和组的文件，因为这些文件很容易被利用来获得入侵主机的权限，造成潜在的威胁。命令如下：

```
[root@gdlc ~]# find / -nouser -o –nogroup
```

4．端口管理

任何网络连接都是通过开放的应用端口来实现的，如果计算机尽可能少地开放端口，就可以大大减少攻击者成功的机会。常用的端口服务见表 20-1。

表 20-1　常用 TCP 服务端口

TCP 端口	服 务 名	功 能
7	echo	echo 字符（用于测试）
9	discard	丢弃字符串（用于测试）
13	daytime	日期服务

（续）

TCP 端口	服务名	功能
19	chargen	字符生成器
21	ftp	文件传输协议（FTP）
22	ssh	安全 shell（虚拟终端或文件传输）
23	telnet	远程登录
25	smtp	电子邮件
37	time	时间服务
42	nameserve	TCP 名字服务
43	whois	NIC whois 服务
53	domain	域名服务（DNS）
79	finger	用户信息
80	http	WWW（万维网）
110	pop3	邮局协议 3（POP3）
111	sunrpc	SUN 的远程过程调用（RPC）
113	auth	远程用户名认证服务
119	nntp	网络新闻传输协议（NNTP）
143	imap	交互式邮件访问协议
443	https	用 SSL 加密的 HTTP
512	exec	在远程 UNIX 主机上执行命令
513	login	登录到远程 UNIX 主机（rlogin）
514	shell	从远程 UNIX 主机获得 shell（rsh）

可以用下面的命令查看网络端口：

```
[root@gdlc ~]# netstat -ntlp|grep :21
tcp        0        0 0.0.0.0:21        0.0.0.0:*        LISTEN        3050/vsftpd
```

使用 lsof -i :port 就能看见所指定端口运行的程序，同时还有当前连接：

```
[root@gdlc ~# lsof -i :21
COMMAND   PID    USER    FD    TYPE DEVICE SIZE NODE NAME
vsftpd   3050    root    3u   IPv4 101432        TCP *:ftp (LISTEN)
vsftpd   3084  nobody    0u   IPv4  101433       TCP `192.168.0.10:ftp->192.168.0.104:1681
(ESTABLISHED)
```

另外建议使用更为安全的 ssh 来代替 telnet 服务，然后杀掉 xinetd 进程，这样 xinetd 不再监控机器上的守护程序，从而防止有人利用它来窃取应用端口。

最好使用一个端口扫描程序扫描你的系统，如果发现有未知的开放端口，马上找到正使用它的进程，从而判断是否关闭它们。

5．软件包管理

在进行系统规划时，总的原则是将不需要的服务一律去掉。默认的 Linux 就是一个强大的系统，运行了很多的服务。但有许多服务是不需要的，而且很容易引起安全风险。因此可

P1 1 P9 2 P24 3 P51 4 P67 5 P83 6 P104 7 P117 8 P128 9 P143 10 P161 11 P172 12 P189 13 P214 14 P227 15 P245 16 P259 17 P284 18 P305 19 第20章 P361 21

以把不需要的软件包删除。

6. 日志管理

日志文件时刻记录着系统的运行情况。当黑客光临时，也不能逃脱日志的法眼。所以黑客往往在攻击时修改日志文件，来隐藏踪迹。因此应该限制对/var/log 文件的访问，禁止一般权限的用户去查看日志文件。

完整的日志管理要包括网络数据的正确性、有效性、合法性。对日志文件的分析还可以预防入侵。例如，某个用户几小时内的 20 次的注册失败记录，很可能表明入侵者正在尝试该用户的口令。

7. 系统检查

定期检查系统中的日志、文件、时间和进程信息。如：检查/var/log/messages 日志文件；查看外部用户的登录状况；检查用户目录下/home/username 的登录历史文件(如：.history 文件)；检查用户目录下/home/username 的.rhosts、.forward 远程登录文件；用"find / -ctime -2 -ctime +1 –ls"命令来查看不到两天以内修改的一些文件；用"ls –lac"命令查看文件真正的修改时间；用"cmp file1 file2"命令来比较文件大小的变化等。表 20-2 是系统中内置的一些系统检测命令，可以利用它们来进行一般的系统检查。

表 20-2　检测系统的命令

命　令	功　能
who	查看谁登录到系统中
w	查看谁登录到系统中，且在做什么操作
last	显示系统曾经被登录的用户和 TTYS
history	显示系统过去被运行的命令
netstat	查看现在的网络状态
top	动态实时查看系统的进程
finger	查看所有的登录用户

当然为了保证系统的绝对安全，除了做好预防和进行安全检查工作外，还要养成一个保证系统、网络安全的好习惯，这就是定期定时做好备份工作。有了完整的数据备份，在遭到攻击或系统出现故障时也能迅速恢复系统。

8. 防范嗅探

嗅探器（Sniffer）是能够捕获网络报文的工具。Sniffer 就是嗅探器，即窃听器，它工作在网络的底层，把用户的秘密全部记录下来。使用 sniffer 程序监视网络 Packet，捕捉 Telnet，FTP 和 Rlogin 一开始的会话信息，便可顺手截获 root 密码，所以 sniffer 是造成今日 Internet 非法入侵的主要原因之一。

检测嗅探器可以采用以下几种方法。

（1）使用能够检测混杂模式网卡的工具。

（2）通过一些网管软件，可以看到信息包传送情况，最简单的是 ping 命令。它会发现可能由于嗅探器拦截数据包导致掉包或网络带宽出现反常。

（3）选择安全的拓扑结构，将网络分段工作进行得越细，嗅探器能够收集的信息就越少。如划分 VLAN。

（4）把会话进行加密，如采用 SSH。

（5）用静态的 ARP 或者 IP－MAC 对应表代替动态的 ARP 或者 IP－MAC 对应表。

9. 搭建网络防火墙

网络安全，关键是防火墙的选用和配置。配置高效的防火墙是管理员要掌握的十分重要而且非常有效的必修课。防火墙的构建要量身定制，应从企业自身状况和需求特点来考虑所需要的防火墙解决方案。不同规模、不同类型的企业，其网络保护的要求也存在明显的差异。

另外，选择一个稳定、安全、可靠版本的操作系统软件，并且定期从操作系统生产商那里获得安全补丁程序是最重要的选择。

20.2 网络服务安全配置

Linux 系统以高开放性和高可靠性成为网络服务的首选，共同构建强大的网络服务器是网络服务的目标，下面主要讲述对 Web 服务、FTP 服务、邮件服务等服务器如何进行优化及安全防范。

20.2.1 FTP 安全配置

vsftpd（Very Secure FTP Daemon）是一款著名的 ftp daemon 程序，它是一款非常安全的程序，名字就叫做“非常安全的 FTP”。

关于 vsftpd 设置前面的章节已经讲过，在安全方面，它从原理上修补了大多数 Wu-FTP、ProFTP，以及 BSD-FTP 的安装缺陷，使用安全编码技术解决了缓冲溢出问题，并能有效避免“globbing”类型的服务攻击。目前正在使用 vsftpd 的官方网站有 Red Hat、SuSE、Debian、GNU、GNOME、KDE、Gimp 和 OpenBSD 等。

下面主要就是针对 vsftpd 的配置文件 vsftpd.conf 的配置进行分析说明来提高服务器的安全性。

（1）禁止匿名用户访问。不需要什么匿名用户，应直接禁止。

```
anonymous_enable=NO
```

只允许系统中的 ftp 用户或者某些指定的用户访问 ftp，操作步骤如下：

1）打开用户文件列表功能：

```
userlist_enable=YES
```

2）只允许用户文件列表中的用户访问 ftp：

```
userlist_deny=NO
```

3）用户名文件列表路径：

```
userlist_file=/etc/vsftpd.user_list
```

4）然后在/etc 下建立文件 vsftpd.user_list 文件，一行一个，把用户 ftp 加进去，同时也可以加上允许访问的系统账户名。

（2）禁止某些用户登录 ftp。

```
pam_service_name=vsftpd
```

上述配置指出 vsftpd 进行 PAM 认证时所使用的 PAM 配置文件名，默认值是 vsftpd，默认 PAM 配置文件是/etc/pam.d/vsftpd、/etc/vsftpd.ftpusers。

vsftpd 禁止列在此文件中的用户登录 FTP 服务器，用户名是一行一个。这个机制是在/etc/pam.d/vsftpd 中默认设置的。

（3）把本地用户锁定在自己的主目录，防止转到其他目录。

```
chroot_local_users=NO
chroot_list_enable=YES
chroot_list_file=/etc/vsftpd.chroot_list
```

然后在/etc 目录下创建 vsftpd.chroot_list 文件，把要限制的本地帐户加进去，一个用户占一行。同时 chroot_list_enable 指令与 chroot_list_file 指令需要成对出现，且 chroot_local_user 指令需要设置为 NO。当 chroot_locals_user 指令设置为 YES 时，表示将所有本地用户都锁定在自己的主目录，不能离开自己的主目录。例如当 chroot_local_user 指令设置为 YES 时，本地用户 user1 登录到 ftp 服务器时，user1 只有在/home/user1 目录下活动，不能进入/home 目录等其他目录。

（4）隐藏文件真实的所有用户和组信息，防止黑客入侵 ftp 后查看更多系统用户信息：

```
hide_ids=YES
```

（5）取消 ls -R 命令，节省资源。因为使用该命令，在文件列表很多的时候将浪费大量系统资源。

```
ls_recurse_enable=NO
```

（6）将上传文件的默认权限设置为 022：

```
local_umask=022
```

如果要覆盖删除等，还要打开：

```
write_enable=YES
```

（7）注意 ftp 的 banner 信息，为了防止黑客获取更多服务器的信息，设置该项：

```
ftpd_banner=banner string
```

把后面的 banner string 设为需要的 banner 提示信息，为了安全，建议不要暴露关于 VSFTP 的任何信息。

另外，如果信息比较多，可以将所有提示信息放置在一个文件中：

```
banner_file=/directory/vsftpd_banner_file
```

（8）打开日志功能：

```
xferlog_enable=YES
```

同时设置日志的目录：

```
xferlog_file=/var/log/vsftpd.log
```

启用详细的日志记录格式：

```
xferlog_enable=YES
```

（9）如果打开虚用户功能等，那么建议关闭本地用户登录：

```
local_enable=NO
```

vsftp 还有很多安全设置，它的溢出漏洞很少，如果要更安全，建议按照自己的需要设置 vsftpd。如果设置得好，它绝对是最安全的。

20.2.2 邮件安全配置

Postfix 是 Linux 中的非常优秀的 MTA（邮件传送代理，Mail Transport Agent），以高效、安全而著称。它在反垃圾邮件（Anti-Spam 或 Anti-UCE）方面做得最好，甚至有很多公司在 Postfix 代码的基础上进行二次开发而推出反垃圾邮件网关产品。MTA 的反垃圾邮件功能，实际上就是在 MTA 处理过程中对会话进行过滤。这个过滤不但过滤了发往自身的垃圾邮件，而且还防止了自身被恶意利用发送垃圾邮件。Postfix 实现了目前所有主要的 MTA 过滤技术。和 sendmail 相比，Postfix 更快、更容易管理、更灵活、更安全，同时还与 sendmail 保持足够的兼容性。也可以通过下面的规则来实现更强大的控制功能，设置通过修改/etc/postfix/main.cf 配置文件进行。

（1）限制服务器使用的进程数目：

```
default_process_limit =50
```

这样服务器同时允许 50 个并发进程。如果希望同时接受 1000 条信息，可以做以下修改，使 smtp 服务的最大进程达到 1000：

```
smtp inet n-n-1000 smtpd
```

（2）控制最大邮件尺寸：

```
message_size_limit = 1073741824
```

这样服务器可以处理最大邮件尺寸是 1073741824B(10MB)。

（3）控制同时发送一个远程服务器的邮件数量。同时向远程服务器发送太多 SMTP 连接是不合理的，也是危险的（可能会被认为是发送垃圾邮件），因此控制同时发送的邮件数量非常重要。

```
default_destination_concurrency_limit=20
```

这样使到达单一站点的并发连接数量不能超过 20 个。

（4）隐藏邮件服务器 IP 地址。如果网络中有专门发送邮件的中央邮件服务器，为许多主机提供访问，那么必须隐藏邮件地址的主机名部分。在 main.cf 加入两行内容：

```
masquerade_damain=$mydomian
masquerade_exceptions=root
```

第一行通知 Postfix 邮件服务器对所在的域允许地址伪装，通过$mydomain 变量完成，这样 tom@mail.gdlc.com 就变为 tom@gdlc.com。

第二行将 root 用户排除，即不对 root 用户伪装。

（5）对同一封邮件的收件人数目进行限制。通过 default_destination_recipient_limit 参数来控制 postfix 的投递代理（如 smtp 进程）可以将同一封邮件发送给多少个收件人。缺省值为 50，也可以用明确指出该投递代理的参数来覆盖该缺省值。通过 smtpd_recipient_limit 来指定 smtp 投递代理可以将同一封邮件发送给多少个收件人，该参数的缺省值为 1000。

```
smtpd_recipient_limit=300
```

这样可将同一封邮件发送给 300 个收件人。

（6）设置请求 HELO 命令。可以通过 smtpd_helo_required 参数指定客户端在 SMTP 会话的开始是否发送一个 HELO 命令。你可以指定该参数的值为 yes 或 no。缺省值为：

```
smtpd_helo_required = no
```

（7）推迟投递控制。通过 defer_transports 参数，可以推迟投递该参数指定的邮件直到 postfix 明确提出投递要求。如：

```
defer_transports = smtp
```

表示 postfix 推迟投递所有的邮件直到执行 sendmail -q 命令，这样在 ppp 的脚本中加上 sendmail -q，以便在拨号成功后让 postfix 开始投递邮件。

（8）延迟邮件的再投递控制。可以通过以下的几个参数实现对延迟邮件的再投递控制：

queue_run_delay：设置队列管理进行扫描 deferred 邮件队列的频率，缺省值为 1000s。

maximal_queue_lifetime：设置 postfix 在放弃投递而返回不可投递信息前，被延迟邮件在 deferred 邮件队列中的生存时间。

minimal_backoff_time：当一封邮件投递失败后，邮件队列将在一段时间内忽视该邮件的存在，也就是我们前面讲的时间戳。该参数就是用来设置最小的时间戳。缺省值为 1000s。

maximal_backoff_time：设置最大的时间戳。

（9）对拒绝服务攻击的处理。postfix 对每一个 SMTP 会话都设置一个错误计数器，当该客户端的请求未被接受或违反 UCE 规则时，该计数器就增 1。随着计数器的增加，postfix 将采取不同的措施来防止恶意用户的拒绝服务攻击。

smtpd_error_sleep_time：当该错误计数器的值还很小时，postfix 将暂停 smtpd_error_sleep_time

表示的时间（秒），然后向客户端报告一个错误。该参数的缺省值为 5 秒。

smtpd_soft_error_limit：当错误计数器的值超过该参数指定的值时，postfix 在响应该客户端请求前将睡眠一段时间，缺省值为 10s。

smtpd_hard_error_limit：当错误计数器的值超过该参数指定的值时，postfix 中断同该客户端的连接，缺省值为 100s。

（10）限制等待一个外部命令完成的时间。

command_time_limit：设置 local 程序等待一个外部命令完成的时间，缺省值为 1000s。

（11）限制文件锁定的操作时间。

deliver_lock_attempts：设置锁定一个文件的最大尝试次数。缺省值为 5 次。

deliver_lock_delay：设置如果锁定一个文件失败后再次尝试的等待时间，缺省值为 1s。

（12）控制错误恢复。在某些情况下（如高负载），postfix 的某个进程可能会死掉，这时 master 进程会试图重新启动该进程，我们可以通过下面的参数来控制这种行为。

fork_attempts：试图重启动一个进程的最大尝试次数，缺省值为 5 次。

fork_delay：每两次尝试之间的等待时间，缺省值为 1s。

transport_retry_time：队列管理进程每两次尝试连接一个不正常的投递代理进程之间的等待时间，缺省为 60s。

Postfix 功能非常强大，其中的设置也很复杂，这里只能简单介绍，具体的使用请查看相关书籍。

20.2.3 Telnet 和 SSH 安全配置

SSH 是一个基于 SSL 的安全连接远程管理的服务程序，主要就是为了解决 telnet、rlogin、rsh 等程序在程序交互过程中存在明文传输易被监听的问题而开发的，目前基本上推荐使用 SSH 来代替 telnet、rlogin、rsh 等远程管理服务。

SSH 能够直接在 Windows 平台下通过 Secure SSH Client 等客户端工具进行连接管理，服务器端就是 OpenSSH 程序。

主要的安全配置文件是/etc/ssh/sshd_config 文件，做以下配置可以提高 SSH 的安全性。

（1）使用 protocol 2 代替 protocol 1。SSH2 更加安全，可以防止攻击者通过修改携带的版本 banner 来劫持（hijacking）启动会话进程并降低到 protocol 1。注释掉 protocol 2,1 改用下面语句代替：

```
protocol 2
```

（2）合理设置最大连接数量，防止 DoS 攻击。

```
MaxStartups 15:30:60
```

（3）关闭 X11Forwording ，防止会话劫持。

```
X11Forwarding no
```

（4）不使用静态密码。建议不使用静态密码，而使用 DSA 或 RSA KEY，修改如下内容可以关闭使用密码认证：

P1 1
P9 2
P24 3
P51 4
P67 5
P83 6
P104 7
P117 8
P128 9
P143 10
P161 11
P172 12
P189 13
P214 14
P227 15
P245 16
P259 17
P284 18
P305 19
第20章
P361 21

```
PasswordAuthentication no
```

（5）限制 root 用户登录，主要是为了防止暴力破解。

```
PermitRootLogin no
```

（6）不允许口令为空的用户登录。

```
PermitEmptyPasswords no
```

（7）限制 su / sudo 名单，在 whell 组的用户才能使用 su/sudo：

```
# vi /etc/pam.d/su
auth required /lib/security/$ISA/pam_whell.so use_uid
# visudo
%whell ALL=(ALL) ALL
# gpasswd -a user1 whell
```

（8）设置 ssh 使用者名单：

```
# vi /etc/pam.d/sshd
auth required pam_listfile.so item=user sense=allow file=/etc/ssh_users onerr=fail
# echo stu1 >> /etc/ssh_users
```

其验证结果如下：u1 用户不能 ssh 登录，stu1 用户因为添加到 ssh 服务允许用户的使用者名单中因此可以 ssh 登录。

```
[u1@gdlc root]$ ssh 192.168.0.10
The authenticity of host '192.168.0.10 (192.168.0.10)' can't be established.
RSA key fingerprint is d4:34:30:57:c0:98:3b:1f:46:72:6a:94:e9:17:90:1d.
Are you sure you want to continue connecting (yes/no)? yes
Warning: Permanently added '192.168.0.10' (RSA) to the list of known hosts.
[stu1@gdlc root]$ ssh 192.168.0.10
stu1@192.168.0.10's password:
```

另外，修改 SSH 服务端口号、采用 iptable 设置等方法都是提高安全性的措施。

20.2.4 Web 服务器安全配置

作为最流行的 Web 服务器，Apache Server 提供了较好的安全特性，使其能够应对可能的安全威胁和信息泄漏。

从 Apache 或 Web 的角度来讲，选择性访问控制（Discretionary Access Control，DAC）仍是基于用户名和密码的，强制性访问控制（Mandatory Access Control，MAC）则是依据发出请求的客户端的 IP 地址或所在的域号来进行界定的。对于 DAC 方式，如输入错误，那么用户还有机会更正，从新输入正确的的密码，如果用户通过不了 MAC 关卡，那么用户将被禁止做进一步的操作，除非服务器作出安全策略调整，否则用户的任何努力都将无济于事。

Apache 的一个优势便是其灵活的模块结构，其设计思想也是围绕模块（Modules）概念而展开的。安全模块是 Apache Server 中的极其重要的组成部分。这些安全模块负责提供 Apache Server 的访问控制和认证、授权等一系列至关重要的安全服务。

mod_access 模块能够根据访问者的 IP 地址（或域名，主机名等）来控制对 Apache 服务器的访问，称之为基于主机的访问控制。

mod_auth 模块用来控制用户和组的认证授权（Authentication)。用户名和口令存于纯文本文件中。mod_auth_db 和 mod_auth_dbm 模块则分别将用户信息（如名称、组属和口令等）存于 Berkeley-DB 及 DBM 型的小型数据库中，便于管理及提高应用效率。

mod_auth_digest 模块则采用 MD5 数字签名的方式来进行用户的认证，但它相应地需要客户端的支持。

mod_auth_anon 模块的功能和 mod_auth 的功能类似，只是它允许匿名登录，将用户输入的 E-mail 地址作为口令。

SSL（Secure Socket Lager），被 Apache 所支持的安全套接字层协议，提供 Internet 上安全交易服务，如电子商务中的一项安全措施。通过对通信字节流的加密来防止敏感信息的泄漏。但是，Apache 的这种支持是建立在对 Apache 的 API 扩展来实现的，相当于一个外部模块，通过与第三方程序的结合提供安全的网上交易支持。

Apache 具有灵活的设置，所有 Apache 的安全特性都要经过周密的设计与规划，进行认真配置才能够实现。Apache 服务器的安全配置包括很多层面，有运行环境、认证与授权设置等。

Apache 服务器的配置文件默认为/etc/httpd/conf/httpd.conf。以下做法可以帮助你提高 Apache 服务器的安全性。

（1）多打补丁。缓冲区溢出等漏洞都必须使用打补丁的手段来防御，在 http:www.apache.org 上最新的 changelog 中都写有 bug fix ,security bug fix 的字样，负责任的管理员要经常关注相关漏洞，及时升级系统、添加补丁，使用最新安全版等做法对加强 Apache 性能至关重要。

（2）隐藏和伪装 Apache 的版本。软件的漏洞信息和版本是相关的，对攻击者来说相当于 GPS 定位一样重要，系统会把 Apache 版本模块都显示出来（返回的 HTTP 协议头内容），如果列举目录的话，会显示域名信息（文件列表正文），这极不安全。去除 Apache 版本号的方法如下。

```
ServerSignature off
ServerTokens prod
```

如果方法无效，可能是提示信息被编译在程序里了。如需隐藏就要修改 Apache 的源代码，然后重新编译程序，以替换内容，这里不再详述方法。

（3）建立安全的目录结构。Apache 服务器包括四个目录结构：

```
ServerRoot              #保存配置文件、二进制文件与其他服务器配置文件
DocumentRoot            #保存 web 站点内容，包括 HTML 文件和图片等
ScripAlias              #保存 CGI 脚本
Customlog 和 Errorlog   #保存日志和错误日志
```

建议以上四种目录相互独立并且不存在父子逻辑关系。为了确保所有的配置是适当的和

安全的，需要严格控制Apache主目录的访问权限，使非超级用户不能修改该目录中的内容。Apache 的主目录对应于Apache Server配置文件httpd.conf的Server Root控制项中，应为：

```
Server Root /usr/local/apache
```

（4）为Apache使用专门的用户与组。按照最小特权的原则，需要给Apache分配一个合适的权限，让其能够完成Web服务，最小特权原则是系统安全中最基本的原则之一，限制使用者对系统及数据进行存取所需要的最小权限，保证用户可以完成任务，同时也减少被窃取或异常操作所造成的损失。

保证Apache使用一个专门的用户与组，不要使用系统预定的账户，比如nobody用户与nogroup组，因为只有root用户可以运行Apache，DocumentRoot应该能够被管理Web站点内容的用户和使用Apache服务器的Apache用户与组访问。

例如，希望"test"用户在web站点发布内容，并且可以以httpd身份运行Apache服务器，可以这样设定：

```
#groupadd webteam
#usermod -G webteam test
#chown -R httpd.webteam /www/html
#chmod -R 2570 /www/htdocs
```

要设置只有root能访问日志，推荐这样的权限：

```
#chown -R root.root /etc/logs
#chown -R 700 /etc/logs
```

（5）Web目录的访问策略。对于可以访问的Web目录，要使用相对保守的途径进行访问，不要让用户查看任何目录索引列表。

Apache在接到用户对一个目录的访问时，会查找DirectoryIndex指令指定的目录索引文件，默认为index.html，如果该文件不存在，那么Apache会创建动态列表为用户显示该目录的内容，这样就会暴露Web站点结构，因此需要修改配置文件禁止显示动态目录索引，修改httpd.conf：

```
Options -Indexes FollowSymLinks
```

Options指令通知Apache禁止使用目录索引，FollowSymLinks表示不允许使用符号链接。

安全策略必须禁止默认访问的存在，只对指定的目录开放权限，如果允许访问/var/www/html目录，使用如下设定：

```
Order deny,allow
Allow from all
```

为了禁止用户对目录配置文件（htaccess）进行重载（修改），可以这样设定：

```
AllowOverride None
```

（6）Apache服务器访问控制。Apache的access.conf文件负责设置文件的访问权限，可以实现互联网域名和 IP 地址的访问控制，如允许 192.168.1.1 到 192.168.1.254 的主机访问，可以这样设定：

```
order deny,allow
deny from all
allow from pair 192.168.1.0/255.255.255.0
```

（7）在 chroot 环境中运行。为了进一步提高系统安全性，Linux 内核引入 chroot 机制，chroot 是内核中的一个系统调用，软件可以通过调用函数库的 chroot 函数，来更改某个进程所能见到的根目录，比如，Apache 软件安装在/usr/local/httpd 目录，以 root 启动 Apache，这个 root 权限的父进程会派生数个以 nobody 权限运行的子进程，父进程监听 80 端口，然后交给某个子进程处理，这时候子进程所处的目录继承父进程，即/usr /local/httpd 目录，但是一但目录权限设定错误，被攻击的 Apache 子进程可以访问/usr/local，/usr，/tmp 甚至整个文件系统，因为 Apache 进程所处的根目录仍然是整个文件系统的根目录，如果用 chroot 将 Apache 限制在/usr /local/httpd/下，那么 Apache 所存取的文件都被限制在/usr/local/httpd 下，创建 chroot 的作用就是将进程权限限制在文件目录树下，保证安全。具体配置方法请读者自行查阅。

（8）使用 SSL 加固 Apache。使用具有 SSL 功能的服务器，可以提高网站敏感页的安全性能。SSL 可以加密互联网上传递的数据流，提供身份验证，用户可进行在线购物而不必担心别人窃取信用卡信息，在基于电子商务和基于 Web 邮件的地方非常重要。

20.2.5 DHCP 安全配置

DHCP 是动态主机配置协议。这个协议用于向计算机自动提供 IP 地址、子网掩码和路由信息。关于 DHCP 的设置前面已经讲过。网络管理员在部署 DHCP 服务器的同时，还需要关注一下，DHCP 服务器的安全性问题。具体地说，可以从以下几个方面入手，做好 DHCP 服务器的安全性管理。

（1）管理好管理员账户。DHCP 服务器安全性设计的第一步就是要做好管理员账户的安全措施。因为无论是黑客，还是木马或者病毒，如果没有取得管理员权限的话，其破坏性是非常有限的。所以，网络管理员首先看看该如何保护好这个管理员账户。

（2）了解 DHCP 服务器的运行情况。做好管理员账户的安全措施之后，网络管理员接下去要做的就是了解 DHCP 服务器的运行状况，以及在 DHCP 出现故障之前到底发生了什么事情，或者出现过哪些异常的情况。要做到这一点，最好的办法就是查看 DHCP 服务器的日志。另外可以做一些安全的设置，比如在指定网络接口启动 DHCP 服务器。

如果你的 Linux 系统连接了不止一个网络接口，但是你只想让 DHCP 服务器启动其中一个接口，可以配置 DHCP 服务器只在那个设备上启动。在 /etc/sysconfig/dhcpd 中，把界面的名称添加到 DHCPDARGS 的列表中：

```
DHCPDARGS=eth0
```

或者直接使用命令：

```
Echo "DHCPDARGS=eth0" >> /etc/ sysconfig/dhcpd
```

这样对于带有两个网卡的防火墙机器，更加安全，一个网卡可以被配置成 DHCP 客户来从互联网上检索 IP 地址，另一个网卡可以被用作防火墙之后的内部网络的 DHCP 服务器。仅指定连接到内部网络的网卡，使系统更加安全，因为用户无法通过互联网来连接它的守护进程。

（3）设置管理员组。在大型网络中，往往不只一个网络管理员。各个网络管理员分工合作，各司其职。所以，网络管理员不希望其他的人员如邮件服务器管理人员能够管理其不应该管理的 DHCP 服务器。也就是说，要把 DHCP 服务器的管理员设置在最小范围之内。

（4）进行 DHCP 服务器相关设置的备份。在 DHCP 服务器中进行的一些相关配置，都需要进行备份。如地址池中有哪些可以分配的地址，哪些 IP 地址是不能够被分配的，租约的期限是多少，是否有 IP 地址跟 MAC 地址绑定的设置等等。对于这些内容要及时地进行备份，并且随着 DHCP 服务器的调整及时地进行改写。这样当 DHCP 服务器出现故障时，网管员可以在短时间内建立起一个新的 DHCP 服务器，从而减少因为 DHCP 服务器故障给企业网络带来的不利影响。

企业 DHCP 服务器应用越来越广泛，在 DHCP 服务上也能够进行一些智能的控制，如 IP 地址与 MAC 地址绑定等。所以，现在 DHCP 服务器也成为黑客与其他不法攻击者关注的对象。为此，网络管理员现在也要开始做好 DHCP 服务器的安全性设计。

20.2.6 DNS 安全配置

DNS 服务面临的安全隐患主要包括：DNS 欺骗（DNS Spoofing）、拒绝服务（Denial of Service，DoS）攻击、分布式拒绝服务攻击和缓冲区漏洞溢出攻击（Buffer Overflow）。下面几种方法可以使 DNS 服务器更安全。

（1）隔离 DNS 服务器。首先应该隔离 BIND 服务器，不应在 DNS 服务器上运行其他服务，这样可以降低被攻击（如混合攻击）的风险。

（2）使用 chroot。可以在安装 BIND 时，安装 chroot 软件包，此时，系统的 DNS 服务的主目录会变为/var/named/chroot，以 chroot 方式安装软件。这事实上是把一个软件整体限制到根目录下的一个子目录中。即该软件只在此目录内具有权限，而一旦跳出该目录就无任何权限了，这样可以保证其他目录的安全性，我们之前安装的 BIND 即是采用此方法。

（3）隐藏系统信息。通常软件的 bug 信息是和特定版本相关的，因此版本号是黑客寻求的最有价值的信息。黑客使用 dig 命令可以查询 BIND 的版本号，然后就可以知道这个软件有那些漏洞。因此随意公开版本号是不明智的。隐藏 BIND 版本号比较简单：修改配置文件/etc/named.conf，在 option 部分添加 version 声明将 BIND 的版本号信息覆盖。例如使用下面的配置声明，当有人请求版本信息时，迫使 nmaed 显示："Unknown on this platform"

```
options {
version  "unknown on this platform"
};
```

和版本号一样，也不要轻易透露服务器的其他信息。为了让潜在的黑客更难得手，建议不要在 DNS 配置文件中使用 HINFO 和 TXT 两个资源记录。

（4）关闭 glue fetching 选项。当 DNS 服务器返回一个域的域名服务器记录并且域名服务器记录中没有 A 记录，DNS 服务器会尝试获取一个记录，称为 glue fetching,攻击者可以利用它进行 DNS 欺骗。关闭 glue fetching 是一个好方法，修改配置文件/etc/named.conf，加入一行：

```
options no-fetch-glue
```

（5）使用非 root 权限运行 BIND：

```
/usr/local/sbin/named –u nobody
```

此命令表示以 nobody 用户身份运行 BIND，使用 nobody 身份运行能够降低缓冲区溢出攻击所带来的危险。

控制区域传输。默认情况下 BIND 的区域(zone)传输是全部开放的，如果没有限制，DNS 服务器会允许对任何人进行区域传输，那么网络架构中的主机名、主机 IP 列表、路由器名和路由 IP 列表，甚至包括各主机所在的位置和硬件配置等情况都很容易被入侵者得到。因此，要对区域传输进行必要的限制。可以在/etc/named.conf 文件当中添加以下语句来限制区域传输：

```
acl    "zero-transfer"{192.168.0.52;192.168.0.109;};
zone   "gdlc.com"{
type master;
file   "gdlc.com";
allow-rtransfer{zero-transfer;};};
```

这样只有 IP 地址为 192.168.0.52 和 192.168.0.109 的主机能够同 DNS 服务器进行区域传输。

请求限制。如果任何人都可以对 DNS 服务器发出请求，是不安全的。限制 DNS 服务器的服务范围很重要，可以把许多入侵者拒之门外。修改 BIND 的配置文件/etc/named.conf，加入以下内容：

```
options{
allow-query{168.192.1.0/24;};
};
zone   "gdlc.com"{
type master;
file   "gdlc.com";
allow- query{any;};
};
zone "192.168.192.in-addr.arpa"{
type master;
file "db.192.168.1"
allow-query {any;};};
```

这样所有的用户都可以访问 yourdomain.com 的 DNS 服务器，但是只有 168.192.1.0 网段的主机用户可以请求 DNS 服务器的任意服务。

P1 1
P9 2
P24 3
P51 4
P67 5
P83 6
P104 7
P117 8
P128 9
P143 10
P161 11
P172 12
P189 13
P214 14
P227 15
P245 16
P259 17
P284 18
P305 19
第20章
P361 21

另外也不要允许其他网段的主机进行递归询问，在上面文件最后加入一行即可：

```
allow-recursion {192.168.1.0/24;};
```

进行 DNS 安全配置的做法还有配置 DNS Flood Detector、建立完整的域名服务器、增强 DNS 服务器的防范 Dos/DDoS 功能、使用分布式 DNS 负载均衡等，这里就不再一一介绍，读者可按照自己的实际需求进行相关配置。

20.2.7 NFS 文件系统的安全配置

网络服务中最大的安全隐患来自文件的共享，我们从两个方面来介绍文件共享中要注意的安全问题。

（1）NFS 的不安全性主要体现在以下 4 个方面：

- 对 NFS 的访问控制机制难以做到得心应手，控制目标的精确性难以实现。
- NFS 没有真正的用户验证机制，而只有对 RPC/Mount 请求的过程验证机制。
- 较早的 NFS 可以使未授权用户获得有效的文件句柄。
- 在 RPC 远程调用中，一个 SUID 的程序就具有超级用户权限。

（2）要增强 NFS 安全性，可以做以下设置：

合理设定/etc/exports 中共享出去的目录。最好能使用 anonuid，anongid 以使 mount 到 NFS SERVER 的 CLIENT 仅仅有最小的权限，最好不要使用 root_squash。

使用 IPTABLE 防火墙限制能够连接到 NFS SERVER 的机器范围。

```
iptables -A INPUT -i eth0 -p TCP -s 192.168.0.0/24 --dport 111 -j ACCEPT
iptables -A INPUT -i eth0 -p UDP -s 192.168.0.0/24 --dport 111 -j ACCEPT
iptables -A INPUT -i eth0 -p TCP -s 140.0.0.0/8 --dport 111 -j ACCEPT
iptables -A INPUT -i eth0 -p UDP -s 140.0.0.0/8 --dport 111 -j ACCEPT
```

修改/etc/hosts.allow 和/etc/hosts.deny 达到限制 CLIENT 的目的。

```
[root@gdlc ~]# vi /etc/hosts.allow
portmap: 192.168.0.0/255.255.255.0 : allow
portmap: 140.116.44.125 : allow
[root@gdlc ~]#vi /etc/hosts.deny
portmap: ALL : deny
```

改变默认的 NFS 端口。NFS 默认使用的是 111 端口，但同时也可以使用 port 参数来改变这个端口，这样就可以在一定程度上增强安全性。

20.2.8 Samba 文件系统的安全配置

Samba 是一个企业使用率高，性能和稳定性很强的文件服务器软件。通过实现 SMB/CIFS 协议，Samba 可以让 linux 系统与标准 Windows 客户机共享资源。这样一来 Samba 文件系统的安全性尤为重要。通常从以下几个方面来配置（Samba 的配置文件为/etc/smb.conf）：

（1）防火墙设置。可以用防火墙阻塞 Samba 所必须的端口。这可以有效地限制防火墙以外的其他机器访问 Samba。如果想使用防火墙来堵塞 Samba 通道，只需要选择 TCP/135，

UDP/135，UDP/137，UDP/138，UDP/139 和 TCP/139 端口。这可以有效地阻止其他计算机访问 Samba 服务器，甚至是网络中任何 Windows 服务器。

（2）简单的病毒保护。在很多情况下，用户访问的文件共享不应该包含可执行文件。文件共享可以使得用户存放自己的文档、电子数据表等。Samba 可以限制共享的文件类型，可以通过每一共享的 Veto Files 属性来实现。Veto Files 选项将文件说明与斜线字符"/"区别开，并支持标准通配符。如不允许共享 EXE 文件、COM 文件或者 DLL 文件。可以将一个 veto 文件属性设置如下：

```
Veto files=/*.exe/*.com/*.dll/
```

这一方法将可以阻止访问和存储这些类型的文件，并有效阻止 Samba 服务器传播各种类型的 Windows 病毒。可以限制其他文件类型，以有效地排除被病毒感染的文件。

（3）使用加密口令。很多时候，构建系统安全性的基础是设置密码，用户名及其匹配的密码仍然是鉴别用户最好的方法之一。然而，这一方法当前也面临很多困难，因为对那些很容易下载和使用的网络监视工具，查找一个密码非常简单。

全局参数"encrypt password"设置项可用来指定用户的密码是否以加密的方式发送到 Samba 服务器，默认值是使用此功能。参数格式如下：

```
encrypt password = yes 或 no
```

使用"yes"表示采用加密的方式发送密码，使用"no"则相反。Windows 操作系统也采用加密的方式发送密码。

（4）限制主机。Samba 控制访问者的另一个方法是控制他们可以连接的主机。事实上，Samba 有两种可以在主机上控制访问的方法。

（5）指定接口的方法。如果 Samba 系统安装了多个网卡，可以限制 Samba 响应请求的地址。例如，在局域网络中安装了一个网卡，在公共网络中也安装了一个网卡。因为在进行网络地址转化（简称 NAT）时需要使用服务器，此时就可以规定 Samba 只响应来自局域网络的请求。

可以通过设置 Bind Interfaces 中的设置来实现这一功能。这将告诉 Samba 只响应来自指定接口的请求。下一个步骤是通过添加一个接口全局属性和指定支持的接口来规定可以接受的接口，这一接口属性将接 Linux 接口名称或者接口的 IP 地址。如以下设置表明 Samba 将只监听 192.168.1.1 的 eth0 接口：

```
bind interfaces only = True
interfaces = eth0 192.168.1.1
```

（6）允许连接主机列表的方法。Samba 在主机上控制的第二种方法是使用 Hosts Allow 列表属性。这一方法允许指定允许访问的主机。地址列表可以是子网掩码，所以可以同一时间访问整个网络。例如，如果局域网使用的是 Class A 地址(10.x.x.x)，可以指定为 10，或者 10.0.0.0/255.0.0.0 来允许局域网中的任何一台计算机访问 Samba 服务器。

如果使用的是 DHCP 获得的 IP 地址，而又想限制访问多台主机，此时可以在 Hosts Allow 属性中列出其主机名。此外，不允许连接主机的列表属性可以指定不允许连接的

主机名。

20.2.9 tcp-wrapper 及 xinetd 安全设置

1．tcp-wrapper 及 xinetd 简介

Telnet、SSH、FTP、POP 和 SMTP 等很多网络服务都会用到 TCP Wrapper，它被设计为一个介于外来服务请求和系统服务回应的中间处理软件。它的基本过程是这样的：当系统接收到一个外来服务请求的时候，先由 TCP Wrapper 处理这个请求，TCP Wrapper 根据这个请求所请求的服务和针对这个服务所定制的存取控制规则来判断对方是否有使用这个服务的权限，如果有 TCP Wrapper 将该请求按照配置文件定义的规则转交给相应的守护进程去处理同时记录这个请求动作，然后自己就等待下一个请求的处理。

TCP Wrapper 机制的主要目的在于，来自客户端的请求只被允许同一个独立的守护进程（xinetd）直接通信，而它请求的目标服务被 TCP Wrapper 包裹起来，这样就提高了系统的安全性和系统管理的方便性。

一方面，TCP Wrapper 提高了系统的安全性。系统安全性的具体体现主要有两点，一个是获取访问权限前的控制，一个是获取访问后的处理。获取权限前，它会根据/etc/hosts.allow 和/etc/hosts.deny 定制的规则来判断对方是否有权限。获取权限后，通过 bind、redirect 等属性的设置，可能已经由另一台主机或者另一个服务在处理了对方的请求，而对方并不会感知中间经过了这样的处理。

另一方面，TCP Wrapper 更加方便了系统管理。它可以抽取系统所有服务共有的属性放到/etc/xinetd.conf 中，另外还可以将每一个服务具体的配置放到/etc/inetd.d 目录下，而每个配置文件都遵循同样的语法和规则。

TCP Wrapper 的功能来自 libwrap.a，它是一个网络服务库，像 xinetd、sshd 和 portmap 等许多系统服务编译时都依赖于它，其他的网络服务程序甚至自己编写的网络服务程序都可以加上这个编译选项来提供 TCP Wrapper 的功能。

关于 xinetd，TCP Wrapper 机制并不是仅仅有了 libwrap.a 库就起作用，只有当 libwrap.a 库和 xinetd 服务结合使用的时候才能发挥出 TCP Wrapper 机制的作用。xinetd 是超级守护进程，它提供诸如访问控制、请求记录、地址绑定、重定向和资源利用控制等服务。

Linux 中的很多系统服务都用到了 xinetd，像 FTP、IMAP、POP、和 telnet 等。/etc/services 中所有的服务通过它们的端口来访问服务器的时候，先由 xinetd 来处理，在唤起对方请求的服务之前，xinetd 先检验请求者是否满足配置文件中指定的访问控制规则，当前的访问是否超过了指定的同时访问数目，还有配置文件中指定的其他规则等，检查通过，xinetd 将这个请求交付到相应的服务去处理，自己就进入 sleep 状态，等待下一个请求的处理。Wrapper 和 xinetd 是实现 Linux 的存取限制的一种方式。

2．xinetd 的特色

（1）强大的存取控制功能

- 内置对恶意用户和善意用户的差别待遇设定。
- 使用 libwrap 支持，其效能更甚于 tcpd。
- 可以限制连接等级，基于主机的连接数和基于服务的连接数。
- 设置特定的连接时间。

P1 1 P9 2 P24 3 P51 4 P67 5 P83 6 P104 7 P117 8 P128 9 P143 10 P161 11 P172 12 P189 13 P214 14 P227 15 P245 16 P259 17 P284 18 P305 19 第20章 P361 21

- 将某个服务设置到特定的主机提供服务。

（2）有效防止 DOS 攻击

- 可以限制连接的等级。
- 可以限制一个主机的最大连接数，从而防止某个主机独占某个服务。
- 可以限制日志文件的大小，防止磁盘空间被填满。

（3）强大的日志功能

- 可以为每一个服务就 syslog 设定日志等级。
- 如果不使用 syslog，也可以为每个服务建立日志文件。
- 可以记录请求的起止时间以决定对方的访问时间。
- 可以记录试图非法访问的请求。
- 转向功能。
- 可以将客户端的请求转发到另一台主机去处理。
- 与客户端的交互功能。
- 无论客户端请求是否成功，xinetd 都会有提示告知连接状态。

3．使用 xinetd 的时机

原则上任何系统服务都可以使用 xinetd，然而，最适合的应该是常用的 Internet 服务，同时，这个服务的请求数目和频繁程度不会太高。像 DNS 和 Apache 就不适合采用这种方式，而像 Ftp、telnet、SSH 等就很适合使用 xinetd 方式。

4．系统默认使用 xinetd 的服务类别

- 标准 internet 服务：telnet ftp。
- 信息服务：finger netstat systat。
- 邮件服务：imap imaps pop2 pop3 pops。
- RPC 服务：rquotad rstatd rusersd sprayd walld。
- BSD 服务：comsat exec login ntalk shell talk。
- 内部服务：chargen daytime echo servers services time。
- 安全服务：irc。
- 其他服务：name tftp uucp。

5．实现 xinetd 的 Wrapper 配置

相关的配置文件如下：

```
/etc/xinetd.conf;
/etc/xinetd.d/*                //该目录下的所有文件;
/etc/hosts.allow;
/etc/hosts.deny;
```

xinetd 的默认配置文件是/etc/xinetd.conf。/etc/xinetd.conf 中的每一项具有下列形式：

```
service service-name
{
attribute operator value
}
```

P1 1 P9 2 P24 3 P51 4 P67 5 P83 6 P104 7 P117 8 P128 9 P143 10 P161 11 P172 12 P189 13 P214 14 P227 15 P245 16 P259 17 P284 18 P305 19 第20章 P361 21

其中 service 是必需的关键字，且属性表必须用大括号括起来。每一项都定义了由 service-name 定义的服务。service-name 是任意的，但通常是标准网络服务名，也可增加其他非标准的服务，只要它们能通过网络请求激活，包括 localhost 自身发出的网络请求。每一个 service 有很多可以使用的 attribute。操作符可以是=、+=、或－=。所有属性可以使用=，其作用是分配一个或多个值，某些属性可以使用+=或－=的形式，其作用分别是将其值增加到某个现存的值表中，或将其值从现存值表中删除。Value 是为给定属性设置的值。

每一项服务既可以追加到/etc/xinetd.conf 中，也可以在/etc/xinetd.conf 中指定的目录中分别建立单独的文件，最好用后一种做法，因为这样做的可扩充性很好，管理起来也比较方便。默认的服务配置文件目录是/etc/xinetd.d，默认 xinetd.conf 的配置文件如下：

```
[root@gdlc ~]# vi /etc/xinetd.conf
#
# Simple configuration file for xinetd
#
# Some defaults, and include /etc/xinetd.d/
defaults
{
  instances          = 60                    同一服务的同时联机数最多可达 60 个
  log_type            = SYSLOG authpriv      登录后，会被记录到登录文件的信息
  log_on_success     = HOST PID              若成功登入时，记录的信息有哪些？
  log_on_failure     = HOST                  若登入失败，则记录的信息又是如何？
  cps                 = 25 30                同一秒钟内最大联机数量为 25 个，若超过 25 个，
                                             则该服务会暂时停止 30 秒！
}

includedir /etc/xinetd.d                     更多的设定值在 /etc/xinetd.d 那个目录内
```

/etc/xinetd.d/下对应服务的配置的文件如下。

```
[root@gdlc xinetd.d]# ls
amanda       amidxtape   chargen       cups-lpd   daytime-udp   echo       eklogin   gssftp
krb5-telnet  ktalk  rexec   rsh    swat  telnet  time
amandaidx    auth        chargen-udp   daytime    dbskkd-cdb    echo-udp   finger    klogin   kshell
ntalk  rlogin  rsync  talk  tftp    time-udp
```

6．配置实例

（1）基于 host 的存取控制

```
#more /etc/xinetd.d/telnet
server telnet
{
disable=no
flags=REUSE
socket_type=stream
wait=no
user=root
no_access=192.168.1.100     拒绝 192.168.1.100 连接
```

```
only_from=192.168.1.0        只允许来自 192.168.1.0 的连接
sever=/usr/sbin/in.telnetd
}
```

（2）基于 time 的存取控制

```
#more /etc/xinetd.d/telnet
server telnet
{
disable=no
flags=REUSE
socket_type=stream
wait=no
user =root
access_times=9:00-18:00 #9:00-18:00 之间允许连接
sever=/usr/sbin/in.telnetd
..........
}
```

（3）基于连接数量的存取控制

```
#more /etc/xinetd.d/telnet
server telnet
{
disable=no
flags=REUSE
socket_type =stream
wait =no
user=root
instances=60#最多 60 个连接
per_source=5#同一个 IP 最多 5 个连接
sever=/usr/sbin/in.telnetd
.........
}
```

特别要注意的是，我们可以直接针对配置文件进行相应网络服务的配置，应当关闭那些永不会用到的服务(如：echo、gopher、rsh、ntalk、finger 等)。如：finger 报告会指定用户的个人信息，包括用户名、真实姓名、Shell、目录和联系方式，它将使系统暴露在不受欢迎的情报收集活动下，应避免启动此服务；rsh 服务可以在远程主机上运行或与远程主机交互，在封闭的网络环境中登录而不再要求输入用户名和口令，这样在公共服务器上就会暴露问题，导致安全威胁。

20.2.10 拒绝服务攻击和入侵检测

1. DoS 攻击和 DDoS 简介

DoS 是 Denial Of Service（拒绝服务）的缩写，是指故意攻击网络协议实现的缺陷或直接耗尽被攻击对象的资源，目的是让目标计算机或网络无法提供正常的服务或资源访问，甚至停止响应或崩溃，而在此攻击中并不包括侵入目标服务器或目标网络设备。这些服务资源包括网络带宽、文件系统空间容量、开放的进程或者允许的连接。这种攻击会导致资源的匮乏，无论计算机的处理速度多快、内存容量多大、网络带宽的速度多快都无法避免这种攻击带来的后果。

DDoS（Distributed Denial Of Service）又把 DoS 又向前发展了一大步，这种分布式拒绝服务攻击是黑客利用在已经侵入并已控制的不同的高带宽主机（可能是数百甚至成千上万台）上安装大量的 DoS 服务程序，它们等待来自中央攻击控制中心的命令，中央攻击控制中心启动全体受控主机的 DoS 服务进程，让它们对一个特定目标发送尽可能多的网络访问请求，攻击同一个网站。被攻击的目标网站会很快失去反应而不能及时处理正常的访问，甚至系统瘫痪崩溃。DoS 是一台机器攻击目标，DDoS 是被中央攻击中心控制的很多台机器利用高带宽攻击目标，可更容易地将目标网站攻下。另外，DDoS 攻击方式较为自动化，攻击者可以把他的程序安装到网络中的多台机器上，所采用的这种攻击方式很难被攻击对象察觉，直到攻击者发下统一的攻击命令，这些机器才同时发起进攻。可以说 DDoS 攻击是由黑客集中控制发动的一组 DoS 攻击的集合，现在这种方式被认为是最有效的攻击形式，并且非常难以抵挡。

无论是 DoS 攻击还是 DDoS 攻击，简单地看，都只是一种破坏网络服务的黑客方式，虽然具体的实现方式千变万化，但都有一个共同点，就是其根本目的是使受害主机或网络无法及时接收并处理外界请求，或无法及时回应外界请求。

2. DoS 攻击和 DDoS 的具体表现方式

- 制造大流量无用数据，造成通往被攻击主机的网络拥塞，使被攻击主机无法正常和外界通信。
- 利用被攻击主机提供服务或传输协议上处理重复连接的缺陷，反复高频的发出攻击性的重复服务请求，使被攻击主机无法及时处理其他正常的请求。
- 利用被攻击主机所提供服务程序或传输协议的本身实现缺陷，反复发送畸形的攻击数据，引发系统错误地分配大量系统资源，使主机处于挂起状态甚至死机。

3. 常见的 DoS 攻击

DOS 攻击是一种对网络危害巨大的恶意攻击。今天，DoS 具有代表性的攻击手段包括 Ping of Death、TearDrop、UDP flood、SYN flood、Land Attack、IP Spoofing DoS 等。下面看看它们是怎么实现的。

（1）Ping of Death（死亡之 Ping）。就是故意产生畸形的测试 Ping（Packet Internet Groper）包，声称自己的尺寸超过 ICMP 上限，也就是加载的尺寸超过 64KB 上限，使未采取保护措施的网络系统出现内存分配错误，导致 TCP/IP 协议栈崩溃，最终接收方停机。

（2）teardrop（泪滴）。泪滴攻击利用在 TCP/IP 协议栈实现中信任 IP 碎片中的包的标题头所包含的信息来实现自己的攻击。IP 分段含有指示该分段所包含的是原包的哪一段的信息，某些 TCP/IP 协议栈在收到含有重叠偏移的伪造分段时将崩溃。

（3）UDP flood（UDP 洪水）。如今在 Internet 上 UDP（用户数据包协议）的应用比较广泛， UDP flood 通过伪造与某一主机的 Chargen 服务之间的一次 UDP 连接，回复地址指向开着 Echo 服务的一台主机，通过将 Chargen 和 Echo 服务互指，来回传送毫无用处且占满带宽的垃圾数据，在两台主机之间生成足够多的无用数据流，这一拒绝服务攻击飞快地导致网络可用带宽耗尽。

（4）SYN flood（SYN 洪水）。用户进行一次标准的 TCP（Transmission Control Protocol）连接时，会有一个三次握手过程。如果恶意攻击方快速连续地发送此类连接请求，该服务器可用的 TCP 连接队列将很快被阻塞，系统可用资源急剧减少，网络可用带宽迅速缩小，长此下去，除了少数幸运用户的请求可以插在大量虚假请求间得到应答外，服务器将无法向用户提供正常的合法服务。

（5）Land Attack（Land）攻击。在 Land 攻击中，黑客利用一个特别打造的 SYN 包，把它的源地址和目标地址都设置成某个服务器地址进行攻击。此举将导致接受服务器向它自己的地址发送 SYN-ACK 消息，结果这个地址又发回 ACK 消息并创建一个空连接，每一个这样的连接都将保留直到超时，在 Land 攻击下，许多 Linux 将崩溃。

（6）IP Spoofing DOs（IP 欺骗 DOS 攻击）。这种攻击利用 TCP 协议栈的 RST 位来实现，使用 IP 欺骗，迫使服务器把合法用户的连接复位，影响合法用户的连接。假设现在有一个合法用户(100.100.100.100)已经同服务器建立了正常的连接，攻击者构造攻击的 TCP 数据，伪装自己的 IP 为 100.100.100.100，并向服务器发送一个带有 RST 位的 TCP 数据段。服务器接收到这样的数据后，认为从 100.100.100.100 发送的连接有错误，就会清空缓冲区中已建立好的连接。这时，合法用户 100.100.100.100 再发送合法数据，服务器就已经没有这样的连接了，该用户就被拒绝服务而只能重新开始建立新的连接。

4．常见的 DDoS 攻击

（1）Smurf 攻击。Smurf 是用一个伪造的源地址连续 ping 一个或多个计算机网络，这就导致所有计算机响应的那个主机地址并不是实际发送这个信息包的攻击计算机。这个伪造的源地址，实际上就是攻击的目标，它将被极大数量的响应信息量所淹没。对这个伪造信息包做出响应的计算机网络就成为攻击的不知情的同谋。一个简单的 smurf 攻击最终导致网络阻塞和第三方崩溃，这种攻击方式要比 ping of death 的洪水流量高出一两个数量级。这种使用网络发送一个包而引出大量回应的方式也叫“Smurf 放大”。

（2）Fraggle 攻击。Fraggle 攻击对 Smurf 攻击作了简单的修改，使用的是 UDP 应答消息而非 ICMP。

（3）trinoo 攻击。trinoo 是复杂的 DDoS 攻击程序，是基于 UDP flood 的攻击软件。在攻击之前，侵入者为了安装软件，已经控制了装有 master 程序的计算机和所有装有代理程序的计算机。攻击者连接到安装了 master 程序的计算机，启动 master 程序，然后根据一个 IP 地址的列表，由 master 程序负责启动所有的代理程序。接着，代理程序用 UDP 信息包冲击网络，向被攻击目标主机的随机端口发出全零的 4 字节 UDP 包，在处理这些超出其处理能力垃圾数据包的过程中，被攻击主机的网络性能不断下降，直到不能提供正常服务，乃至崩溃。它对 IP 地址不做假，因此此攻击方法用得不多。

（4）Tribal Flood Network 和 TFN2K 攻击。Tribal Flood Network 与 trinoo 一样，使用一个 master 程序与位于多个网络上的攻击代理进行通信，利用 ICMP 给代理服务器下命令，其来源可以做假。TFN 可以并行发动数不胜数的 DoS 攻击，类型多种多样，而且还可建立带有伪装源 IP 地址的信息包。 可以由 TFN 发动的攻击包括：SYN flood、UDP flood、ICMP 回音请求 flood 及 Smurf（利用多台服务器发出海量数据包，实施 DoS 攻击）等攻击。TFN 的升级版 TFN2k 进一步对命令数据包加密，更难查询命令内容，命令来源可以做假，还有一个后门控制代理服务器。

（5）stacheldraht 攻击。Stacheldraht 也是基于 TFN 和 trinoo 一样的客户机/服务器模式，其中 Master 程序与潜在的成千个代理程序进行通信。在发动攻击时，侵入者与 master 程序进行连接。Stacheldraht 同 TFN 一样，可以并行发动数不胜数的 DoS 攻击，类型多种多样，而且还可建立带有伪装源 IP 地址的信息包。Stacheldraht 所发动的攻击包括 UDP 冲击、TCP SYN 冲击、ICMP 回音应答冲击。

5. 如何防止 DoS/DdoS 攻击

DoS 攻击几乎是从互联网络的诞生以来，就伴随着互联网络的发展而一直存在和发展。DoS 攻击的原因如下：

（1）软件弱点。包含操作系统或应用程序中与安全相关的系统缺陷，这些缺陷大多是由于错误的程序编制、粗心的源代码审核、一些不适当的绑定所造成的。由于使用的软件几乎完全依赖于开发商，所以对于由软件引起的漏洞只能依靠打补丁来弥补。当某个应用程序被发现有漏洞存在，开发商会立即发布一个更新的版本来修正这个漏洞。由于开发协议固有的缺陷导致的 DoS 攻击，可以通过简单的补丁来弥补系统缺陷。

（2）错误配置。错误配置通常发生在硬件装置、系统或者应用程序中，大多是由于一些没经验的、无责任心的员工或者错误的理论所导致的。如果对网络中的路由器、防火墙、交换机以及其他网络连接设备都进行正确的配置会减小这些错误发生的可能性。如果发现了这种漏洞应当请教专业的技术人员来修理这些问题。

（3）重复请求。当对资源的重复请求大大超过资源的支付能力时就会造成拒绝服务攻击（例如，对已经满载的 Web 服务器进行过多的请求使其过载）。

要使系统免受 DoS 攻击，从前两点来看，用户要积极谨慎地维护系统，确保无安全隐患和漏洞；而针对第三点的恶意攻击方式则需要安装防火墙等安全设备过滤 DoS 攻击，同时网络管理员应当定期查看安全设备的日志，及时发现对系统的安全威胁行为。

6. 入侵检测系统分析

目前在网络安全领域入侵检测非常重要。顾名思义，入侵检测系统(Intrusion Detection System，IDS)是对入侵行为的发觉。它通过对计算机网络或计算机系统中的若干关键点收集信息并对其进行分析，从中发现网络或系统中是否有违反安全策略的行为和被攻击的迹象。它具有如下功能：

- 监控、分析用户和系统的活动。
- 核查系统配置和漏洞。
- 评估关键系统和数据文件的完整性。
- 识别攻击的活动模式并向网管人员报警。
- 对异常活动的统计分析。
- 操作系统审计跟踪管理，识别违反政策的用户活动。
- 评估重要系统和数据文件的完整性。

入侵检测是使用自动化和智能化工具来实时检测入侵的一种操作，目前存在的入侵检测系统大致分为两种。

（1）基于规则的系统。它们依赖于以知的攻击方式以及攻击特征的库和数据库而工作。当进入的通信满足特定的条件或规则时，就被视为企图入侵。基于规则的系统的主要缺点是它依赖于信息的及时性，就是必须及时更新攻击数据库。另外，有时这种入侵检测存在规则制定的可靠性问题。

（2）自动适应性系统。这种系统采用了更高级的技术，包括 AI(人工智能)，不仅可以识别已知攻击的特征，还能进行自行学习。但缺点是比较贵。在基于规则的入侵检测系统中，存在两种方式：主动方式和被动方式。在主动方式中，入侵检测工具实际上是监听网络的通信，一旦注意到可疑的活动，系统就会采取措施。在被动方式中，入侵检测工具则是监视日志记录。一旦注意到可疑的活动，系统就会采取措施。

20.2.11 拒绝服务攻击和入侵检测工具

1. 网络数据采集分析工具—tcpdump

tcpdump 可以将网络中传送的数据包的“头”完全截获下来提供分析。它支持针对网络层、协议、主机、网络或端口的过滤，并提供 and、or、not 等逻辑语句来帮助你去掉无用的信息。tcpdump 就是一种免费的网络分析工具，尤其其提供了源代码，公开了接口，因此具备很强的可扩展性，对于网络维护和入侵者都是非常有用的工具。我们可以在网上下载 tcpdump-3.9.1.tar.gz 的压缩包并安装。

tcpdump 支持很多参数，如使用-i 参数指定 tcpdump 监听的网络界面，这在计算机具有多个网络界面时非常有用，使用-c 参数指定要监听的数据包数量，使用-w 参数指定将监听到的数据包写入文件中保存，等等。

tcpdump 采用命令行方式，它的命令格式为：tcpdump [选项] [表达式]，选项如表 20-3 所示。

表 20-3 tcpdump 命令选项

选 项	说 明
-a	将网络地址和广播地址转变成名字
-d	将匹配信息包的代码以人们能够理解的汇编格式给出
-i	指定监听的网络接口
-dd	将匹配信息包的代码以 C 语言程序段的格式给出
-ddd	将匹配信息包的代码以十进制的形式给出
-e	在输出行打印出数据链路层的头部信息
-f	将外部的 Internet 地址以数字的形式打印出来
-l	使标准输出变为缓冲行形式
-n	不把网络地址转换成名字
-t	在输出的每一行不打印时间戳
-v	输出一个稍微详细的信息，例如在 IP 包中可以包括 ttl 和服务类型的信息
-vv	输出详细的报文信息
-c	在收到指定的包的数目后，tcpdump 就会停止
-F	从指定的文件中读取表达式，忽略其他的表达式
-r	从指定的文件中读取包(这些包一般通过-w 选项产生)
-w	直接将包写入文件中，并不分析和打印出来
-T	将监听到的包直接解释为指定的类型的报文

Tcpdump 使用的表达式是一个正则表达式，tcpdump 利用表达式来过滤报文，如果一个

报文满足表达式的条件，则这个报文将会被捕获。如果没有给出任何条件，则网络上所有的信息包将会被截获。在表达式中一般有如下几种类型的关键字。

第一种是关于类型的关键字，主要包括 host，net，port，例如 host 210.27.48.2，指明 210.27.48.2 是一台主机，net 202.0.0.0 指明 202.0.0.0 是一个网络地址，port 23 指明端口号是 23。如果没有指定类型，缺省的类型是 host。

第二种是确定传输方向的关键字，主要包括 src，dst，dst or src，dst and src，这些关键字指明了传输的方向。如 src 210.27.48.2 指明 IP 包中源地址是 210.27.48.2，dst net 202.0.0.0 指明目的网络地址是 202.0.0.0 。如果没有指明方向关键字，则缺省是 src or dst 关键字。

第三种是协议的关键字，主要包括 fddi、ip、arp、rarp、tcp、udp 等类型。fddi 指明是在 FDDI(分布式光纤数据接口网络)上的特定的网络协议，实际上它是“ether”的别名，fddi 和 ether 具有类似的源地址和目的地址，所以可以将 fddi 协议包当作 ether 的包进行处理和分析。其他的几个关键字就是指明了监听的包的协议内容。如果没有指定任何协议，则 tcpdump 将会监听所有协议的信息包。

除了这三种类型的关键字之外，其他重要的关键字如下：gateway、broadcast、, less、greater，还有三种逻辑运算，取非运算是 “not”、“！”，与运算是“and”、“&&”，或运算是“or”、“||”，这些关键字可以组合起来构成强大的组合条件来满足人们的需要。

例 1：普通情况下，直接启动 tcpdump 将监视第一个网络界面上所有流过的数据包。

```
[root@gdlc tcpdump-3.9.1]# tcpdump
[root@gdlc ~]# tcpdump
tcpdump: verbose output suppressed, use -v or -vv for full protocol decode
listening on eth0, link-type EN10MB (Ethernet), capture size 96 bytes
21:31:30.360526 00:06:d6:5a:2a:c0 (oui Unknown) > 01:00:0c:cc:cc:cd (oui Unknown) snap ui/C
21:31:32.536274 00:06:d6:5a:2a:c0 (oui Unknown) > 01:00:0c:cc:cc:cd (oui Unknown) snap ui/C
21:31:32.587809 arp who-has 172.16.33.214 tell 172.16.33.1
21:31:32.589786 IP 172.16.33.254.32769 > ns.guangzhou.gd.cn.domain:   45869+ PTR? 214.33.16.172.
in-addr.arpa. (44)
21:31:33.111178 IP ns.guangzhou.gd.cn.domain > 172.16.33.254.32769:   45869 NXDomain 0/1/0 (121)
按 ctrl_c 中止后，显示
11 packets captured
11 packets received by filter
0 packets dropped by kernel
```

例 2：截获所有 172.16.33.201 的主机收到的和发出的所有的数据包。

```
[root @gdlc tcpdump-3.9.1]# ./tcpdump host 172.16.33.201
tcpdump: verbose output suppressed, use -v or -vv for full protocol decode
listening on eth0, link-type EN10MB (Ethernet), capture size 96 bytes
17:19:38.180836 arp who-has 172.16.33.1 tell 172.16.33.201
17:19:39.500852 arp reply 172.16.33.1 is-at 00:08:21:c6:c1:82 (oui Unknown)
17:19:39.500852 IP 172.16.33.201.2167 > 172.16.8.17.domain:   1570+ A? www.pbqc.com. (30)
17:19:38.186704 IP 172.16.8.17.domain > 172.16.33.201.2167:   1570 1/0/0 A 58.211.7.35 (46)
17:19:38.189712 IP 172.16.33.201.4973 > 58.211.7.35.http: S 3950363050:3950363050(0) win 65535
<mss 1460,nop,nop,sackOK>
```

P1 1 P9 2 P24 3 P51 4 P67 5 P83 6 P104 7 P117 8 P128 9 P143 10 P161 11 P172 12 P189 13 P214 14 P227 15 P245 16 P259 17 P284 18 P305 19 第20章 P361 21

```
17:19:41.552158 IP 172.16.33.201.4973 > 58.211.7.35.http: S 3950363050:3950363050(0) win 65535 <mss 1460,nop,nop,sackOK>
17:19:48.035529 IP 172.16.33.201.4973 > 58.211.7.35.http: S 3950363050:3950363050(0) win 65535 <mss 1460,nop,nop,sackOK>
17:20:15.512189 IP 172.16.33.201.netbios-ns > 172.16.33.255.netbios-ns: NBT UDP PACKET(137): QUERY; REQUEST; BROADCAST
17:20:15.514013 arp who-has 172.16.33.201 tell 172.16.33.141
17:20:15.514025 arp reply 172.16.33.201 is-at 00:01:6c:e5:34:44 (oui Unknown)
17:20:15.514029 IP 172.16.8.10 > 172.16.33.201: ICMP 172.16.8.10 udp port netbios-ns unreachable, length 36
17:20:15.514032 IP 172.16.33.141.netbios-ns > 172.16.33.201.netbios-ns: NBT UDP PACKET(137): QUERY; POSITIVE; RESPONSE; UNICAST
17:20:15.514036 IP 172.16.33.201.4974 > 172.16.33.141.netbios-ssn: S 3140279909:3140279909(0) win 65535 <mss 1460,nop,nop,sackOK>
按 ctrl_c 中止后，显示
mckets captured
35 packets received by filter
0 packets dropped by kernel
dadm: size set to 104320K
```

例 3：截获 ARP 包的 TCPDUMP 输出信息使用命令。

```
[root@gdlc ~]# tcpdump arp
tcpdump: verbose output suppressed, use -v or -vv for full protocol decode
listening on eth0, link-type EN10MB (Ethernet), capture size 96 bytes
21:22:40.230326 arp who-has 172.16.33.24 tell 172.16.33.201
21:22:40.264201 arp who-has 172.16.33.1 tell 172.16.33.254
21:22:40.265520 arp reply 172.16.33.1 is-at 00:08:21:c6:c1:82 (oui Unknown)
21:22:44.085741 arp who-has 172.16.33.24 tell 172.16.33.201
21:22:51.265682 arp who-has 172.16.33.141 tell 172.16.33.163
21:22:54.070750 arp who-has 172.16.33.163 tell 172.16.33.235
21:23:18.141541 arp who-has 172.16.33.1 tell 172.16.33.113
21:23:23.142556 arp who-has 172.16.33.1 tell 172.16.33.254
21:23:23.143907 arp reply 172.16.33.1 is-at 00:08:21:c6:c1:82 (oui Unknown)
21:23:47.074471 arp who-has 172.16.33.246 tell 172.16.33.144

10 packets captured
12 packets received by filter
0 packets dropped by kernel
```

输出结果的详细解释请读者查阅相关手册。

2．入侵检测工具—Snort

Snort 是一个免费的 IDS（入侵监测系统）软件。它的一些源代码是从著名的 tcpdump 软件发展而来的。它是一个基于 libpcap 包的网络监控软件，可以作为一个十分有效的网络入侵监测系统。它能够监测多种网络攻击和探测，例如：缓冲器溢出攻击，端口扫描，CGI 攻击，SMB 探测等。Snort具有实时的报警能力，将报警记入一个特别的报警文件——系统日志，或者将报警信息通过 Samba 转发给另一台 Windows PC 机。

Snort首先根据远端的 IP 地址建立目录，然后将检测到的包以 tcpdump 的二进制格式记录或者以自身的解码形式存储到这些目录中，这样一来，就可以使用Snort来监测或过滤你所需要的包。

本书介绍的是 snort-2.0。

（1）Snort的安装。首先，可以从网上下载 snort-2.0.0.tar.gz。安装步骤如下：

```
[root@gdlc ~]# cd snort-2.0.0
[root@gdlc snort-2.0.0]# ./configure
[root@gdlc snort-2.0.0]# make
[root@gdlc snort-2.0.0]# make install
```

（2）使用 snort。Snort 采取命令行方式运行。格式为：snort -[options]。options 中可选的参数很多，如表 20-4 所示。

表 20-4 snort 参数列表

参 数	说 明
-A	设置报警方式为 full，fast 或者 none。在 full 方式下，Snort 将传统的报警信息格式写入报警文件，报警内容比较详细。在 fast 方式下，Snort 只将报警时间、报警内容、报警 IP 地址和端口号写入文件。在 none 方式下，系统将关闭报警功能
-a	显示 ARP 包
-b	以 tcpdump 的格式将数据包记入日志。所有的数据包将以二进制格式记入名为 snort.log 的文件中
-c	使用配置文件。这是一个规则文件。文件内容主要控制系统哪些包需要记入日志，哪些包需要报警，哪些包可以忽略等
-C	仅抓取包中的 ASCII 字符
-d	抓取应用层的数据包
-	在守护模式下运行 Snort。报警信息发送至/var/log/snort.alert，除非特别配置
-e	显示和记录网络层数据包头信息
-F	从文件中读取 BPF 过滤信息
-h	设置(C 类 IP 地址)为内部网络，当使用这个开关时，所有从外部的流量将会有一个方向箭头指向右边，所有从内部的流量将会有一个左箭头。这个选项没有太大的作用，但是可以使显示的包的信息格式比较容易查看
-l	将包信息记录到目录下。设置日志记录的分层目录结构，按接收包的 IP 地址将抓取的包存储在相应的目录下
-i	使用网络接口文件。
-M	向<WKSTN〉文件中的工作站发送 WINPOPUP 消息。文件格式非常简单。文件的每一行包含一个目的地址的 SMB 名
-n	处理完包后退出
-N	关闭日志功能。报警功能仍然工作。
-o	改变应用于包的规则的顺序。标准的应用顺序是：Alert->Pass->Log；采用-o 选项后，顺序改为：Pass->Alert->Log，允许用户避免使用冗长的 BPF 命令行来过滤报警规则
-p	关闭混杂模式的嗅探（sniffing）。这个选项在网络严重拥塞时十分有效
-r	读取 tcpdump 生成的文件。Snort 将读取和处理这个文件。例如：当你已经得到了一个 Shadow 文件或者 tcpdump 格式的文件，想处理文件包含的内容时，这个选项就很有用了
-s	将报警信息记录到系统日志。在其他的平台下，日志文件可以出现在/var/log/secure/var/log/messages 目录里
-S,n=v>	设置变量 n 的值为 v。这个选项可以用命令行的方式设置 Snort 规则文件中的变量。例如：如果要给 Snort 规则文件中的变量 HOME_NET 赋值，就可以在命令行下采用这个选项

（续）

参　数	说　明
-v	将包信息显示到终端时，采用详细模式。这种模式存在一个问题：它的显示速度比较慢，如果你是在 IDS 网络中使用 Snort，最好不要采用详细模式，否则会丢失部分包信息
-V	显示版本号，并退出
-x	当收到骚扰 IPX 包时，显示相关信息
-?	显示使用摘要，并退出

（3）几个简单示例

- 查看应用层数据。

```
[root@gdlc src]#./snort -v
```

- 数据联接层报头。

```
[root@gdlc src]#./snort –vd
```

- 表示记录从主机 192.168.1.1 发送和接收的所有包信息。

```
[root@gdlc src]# ./snort -h 192.168.1.0/24 -d -v host 192.168.1.1
```

- 记录子网 192.168.1 中从 192.168.1.0 到 192.168.1.24 的所有主机接收和发送的包信息，但不包括 192.168.1.1 的信息。

```
[root@gdlc src]# ./snort -h 192.168.1.0/24 -d -v net 192.168.1 and not host 192.168.1.1
```

Snort 支持的< filters >的内容，不再一一介绍。Snort 的配置文件在安装目录下的 etc 目录中的 Snort.conf。部分内容如下。

```
#--------------------------------------------------
#     http://www.snort.org          Snort 2.0.0 Ruleset
#        Contact: snort-sigs@lists.sourceforge.net
#--------------------------------------------------
# $Id$
#
###################################################
# This file contains a sample snort configuration.
# You can take the following steps to create your
# own custom configuration:
#
#    1) Set the network variables for your network
#    2) Configure preprocessors
#    3) Configure output plugins
#    4) Customize your rule set
#
###################################################
```

读者可以依据具体情况修改配置文件，完成自己的个性化的 snort 配置。

3．网络扫描和嗅探工具包——nmap

nmap 是 Linux 下的网络扫描和嗅探工具包。它可以帮助网管人员深入探测 UDP 或者 TCP 端口，直至主机所使用的操作系统；还可以将所有探测结果记录到各种格式的日志中，为系统提供安全服务。其基本功能有三个，一是探测一组主机是否在线；二是扫描主机端口，嗅探所提供的网络服务；三是推断主机所用的操作系统。nmap 可用于扫描仅有两个节点的 LAN，直至 500 个节点以上的网络，允许用户定制扫描技巧。nmap 发现存在DoS攻击后，针对这类攻击，可以让安全管理员发现自己网站的漏洞，并逐步完善自己的系统。可采取的措施有安装系统卖方的最新补丁、用未受影响的系统做防火墙等。

下面介绍几例用法。

（1）ping 扫描（Ping Sweeping）。入侵者使用 nmap 扫描整个网络寻找目标。通过使用"-sP"命令，进行 ping 扫描。缺省情况下，nmap 给每个扫描到的主机发送一个 ICMP echo 和一个 TCP ACK，主机对任何一种的响应都会被 nmap 得到。

例如：扫描 172.16.33.0 网络。

```
[root@gdlc ~]# nmap -sP 172.16.33.0/24

Starting nmap 3.70 ( http://www.insecure.org/nmap/ ) at 2007-05-13 21:51 CST
Host 172.16.33.0 seems to be a subnet broadcast address (returned 3 extra pings) . Note -- the actual IP also responded.
MAC Address: 00:08:21:C6:C1:82 (Cisco Systems)
Host 172.16.33.5 appears to be up.
MAC Address: 00:20:ED:5A:C9:32 (Giga-byte Technology CO.)
Host 172.16.33.7 appears to be up.
MAC Address: 00:19:55:BA:60:80 (Unknown)
Host 172.16.33.8 appears to be up.
MAC Address: 00:A0:C9:F2:74:46 (Intel - Hf1-06)
Nmap run completed -- 256 IP addresses (24 hosts up) scanned in 11.327 seconds
```

如果不发送 ICMP echo 请求，但要检查系统的可用性，这种扫描可能得不到一些站点的响应。在这种情况下，一个 TCP"ping"就可用于扫描目标网络。

当潜在入侵者发现了在目标网络上运行的主机，下一步是进行端口扫描。nmap 支持多种扫描技术，如 TCP SYN，FIN，Xmas Tree，Null 和 UDP 扫描。

（2）端口扫描（Port Scanning）。一个攻击者使用 TCP 连接扫描很容易被发现，因为 nmap 将使用 connect()系统调用打开目标机上相关端口的连接，并完成三次 TCP 握手。黑客登录到主机将显示开放的端口。一个 tcp 连接扫描使用"-sT"命令如下。

```
[root@gdlc ~]# nmap -sT 172.16.33.33

Starting nmap 3.70 ( http://www.insecure.org/nmap/ ) at 2007-05-13 21:55 CST
Interesting ports on 219.137.26.162:
(The 1656 ports scanned but not shown below are in state: closed)
PORT     STATE SERVICE
22/tcp   open   ssh
```

```
25/tcp    open    smtp
80/tcp    open    http
110/tcp open    pop3
Nmap run completed -- 1 IP address (1 host up) scanned in 30.898 seconds
```

（3）隐蔽扫描（Stealth Scanning）。如果一个攻击者不愿在扫描时使其信息被记录在目标系统日志上，TCP SYN 扫描可帮你的忙，它很少会在目标机上留下记录，三次握手的过程从来都不会完全实现。通过发送一个 SYN 包（是 TCP 协议中的第一个包）开始一次 SYN 的扫描。任何开放的端口都将有一个 SYN|ACK 响应。然而，攻击者发送一个 RST 替代 ACK，连接中止。三次握手得不到实现，也就很少有站点能记录这样的探测。如果是关闭的端口，对最初的 SYN 信号的响应也会是 RST，让 nmap 知道该端口不在监听。“-sS”命令将发送一个 SYN 扫描探测主机或网络。

```
[root@gdlc ~]# nmap -sS 172.16.33.254

Starting nmap 3.70 ( http://www.insecure.org/nmap/ ) at 2007-05-13 22:48 CST
Interesting ports on 172.16.33.254:
(The 1656 ports scanned but not shown below are in state: closed)
PORT        STATE SERVICE
22/tcp    open    ssh
80/tcp    open    http
111/tcp open    rpcbind
443/tcp open    https

Nmap run completed -- 1 IP address (1 host up) scanned in 0.892 seconds
```

虽然 SYN 扫描可能不被注意，但它们仍会被一些入侵检测系统捕捉。Stealth FIN，Xmas 树和 Null scans 可用于躲避包过滤和可检测进入受限制端口的 SYN 包。这三个扫描器对关闭的端口返回 RST，对开放的端口将吸收包。一个 FIN “-sF”扫描将发送一个 FIN 包到每个端口。

然而 Xmas 扫描“-sX”打开 FIN，URG 和 PUSH 的标志位，一个 Null scans “-sN”关闭所有的标志位。

（4）UDP 扫描（UDP Scanning）。假设一个攻击者在寻找一个流行的 UDP 漏洞，比如 rpcbind 漏洞或 cDc Back Orifice。为了查出哪些端口在监听，则进行 UDP 扫描，即可知哪些端口对 UDP 是开放的。nmap 将发送一个 0 字节的 UDP 包到每个端口。如果主机返回端口不可达，则表示端口是关闭的。但这种方法受到时间的限制，因为大多数的 Linux/UNIX 主机限制 ICMP 错误速率。幸运的是，nmap 本身检测这种速率并自身减速，也就不会产生溢出主机的情况。

```
[root@gdlc ~]# nmap -sU 172.16.33.15
Starting nmap 3.70 ( http://www.insecure.org/nmap/ ) at 2007-05-13 22:52 CST
Interesting ports on 172.16.33.5:
(The 1471 ports scanned but not shown below are in state: closed)
PORT        STATE                SERVICE
```

```
123/udp    open|filtered ntp
137/udp    open|filtered netbios-ns
138/udp    open|filtered netbios-dgm
445/udp    open|filtered microsoft-ds
500/udp    open|filtered isakmp
4500/udp open|filtered sae-urn
5632/udp open|filtered pcanywherestat
MAC Address: 00:20:ED:5A:C9:32 (Giga-byte Technology CO.)

Nmap run completed -- 1 IP address (1 host up) scanned in 2.598 seconds
```

（5）操作系统识别（OS Fingerprinting）。通常一个入侵者可能对某个操作系统的漏洞很熟悉，能很轻易地进入此操作系统的机器。一个常见的选项是 TCP/IP 上的指纹，带有“-O”选项决定远程操作系统的类型。这可以和一个端口扫描结合使用，但不能和 ping 扫描结合使用。Nmap 通过向主机发送不同类型的探测信号，缩小查找的操作系统系统的范围。指纹验证 TCP 包括使用 FIN 探测技术发现目标机的响应类型。BOGUS 的标志探测，发现远程主机对发送的带有 SYN 包的不明标志的反应，TCP 初始序列号(ISN)取样发现 ISN 数值的样式，也可以用另外的方式决定远程操作系统。

```
[root@gdlc ~]# nmap -sS -O 172.16.33.254

Starting nmap 3.70 ( http://www.insecure.org/nmap/ ) at 2007-05-13 22:00 CST
Insufficient responses for TCP sequencing (1), OS detection may be less accurate
Interesting ports on 172.16.33.254:
(The 1658 ports scanned but not shown below are in state: closed)
PORT        STATE SERVICE
22/tcp    open    ssh
111/tcp open    rpcbind
Device type: general purpose
Running: Linux 2.4.X|2.5.X|2.6.X
OS details: Linux 2.4.0 - 2.5.20, Gentoo 1.2 linux (Kernel 2.4.19-gentoo-rc5), Linux 2.4.20, Linux 2.4.20 - 2.4.22 w/grsecurity.org patch, Linux 2.5.25 - 2.6.3 or Gentoo 1.2 Linux 2.4.19 rc1-rc7)

Nmap run completed -- 1 IP address (1 host up) scanned in 3.443 seconds
```

使用 nmap 监视自己的站点，系统和网络管理员能发现潜在入侵者对系统的探测，从而防范攻击。

第 21 章 Linux 下的防火墙配置

本章主要内容

- 防火墙工作原理
- iptables 服务工作原理与工作流程
- iptables 服务组件与语法
- iptables 服务应用实例

21.1 Linux 下的防火墙

防火墙能增强内部网络的安全性。防火墙系统决定了哪些内部服务可以被外部网络用户访问，哪些外部网络用户可以访问内部的服务，以及哪些外部服务可以被内部网络用户访问。防火墙只允许授权的数据通过，而且其本身也必须能够免于渗透。

21.1.1 防火墙的基本原理

防火墙在实施安全的过程中是至关重要的。大多数情况下防火墙的组件放在一起使用以满足安全目的需求。一般来说防火墙要能满足以下四个目标。

（1）实现一个公司的安全策略。防火墙的主要意图是强制执行你的安全策略，比如你的安全策略需要对 MAIL 服务器的 SMTP 流量做限制，那么你要在防火墙上强制这些策略。

（2）创建一个阻塞点。防火墙在一个公司的私有网络和分网间建立一个检查点。这种实现要求所有的流量都要经过这个检查点。一旦检查点建立，防火墙就可以监视、过滤和检查所有进出的流量。网络安全中称为阻塞点。通过强制所有进出的流量都通过这些检查点，管理员可以集中在较少的地方来实现安全目的。

（3）记录网络活动。防火墙还能强制记录日志，并且提供警报功能。通过在防火墙上实现日志服务，管理员可以监视所有从外部网或互联网的访问。好的日志是保证网络安全的有效工具。

（4）限制网络暴露。防火墙在你的网络周围创建了一个保护的边界。并且对于公网隐藏了内部系统的一些信息以增加保密性。当远程节点侦测你的网络时，它们仅仅能看到防火墙。远程设备将不会知道你内部网络的布局以及都有些什么。防火墙提高认证功能和对网络加密来限制网络信息的暴露。通过对所能进入的流量进行检查，以限制从外部发动的攻击。

目前流行的防火墙技术主要有两种，分别是包过滤防火墙和代理防火墙（应用层网关防火墙）。其中，包过滤防火墙有价格较低、性能开销小、处理速度较快等优点。但是它定义复杂，容易出现因配置不当带来的问题，另外由于允许数据包直接通过。包过滤防火墙容易造成数据驱动式攻击的潜在危险。代理防火墙内置了专门为提高安全性而编制的 Proxy 应用程序，它能够透彻地理解相关服务的命令，从而对来往的数据包进行安全化处理，其优点是定义简单、安全性高，但也存在速度较慢的缺点，不太适用于高速网（ATM 或千兆位以太网等）之间的应用。

下面对防火墙的发展及特点做一个简单的描述。

包过滤防防火墙的发展经历了第一代的静态包过滤和和第二代的动态包过滤两个阶段。

静态包过滤类型的防火墙根据已定义的过滤规则审查每个数据包，以便确定其是否与某一条包过滤规则匹配。过滤规则基于数据包的报头信息进行制订。报头信息中包括 IP 源地址、IP 目标地址、传输协议（TCP、UDP、ICMP 等）、TCP/UDP 目标端口、ICMP 消息类型等。包过滤类型的防火墙遵循的一条基本原则是“最小特权原则”，即明确允许那些管理员希望通过的数据包，禁止其他的数据包。

动态包过滤类型的防火墙采用动态设置包过滤规则的方法，避免了静态包过滤存在的问题。这种技术后来发展成为所谓包状态监测（Stateful Inspection）技术。采用这种技术的防火墙，对通过其建立的每一个连接都进行跟踪，并且根据需要可动态地在过滤规则中增加或更新条目。

代理类型的防火墙按其发展也可分为第一代的代理防火墙和第二代的自适应防火墙。

代理防火墙又称应用层网关（Application Gateway）防火墙。这种防火墙通过一种代理（Proxy）技术参与一个 TCP 连接的全过程。从内部发出的数据包经过这样的防火墙处理后，就好像是源于防火墙外部网卡一样，从而可以达到隐藏内部网结构的作用。这种类型的防火墙被网络安全专家和媒体公认为是最安全的防火墙，其核心技术是代理服务器技术。

代理防火墙的最大缺点是速度相对比较慢（原因是基于应用层的协议），当用户对内外网络网关的吞吐量要求比较高时（如要求达到 75～100Mbit/s 时），代理防火墙就会成为内外网络之间的瓶颈。实际应用中，一些对速度要求不太高，但对安全性要求很高的网络环境可考虑使用代理防火墙。

自适应代理防火墙采用自适应代理技术（Adaptive Proxy），可以结合代理类型防火墙的安全性和包过滤防火墙高速度等优点，在毫不损失安全性的基础上将代理型防火墙的性能提高 10 倍以上。组成这种类型防火墙有两个基本要素：自适应代理服务器（Adaptive Proxy Server）与动态包过滤器（Dynamic Packet filter）。

在自适应代理与动态包过滤器之间存在一个控制通道。对防火墙进行配置时，用户只要将需要的服务类型、安全级别等信息通过相应 Proxy 的管理界面进行设置即可。自适应代理可以根据配置信息决定是用代理服务从应用层代理请求，还是从网络层转发包。如果是后者，将动态地通知包过滤器增减过滤规则，以满足用户对速度和安全性的双重要求。

21.1.2 iptables 工作原理

在 Linux 环境中，netfilter/iptabels 应用程序被认为是 Linux 中实现包过滤功能的第四代应用程序。netfilter/iptables 包含在 2.4 版以后的内核中，可以实现防火墙、NAT（网络地址翻译）和数据包的分割等功能。

netfilter 工作在内核内部，iptables 则是让用户定义规则集的表结构。netfilter/iptables 从早期的 ipchains 和 ipwadfm（IP 防火墙管理）演化而来，但功能更加强大。

网络流量由 IP 信息包（简称信息包，以流的形式从源系统传输到目的地系统的一些小块数据）组成。这些信息包有头（即每个包前面附带的一些数据位），其中包含有关信息包的源、目的地址和协议类型等信息。防火墙根据一组规则检查这些头，以确定接受哪个信息包，拒绝哪个信息包。这个过程称为信息包过滤。netfilter/iptablesIP 信息包过滤系统是一种功能强大的工具，由 netfilter/iptables 构建的防火墙属于前面介绍的包过滤防防火墙。

netfilter/iptables 可用于添加、编辑和除去规则，这些规则是进行信息包过滤时防火墙遵循的规则。这些规则存储在专用的信息包过滤表中，而这些表集成在 Linux 内核中。在信息包过滤表中，规则被分组存放在所谓的链（chain）中。

虽然 netfilter/iptables IP 信息包过滤系统被称为单个实体，但实际上由两个组件 netfilter 和 iptables 组成。netfilter 组件又称为内核空间（kernel space），是内核的一部分，由一些信息包过滤表组成，这些表包含内核用来控制信息包过滤处理的规则集，从底层实现数据包过滤的各种功能。如 NAT、状态检测以及高级数据包的匹配策略等。iptables 组件是一种工具，又称为用户空间（user space）。在用户空间，iptables 为用户提供控制内核空间工作状态的命令集，使插入、修改和除去信息包过滤表中的规则变得容易。

通过使用用户空间，用户可以构建自己的定制规则，这些规则存储在内核空间的信息包过滤表中。这些规则具有目标，它们告诉内核对来自某些源、前往某些目的地或具有某些协议类型的信息包做些什么。如果某个信息包与规则匹配，则使用目标 ACCEPT 允许该信息包通过。可以用目标 DROP 或 REJECT 阻塞并杀死信息包。对于可对信息包执行的其他操作，还有许多其他目标。

根据规则处理的信息包类型，可以将规则分组在链中。处理入站信息包的规则被添加到 INPUT 链中。处理出站信息包的规则被添加到 OUTPUT 链中。处理正在转发的信息包的规则被添加到 FORWARD 链中。这三个链是基本信息包过滤表中内置的缺省主链。另外，还有其他许多可用的链的类型（如 PREROUTING 和 POSTROUTING），以及提供用户定义的链。每个链都可以有一个策略，它定义“缺省目标”，即要执行的缺省操作，当信息包与链中的任何规则都不匹配时，执行该操作。

建立规则并将链放在适当的位置后，可以开始进行真正的信息包过滤工作了。这时，内核空间从用户空间接管工作。当信息包到达防火墙时，内核先检查信息包的头信息，尤其是信息包的目的地。这个过程称为路由。如果信息包源自外界并前往系统内，而且防火墙是打开的，内核将其传递到内核空间信息包过滤表的 INPUT 链。如果信息包源自系统内部或系统连接的内部网上的其他源，并且该信息包要前往另一个外部系统，则信息包被传递到 OUTPUT 链。与此类似，源自外部系统并前往外部系统的信息包被传递到

FORWARD 链。

接着，将信息包的头信息与其传递到的链中的每条规则进行比较，判断是否与某条规则完全匹配。如果信息包与某条规则匹配，内核就对该信息包执行由该规则的目标指定的操作，如果不匹配，它将与链中的下一条规则进行比较。最后，如果信息包与链中的任何规则都不匹配，内核将参考该链的策略决定如何处理该信息包。理想的策略应该告诉内核 DROP 该信息包。

21.2 iptables 防火墙组件

21.2.1 iptables 的元素

在上一节里面出现了大量的名词和术语，下面我们将使用表格的方式给大家一个全面、直观的视图，以期大家对这些枯燥难懂的名词和术语有清晰的认识。

1．iptables 的表

iptables 中共有三类表，分别是 mangle、nat 和 filter。每个表都包含几个内部的链，也能包含用户定义的链。每个链都是一个规则列表，对对应的包进行匹配：每条规则指定应当如何处理与之匹配的包。如果未指定，则 filter 作为缺省表。各表实现的功能见表 21-1。

表 21-1　三种表及其实现的功能

表　名	作　用
mangle	包含一些规则来标记用于高级路由的信息包。如果信息包及其信息包头内进行任何更改，则使用该表。我们可以改变不同的包及包头的内容，比如 TTL，TOS 或 MARK。注意 MARK 并没有真正地改动数据包，它只是在内核空间为包设了一个标记。防火墙内的其他的规则或程序（如 tc）可以使用这种标记对包进行过滤或高级路由。这个表有五个内建的链：PREROUTING，POSTROUTING，OUTPUT，INPUT 和 FORWARD。PREROUTING 在包进入防火墙之后、路由判断之前改变包，POSTROUTING 是在所有路由判断之后。OUTPUT 在确定包的目的之前更改数据包。INPUT 在包被路由到本地之后，但在用户空间的程序看到它之前改变包。FORWARD 在最初的路由判断之后、最后一次更改包的目的之前 mangle 包。注意，mangle 表不能做任何 NAT，它只是改变数据包的 TTL，TOS 或 MARK，而不是其源目地址。NAT 是在 nat 表中操作的
nat	nat 表的主要用处是网络地址转换，即 Network Address Translation，缩写为 NAT。做过 NAT 操作的数据包的地址就被改变了，当然这种改变是根据我们的规则进行的。属于一个流的包只会经过这个表一次。如果第一个包被允许做 NAT 或 Masqueraded，那么余下的包都会自动地被做相同的操作。也就是说，余下的包不会再通过这个表，一个一个地被 NAT，而是自动地完成。这就是我们为什么不应该在这个表中做任何过滤的主要原因，对这一点，后面会有更加详细的讨论。PREROUTING 链的作用是在包刚刚到达防火墙时改变它的目的地址，如果需要的话。OUTPUT 链改变本地产生的包的目的地址。POSTROUTING 链在包就要离开防火墙之前改变其源地址
filter	filter 表是专门过滤包的，内建三个链，可以毫无问题地对包进行 DROP、LOG、ACCEPT 和 REJECT 等操作。FORWARD 链过滤所有不是本地产生的并且目的地不是本地（所谓本地就是防火墙）的包，而 INPUT 恰恰针对那些目的地是本地的包。OUTPUT 是用来过滤所有本地生成的包的。如无特别指定，此表为默认表

2．iptables 各表中的链

iptables 把 IP 过滤规则归并到链中，IP 报文遍历规则链接受处理，还可以送到另外的链接受处理，或最后由默认策略(ACCEPT、DROP、REJECT)处理。因此，可以把链理解为 IP 过滤规则的集合。各个表中的链的作用可以参考表 21-1 的说明。

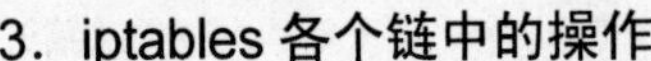

3. iptables 各个链中的操作

如前所述，链是 IP 过滤规则的集合。需要对链进行操作时，例如增加一条规则或删除一条规则，都需要用命令（command）完成。表 21-2 介绍了所有命令及其用途。

命令指定 iptables 对所提交规则的操作。这些操作可能是在某个表里增加或删除一些东西，或其他操作。

注意： filter 表是默认表。

表 21-2　iptables 可用的命令

命　令	-A, --append
例子	iptables -A INPUT ...
解释	在所选择的链末添加规则。当源地址或目的地址是以名字而不是 IP 地址的形式出现时，若这些名字可以被解析为多个地址，则这条规则会和所有可用的地址结合
命令	-D, --delete
例子	iptables -D INPUT --dport 80 -j DROP 或 iptables -D INPUT 1
解释	从所选链中删除规则。有两种方法指定要删除的规则：一是把规则完完整整地写出来，再就是指定规则在所选链中的序号（每条链的规则都各自从 1 被编号）
命令	-R, --replace
例子	iptables -R INPUT 1 -s 192.168.0.1 -j DROP
解释	在所选中的链里指定的行上（每条链的规则都各自从 1 被编号）替换规则。它主要的用处是试验不同的规则。当源地址或目的地址是以名字而不是 IP 地址的形式出现时，若这些名字可以被解析为多个地址，则这条命令会失败
命令	-I, --insert
例子	iptables -I INPUT 1 --dport 80 -j ACCEPT
解释	根据给出的规则序号向所选链中插入规则。如果序号为 1，规则会被插入链的头部，其实默认序号就是 1
命令	-L, --list
例子	iptables -L INPUT
解释	显示所选链的所有规则。如果没有指定链，则显示指定表中的所有链。如果什么都没有指定，就显示默认表所有的链。精确输出受其他参数影响，如-n 和-v 等参数
命令	-F, --flush
例子	iptables -F INPUT
解释	清空所选的链。如果没有指定链，则清空指定表中的所有链。如果什么都没有指定，就清空默认表所有的链。当然，也可以一条一条地删，但用这个命令会快些
命令	-Z, --zero
例子	iptables -Z INPUT
解释	把指定链（如未指定，则认为是所有链）的所有计数器归零
命令	-N, --new-chain
例子	iptables -N allowed
解释	根据用户指定的名字建立新的链。上面的例子建立了一个名为 allowed 的链。注意，所用的名字不能和已有的链、target 同名
命令	-X, --delete-chain
例子	iptables -X allowed
解释	删除指定的用户自定义链。这个链必须没有被引用，如果被引用，在删除之前你必须删除或者替换与之有关的规则。如果没有给出参数，这条命令将会删除默认表所有非内建的链
命令	-P, --policy

（续）

命　令	-A, --append
例子	iptables -P INPUT DROP
解释	为链设置默认的 target（可用的是 DROP 和 ACCEPT），这个 target 称作策略。所有不符合规则的包都被强制使用这个策略。只有内建的链才可以使用规则。但内建的链和用户自定义链都不能被作为策略使用，也就是说不能像这样使用：iptables -P INPUT allowed（或者是内建的链）
命令	-E, --rename-chain
例子	iptables -E allowed disallowed
解释	对自定义的链进行重命名，原来的名字在前，新名字在后。如上，就是把 allowed 改为 disallowed。这仅仅是改变链的名字，对整个表的结构、工作没有任何影响

使用 iptables 时，如果必须的参数没有输入，则给出提示信息，告诉用户需要哪些参数。iptables 的选项-v 用来显示 iptables 的版本，选项-h 给出语法的简短说明。常用的参数见表 21-3。

表 21-3　部分选项及其作用

选　项	-v, --verbose（详细的）
可用此选项的命令	--list, --append, --insert, --delete, --replace
说明	这个选项使输出详细化，常与--list 连用。与--list 连用时，输出中包括网络接口的地址、规则的选项、TOS 掩码、字节和包计数器，其中计数器是以 K、M、G（这里用的是 10 的幂而不是 2 的幂）为单位的。如果想知道到底有多少个包、多少字节，还要用到选项-x，下面会介绍。如果-v 和--append、--insert、--delete 或--replace 连用，iptables 会输出详细的信息告诉你规则是如何被解释的、是否正确地插入等。
选项	-x, --exact（精确的）
可用此选项的命令	--list
说明	使--list 输出中的计数器显示准确的数值，而不用 K、M、G 等估值。注意此选项只能和--list 连用。
选项	-n, --numeric（数值）
可用此选项的命令	--list
说明	使输出中的 IP 地址和端口以数值的形式显示，而不是默认的名字，比如主机名、网络名、程序名等。注意此选项也只能和--list 连用。
选项	--line-numbers
可用此选项的命令	--list
说明	又是一个只能和--list 连用的选项，作用是显示出每条规则在相应链中的序号。这样你可以知道序号了，这对插入新规则很有用。
选项	-c, --set-counters
可用此选项的命令	--insert, --append, --replace
说明	在创建或更改规则时设置计数器，语法如下：--set-counters 20 4000，意思是让内核把包计数器设为 20，把字节计数器设为 4000。
选项	--modprobe
可用此选项的命令	All
说明	此选项告诉 iptables 探测并装载要使用的模块。这是非常有用的一个选项，万一 modprobe 命令不在搜索路径中，就要用到了。有了这个选项，在装载模块时，即使有一个需要用到的模块没装载上，iptables 也知道要去搜索。

21.2.2　iptables 工作流程

在前面叙述了 iptables 防火墙的基本原理和各种元素的含义，现在我们再看看不同类型的数据在 iptables 中是如何流动的，希望读者读完这一节后对 iptables 有更清晰的认识。图 21-1

给出了一个流程图，我们将结合这个流程图讲解后面的内容。

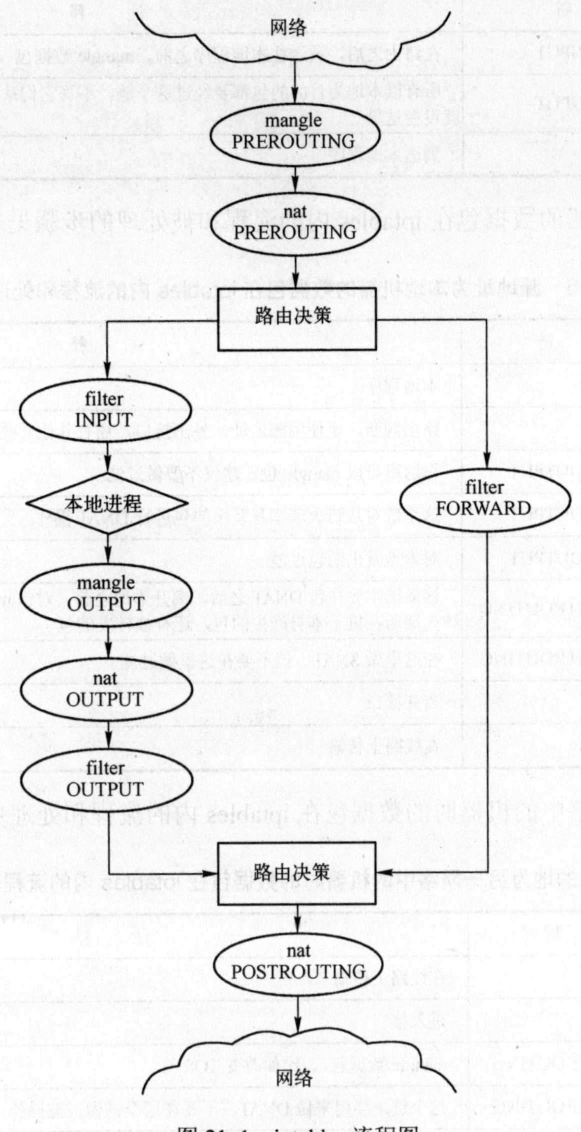

图 21-1　iptables 流程图

以本地机器为目标的数据包在 iptables 内的流程和处理步骤见表 21-4。

表 21-4　以本地机器为目标的数据包在 iptables 内的流程和处理步骤

步　骤	表	链	注　释
1			在线路上传输
2			进入接口
3	Mangle	PREROUTING	这个链用来 mangle 数据包，比如改变 TOS 等
4	Nat	PREROUTING	这个链主要用来做 DNAT。不要在此链做过滤
5			路由判断，比如包是发往本地的，还是要转发的

（续）

步　骤	表	链	注　释
6	Mangle	INPUT	在路由之后，被送往本地程序之前，mangle 数据包
7	Filter	INPUT	所有以本地为目的的包都要经过这个链，不管它们从哪里来，对这些包的过滤条件就设在这里
8			到达本地程序

源地址为本地机器的数据包在 iptables 内的流程和被处理的步骤见表 21-5。

表 21-5　源地址为本地机器的数据包在 iptables 内的流程和处理步骤

步　骤	表	链	注　释
1			本地程序
2			路由判断，要使用源地址，外出接口，还有其他一些信息
3	mangle	OUTPUT	在这里可以 mangle 包。建议不要做过滤
4	nat	OUTPUT	这个链对从防火墙本身发出的包进行 DNAT 操作
5	filter	OUTPUT	对本地发出的包过滤
6	mangle	POSTROUTING	这条链主要在包 DNAT 之后，离开本地之前，对包 mangle。有两种包会经过这里，防火墙所在机子本身产生的包，还有被转发的包
7	nat	POSTROUTING	在这里做 SNAT。但不要在这里做过滤
8			离开接口
9			在线路上传输

目的地为另一网络中的机器时的数据包在 iptables 内的流程和处理步骤见表 21-6。

表 21-6　目的地为另一网络中的机器时的数据包在 iptables 内的流程和处理步骤

步　骤	表	链	注　释
1			在线路上传输
2			进入接口
3	mangle	PREROUTING	mangle 数据包,，比如改变 TOS 等
4	nat	PREROUTING	这个链主要用来做 DNAT。不要在这个链做过滤操作
5			路由判断，比如，包是发往本地的，还是要转发的
6	mangle	FORWARD	包继续被发送至 mangle 表的 FORWARD 链，这是非常特殊的情况才会用到的。在这里，包被 mangle。这次 mangle 发生在最初的路由判断之后，在最后一次更改包的目的之前
7	filter	FORWARD	包继续被发送至这条 FORWARD 链。只有需要转发的包才会走到这里，并且针对这些包的所有过滤也在这里进行。注意，所有要转发的包都要经过这里，不管是外网到内网的还是内网到外网的
8	mangle	POSTROUTING	这个链也是针对一些特殊类型的包。这一步 mangle 是在所有更改包的目的地址的操作完成之后做的，但这时包还在本地上
9	nat	POSTROUTING	这个链就是用来做 SNAT 的，也包括 Masquerade（伪装）。但不要在这儿做过滤
10			离开接口
11			在线路上传输

从上面的描述中我们可以得到下面的结论：

- 数据包要经历很多步骤，而且它们可以被阻拦在任何一条链上，或者是任何有问题的地方。所有要经防火墙转发的包都要经过 FORWARD 链。
- 只有到本地机器的封包才会由 INPUT 链处理，所以会让来自内部网络的封包无条件放行，而来自外部的封包则过滤，然后判断是否为回应包，若是则放行。
- 需要转送处理的封包由 PREROUTING 链处理，用来做目的地 IP 的翻译（DNAT）。
- 源 IP 和目的 IP 都不是本机的，就要被转发，所有要转发的封包都在 FORWARD 链处理，这部分的过滤规则最为复杂。
- 转发封包送出之前，先通过 POSTROUTING 链来进行源 IP 的翻译（SNAT）。
- 从本机发送出去的包都由 OUTPUT 链处理，通常放行所有封包。
- 对于 iptables 来说，是依据 IP 地址进行决策，也就是说包中的 IP 地址决定一个包的流向。
- 进入 FORWRAD 链的一定不会进入到 INPUT 链和 OUTPUT 链。
- 在处理过程中如果符合某条规则将会进行处理，处理动作除了 ACCEPT、REJECT、DROP、REDIRECT 和 MASQUERADE 外还有 LOG、ULOG、DNAT、SNAT、MIRROR、QUEUE、RETURN、TOS、TTL、MARK 等。

21.3 iptables 的安装和实施

有了前面的知识积累，现在可以真正实施自己的防火墙方案了，这主要包括 iptables 的安装和服务配置、策略分析及规则编写、相关命令的使用等。

21.3.1 iptables 的安装和启动

由于netfilter/iptables的netfilter组件与内核 2.4.x 集成在一起，因而只需要下载并安装 iptables 用户空间工具。一般我们把 netfilter/iptables 简称为 iptables。Red Hat Linux AS 4 的标准安装中已经集成了 iptables，不需要另外安装。如果没有安装可以在安装光盘中找到相应的和 iptables 相关的 RPM 包进行安装。如果安装时选择了把 iptables 关闭，则需要使用以下命令将其启用。

```
# chkconfig --level 235 iptables on
# service iptables start 或 /etc/init.d/iptables start
```

安装好 iptables 以后，系统会产生一些相关的文件，如服务启动脚本文件为/etc/rc.d/init.d/iptables，主配置文件为/etc/sysconfig/iptables-config，守护进程文件为/sbin/iptables。

21.3.2 iptables 的语法

现在可以使用 iptables 命令根据实际情况和需要来编写防火墙规则，但 iptables 命令的语法比较复杂，所以在正式写规则之前需要学习一些和 iptables 命令语法有关的知识。

典型的包过滤防火墙设置两个网卡：一块用于内网用户通过防火墙访问外网服务器，另一块用于外网用户通过防火墙访问内网计算机或服务器。iptables 读取流入和流出数据包的报

P1 1 P9 2 P24 3 P51 4 P67 5 P83 6 P104 7 P117 8 P128 9 P143 10 P161 11 P172 12 P189 13 P214 14 P227 15 P245 16 P259 17 P284 18 P305 19 P328 20 第21章

头，将它们与规则集（Ruleset）比较，将可接受的数据包从一个网卡转发至另一个网卡；对被拒绝的数据包，可以丢弃或按照定义的方式处理。

通过向防火墙提供对来自某个源地址、到某个目的地址或具有特定协议类型的信息包进行操作的指令，规则控制信息包的过滤。可以用 iptables 系统提供的特殊命令 iptables 建立这些规则，并将其添加到内核空间特定信息包过滤表内的链中。关于添加、去除、编辑规则的命令，一般语法如下。

```
iptables  [-t table]  command  [match]  [target/jump]
```

- -t table 选项：允许用标准表之外的任何表。表是包含仅处理特定类型信息包的规则和链的信息包过滤表。有三种可用的表选项：filter、nat 和 mangle。该选项不是必需的，如果未指定，则用 filter 作缺省表。
- 命令（command）：是 iptables 命令中最重要的部分，指出 iptables 命令的操作。例如，插入规则、将规则添加到链的末尾或删除规则。具体的命令可参考表 21-2。
- 匹配（match）：可选项，指定信息包与规则匹配应具有的特征（如源和目的地地址、协议等）。匹配分为两大类：通用匹配和特定于协议的匹配。表 21-7 列出主要的可用于任何协议的信息包的通用匹配，特定于协议的匹配这里不一一列出。

表 21-7　主要的可用于任何协议的信息包的通用匹配

匹配（Match）	-p, --protocol
例子	iptables -A INPUT -p tcp
解释	匹配指定的协议。指定协议的形式有以下几种。 1、名字，不分大小写，但必须是在/etc/protocols中定义的。 2、可以使用它们相应的整数值。例如，ICMP 的值是 1，TCP 是 6，UDP 是 17。 3、缺省设置，ALL，相应数值是 0，但要注意这只代表匹配 TCP、UDP、ICMP，而不是/etc/protocols中定义的所有协议。 4、可以是协议列表，以英文逗号为分隔符，如：udp,tcp。 5、可以在协议前加英文的感叹号表示取反，注意有空格，如: --protocol ! tcp 表示非 tcp 协议，也就是 UDP 和 ICMP。可以看出这个取反的范围只是 TCP、UDP 和 ICMP
例子	iptables -A INPUT -s 192.168.1.1
解释	以 IP 源地址匹配包。地址的形式如下。 （1）单个地址，如 192.168.1.1，也可写成 192.168.1.1/255.255.255.255 或 192.168.1.1/32。 （2）网络，如 192.168.0.0/24，或 192.168.0.0/255.255.255.0。 （3）在地址前加英文感叹号表示取反，注意空格，如--source ! 192.168.0.0/24 表示除此地址外的所有地址。 （4）缺省是所有地址
匹配（Match）	-s, --src, --source
匹配（Match）	-d, --dst, --destination
例子	iptables -A INPUT -d 192.168.1.1
解释	以 IP 目的地址匹配包。地址的形式和 -- source 完全一样
匹配（Match）	-i, --in-interface
例子	iptables -A INPUT -i eth0
解释	以包进入本地所使用的网络接口来匹配包。要注意这个匹配操作只能用于 INPUT，FORWARD 和 PREROUTING 这三个链，用在其他任何地方都会提示错误信息。指定接口有以下方法。 1、指定接口名称，如：eth0、ppp0 等。 2、使用通配符，即英文加号，它代表字符数字串。若直接用一个加号，即 iptables -A INPUT -i +表示匹配所有的包，而不考虑使用哪个接口。这也是不指定接口的默认行为。通配符还可以放在某一类接口的后面，如：eth+表示所有 Ethernet 接口，也就是说，匹配所有从 Ethernet 接口进入的包。 3、在接口前加英文感叹号表示取反，注意空格，如：-i ! eth0 意思是匹配来自除 eth0 外的所有包。

（续）

匹配（Match）	-o, --out-interface
例子	iptables -A FORWARD -o eth0
解释	以包离开本地所使用的网络接口来匹配包。使用的范围和指定接口的方法与--in-interface 完全一样
匹配（Match）	-f, --fragment
例子	iptables -A INPUT -f
解释	用来匹配一个被分片的包的第二片或及以后的部分。因为它们不包含源或目的地址，或 ICMP 类型等信息，其他规则无法匹配到它，所以才有这个匹配操作。要注意碎片攻击。这个操作也可以加英文感叹号表示取反，但要注意位置，如：! -f。取反时，表示只能匹配到没有分片的包或者是被分片的包的第一个碎片，其后的片都不行。现在内核有完善的碎片重组功能，可以防止碎片攻击，所以不必使用取反的功能来防止碎片通过。如果你使用连接跟踪，是不会看到任何碎片的，因为在它们到达任何链之前就被处理过了

- 目标（target/jump）：决定符合条件的包到何处去，语法是--jump target 或-j target。target 细分为两类，即 target 和 jump。target 和 jump 大部分是一样的，唯一的区别是 jump 的目标是一个在同一个表内的链；target 的目标是具体的操作如 ACCEPT 和 DROP，这是两个基本的 target。

表 21-8 是常用的一些 target。

表 21-8 常用的 target

名 称	说 明
ACCEPT	当信息包与具有 ACCEPT 目标的规则完全匹配时，将被接受（允许前往目的地），并且将停止遍历链（虽然该信息包可能遍历另一个表中的其他链，且有可能在那里被丢弃）。该目标被指定为 -j ACCEPT
DROP	当信息包与具有 DROP 目标的规则完全匹配时将阻塞该信息包且不做进一步处理。该目标被指定为 -j DROP
REJECT	该目标的工作方式与 DROP 目标相同，但比 DROP 好。与 DROP 不同，REJECT 不会在服务器和客户机上留下死套接字。另外，REJECT 将错误消息发回给信息包的发送方。该目标被指定为 -j REJECT。 #iptables -A FORWARD -p TCP --dport 22 -j REJECT
RETURN	在规则中设置的 RETURN 目标让该规则匹配的信息包停止遍历包含该规则的链。如果链是如 INPUT 之类的主链，则用该链的缺省策略处理信息包。该目标被指定为 -jump RETURN。 #iptables -A FORWARD -d 203.16.1.89 -jump RETURN
	还有许多用于建立高级规则的其他目标如 LOG、REDIRECT、MARK、MIRROR 和 MASQUERADE 等

使用 iptables 命令建立的规则临时保存在内存中，重新引导系统时将丢失这些规则。因此，如果将没有错误的且有效的规则集添加到信息包过滤表时，若希望在重新引导后再次使用这些规则，必须将这些规则集保存在文件中。

可以用 iptables-save 命令做到这一点。

```
# iptables-save > iptables-script
```

这样信息包过滤表中的所有规则都被保存在文件 iptables-script 中。无论何时再次引导系统，都可以用 iptables-restore 命令将规则集从该脚本文件恢复到信息包过滤表。

```
# iptables-restore iptables-script
```

如果愿意在每次引导系统时自动恢复该规则集，可以将以上命令放到任何一个初始化 Shell 脚本中。

另外注意我们通常在设置防火墙策略之前会使用下面的命令清除系统预设的策略。所以以下语句几乎都会在我们的 iptables 脚本的前面出现。

```
# iptables   -F  -t  filter  或  # iptables   -F
# iptables   -F  -t  nat
# iptables   -F  -t  mangle
```

此外还需要注意，如果你的防火墙需要转发数据包，那么你需要打开内核的 IP 数据包转发功能。

```
echo  1  >  /proc/sys/net/ipv4/ip_forward
```

21.3.3 iptables 应用实例

iptables 的规则相当多，也相当灵活，需要读者多学习，多练习才能掌握。以下给出几个 iptables 防火墙的配置实例，以便读者学习。

实例 1：假设某台 Linux 服务器既是公司 ADSL 上网的拨号服务器，同时也是公司的 Web 服务器、邮件服务器、ftp 服务器，iptables 防火墙服务也由这台服务器实现，公司内部其他 Windows 或 Linux 客户端构成了一个局域网，服务器连接内网的网卡 eth1 的 IP 地址为 192.168.0.1，外网网卡为 eth0 接口，拨号接口为 ppp0，网内其他计算机的 IP 都是 192.168.0 网段。192.168.0.2 到 192.168.0.16 为公司工作人员使用，192.168.0.240 到 192.168.0.243 的网段是管理员使用的 IP，现在需要实现的目标是外网只能访问服务器的 www、mail、ftp、tomcat 服务；内网 192.168.0.2 到 192.168.0.16 网段的机器上班时间只能访问外网的 www、mail、ftp、tomcat 服务；而 192.168.0.240 到 192.168.0.243 网段的机器则无任何限制，下面是脚本内容与相应的注释。

```
# 设置变量，这些变量将会在下面的脚本被引用。
IPT=/sbin/iptables
INTERNET_SERVER=192.168.0.1
ME="127.0.0.1"
SPEC_RANGE="192.168.0.240/30"
WORK_RANGE="192.168.0.2/28"
ALL="192.168.0.0/24"
# 清除所有规则。
$IPT  -F
$IPT  -t  nat  -F
# 重置所有链默认设置。
$IPT  -P  INPUT  DROP
$IPT  -P  OUTPUT  ACCEPT
$IPT  -P  FORWARD  ACCEPT
$IPT  -t  nat  -P  PREROUTING  ACCEPT
$IPT  -t  nat  -P  POSTROUTING  ACCEPT
#1.限制 internet 对本地服务器的访问。
#(1)允许自己无限制访问自己。
$IPT  -A  INPUT  -s  $ME  -j  ACCEPT
#(2)允许外部访问本地服务器 www 服务。
```

```
$IPT -A INPUT -p tcp --dport 80 -j ACCEPT
#(3)允许外部网络访问本地服务器 ftp 服务。
$IPT -A INPUT -p tcp --dport 20 -j ACCEPT
$IPT -A INPUT -p tcp --dport 21 -j ACCEPT
#(4)允许外部网络访问本地服务器 mail 服务。
$IPT -A INPUT -p tcp --dport 110 -j ACCEPT
$IPT -A INPUT -p tcp --dport 143 -j ACCEPT
$IPT -A INPUT -p tcp --dport 25 -j ACCEPT
#(5)允许外部网络访问本地服务器 tomcat 服务。
$IPT -A INPUT -p tcp --dport 8080 -j ACCEPT
#2.允许工作人员通过局域网访问本地服务器。
$IPT -A INPUT -s $SPEC_RANGE -j ACCEPT
$IPT -A INPUT -s $WORK_RANGE -j ACCEPT
#3.允许管理员 IP 无限制上网。
$IPT -t nat -A PREROUTING -s $SPEC_RANGE -j ACCEPT
#4.对其他员工 IP 限制部分上网功能。
#(1)允许内部网络访问外部 DNS 服务和 ECHO 服务。
$IPT -t nat -A PREROUTING -s $WORK_RANGE -d 0/0 -p udp --dport 53 -j ACCEPT
$IPT -t nat -A PREROUTING -s $WORK_RANGE -d 0/0 -p udp --dport 42 -j ACCEPT
$IPT -t nat -A PREROUTING -s $WORK_RANGE -d 0/0 -p udp --dport 7 -j ACCEPT
# (2)允许内部网络访问外部 www 服务。
$IPT -t nat -A PREROUTING -s $WORK_RANGE -d 0/0 -p tcp --dport 80 -j ACCEPT
#(3)允许内部网络访问外部 ftp 服务。
$IPT -t nat -A PREROUTING -s $WORK_RANGE -d 0/0 -p tcp --dport 20 -j ACCEPT
$IPT -t nat -A PREROUTING -s $WORK_RANGE -d 0/0 -p tcp --dport 21 -j ACCEPT
#(4)允许内部网络访问外部 mail 服务。
$IPT -t nat -A PREROUTING -s $WORK_RANGE -d 0/0 -p tcp --dport 110 -j ACCEPT
$IPT -t nat -A PREROUTING -s $WORK_RANGE -d 0/0 -p tcp --dport 143 -j ACCEPT
$IPT -t nat -A PREROUTING -s $WORK_RANGE -d 0/0 -p tcp --dport 25 -j ACCEPT
#(5)允许内部网络访问外部 tomcat 服务。
$IPT -t nat -A PREROUTING -s $WORK_RANGE -d 0/0 -p tcp --dport 8080 -j ACCEPT
#(6)禁止内部网络访问外部其他服务。
$IPT -t nat -A PREROUTING -s $WORK_RANGE -d ! $ALL -j DROP
#5.设置共享上网。
$IPT -t nat -A POSTROUTING -o ppp+ -j MASQUERADE
```

以上脚本先清除了所有链的所有规则并重置了默认设置，其中 INPUT 链默认不接受外来访问服务器的任何数据包，接着第 1 步开放了服务器的 80、20、21、110、143、25 和 8080 端口，第 2 步允许局域网内的 192.168.0.2 到 192.168.0.16 及 192.168.0.240 到 192.168.0.243 的客户端访问服务器，第 3 步允许 192.168.0.240 及 192.168.0.243 无限制访问外网，第 4 步允许 192.168.0.2 到 192.168.0.16 访问外网的 80、20、21、110、143、25、8080 及 DNS 和 echo，第 5 步设置局域网内客户端共享上网（NAT）。

实例 2：以下是一个实现 NAT 功能的服务脚本 fwnat，读者可以对脚本进行研究并根据自己的网络环境稍作修改便可以直接应用到自己的服务器中。如果把这个脚本放到/etc/init.d/

P1 1
P9 2
P24 3
P51 4
P67 5
P83 6
P104 7
P117 8
P128 9
P143 10
P161 11
P172 12
P189 13
P214 14
P227 15
P245 16
P259 17
P284 18
P305 19
P328 20
第21章

下，就可以把其当作系统服务使用。执行 service fwnat start/stop/restart 命令进行服务的启动/停止/重启。

```
#!/bin/sh
PATH="/sbin:/usr/sbin:/bin:/usr/bin:/usr/X11R6/bin"
export    PATH
/etc/rc.d/init.d/functions

IPT="/sbin/iptables"
localnet="192.168.0.0/24"
ctlip="192.168.0."
startip=2
endip=254
Upnic="eth0"
Downnic="eth1"

start  ()  {
/sbin/modprobe   ip_tables
/sbin/modprobe   ip_conntrack_ftp
/sbin/modprobe   ip_nat_ftp
echo   1   >   /proc/sys/net/ipv4/ip_forward
$IPT     -F  -t   filter
$IPT     -F  -t   nat
$IPT     -F  -t   mangle

$IPT    -A  FORWARD  -i  $Upnic  -m  state  --state  ESTABLISHED,RELATED  -j  ACCEPT
$IPT     -t   nat  -A   POSTROUTING   -o   $Upnic   -j   MASQUERADE
$IPT     -A   FORWARD   -m   iprange   --src-range    192.168.0.2-192.168.0.250   -j   ACCEPT
$IPT     -A   FORWARD   -j   DROP
}

stop   (){
echo   0   >   /proc/sys/net/ipv4/ip_forward
$IPT     -F  -t   filter
$IPT     -F  -t   nat
$IPT     -F  -t   mangle
}

status   (){
$IPT     -nvL
}

case   "$1"   in
        start)
                start  &&  echo   "IPNAT   start   :   `echo_success`"
                ;;
```

```
        stop)
                stop  &&  echo  "IPNAT  stop  :  `echo_success`"
                ;;
        status)
                status
                ;;
        restart)
    stop  &&  echo  "IPNAT  stop  :  `echo_success`"
    start  &&  echo  "IPNAT  start  :  `echo_success`"
                ;;
        *)
                echo  $"Usage:  $0  {start|stop|status|restart}"
                exit  1
                ;;
Esac
```

实例 3：在内部网络有服务器需要外部网络访问，但防火墙服务和要提供访问的内部服务器不在同一台机器上时可以使用下面的脚本。假设网络环境如下：防火墙服务器的外部联网线路是电信 10MB 光纤线路，拥有一个独立公网 IP 地址为 202.101.234.56，对应的网卡是 eth1，连接内网的网卡是 eth0，其 IP 地址为 192.168.1.1；内部网络有邮件服务器（IP 地址为 192.168.1.84）、OA 服务器（IP 地址为 192.168.1.85）、FTP 服务器（192.168.1.86）各一台，都需要同时对内和对外发布；局域网内部总共有 40 台客户机。考虑安全性及稳定性、易用性方面的因素，此例采用了 RHEL4+iptables 的方案来架设一台服务器，这台服务器能发布内网服务器并实现 NAT 网络共享，以下是 iptables 脚本 fw.sh。

```
#!/bin/sh
#准备工作，开启内核支持。
echo  "Enable  IP  Forwarding..."
echo  "1">/proc/sys/net/ipv4/ip_forward
echo  "1"  >  /proc/sys/net/ipv4/tcp_syncookies
echo  "1"  >  /proc/sys/net/ipv4/icmp_ignore_bogus_error_responses
#加载支持模块。
/sbin/modprobe  ip_tables
/sbin/modprobe  iptable_nat
/sbin/modprobe  ip_nat_ftp
/sbin/modprobe  ip_conntrack_ftp
#清除原有的所有规则。
iptables  -F  -t  nat
iptables  -F  INPUT
iptables  -F  OUTPUT
iptables  -F  FORWARD
iptables  -Z
#预设规则。
iptables  -P  INPUT  DROP
iptables  -P  OUTPUT  ACCEPT
```

P1 1
P9 2
P24 3
P51 4
P67 5
P83 6
P104 7
P117 8
P128 9
P143 10
P161 11
P172 12
P189 13
P214 14
P227 15
P245 16
P259 17
P284 18
P305 19
P328 20
第21章

```
iptables -P FORWARD DROP
iptables -A INPUT -i lo -j ACCEPT
iptables -A OUTPUT -o lo -j ACCEPT
#实现 NAT 共享上网。
iptables -A INPUT -m state --state ESTABLISHED,RELATED -j ACCEPT
iptables -A FORWARD -s 0/0 -d 0/0 -j ACCEPT
iptables -t nat -A POSTROUTING -s 192.168.1.0/24 -j MASQUERADE
#发布内部 OA 服务器（开放 3389 端口）。
iptables -t nat -A PREROUTING -d 202.101.234.56 -p tcp --dport 3389 -j DNAT
--to-destination 192.168.1.85:3389
iptables -A FORWARD -p tcp -d 192.168.1.85 --dport 3389 -j ACCEPT
#发布内部 Web 服务器（和 OA 相关）。
iptables -t nat -A PREROUTING -d 202.101.234.56 -p tcp --dport 80 -j DNAT
--to-destination 192.168.1.85:80
iptables -A FORWARD -p tcp -d 192.168.1.85 --dport 80 -j ACCEPT
iptables -t nat -I POSTROUTING -s 192.168.1.0/255.255.255.0 -p tcp -d 192.168.1.85
--dport 80 -j SNAT --to 192.168.1.1
#发布内部 FTP 服务器。
iptables -t nat -A PREROUTING -d 202.101.234.56 -p tcp --dport 21 -j DNAT
--to-destination 192.168.1.84:21
iptables -A FORWARD -p tcp -d 192.168.1.86 --dport 21 -j ACCEPT
iptables -t nat -I POSTROUTING -s 192.168.0.0/255.255.255.0 -p tcp -d 192.168.1.86
--dport 21 SNAT --to 192.168.1.1
iptables -t nat -A PREROUTING -p tcp --dport 3000:3020 -d 202.101.234.56 -j
DNAT --to 192.168.1.86:3000-3020
#发布内部 MAIL 邮件服务器。
iptables -t nat -A PREROUTING -d 202.101.234.56 -p tcp --dport 25 -j DNAT
--to-destination 192.168.1.84:25
iptables -A FORWARD -p tcp -d 192.168.1.84 --dport 25 -j ACCEPT
iptables -t nat -A PREROUTING -d 202.101.234.56 -p tcp --dport 110 -j DNAT
--to-destination 192.168.1.84:110
iptables -A FORWARD -p tcp -d 192.168.1.84 --dport 110 -j ACCEPT
#关闭必要的服务和防止黑客（具体措施请参照前面内容自行分析）。
iptables -A INPUT -i eth1 -s 0.0.0.0/0 -p ICMP -j DROP
iptables -A INPUT -i eth1 -s 0.0.0.0/0 -p TCP -port ! 80 -j DROP
iptables -A INPUT -p tcp --dport 135 -j DROP
iptables -A INPUT -s 255.255.255.255 -i eth0 -j DROP
iptables -A INPUT -s 224.0.0.0/224.0.0.0 -i eth0 -j DROP
iptables -A INPUT -d 0.0.0.0 -i eth0 -j DROP
iptables -A FORWARD -f -m limit --limit 100/s --limit-burst 100 -j ACCEPT
iptables -A FORWARD -p icmp -m limit --limit 1/s --limit-burst 10 -j ACCEPT
iptables -A INPUT -i eth1 -p tcp --tcp-flags ALL FIN,URG,PSH -j DROP
iptables -A INPUT -i eth1 -p tcp --tcp-flags ALL ALL -j DROP
iptables -A INPUT -i eth1 -p tcp --tcp-flags ALL SYN,RST,ACK,FIN,URG -j DROP
iptables -A INPUT -i eth1 -p tcp --tcp-flags ALL NONE -j DROP
iptables -A INPUT -i eth1 -p tcp --tcp-flags SYN,RST SYN,RST -j DROP
iptables -N synflood
```

```
iptables -A synflood -p tcp --syn -m limit --limit 1/s -j RETURN
iptables -A synflood -p tcp -j REJECT --reject-with tcp-reset
iptables -A INPUT -p tcp -m state --state NEW -j synflood
#对自己的计算机不做限制（假设自己机器的 IP 地址为 192.168.1.35）。
iptables -I INPUT -s 192.168.1.35 -j ACCEPT
iptables -I FORWARD -s 192.168.1.35 -j ACCEPT
iptables -I OUTPUT -s 192.168.1.35 -j ACCEPT
```